Richard Trudeau

Die geometrische Revolution

Aus dem Amerikanischen
von Christof Menzel

Springer Basel AG

Die Originalausgabe erschien 1987 unter dem Titel „The Non-Euclidian Revolution" bei Birkhäuser Publishers Inc., Boston, USA. Diese Übersetzung basiert auf der überarbeiteten zweiten Auflage, die 1995 erschien.

Deutsche Bibliothek Cataloging-in-Publication Data

Trudeau, Richard J.:
Die geometrische Revolution / Richard Trudeau.
Aus dem Amerikan. von Christof Menzel. – Basel ;
Boston ; Berlin : Birkhäuser, 1998
Einheitssacht.: The non-Euclidian revolution <dt.>
ISBN 978-3-0348-7830-2 ISBN 978-3-0348-7829-6 (eBook)
DOI 10.1007/978-3-0348-7829-6

Ursprünglich erschienen bei Birkhäuser Verlag Basel,Schweiz 1998
Softcover reprint of the hardcover 1st edition 1998

Umschlaggestaltung: WSP Design, Heidelberg
Umschlagbild aus Raffael: Die Schule von Athen © AKG
Gedruck auf säurefreiem Papier, hergestellt aus chlorfrei gebleichtem Zellstoff. TCF ∞

9 8 7 6 5 4 3 2 1

Inhaltsverzeichnis

Vorwort

Epistemologie f. Das Studium des Wesens und des Ursprungs der Erkenntnis.

Als ich ein Teenager war, spürte ich, daß mich die Erwachsenen größten Teils anlogen. Sie gaben dogmatische Aussagen von sich, die sie nicht halten konnten. „Gott wird dich bestrafen, wenn du Seinen Namen leichtfertig verwendest", behaupteten sie. „Ein Satz darf niemals mit einer Präposition beendet werden."[1] Zu der damaligen Zeit leitete sich mein Selbstvertrauen hauptsächlich aus meiner Fähigkeit zu argumentieren ab, daher reagierte ich intellektuell. Ich wurde besessen davon, herauszufinden, was *wahr* ist, wenn es das überhaupt gibt, und in welchem Sinne.

Ungefähr zu dieser Zeit geschahen zwei Dinge. Ich lernte die ebene Geometrie kennen, die ich faszinierend fand, und ich stellte fest, daß der Ausdruck „mathematisch bewiesen" volkstümlich synonym für „absolut sicher" ist. Ich schloß daraus, daß absolute Wahrheit, wenn sie überhaupt gefunden werden kann, in der Mathematik liegen muß.

Am College studierte ich Mathematik und Philosophie. Ich lernte, den epistemologischen Knoten in meinen Gedanken genauer zu formulieren: bis zu welchem Grade ist Mathematik die Wahrheit? In der Auflösung dieses Knotens machte ich aber nur geringe Fortschritte.

Nach dem College, wärend der Zeit meines Graduiertenstudiums, der Gewöhnung an Arbeit, als ich lernte mich selbst zu mögen, mir selbst zu vertrauen, wurde der Knoten in den Hintergrund meiner Gedanken gedrängt.

Ich wurde Mathematiklehrer am College. Im Frühling 1971 bat mich mein Vorgesetzter, für das Wintersemester eine Vorlesung über nichteuklidische Geometrie vorzubereiten. Ich hatte schon von nichteuklidischer Geometrie gehört, mich selbst aber nie damit befaßt. In diesem Sommer studierte ich sie, in Verbindung mit der zweitausendeinhundert Jahre alten Kontroverse, die in ihrer Erfindung kulminiert hatte, und auf einmal gelang es mir, meinen solange vernachlässigten epistemologischen Knoten in höchst zufriedenstellender Art und Weise zu entwirren. Ich spürte, daß es mir schließlich gelungen war, den Grad zu verstehen, bis zu dem Mathematik wahr ist, mehr noch, den Grad, bis zu welchem sie es nicht ist, und ich schloß daraus, bis zu welchem Grade irgendeine allgemeine Aussage in den Naturwissenschaften oder der Philosophie den Anspruch erheben kann, wahr

[1] Den Rekord über die größte Zahl aufeinanderfolgender Präpositionen am Satzende (5) hält offenbar ein Kind mit der Frage am Ende der folgenden Anekdote, deren Urheber ich leider nicht herausfinden konnte.

Ein Kind liegt im Bett mit Erkältung. „Mami, kannst Du heraufkommen und mir eine Geschichte vorlesen?", ruft es seine Mutter. Als sie das obere Ende der Treppe erreicht, erkennt es das Buch in ihrer Hand als dasjenige, das es nicht besonders schätzt. Es fragt: „What did you bring the book that I don't like to be read to out of up for?" („Warum bringst du das Buch mit, aus dem ich nicht gerne vorgelesen bekomme?")

zu sein. Das war eine berauschende Erfahrung; ich fühlte mich, als wäre ich an einen Aussichtspunkt versetzt worden, von dem aus ich die Grenzen des Verstandes sehen – wirklich sehen – konnte.

Was ich in diesem Sommer lernte, war, daß der Kampf um den Begriff der *Mathematik als Wahrheit* sich ähnlich meinem eigenen in mathematischen und philosophischen Kreisen von 400 v. Chr. bis ins 19. Jahrhundert erstreckt hatte; daß er mit der Erfindung der nichteuklidischen Geometrie in der ersten Hälfte des 19. Jahrhunderts einen Höhepunkt erreicht hatte; und daß in der Folge die Mathematiker und Naturwissenschaftler während der zweiten Hälfte dieses Jahrhunderts die Sicht ihrer Fächer änderten. Eine wahrhaftige wissenschaftliche Revolution hatte stattgefunden, von der ich noch nie gehört hatte!

Wegen meines eigenen besonderen Interesses an der Sache fand ich außerdem, daß dieses intellektuelle Abenteuer, über das ich gestolpert war, eine großartige *Story* ergeben würde. So kam es zu diesem Buch; denn da ich ein Lehrer bin, möchte ich immer, wenn ich eine gute Geschichte höre, sie sofort mit eigenen Worten jemand anderem weitererzählen.

Ich gehe davon aus, daß Sie die ebene Geometrie in der Schule gelernt haben. Aber ich erwarte nicht, daß sie sich kürzlich damit beschäftigt haben, oder daß Sie in diesem Kurs besonders gut abgeschnitten haben, oder auch daß Sie besonders viel davon behalten haben. Und wenn ich auch gelegentlich auf die Schulalgebra zurückgreife, um einen Punkt zu illustrieren, werden Sie keinen echten Nachteil erleiden, wenn Sie sich damit niemals beschäftigt haben.

Dieses Buch ist auf drei Ebenen angesiedelt. Auf der ersten ist es einfach ein Geometriebuch mit etwas Zusatzmaterial aus der Geschichte und der Philosophie. Für ein Weilchen werden wir über euklidische Geometrie sprechen – die „ebene Geometrie“ aus der Schule – und dann zur „hyperbolischen Geometrie“ übergehen, einer anderen ebenen Geometrie, die um 1820 erfunden wurde. Wir werden die beiden vergleichen und darüber nachdenken, was wir getan haben.

Auf einer zweiten Ebene handelt dieses Buch von einer wissenschaftlichen Revolution, die ganz genau so bedeutsam ist wie die kopernikanische Revolution in der Astronomie, die darwinsche Revolution in der Biologie oder die newtonsche oder die Revolution des 20. Jahrhunderts in der Physik, über die aber wenig berichtet wird, weil ihre Auswirkungen sehr viel versteckter waren – eine Revolution, die von der Erfindung einer Alternative zur traditionellen euklidischen Geometrie hervorgerufen wurde. Die hyperbolische Geometrie ist logisch ebenso konsistent wie die euklidische, kann mit dem gleichen Recht als „wahr“ betrachtet werden wie die euklidische und *widerspricht* doch der euklidischen weitgehend. In der euklidischen Geometrie beträgt die Winkelsumme eines Dreieckes 180°; in der hyperbolischen Geometrie beträgt sie weniger, und die Summe variiert von Dreieck zu Dreieck. In der euklidischen Geometrie gilt der Satz des Pythagoras[2]; in der hyperbolischen

[2] In jedem rechtwinkligen Dreieck gilt: $c^2 = a^2 + b^2$, wobei c die Länge der längsten Seite und a und b die Längen der beiden anderen Seiten bezeichnen.

Geometrie gilt er nicht. Die Auswirkungen dieser paradoxen Situation auf die Mathematiker und Naturwissenschaftler des 19. Jahrhunderts waren tiefgreifend. Die Mathematiker machten sich an eine mühsame Neueinschätzung ihres Faches, die Jahrzehnte dauern sollte; und die Naturwissenschaftler fragten sich plötzlich, ob ihre Wissenschaft nicht vielleicht etwas völlig anderes war, als sie bisher immer gedacht hatten.

Auf der dritten und höchst spekulativen Ebene geht es in diesem Buch um die Möglichkeit signifikanten, absolut richtigen Wissens über die Welt. Das Buch bietet überzeugende Evidenz dafür – wenn es natürlich auch keine Beweise liefert –, daß solches Wissen unmöglich ist.

Ich sagte, daß ich annähme, Sie hätten euklidische Geometrie gelernt. Falls Sie – was ich für wahrscheinlich halte – zusätzlich die nichteuklidische Geometrie *nicht* gelernt haben, und falls Ihre Epistemologie der Mathematik so nebulös ist wie meine früher war, dann bietet Ihnen die Geschichte, die ich in diesem Buch nacherzähle, die seltene Gelegenheit, die intellektuelle und intuitive Disorientierung, welche wissenschaftliche Revolutionen mit sich bringen, am eigenen Leibe zu *erfahren*. Diese Gelegenheit ist vielleicht einmalig. Wenn Sie eine durchschnittlich gebildete Person sind, ist es für Sie vielleicht schwierig, bei der Lektüre eines Berichtes über eine der anderen wissenschaftlichen Revolutionen, die ich erwähnt habe, die Verwirrung (und Aufregung!) zu fühlen, welche dieses Ereignis ursprünglich umgaben, weil Sie *bereits daran glauben*, daß die einstmals revolutionäre Theorie im Wesentlichen stimmt. Sie sind in dem Glauben erzogen worden, daß die Erde sich um die Sonne bewegt und durch die Gravitation auf ihrem Weg gehalten wird (soviel zu Kopernikus und Newton); vielleicht haben Sie Zweifel in Bezug auf die speziellen Mechanismen, die Darwin zur *Erklärung* der Evolution vorschlägt, aber wahrscheinlich halten Sie es für eine Tatsache, daß Evolution stattgefunden hat, und das ist der Punkt, um den es damals wirklich ging; und wenn Sie vielleicht auch nicht viel über die Physik der 20. Jahrhunderts wissen, genügt Ihnen sicher das Schauspiel einer Kernexplosion als erschreckender Beweis, daß es etwas damit auf sich hat. Was die Geometrie anbelangt, sind Sie aber mit an Sicherheit grenzender Wahrscheinlichkeit ein bekennender Anhänger Euklids und betrachten die Möglichkeit einer logischen, „wahrheitfähigen“ Geometrie, die der euklidischen widerspricht, als absurd. Sie sind wie ein Astronom des 16. Jahrhunderts, der zum ersten Mal vom Kopernikanismus hört.

Die Entstehung der nichteuklidischen Geometrie war hauptsächlich ein mathematisches Ereignis; um etwas darüber zu lernen, muß man also Mathematik lesen. Mathematik ist anspruchsvoller als leichte Fiktion, also nehmen Sie sich Zeit. Versuchen Sie nicht, sich weiterzuzwingen, wenn Sie müde sind. In Teilen dieses Buches werden Sie vielleicht nicht mehr als zwei oder drei Seiten auf einmal lesen wollen.

Auf der anderen Seite soll dieses Buch unterhaltsam sein. Nehmen Sie sich die Freiheit, Teile zu überspringen, die für Ihren Geschmack zu technisch sind. Sie werden den Faden wieder aufnehmen können, sobald die technischen Dinge vorbei sind. Nehmen Sie sich insbesondere die Freiheit, Beweise zu überspringen (in den

Kapiteln 2, 4 und 6). Sie sind die Buchhaltung, die mit einbezogen wird, um zu beweisen, daß die Dinge liegen, wie ich sage, die aber übersprungen werden kann, wenn Sie meinem Wort vertrauen.

Für den Fall, daß sie sich selbst versuchen möchten, habe ich einige Übungsaufgaben eingefügt. Wenn Sie das nicht wollen, können Sie diese auch ohne Verlust des Zusammenhangs überspringen.

Richard J. Trudeau

Einleitung

Felix Klein beschrieb die nichteuklidische Geometrie als „einen der wenigen Teile der Mathematik, über den in weiten Kreisen gesprochen wird, so daß jeder Lehrer in jedem Moment danach gefragt werden könnte.“ Diese alte Beobachtung wird heute durch unser Wissen neu bestärkt, daß das Weltall nur näherungsweise euklidisch ist. Trudeaus Buch versorgt den Leser mit einer untechnischen Beschreibung des gedanklichen Fortschrittes von Plato und Euklid bis Kant, Lobachevsky und Hilbert. Es enthält eine erfreulich weit gefächerte Behandlung der unbeantworteten Frage von Pontius Pilatus: „Was ist Wahrheit?“ Eine Fülle von Zitaten und amüsanten Cartoons belebt den Text. Das letzte Kapitel umfaßt einen klaren Bericht über Experimente, die anzudeuten scheinen, daß die Welt, wie wir sie mit unseren zwei Augen sehen, auch nicht annäherungsweise euklidisch, sondern hyperbolisch ist!

H. S. M. Coxeter

1 Grundlagen

Der Ursprung der deduktiven Geometrie

Es war einmal ein Mann mit Namen Thales – um 600 v. Chr. –, der das erfand, was wir „Wissenschaft" nennen.

Vor Thales dachten die Denker noch nicht abstrakt. Statt nach den Prinzipien hinter den seltsamen Ereignissen, mit denen die Natur sie konfrontierte, zu suchen, suchten sie nach Persönlichkeiten. Sie entdeckten Geschichten – Mythen –, die von einer Anzahl von Göttern und Göttinnen bevölkert waren, deren Umgang miteinander und mit den Menschen die Naturphänomene wie Frühling, Donner, Sonnenfinsternisse u. ä. hervorriefen.

Heute pflegt man über die alten Mythen zu lächeln, aber sie wurden von genialen Männern und Frauen geschaffen. Die Mythen lieferten eine verständliche Erklärung natürlicher Phänomene und eine Verbindung zwischen der Menschheit und der Natur, die das Universum weniger furchteinflößend erscheinen ließ. In der Tat hat die Wissenschaft nur einen Vorteil gegenüber den Mythen, indem sie nämlich natürliche Phänomene bis zu einem solchen Grade vorhersagt, den Mythen nie erreichen.

(Nebenbei: die Geschichte, die ich über die präeuklidische Geometrie erzähle, ist selbst eine Art Mythos. Sie ehrt einige wenige legendäre Persönlichkeiten für wichtige intellektuelle Entwicklungen, an denen tatsächlich viele Menschen über einen erheblichen Zeitraum beteiligt gewesen sein müssen. Diese Geschichte entstand, weil wirkliche Fakten anscheinend fehlen, aus einigen Legenden, aus dem Wunsch der Mathematiker, den Ursprung ihres Faches zu kennen, und aus ihrem Gefühl als Mathematiker für das, was wahrscheinlich die Meilensteine der Entwicklung waren.)

Thales (ca. 625–ca. 547) glaubte, daß die Natur nicht launenhaft abläuft oder von den romantischen Verstrickungen der Götter gesteuert wird, sondern daß sie Prinzipien gehorcht, die für menschliche Wesen faßbar sind. Thales führte die Abstraktion in das Nachdenken über Natur ein.

Insbesondere führte Thales die Abstraktion in die Geometrie ein. Vor Thales bedeutete „Geometrie" dasselbe wie „Landvermessung" (das griechische Wort *geometrein* bedeutet „Landmessen"), und geometrische Figuren waren spezielle Objekte wie z.B. Äcker und Weiden. Thales hingegen faßte geometrische Figuren als abstrakte Gestalten auf. Das versetzte ihn in die Lage, eine Ordnung zu entdecken, als er unter diesem Aspekt das Sammelsurium geometrischer Rezepte, Daumenregeln und empirischer Formeln untersuchte, die aus Babylon und Ägypten überliefert waren.[1] Er stellte fest, daß einige geometrische Tatsachen aus anderen

[1] Zur Zeit von Thales besaßen beide Zivilisationen eine lange mathematische Tradition und hatten ansehnliches arithmetisches und geometrisches Wissen angesammelt. Der Grad, bis zu dem

Die griechische Zivilisation um 550 v. Chr.

ableitbar waren, und er schlug vor, daß die Geometrie so weit wie möglich eine rein geistige Aktivität werden sollte.

Thales war natürlich Grieche und lebte in einer Stadt, die damals das Zentrum der griechischen Kultur war: Milet an der Westküste von Kleinasien (heutige Türkei). Einige Meilen von Milet entfernt liegt eine Insel namens Samos, auf der Pythagoras geboren wurde, als Thales ungefähr 50 Jahre alt war.

Als Heranwachsender erfuhr Pythagoras (ca. 570 bis ca. 495) von Thales' wissenschaftlichen Ideen. Thales' Vorschläge in Bezug auf die Geometrie fesselten ihn besonders.

Pythagoras verließ Kleinasien und studierte eine Zeit lang in Ägypten. Schließlich ließ er sich in Kroton nieder, einer griechischen Stadt in Süditalien, am Ballen des Stiefels. Dort gründete er die „Gesellschaft der Pythagoräer", eine Gemeinde von Männern und Frauen, die quasireligiöse Rituale, Ernährungsgewohnheiten und die Hingabe an die Mathematik als Schlüssel zum Naturverständnis miteinander teilten. Die eigentliche Gemeinde bestand nur einige Dekaden, aber ihre Lehrsätze beeinflußten das Denken der Griechen erheblich länger. Noch Jahrhunderte später nannten sich verschiedene Denker im Mittelmeerraum „Pythagoräer" und vertraten den pythagoräischen Glauben an den Vorrang der Mathematik unter den Wissenschaften. Bis zu einem gewissen Grade hat die Gesellschaft das westliche Denken bis auf den heutigen Tag beeinflußt, denn Plato (ungefähr 427–347) stand stark unter dem Einfluß pythagoräischer Ideen („die gesamte Philosophie besteht aus Fußnoten zu Plato" – A. N. Whitehead).

---

diese Mathematik bereits abstrakt oder deduktiv aufgebaut war, als die Griechen sie übernahmen, ist umstritten, sicherlich war sie aber nicht in Form deduktiver *Systeme* organisiert, wie die Griechen sie kurz darauf konstruierten.

Die Pythagoräer griffen das Programm von Thales auf, die Geometrie zu einer deduktiven Wissenschaft zu machen. Ihr größter Beitrag dazu war eine umwälzende Entdeckung, die dabei half, den Standard von Beweisen festzusetzen. Thales hatte seine Sätze mittels einer Kombination aus Logik und intuitivem Nachdenken hergeleitet. Die Pythagoräer entdeckten, daß Logik und Intuition sich widersprechen können!

Folgendes war geschehen. Seien AB und CD zwei gerade Strecken (siehe Abb. 1). Wir nennen eine gerade Strecke XY ein „gemeinsames Maß" von AB und CD,

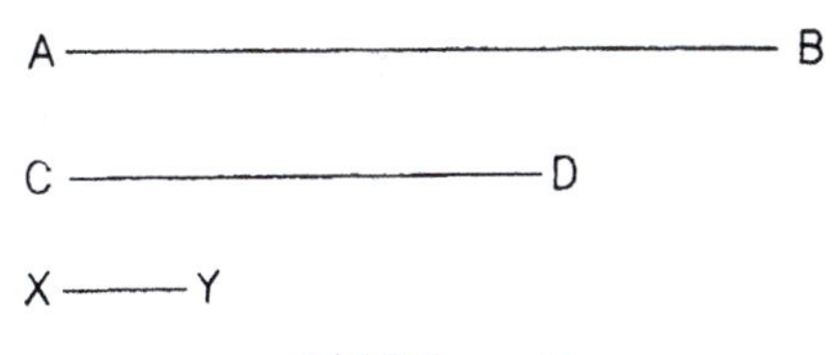

Abbildung 1

wenn es ganze Zahlen m und n gibt, so daß XY, m-mal hintereinandergelegt, dieselbe Länge hat wie AB und XY, n-mal hintereinandergelegt, dieselbe Länge hat wie CD. Wäre z.B. AB 90 cm und CD 25 cm lang, so wäre eine Strecke XY der Länge 5 cm ein gemeinsames Maß mit $m = 18$ und $n = 5$; denn legte man XY 18-mal hintereinander, so ergäbe das eine Länge von 90 cm, wie bei AB, und legte man XY 5-mal hintereinander, so ergäbe sich eine Länge von 25 cm, wie bei CD. Die frühen Pythagoräer empfanden es als intuitiv einleuchtend (und das tue ich auch, während ich dies hier schreibe), daß man für *jedes* Paar von Strecken ein gemeinsames Maß finden kann – wobei es selbstverständlich vorkommen kann, daß man das Maß XY sehr klein wählen muß, um AB und CD genau zu messen. Da $AB/CD = (m \cdot XY)/(n \cdot XY) = m/n$ eine „rationale" Zahl ist (das heißt also das Verhältnis zweier ganzer Zahlen), besagte ihre Intuition, daß der Quotient zweier Streckenlängen stets ein rationales Ergebnis liefert. Betrachten Sie nun ein Quadrat mit Seitenlänge 1 und zeichnen Sie die Diagonale (siehe Abb. 2).

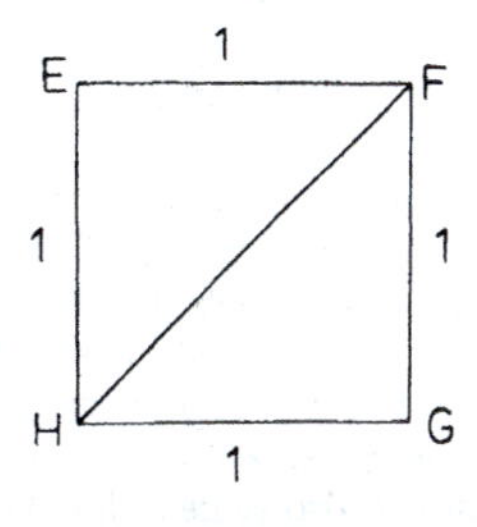

Abbildung 2

Anwenden des Satzes von Pythagoras (Seite viii) auf das rechtwinklige Dreieck FGH liefert $FH^2 = FG^2 + GH^2 = 1^2 + 1^2 = 2$, das heißt $FH = \sqrt{2}$, und damit ist der Quotient FH/FG der zwei Streckenlängen FH und $FG =$

$\sqrt{2}/1 = \sqrt{2}$. Hätten die frühen Pythagoräer mit der Behauptung, daß der Quotient zweier Streckenlängen stets rational ist, recht gehabt, so wäre $\sqrt{2}$ eine rationale Zahl. Aber einer der späteren Pythagoräer (wahrscheinlich Hippasos von Metapontum[2], nach 430 v. Chr.) entdeckte, daß $\sqrt{2}$ *nicht* rational ist, indem er ein Argument anwandte, das nicht (hauptsächlich) auf der Intuition beruht.

Der Beweis ging ungefähr folgendermaßen: Jede rationale Zahl kann „gekürzt" werden, das heißt durch ganze Zahlen ausgedrückt werden, die keinen gemeinsamen ganzzahligen Faktor (außer der 1) haben; z.B. ist $360/75 = 24/5$, und 24 und 5 haben keinen gemeinsamen Faktor. Wäre $\sqrt{2}$ rational, so wäre es möglich, diese Zahl als $\sqrt{2} = p/q$ auszudrücken, wobei p und q ganze Zahlen ohne gemeinsamen Faktor sind. Quadrieren beider Seiten liefert $2 = p^2/q^2$, und Multiplikation beider Seiten mit q^2 ergibt schließlich $2q^2 = p^2$. Das bedeutet, daß p^2 gerade ist, weil sie zweimal eine ganze Zahl ist. Die Pythagoräer hatten vorher bewiesen, daß nur gerade Zahlen gerade Quadrate besitzen[3], so daß sie wußten, daß p gerade sein muß, weil p^2 gerade ist. Dies hat zwei Konsequenzen:

(1) p ist zweimal eine andere ganze Zahl (das ist es, was „gerade sein" bedeutet), welche wir „r" nennen können, so daß $p = 2r$; und
(2) q ist ungerade, denn wir hatten gesagt, daß p und q keinen gemeinsamen Faktor besitzen; wenn aber q gerade wäre, so hätte es den Faktor 2 mit p gemeinsam.

[2] Es heißt, Hippasos von Metapontum sei von den anderen Pythagoräern wegen seiner liberalen politischen Ansichten ausgestoßen worden. Über dies und die Entdeckung, daß $\sqrt{2}$ nicht rational ist, hinaus, ist von ihm nur bekannt, daß er die Eigenschaften des regulären Dodekaeders (siehe Abb. 3) untersuchte.

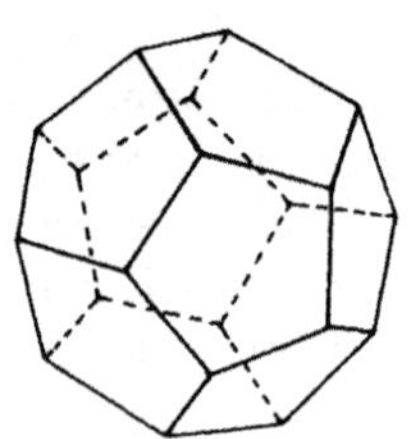

Abbildung 3

[3] Das kann man auch so ausdrücken: Das Quadrat einer ungeraden Zahl ist immer ungerade. Hier ist ein algebraischer Beweis der letzten Aussage. Eine gerade Zahl ist eine ganze Zahl, die zweimal eine andere ganze Zahl ist; algebraisch gesprochen ist eine ganze Zahl eine Zahl der Form $2k$, wobei k eine ganze Zahl ist. Eine ungerade Zahl kann als eine Zahl definiert werden, die um 1 kleiner ist als eine gerade Zahl, so daß algebraisch gesprochen eine ungerade Zahl eine Zahl von der Form $2k - 1$ ist, wobei k eine ganze Zahl ist. Um zu beweisen, daß das Quadrat einer ungeraden Zahl ungerade ist, müssen wir also zeigen, daß das Quadrat einer Zahl der Form $2k-1$ ein Ergebnis derselben Gestalt liefert. Das Quadrat von $2k-1$ ist $4k^2-4k+1 = 4k^2-4k+2-1 = 2(2k^2-2k+1)-1$. Daß dieses letzte Ergebnis ungerade ist, kann direkt abgelesen werden, indem man bemerkt, daß es um 1 kleiner ist als die gerade Zahl $2(2k^2 - 2k + 1)$ (diese Zahl ist gerade, weil sie das Doppelte der ganzen Zahl $2k^2 - 2k + 1$ ist); alternativ könnten wir ein neues Symbol, sagen wir t, für die ganze Zahl $2k^2 - 2k + 1$ einsetzen, wodurch $2(2k^2 - 2k + 1) - 1$ in $2t - 1$ umgewandelt würde, welches die Form einer ungeraden Zahl hat und daher ungerade ist.

Wir werden (1) nachgehen. Ersetzen wir $2r$ für p in der Gleichung $2q^2 = p^2$ (siehe oben), so erhalten wir $2q^2 = (2r)^2$ bzw. $2q^2 = 4r^2$. Division beider Seiten durch 2 ergibt $q^2 = 2r^2$, so daß q^2 als Doppeltes einer ganzen Zahl gerade ist. Wie vorher impliziert dies, daß q gerade ist (nur gerade Zahlen haben gerade Quadrate). Aber in (2) haben wir gerade festgestellt, daß q ungerade ist! Da uns die Annahme, daß $\sqrt{2}$ eine rationale Zahl ist, zu diesem Widerspruch geführt hat, zwingt uns die Logik zu dem Schluß, daß $\sqrt{2}$ nicht rational ist[4].

An dieser Stelle waren die Pythagoräer perplex. Sie waren intuitiv *absolut sicher*, daß $\sqrt{2}$ als Quotient zweier Streckenlängen eine rationale Zahl ist. Auf der anderen Seite waren sie ebenso sicher, daß aus Gründen der Logik und rechnerischen Richtigkeit $\sqrt{2}$ *keine* rationale Zahl ist!

Hätte man sich in der mathematischen Welt dafür entschieden, die Intuition für verläßlicher zu halten als die Logik, dann wäre die Zukunft der Mathematik vollkommen anders verlaufen; aber man entschied sich für die Logik[5], und Mathematiker werden seit damals darauf gedrillt, die Logik zu achten und der Intuition zu mißtrauen (ich vermute, dies hat etwas mit der allgemeinen Überzeugung zu tun, daß Mathematiker „kalte“ Menschen sind).

Daß die Mathematiker die Intuition als wenig verläßlich betrachten, bedeutet jedoch noch lange nicht, daß sie sie aus der Mathematik verbannt haben. Ganz im Gegenteil, die grundlegenden Annahmen, von denen jeder Zweig der Mathematik ausgeht – die „Axiome“ – werden ohne Beweis und vor allem wegen ihrer Anziehungskraft auf die Intuition für wahr gehalten. Darüber hinaus spielt die Intuition auch eine wichtige Rolle in der Entdeckung von Sätzen; andernfalls würden die Mathematiker den größten Teil ihrer Zeit mit dem Versuch verbringen, falsche Behauptungen zu beweisen. Nur wird eben intuitive Evidenz nicht als beweiskräftig angesehen.

Das pythagoräische Erbe ist das, was die modernen Mathematiker „Strenge“ nennen, eine geistige Einstellung, die für die Mathematik charakteristisch ist. Es wird jede Anstrengung unternommen, um den Untersuchungsgegenstand von seinen Ursprüngen in der realen Welt zu isolieren. Fachtermini werden definiert und Prinzipien werden formuliert, in ständiger Wachsamkeit gegen unbehauptete Annahmen. Sätze werden allein unter Verwendung der Logik abgeleitet.

Im 5. Jh. v. Chr., schon bevor die Mathematik streng aufgebaut wurde, hatten die Mathematiker bereits lange Ketten geometrischer Sätze aufgestellt, in denen jeder Satz, wenn auch informell, aus den vorhergehenden Sätzen deduziert wurde. Jede

[4] Die Irrationalität von $\sqrt{2}$ bedeutet, daß $\sqrt{2}$ *nicht* durch ganze Zahlen und eine endliche Anzahl von Additionen, Subtraktionen, Multiplikationen und Divisionen *ausdrückbar ist.* Es ist erstaunlich, daß es möglich ist, mit solch simplen Werkzeugen (das Kürzen rationaler Zahlen, die Unterscheidung zwischen gerade und ungerade, die Tatsache, daß nur gerade Zahlen gerade Quadrate haben) ein solch tiefgründiges mathematisches Resultat herzuleiten

[5] *Wann* man sich in der mathematischen Welt für die Logik entschied, ist allerdings heftig umstritten. Möglicherweise sind Jahrzehnte verstrichen, bevor ein Konsens erreicht war. Plato kritisierte die Mathematiker noch bis ins 4. Jh. v. Chr. wegen des *Fehlens* eines strengen logischen Standards.

dieser Ketten begann mit Verallgemeinerungen aus der Erfahrung, die natürlich nicht bewiesen wurden.

Als der Umfang dieser Ketten wuchs, entstand die kühne Idee, sie könnten möglicherweise zu einem einzigen Netzwerk zusammengeschlossen werden, verankert in einer kleinen Anzahl von Verallgemeinerungen aus der Erfahrung, zu einem Netzwerk, das dann einen weiten Bestand elementaren geometrischen Wissens umfassen sollte, und gegen Ende des Jahrhunderts – ungefähr zur selben Zeit, zu der bewiesen wurde, daß $\sqrt{2}$ nicht rational ist – unternahm ein Mathematiker namens Hippokrates von Chios[6] genau dieses in einem Buch, welches er *Elemente* nannte. Später, während die mathematische Strenge sich entwickelte, wurden andere umfassende geometrische Netzwerke[7] geknüpft. Jedes von ihnen wurde *Elemente* genannt, und wahrscheinlich war jedes von ihnen eine Verbesserung der Vorgänger, indem es auf einfacheren Axiomen aufbaute, straffere Logik verwendete oder mehr Sätze enthielt. Diese Serie gipfelte in den berühmten *Elementen* von Euklid, fertiggestellt ungefähr um 300 v. Chr.

Euklids *Elemente* sind ein einzelnes zusammenhängendes deduktives Netzwerk aus 465 Sätzen, das nicht nur außerordentlich viel Elementargeometrie, sondern auch umfangreiche Anleihen aus der Algebra und der Zahlentheorie enthält. Aufbau und Niveau der logischen Strenge waren dergestalt, daß diese *Elemente* bald zum geometrischen Standardtext wurden; sie haben vorhergehende Anstrengungen so vollständig übertroffen, daß diese alle verschwanden.

Die *Elemente* – von jetzt an bezieht sich dieser Titel nur noch auf Euklids Buch – sind das erfolgreichste Lehrbuch aller Zeiten. Dieses Buch erschien in mehr als tausend Auflagen und wurde bis weit ins letzte Jahrhundert hinein verwendet (hie und da wird es selbst heute noch verwendet). Wichtiger noch ist, daß es das Paradigma darstellt, dem Wissenschaftler seit seinem Erscheinen nacheifern. Es stellt die archetypische wissenschaftliche Abhandlung dar. Den Aufbau und die Grenzen der *Elemente* zu untersuchen, bedeutet darum, bis ins Mark des gesamten wissenschaftlichen Unternehmens vorzustoßen.

Im Vergleich zur Größe dieses Werkes weiß man überraschend wenig über seinen Autor. Gelehrte zögern sogar bei der Vermutung seiner Lebensdaten, außer daß seine „Blütezeit“ ungefähr um 300 v. Chr. lag. Damals verlagerte sich gerade

---

[6] Chios ist eine Insel in der Nähe von Samos in der Ägäis, wo Hippokrates geboren wurde. Sein Geburtsort wird stets im Zusammenhang mit seinem Namen erwähnt, um ihn nicht mit seinem besser bekannten Zeitgenossen, dem „Vater der Medizin“ Hippokrates von Kos zu verwechseln(Kos ist eine andere Insel in der Ägäis), dessen Ideale im hippokratischen Eid, der einst von den Abgängern der medizinischen Schulen geschworen wurde, erhalten geblieben sind. *Unser* Hippokrates studierte vermutlich Mathematik auf Chios und verbrachte dann einen großen Teil seines späteren Lebens in Athen, das damals zum Zentrum mathematischer Aktivitäten aufstieg. Er stand den Pythagoräern mindestens wohlwollend gegenüber, vielleicht war er sogar einer von ihnen. Seine „Blütezeit“, wie die Historiker sagen, lag um 430 v. Chr., was wohl heißen soll, daß er damals in den besten Jahren war.

[7] Ein Buch namens *Elemente* stammte von einem Mathematiker namens Leon, von dem wir nichts wissen außer seinem Namen, und daß seine Blütezeit um 380 v. Chr. lag. Ein weiterer, kurze Zeit später, war Theudios von Magnesia, der ein Mitglied von Platos Akademie war.

das Zentrum wissenschaftlicher und mathematischer Aktivität von Athen in die neue Stadt Alexanders des Großen, Alexandria, an der Mündung des Nil. Euklid lebte in Alexandria und war dort Professor für Mathematik am Museum (der Universität). Über diese Daten hinaus ist unser Wissen über Euklid in zwei Anekdoten zusammengefaßt. In der einen fragt ihn ein junger Student der Geometrie: „Was habe ich davon, wenn ich all diese Dinge lerne?“ Euklid antwortet, indem er einen Diener ruft und zu ihm sagt: „Gib ihm eine Münze, denn er muß einen Gewinn aus dem ziehen, was er lernt.“ In der anderen fragt ihn der König Ptolemaios I:[8] „Gibt es in der Geometrie einen kürzeren Weg als die *Elemente*?“, worauf Euklid antwortete: „Es gibt keinen Königsweg zur Geometrie.“

Materiale axiomatische Systeme

Die *Elemente* sind das älteste uns überlieferte Beispiel dessen, was heute ein „materiales axiomatisches System“ heißt. Bevor wir die *Elemente* selbst untersuchen – mit all den Erklärungen und der Neustrukturierung von Euklids Text, die unsere Untersuchung mit sich bringt –, ist es, glaube ich, am besten, zunächst materiale axiomatische Systeme im Allgemeinen zu besprechen (in diesem und den nächsten beiden Abschnitten) und Euklids Beweistechniken in einem nichtgeometrischen Kontext zu illustrieren (im folgenden Abschnitt).

Schema eines materialen axiomatischen Systems[9]

(1) Die grundlegenden technischen Termini des Diskurses werden eingeführt und ihre Bedeutung erklärt. Diese grundlegenden Termini werden *primitive Terme* genannt.
(2) Eine Liste von Grundaussagen über die primitiven Terme wird aufgestellt. Damit das System für den Leser Bedeutung hat, muß er oder sie diese Aussagen vor dem Hintergrund der in (1) gegebenen Erklärungen für wahr halten. Diese Grundaussagen werden *Axiome* genannt.
(3) Alle weiteren technischen Termini werden unter Zuhilfenahme früher eingeführter Termini definiert. Technische Termini, die nicht primitive Termini sind, heißen dementsprechend *definierte Terme.*
(4) Alle weiteren Aussagen werden logisch aus bereits früher als wahr angenommenen oder bewiesenen Aussagen deduziert. Diese abgeleiteten Aussagen heißen *Sätze (Theoreme).*

Beachten Sie, daß es zwei Arten technischer Termini gibt. Die Bedeutung der „definierten“ Terme (Punkt 3) wird durch Verweis auf Terme (beliebigen Typs), die

[8] Es handelt sich um Ptolemaios I Soter, einen früheren General unter Alexander dem Großen und den ersten in einer Reihe griechischer Regenten von Ägypten, die mit Kleopatra VII (der berühmten Kleopatra) im Jahre 30 v. Chr. endete, nicht zu verwechseln mit Claudius Ptolemäus, dem Astronomen, der in Alexandria ungefähr um 150 n. Chr. arbeitete.

[9] Eves, S. 11. (Literaturangaben, die nur aus dem Autorennamen bestehen, beziehen sich auf die im Literaturverzeichnis angegebenen Titel.)

bereits früher eingeführt wurden, beschrieben; zumindest im Verhältnis zu diesen früheren Termen sind daher die definierten Terme vollkommen unzweideutig. Unglücklicherweise ist es jedoch unmöglich, Unzweideutigkeit für *alle* Terme zu erzielen: letzten Endes sind Wörterbücher zirkulär. (Siehe Abbildung 4; oder ver-

Abbildung 4. Courtesy of P. S. de Beaumont.

suchen Sie Jeffs Experiment selbst mit einem Wort wie „lebendig" oder „gerade", das Sie schnell zu einem Zirkel führt.) Es ist darum notwendig, einige (üblicherweise umgangssprachliche) Termini ohne die Segnungen einer präzisen Definition in das System aufzunehmen; diese sind die „primitiven" Terme aus Punkt (1). Natürlich wird jede Anstrengung unternommen, den Sinn aufzuzeigen, den die einzelnen primitiven Terme haben sollen, aber keine noch so langatmige Erklärung kann garantieren, daß jedermann sie in genau derselben Art und Weise versteht.

Genauso gibt es zwei Arten von Behauptungen. Man kann nicht jede Aussage deduzieren, genauso wenig, wie man jeden Term definieren kann. Dementsprechend werden die Aussagen aus Punkt (2) ohne deduktiven Beweis für wahr angenommen, aus Gründen, die außerhalb der offiziellen Struktur des Systems liegen (innerhalb des Systems werden sie schlichtweg als Annahmen betrachtet). Diese Aussagen markieren einen Ausgangspunkt, von dem aus alle anderen Aussagen (Punkt (4)) logisch deduziert werden.

Viele Menschen werden stutzen bei diesem Ausdruck: „logisch deduziert". Bevor wir uns einem Beispiel eines materialen axiomatischen Systems zuwenden, sollten wir deswegen ein wenig Zeit darauf verwenden, über Logik zu sprechen – zunächst im Allgemeinen, dann insoweit, als sie in diesem Buch auftauchen wird.

Logik

In jeder rationalen Diskussion werden Schlußfolgerungen gezogen. Welche *Arten* von Schlußfolgerungen zulässig sind, hängt von den Diskussionsteilnehmern und dem Diskussionsgegenstand ab. In diesem Sinne besitzt jede Diskussion ihre eigene spezielle Logik. Die Art von Beweismaterial beispielsweise, die ein Physiker als starke Bestätigung einer Theorie betrachten würde, wird von einem Mathematiker als vollkommen unangebracht zurückgewiesen, wenn er einen Satz beweisen will; die esoterische Argumentationsweise, die Mathematiker manchmal anwenden, ist wiederum für die Literaturwissenschaft bei der Analyse einer Novelle vollkommen wertlos (in der Tat gibt es sogar Argumentationsformen, die in der Mathematik regelmäßig angewandt werden, die aber auf *nichts sonst* anwendbar sind[10]).

Normalerweise verwendet man das Wort „Logik" aber in einem allgemeineren Sinne, nämlich um auf Prinzipien der Argumentation zu verweisen, von denen man annimmt, daß die verschiedenen speziellen Logiken sie gemeinsam haben. Dahinter steht die Überzeugung, daß diese allgemeine Logik für Teilnehmer an *jeder* rationalen Diskussion akzeptabel und möglicherweise hilfreich ist. Natürlich gibt es keine Möglichkeit, dies zu überprüfen, ohne auf dem gesamten Erdball eine Meinungsumfrage durchzuführen oder zumindest die mehr als 3000 gesprochenen Sprachen daraufhin zu überprüfen. Aber da die griechischen Vorstellungen ein solch zentraler Bestandteil der abendländischen Kultur sind, kann man wohl immerhin sagen, daß es eine allgemein akzeptierte Logik mindestens unter den Menschen mit abendländischer Erziehung gibt. Diese traditionelle Logik enthält nicht die speziellen Techniken der modernen Mathematik, sie enthält allerdings alle Argumentationsformen, die von Mathematikern zu Euklids Zeit angewandt wurden. Heutzutage können sich viele Menschen, wenn sie das Wort „Logik" hören, sogar nicht viel mehr als die Argumentationsprinzipien von Euklid vorstellen, weil ihr schulischer Geometrieunterricht der einzige Zeitpunkt war, zu dem sie jemals gehört haben, wie Logik explizit besprochen wird (und nicht nur als gegeben angenommen wird).

In diesem Buch ist Euklids Logik alles, was wir brauchen werden, selbst wenn wir die nichteuklidische Geometrie aufgreifen. Wir haben also allen Grund, Vertrauen in die Stichhaltigkeit unserer Logik zu setzen. Sie ist gesicherter Teil der traditionellen Logik und seit mehr als 2000 Jahren in das Gefüge westlichen Denkens eingebettet.

Nichtsdestoweniger ist es ratsam, *jedwede* Logik mit einem Körnchen Salz zu betrachten. Sie ist an mindestens zwei Stellen gegenüber dem Zweifel verletzlich.

Ich lasse Ihnen den Autor von *Alice im Wunderland* und *Alice hinter den Spiegeln* von dem ersten erzählen.

---

[10] Ein Beispiel ist das Prinzip der vollständigen Induktion: Jede Behauptung, die wahr ist für die ganze Zahl 1 und die, wenn immer sie für eine positive ganze Zahl wahr ist, auch für die unmittelbar darauffolgende ganze Zahl zutrifft, ist wahr für jede positive ganze Zahl. Dieses Prinzip verwendet man z.B., um zu beweisen, daß die Aussage $1 + 3 + \cdots + (2n - 1) = n^2$ für jede ganze positive Zahl n wahr ist, was nichts anderes heißt, als daß das Schema

$$\begin{aligned} 1 &= 1^2 \\ 1+3 &= 2^2 \\ 1+3+5 &= 3^2 \\ 1+3+5+7 &= 4^2 \end{aligned}$$

unendlich weitergeht. Das Prinzip ist nur in der Mathematik anwendbar, weil in keiner anderen Wissenschaft Aussagen über unendliche Mengen von Objekten getroffen werden.

Achilles hatte die Schildkröte überholt und sich nun bequem auf ihrem Rücken niedergelassen.

„Hast du's also doch noch bis zum Ende unserer Rennbahn geschafft", sagte die Schildkröte, „*obwohl* sie doch aus einer unendlichen Reihe von Segmenten besteht? Ich dachte, irgend so ein Klugscheißer[11] hätte bewiesen, daß so etwas unmöglich ist?"

„Es *ist* möglich", sagte Achilles, „es ist *getan* worden! *Solvitur ambulando.* Weißt du, die Abstände wurden immer *kleiner*: und darum. –"

„Aber wenn sie immer *größer* geworden wären?" unterbrach die Schildkröte, „was dann?"

„Dann wäre ich nicht *hier*", antwortete Achilles bescheiden; „und *du* wärest jetzt schon einige Male um die Welt gelaufen!"

„Du beglückst mich – *bedrückst* mich, meine ich", sagte die Schildkröte; „denn du *bist* schon ein Schwergewicht, gar kein Zweifel! Nun gut, möchtest du vielleicht etwas von einem Wettrennen hören, das die meisten Menschen in zwei oder drei Schritten beenden zu können

[11] Die Schildkröte bezieht sich auf Zeno von Elea (Blütezeit ungefähr 450 v. Chr.), Autor einer Anzahl berühmter Paradoxa, die seinen Namen tragen und über deren Implikationen nach wie vor debattiert wird. Eines davon, das Paradoxon von Achilles und der Schildkröte, lautet folgendermaßen (aus: Carruccio, S. 33–34): *Mathematics and Logic in History and in Contemporary Thought.*

„Der schnelle Achilles und die langsame Schildkröte kommen überein, ein Wettrennen zu veranstalten. Das Paradoxon besteht in dem Beweis, daß Achilles, wenn er der Schildkröte einen Vorsprung gewährt, diese niemals einholen kann. Sei Achilles an der Stelle A und die Schildkröte bei S. Das Wettrennen findet längs der Geraden statt (siehe Abb. 5). ...

A S S' S''

Abbildung 5

Sobald Achilles das Startsignal zum Beginn des Rennens hört, saust er von A nach S, schneller, als man es aussprechen kann, aber wenn er dort anlangt, ist die Schildkröte nicht länger bei S, sondern ein Stück weiter voraus, bei S'. Achilles erreicht S', doch die Schildkröte ist schon nicht mehr bei S'; sie ist schon ein Stück voraus, bei S'' usw. *ad infinitum.* Um die Schildkröte einzuholen, muß Achilles die unendlich vielen Strecken AS, SS', $S'S''$, ... zurücklegen; unendlich viele Strecken hinter sich zu bringen, benötigt unendlich viel Zeit, und daher wird er niemals die Schildkröte einholen.

Mathematiker haben darauf eine Antwort: Es ist wahr, daß die Anzahl der Segmente AS, SS', $S'S''$, ... unendlich ist, aber ihre Summe ist eine endliche Strecke, die man in einer endlichen Zeit zurücklegen kann und die man als Summe einer geometrischen Progression mit gemeinsamem Verhältnis kleiner als 1 berechnen kann. Ist $AS = 100$mal der Einheitslänge und ist die Geschwindigkeit von Achilles 10mal so hoch wie die Geschwindigkeit der Schildkröte, dann hat die Strecke, die Achilles zurücklegen muß, um die Schildkröte einzuholen, die Länge:

$$L = 100 + 10 + 1 + \frac{1}{10} + \cdots = \frac{100}{1 - (1/10)} = \frac{1000}{9} = 111\frac{1}{9}.$$

Carrols Geschichte beginnt unmittelbar, nachdem Achilles die Schildkröte eingeholt hat.

glauben, während es *in Wirklichkeit* aus einer unendlichen Zahl von Abschnitten besteht, von denen jeder länger ist als der vorherige?"

„Sehr gern!" sagte der griechische Krieger und zog ein riesiges Notizbuch und einen Bleistift aus seinem Helm (wenige griechische Krieger besaßen *Hosentaschen* in jenen Tagen). „Schieß los! Und sprich bitte *langsam*! Die *Stenographie* ist noch nicht erfunden!"

„Dieser wundervolle Erste Satz von Euklid!" murmelte die Schildkröte verträumt. „Bewunderst du Euklid?"

„Leidenschaftlich! Jedenfalls insoweit man eine Abhandlung bewundern *kann*, die erst in einigen Jahrhunderten veröffentlicht werden wird!"

„Na gut, na gut. Untersuchen wir doch mal die Argumentation in diesem Ersten Satz – nur *zwei* Schritte und die aus ihnen gezogene Schlußfolgerung. Schreib sie doch bitte in dein Notizbuch. Laß sie uns A, B und Z nennen:

(A) Was demselben gleich ist, ist auch einander gleich.
(B) Die zwei Seiten dieses Dreiecks sind derselben gleich.
(Z) Die zwei Seiten dieses Dreiecks sind einander gleich.

Euklids Leser werden zugestehen, nehme ich an, daß Z logisch aus A und B folgt, in dem Sinne, daß jeder, der A und B als wahr akzeptiert, Z als wahr akzeptieren *muß*?"

„Zweifellos! Das jüngste Kind einer weiterführenden Schule – sobald weiterführende Schulen erfunden sein werden, was erst in ungefähr 2000 Jahren der Fall sein wird – wird *das* zugestehen."

„Und wenn irgendein Leser, der A und B noch *nicht* als wahr akzeptiert hat, könnte er trotzdem die *Folgerung* als *schlüssig* betrachten, nicht wahr?"

„Ein solcher Leser könnte ohne Zweifel existieren. Er könnte sagen: ‚Ich akzeptiere die hypothetische Behauptung als wahr, daß Z wahr sein muß, wenn A und B wahr sind; aber ich akzeptiere A und B *nicht* als wahr.' Ein solcher Leser täte gut daran, sich von Euklid ab- und dem Fußballspiel zuzuwenden."

„Und könnte nicht *ebenso* ein Leser existieren, der sagt: ‚Ich betrachte A und B als wahr, aber ich akzeptiere die Schlußfolgerung *nicht* als wahr'?"

„Natürlich könnte der existieren. Auch *dieser* sollte besser Fußball spielen."

„Und *keiner* dieser beiden Leser", fuhr die Schildkröte fort, „unterliegt *bisher* irgendeinem logischen Zwang, Z als wahr zu akzeptieren?"

„Genau", stimmte Achilles zu.

„Gut, dann betrachte *mich* bitte als einen Leser der *zweiten* Art und versuche, mich logisch dazu zu zwingen, Z als wahr anzunehmen."

„Eine fußballspielende Schildkröte wäre –", begann Achilles.

„– natürlich eine Anomalie", unterbrach die Schildkröte hastig. „Komm' nicht vom Thema ab. Erst Z, dann Fußball!"

„Also, ich soll dich zwingen, Z zu akzeptieren?" sagte Achilles nachdenklich. „Und deine augenblickliche Position ist die, daß du A und B akzeptierst, aber daß du die Schlußfolgerung –"

„Nennen wir sie C", sagte die Schildkröte.

„– aber daß du die Schlußfolgerung C *nicht* akzeptierst:

(C) Wenn A und B wahr sind, muß Z wahr sein."

„Das ist meine gegenwärtige Position", sagte die Schildkröte.

„Dann muß ich dich bitten, C zu akzeptieren."

„Das werde ich tun", sagte die Schildkröte, „sobald du es in dein Notizbuch aufgenommen hast. Was steht denn da sonst noch so drin?"

„Nur ein paar Notizen", sagte Achilles und blätterte nervös die Seiten durch: „Ein paar Notizen von – von Schlachten, in denen ich mich hervorgetan habe!"

„Viele leere Seiten, wie ich sehe!" bemerkte die Schildkröte heiter. „Wir werden sie *alle* brauchen!" (Achilles erschauderte.) „Nun schreib auf, was ich dir diktiere:

(A) Was demselben gleich ist, ist auch einander gleich.
(B) Die zwei Seiten dieses Dreiecks sind derselben gleich.
(C) Wenn A und B wahr sind, muß Z wahr sein.
(Z) Die zwei Seiten dieses Dreiecks sind einander gleich."

„Du solltest es D nennen, nicht Z", sagte Achilles. „Es kommt *sofort* nach den anderen drei. Wenn du A und B und C akzeptierst, dann *mußt* du Z akzeptieren."

„Und warum *muß* ich das?"

„Weil es *logisch* aus ihnen folgt. Wenn A und B und C wahr sind, *muß* Z wahr sein. Ich kann mir nicht vorstellen, daß du *das* abstreiten willst."

„Wenn A und B und C wahr sind, muß Z wahr sein", wiederholte die Schildkröte nachdenklich. „Das ist eine *weitere* Annahme, nicht wahr? Und wenn es mir nicht gelänge, ihre Wahrheit einzusehen, könnte ich A und B und C akzeptieren und Z *immer* noch nicht akzeptieren, nicht wahr?"

„Das könntest du", gab der Held freimütig zu; „obwohl eine solche Begriffsstutzigkeit wirklich phänomenal ist. Immerhin, so etwas ist *möglich*. Ich muß dich also bitten, eine weitere Annahme zu machen."

„Sehr gut, ich will sie auch gerne machen, sobald du sie aufgeschrieben hast. Wir werden sie D nennen:

(D) Wenn A und B und C wahr sind, muß Z wahr sein."

Hast du das in dein Notizbuch eingetragen?"

„*Habe* ich!“ rief Achilles freudig und steckte schwungvoll den Bleistift in die Scheide seines Schwertes. „Und damit sind wir schließlich am Ende dieser ideellen Rennbahn angelangt. Nun, da du A und B und C und D akzeptierst, akzeptierst du *selbstverständlich* Z.“

„Tu ich das?“ sagte die Schildkröte mit Unschuldsmiene. „Laß uns das vollkommen klären. Ich akzeptiere A und B und C und D. Angenommen, ich weise es *immer* noch von mir, Z zu akzeptieren?“

„Dann würde die Logik dich beim Schopf packen und dich *zwingen*, dies zu tun!“ antwortete Achilles triumphierend. „Die Logik würde zu dir sagen: ‚Du kannst dir nicht mehr helfen. Nachdem du nun A und B und C und D akzeptiert hast, *mußt* du Z akzeptieren!‘ Du hast keine Wahl, verstehst du?“

„Was immer die *Logik* mir freundlicherweise sagt, ist es wert, *aufgeschrieben* zu werden“, sagte die Schildkröte. „Also schreib es bitte in dein Buch. Wir werden es E nennen:

(E) Wenn A und B und C und D wahr sind, muß Z wahr sein.

Solange ich *das* nicht zugegeben habe, muß ich natürlich Z nicht zugeben. Es ist also ein *notwendiger* Schritt, verstehst du?“

„Ich verstehe“, sagte Achilles; und in seiner Stimme schwang ein Hauch von Niedergeschlagenheit mit.

Hier mußte der Erzähler das fröhliche Paar wegen dringender Bankgeschäfte verlassen, und er kam erst nach einigen Monaten wieder an dieser Stelle vorbei. Achilles saß immer noch auf dem Rücken der ausdauernden Schildkröte und schrieb in sein Notizbuch, das fast voll zu sein schien. Die Schildkröte sagte gerade: „Hast du den letzten Schritt aufgeschrieben? Wenn ich mich nicht verzählt habe, dann macht das tausendundeinen. Es werden noch einige Millionen folgen.“[12]

Carrols Punkt ist, daß die Regeln der Logik nicht wie Diamanten aus der Erde gegraben werden; sie gründen in der menschlichen *Intuition*! Unser dringendes *Gefühl*, daß „Wenn A und B wahr sind, Z wahr sein muß“, kann nicht begründet oder auf anderes zurückgeführt werden. Werden wir mit jemandem konfrontiert, der dieses Gefühl nicht teilt, dann können wir die Diskussion nur fallenlassen und stattdessen Fußball vorschlagen.

Ein mathematischer Logiker unserer Tage, Rosser, drückt dies so aus:

[Der Mathematiker] darf nicht vergessen, daß seine Intuition die oberste Autorität ist, so daß er im Falle eines unversöhnlichen Konflikts zwischen seiner Intuition und irgendeinem (...) logischen System die (...)

[12] Aus: Carroll, Lewis: *What the Tortoise said to Achilles.* Mind, Oxford University Press, New Series, 4(1895), S. 278-80

> Logik aufgeben sollte. Er kann andere logische (...) Systeme ausprobieren und vielleicht eines finden, das seinen Wünschen eher entspricht, aber er hätte Schwierigkeiten, seine Intuition zu ändern.[13]

So gern der Mathematiker sein System auch von der Intuition, die er für wenig verläßlich hält, abschotten möchte, durchdringen doch zentrale intuitive Vorstellungen jede Barriere. Die Logik selbst beruht auf Intuition und kann mit der Unzuverlässigkeit der Intuition kontaminiert sein.

Wir lernen die Logik, zumindest informell, zusammen mit unserer abendländischen Sprache. In diesem Sinne verhält sich die Logik wie eine getönte Brille, die uns früh in unserem Leben angepaßt wird, die wir kaum wahrnehmen, und mit der wir gemäß unserem kulturellen Standard intellektuell reifen. Diese Brille färbt alles, so daß wir, wohin wir auch sehen, ganz natürlich überall Bestätigung finden. Aber verzerrt sie nicht auch? Könnte die allgemein akzeptierte Logik sich irgendwie im Irrtum befinden (könnten Millionen von Menschen falsch liegen)? Ganz natürlich würden wir eher nein sagen. Es ist aber denkbar, daß die Antwort ja lautet, denn bei all unserem Wissen könnte etwas „falsch" mit unserer Sprache oder sogar unseren Gehirnen sein. Es könnte sein, daß die einzigen Menschen, die richtig argumentieren, ein paar Außenseiter sind, die Fußball spielen!

Die zweite Stelle, an der Logik anfällig für Zweifel ist, ist die unausweichliche Existenz logischer Paradoxa. Das sind Argumentationen, die scheinbar von vernünftigen Prämissen ausgehen, keine der Regeln der Logik verletzen, und doch Schlußfolgerungen zulassen, die irrig oder widersprüchlich sind.

Sicherlich sind einige der Paradoxa, die im Laufe der Jahre bekannt geworden sind, zu praktisch jedermanns Zufriedenheit aufgelöst worden. Dies ist z.B. der Fall bei Zenos Paradoxon von Achilles und der Schildkröte (siehe Anmerkung 11 auf Seite 10), das man üblicherweise als Resultat einer Annahme erklärt, von der Mathematiker heute wissen, daß sie falsch ist: nämlich, daß die Summe von unendlich vielen Größen unendlich groß sein muß.

Andere Paradoxa haben größere Schwierigkeiten bereitet. Ein ganzes um die Jahrhundertwende bekannt gewordenes Bündel von ihnen[14] ist beispielsweise von den Logikern nicht so sehr „gelöst" als vielmehr „vermieden" worden – durch die Bestimmung neuer logischer Regeln, die die Argumentationsweise, auf der die Paradoxa beruhen, verbietet. Dieser Lösungsweg gilt weithin als bloßer Lückenbüßer, während die Suche nach einer befriedigenderen Lösung weitergeht.

Carrolls Punkt war der folgende: Wir können nicht sicher sein, daß die Logik *stimmt*. Ungelöste Paradoxa gehen noch weiter: Sie zeigen anscheinend, daß die Logik *falsch* ist. Es ist daher nicht überraschend, daß jedes neue Paradoxon größte Aufmerksamkeit auf sich zieht. Hier ist ein neueres Beispiel:

---

[13] Rosser, S. 11.

[14] Mendelson, Elliott: *Introduction to Mathematical Logik*. New York: Van Nostrand, 1979, S. 2–4

„Ein neues und mächtiges Paradoxon ist aufgetaucht.“ Dies ist der erste Satz eines hirnzermarternden Artikels von Michael Scriven, der in der 1951er Juli-Ausgabe der britischen philosophischen Zeitschrift *Mind* erschien. (...) Daß das Paradoxon wirklich schwierig ist, ist ausreichend dadurch bestätigt, daß mittlerweile mehr als 20 Artikel darüber in Fachzeitschriften erschienen sind. Die Autoren, von denen viele ausgewiesene Philosophen sind, gehen in ihren Lösungsversuchen weit auseinander. Bisher ist kein Konsens erreicht, und so ist das Paradoxon noch immer ein kontrovers diskutierter Gegenstand.

(...) Oft nimmt es die Form des Rätsels über einen Mann an, der zum Tod durch Erhängen verurteilt wurde.

Der Mann wurde am Samstag verurteilt. „Sie werden zur Mittagszeit gehängt werden“, sagte der Richter zum Gefangenen, „an einem der sieben Tage der nächsten Woche. Aber Sie werden nicht wissen, an welchem Tag, bis zu dem Zeitpunkt, wo Sie am Morgen des Tages, an dem Sie gehängt werden, darüber informiert werden.“

Der Richter war bekannt als ein Mensch, der sein Wort stets hält. Der Gefangene kehrte in Begleitung seines Anwalts in seine Zelle zurück. Sobald die beiden Männer allein waren, breitete sich ein Grinsen auf dem Gesicht des Anwalts aus. „Verstehen Sie?“ rief er aus. „Das Urteil des Richters kann unmöglich ausgeführt werden.“

„Das verstehe ich nicht“, sagte der Gefangene.

„Lassen Sie es mich Ihnen erklären. Offensichtlich kann man Sie nicht am nächsten Samstag hängen. Samstag ist der letzte Tag der Woche. Am Freitag Nachmittag wären Sie immer noch am Leben und wüßten mit absoluter Sicherheit, daß die Urteilsvollstreckung am Samstag stattfinden würde. Sie würden es wissen, *bevor* man es Ihnen am Samstag Morgen mitteilt. Das würde den Beschluß des Richters verletzen.“

„Stimmt“, sagte der Gefangene.

„Damit ist Samstag definitiv ausgeschlossen“, fuhr der Anwalt fort. „Also ist Freitag der letzte Tag, an dem man Sie hängen kann. Aber am Freitag kann man Sie nicht hängen, denn Donnerstag Nachmittag würden nur zwei Tage verbleiben: Freitag und Samstag. Da Samstag als Möglichkeit ausfällt, müßte die Urteilsvollstreckung am Freitag stattfinden. Ihr Wissen um diese Tatsache würde den richterlichen Beschluß wieder verletzen. Damit fällt Freitag aus. Also bleibt Donnerstag als letzte Möglichkeit. Aber Donnerstag fällt aus, weil Sie, wenn Sie am Mittwoch Nachmittag noch am Leben wären, schon wüßten, daß Donnerstag der Tag der Urteilsvollstreckung sein muß.“

„Ich verstehe“, sagte der Gefangene, der bereits begann, sich viel besser zu fühlen. „Auf genau dieselbe Weise kann ich Mittwoch, Dienstag und Montag als Möglichkeiten ausschließen. Damit bleibt nur noch

> morgen. Aber sie können mich morgen nicht hängen, denn ich weiß es heute schon!“
>
> ...
>
> (...) Der Gefangene ist durch scheinbar zwingende Logik überzeugt, daß er nicht ohne Verstoß gegen die speziellen Bedingungen seines Urteils gehängt werden kann. Dann, am Donnerstag Morgen, erscheint zu seiner großen Überraschung der Henker. Natürlich hat er ihn nicht erwartet. Noch überraschender ist, daß der richterliche Beschluß sich nun als vollkommen korrekt herausstellt. Das Urteil kann genau in der Form ausgeführt werden, in der es verkündet wurde. „Ich glaube, dieser Beigeschmack einer von der wirklichen Welt widerlegten Logik macht das Paradoxon ausgesprochen faszinierend“, schreibt Scriven. „Mitleiderregend wiederholen die Logiker all die alten Rituale, die bisher noch stets den Bann gebrochen haben. Aber irgendwie hat das Monster, die Realität, den entscheidenden Punkt verpaßt und schreitet einfach weiter fort.“[15]

Ob dieses Paradoxon jemals gelöst wird oder nicht, die Zwangslage des Gefangenen ist eine treffende Metapher für die Lage, in der wir uns als logische Denker möglicherweise befinden, oder wie der argentinische Schriftsteller Jorge Luis Borges es in einem von der Carrollschen Geschichte inspirierten Essay ausdrückt: Es könnte sein:

> Wir (...) haben die Welt geträumt. In unserem Traum war sie fest, geheimnisvoll, sichtbar, allgegenwärtig im Raum und andauernd in der Zeit; aber in ihrer Architektur ließen wir dünne und ewige Spalten der Unvernunft zu [die logischen Paradoxa], die uns erzählen, daß sie falsch ist.[16]

Beweise[17]

So interessant weitere Spekulation über die Verläßlichkeit der Logik auch sein mag, ist sie doch nicht der Hauptgegenstand dieses Buches. Nehmen wir also die Richtigkeit der traditionellen Logik als gegeben an (wozu wir allen Grund haben) und richten wir unser Augenmerk auf Punkt (4) des Schemas für ein materiales axiomatisches System (Seite 7) und sprechen wir von der *Art und Weise*, in der die Mathematiker, deren Werk wir untersuchen wollen, die logische Deduktion von Sätzen tatsächlich durchgeführt haben.

---

[15] Gardner, Martin: „Mathematical Games“. In: *Scientific American*,März 1963.

[16] Borges, Jorge Luis: „Avatars of the Tortoise“. In: *Labyrinths*. New Directions Publishing, 1962.

[17] Teile des Materials aus diesem Abschnitt stammen aus Greenberg, S. 32–34.

Sätze sind „bedingte“ Aussagen, d.h. Aussagen von der Form „Wenn ..., dann ....“ Der Teil zwischen „wenn“ und „dann“ ist die „Hypothese“ oder „Voraussetzung“, der Teil nach „dann“ ist die „Schlußfolgerung“ oder „Konklusion“. Manchmal erscheint ein Satz in einer Form, die keine bedingte Aussage zu sein scheint, aber nichtsdestoweniger kann er dann in diese Form übersetzt werden. Z.B. kann Euklids Satz I.5

> Im gleichschenkligen Dreieck sind die Winkel an der Grundlinie einander gleich

in die Form

> Wenn ein Dreieck zwei gleiche Seiten hat, dann sind die diesen Seiten gegenüberliegenden Winkel einander gleich

umgeschrieben werden. Die umgeschriebene Version verdeutlicht, daß die Voraussetzung lautet: „Ein Dreieck hat zwei gleiche Seiten“, während die Schlußfolgerung lautet: „Die diesen Seiten gegenüberliegenden Winkel sind gleich.“

Ein Satz ist nicht *nur* eine bedingte Aussage; es ist eine bedingte Aussage, die einen *Beweis* besitzt. Hier kommen wir zum entscheidenden Punkt.

Ein „Beweis“ ist eine Liste von Behauptungen einschließlich Rechtfertigungen für jede von ihnen, endend mit der gewünschten Schlußfolgerung. *Nur sieben verschiedene Typen der Rechtfertigung sind zugelassen:*

(1) „nach Voraussetzung“	(die Voraussetzung des Satzes)
(2) „nach Annahme des Gegenteils“	(im Falle eines Widerspruchsbeweises – s. u.)
(3) „nach Axiom ... “	(ein Axiom des Systems)
(4) „nach Satz ... “	(ein bereits früher bewiesener Satz)
(5) „nach Definition ... “	(die Bedeutung eines *definierten* Terms)
(6) „nach Beweisschritt ... “	(ein vorhergehender Schritt im Beweis)
(7) „nach Regel ... der Logik“	(eine Regel der Logik)

Beim Beweis eines Satzes betrachtet man die Voraussetzung des Satzes, die Axiome und alle bereits früher bewiesenen Sätze als wahr und versucht, die Schlußfolgerung zu deduzieren.

Beachten Sie, daß man sich *nur* auf die Bedeutung definierter Terme beziehen darf, *niemals* jedoch auf die Bedeutung der undefinierten Terme. Mathematiker bestehen darauf, weil es feine Unterschiede darin gibt, wie verschiedene Leute diese undefinierten Terme verstehen. Nach meinem Gefühl könnte ein undefinierter Term mit einer bestimmten Eigenschaft ausgestattet sein, während Ihr Gefühl davon abweicht; wenn ich diese Eigenschaft in einem Beweis verwende, werden Sie meinen Beweis unverständlich finden. Das ist aber schlecht, denn ein Beweis sollte eigentlich zur Verständigung zwischen den Menschen dienen. Darum bestehen wir darauf, daß die einzigen Eigenschaften eines undefinierten Terms, die in einem Beweis verwendet werden dürfen, diejenigen sind, auf die wir uns zu Beginn geeinigt haben – nämlich diejenigen, die in den Axiomen erwähnt werden. Wenn wir einem undefinierten Term eine bestimmte Eigenschaft zuschreiben wollen, die in den Axiomen nicht spezifiziert ist, dann müssen wir entweder einen Satz beweisen, der besagt, daß der Term die entsprechende Eigenschaft hat, oder, falls uns das mißlingt, wir aber trotzdem wollen, daß der undefinierte Term diese Eigenschaft hat, ein neues Axiom hinzufügen, das den undefinierten Term mit der gewünschten Eigenschaft ausstattet.

Wir werden nur sehr wenige Regeln der Logik namentlich erwähnen. Eine vollständige Liste würde diesen Teil des Buches unverhältnismäßig stark anschwellen lassen. Sollten Sie sich schon einmal mit formaler Logik beschäftigt haben, dann wird es für Sie keine Schwierigkeit sein, die üblichen Bezeichnungen für die Typen von Folgerungen, die wir anwenden, einzufügen, wenn Sie dies wünschen. Falls Sie sich noch nicht mit formaler Logik beschäftigt haben – und ich nehme an, daß meine Leser das *nicht* haben –, seien Sie versichert, daß Sie nicht den kleinsten Nachteil dadurch haben. Jede verzwickte Argumentation wird sorgfältig erklärt werden (zu jedermanns Zufriedenheit) und der Rest wird so einfach sein wie die Deduktion von Z aus A und B in Carrolls Syllogismus

(A) Was demselben gleich ist, ist auch einander gleich.
(B) Die zwei Seiten dieses Dreiecks sind derselben gleich.
(Z) Die zwei Seiten dieses Dreiecks sind einander gleich.

In einfachen Deduktionen wie dieser – und die meisten unserer Deduktionen werden genauso einfach sein – werden wir üblicherweise annehmen, daß „nach Schritt A und B“ ein ausreichendes Argument für Schritt Z ist. Die Gültigkeit unseres spontanen Urteils: „Wenn A und B wahr sind, muß Z wahr sein“ wird von unserem Unvermögen, die offizielle Regel anzugeben, unter der ein Logiker dieses Urteil einordnen würde, nicht berührt.

Zwei Regeln der Logik, die wir explizit erwähnen *sollten*, bilden die Basis für den „Widerspruchsbeweis“, eine gängigemathematische Technik, die manche Leute nur schwer verstehen.

Gesetz vom ausgeschlossenenen Dritten: Entweder eine Behauptung ist wahr, oder ihre Negation ist wahr (es gibt keine „dritte“ Möglichkeit).

Gesetz vom ausgeschlossenen Widerspruch: Eine Behauptung und ihre Negation können nicht beide wahr sein.

Der Widerspruchsbeweis heißt auch „indirekter Beweis“ oder „Beweis durch *reductio ad absurdum*“. Über diese Technik schrieb der hervorragende britische Mathematiker G. H. Hardy[18] (1877–1947):

[18] In den zwanziger Jahren war Hardy nach eigener Einschätzung der fünftbeste reine Mathematiker in der Welt. In seinen späteren Jahren, als seine Fähigkeit, neue Mathematik zu schaffen,

> *Reductio ad absurdum*, die Euklid so sehr mochte, ist eine der schärfsten Waffen der Mathematiker. Es ist ein viel exquisiteres Gambit als jedes Gambit im Schach: ein Schachspieler bietet vielleicht ein Bauernopfer oder sogar das Opfer einer Figur an, aber ein Mathematiker bietet *das Spiel* an.[19]

Um einen Satz „Wenn A, dann S“ (A für Annahme, S für Schlußfolgerung) mit dieser Technik zu beweisen, beginnen wir mit der Annahme, daß ~S (die Negation von S) wahr ist. Das ist die *Annahme des Gegenteils.* Es ist eine *zeitweilige* Annahme, aus der wir einen *Widerspruch* ableiten. Haben wir einmal gezeigt, daß ~S zu einem Widerspruch führt, so folgt aus den Gesetzen vom ausgeschlossenen Widerspruch und vom Ausgeschlossenen Dritten, daß S wahr sein muß.

Ein „Widerspruch“ ist eine Behauptung, die etwas abstreitet, das als wahr akzeptiert wurde: ein Axiom, ein früher bewiesener Satz, die Annahme A oder sogar die Annahme des Gegenteils ~S selbst.

Der Widerspruchsbeweis läuft darauf hinaus, sich auf den Standpunkt zu stellen: „Betrachten wir die Alternative.“ Ich habe A, ich möchte S zeigen. Wegen der zwei Gesetze der Logik weiß ich, daß eine, und nur eine, der zwei Behauptungen S oder ~S wahr ist. Die einzige Alternative zur Wahrheit von S ist also die Wahrheit von ~S. Also untersuche ich die Möglichkeit, daß ~S wahr ist. Durch Deduktion eines Widerspruches entdecke ich, daß, wenn ~S wahr wäre, irgendetwas Verrücktes passieren würde. Also schließe ich, daß ~S nicht akzeptabel ist und daß konsequenterweise S die wahre Behauptung ist.

Der pythagoräische Beweis der Irrationalität von $\sqrt{2}$ (siehe S. 4–5) ist ein Widerspruchsbeweis. Die Annahme A ist dabei, daß $\sqrt{2}$ eine Zahl ist, deren Quadrat gleich 2 ist (A wird normalerweise nicht erwähnt, weil wir sie als gegeben annehmen – sie ist implizit in unserem Verständnis des Symbols „$\sqrt{2}$“ enthalten). Die gewünschte Schlußfolgerung S ist, daß die Zahl $\sqrt{2}$ keine *rationale* Zahl (ein Verhältnis zweier ganzer Zahlen) ist. Die andere Möglichkeit ~S ist natürlich die, daß $\sqrt{2}$ eine rationale Zahl *ist.* Der Beweis beginnt damit, daß die Möglichkeit, ~S sei wahr, in Erwägung gezogen wird, und endet mit der Schlußfolgerung, daß, weil diese Möglichkeit zu einem Widerspruch führt, S stattdessen wahr sein muß. Der Beweis verläuft in Umrissen folgendermaßen (siehe unsere frühere Darstellung für weitere Details):

---

abnahm, verlegte er sich auf das Schreiben erstklassiger Lehrbücher und des wundervollen Buches *A Mathematician's Apology*, einer Rechtfertigung seines Lebenswerkes aus hauptsächlich ästhetischen Gründen (Cambridge: Cambridge University Press, 1969). Der Erzähler und Bühnenautor Graham Greene schrieb in einer Rezension über die *Apology*:

> Ich kenne keinen Text – mit Ausnahme vielleicht von Henry James's *Introductory Essays* – der so klar und ohne jedes Getue die Leidenschaft des schaffenden Künstlers ausdrückt.

Seit 1967 ist den Nachdrucken von *A Mathematician's Apology* ein bewegendes Vorwort von Hardys langjährigem Freund, dem Autor und Physiker C. P. Snow vorangestellt.

[19] Hardy, *A Mathematician's Apology*, a.a.O., S. 94.

1. Angenommen, $\sqrt{2}$ ist rational	(Dies ist ∼S, die Annahme des Gegenteils.)
2. Dann gibt es zwei ganze Zahlen p und q ohne gemeinsamen Faktor (außer 1) derart, daß $\sqrt{2} = p/q$.	(Dies gilt nach Schritt 1., zusammen mit der Definition einer „rationalen" Zahl und einem früheren Satz, der sagt, daß jede rationale Zahl vollständig gekürzt werden kann.)
3. Dann ist $2q^2 = p^2$.	(Gefolgert aus Schritt 2 unter Verwendung der Annahme A und früherer Sätze – der Regeln der Arithmetik.)
4. Dann ist p^2 gerade.	(Gefolgert aus Schritt 3 nach Definition des Terms „gerade".)
5. Dann ist p gerade.	(Nach Schritt 4 und einem früheren Satz, der besagt, daß nur gerade Zahlen gerade Quadrate besitzen.)
6. Dann ist q ungerade.	(Nach Schritt 2 (p und q haben keinen gemeinsamen Faktor), Schritt 5 und den Definitionen von „gerade" und „ungerade".)
7. q^2 ist gerade.	(Gefolgert aus den Schritten 5 und 3 nach den Regeln der Arithmetik und der Definition von „gerade".)
8. Dann ist q gerade.	(Nach Schritt 7 und dem Satz, der in Schritt 5 verwendet wurde.)
9. Widerspruch.	(Im Hinblick auf die Definitionen von „gerade" und „ungerade" gerät Schritt 8 in Konflikt mit Schritt 6.)
10. Daher ist $\sqrt{2}$ nicht rational.	(Nachdem ∼S zu einer Absurdität geführt hat und S die einzige Alternative ist, schließen wir, daß S die Behauptung ist, die wahr sein muß.)

Nach meinem Dafürhalten gibt es zwei Gründe, warum die Methode des Widerspruchsbeweises einige Menschen verwirrt. Erstens erscheint es lächerlich, einen Beweis mit einer *Annahme* zu beginnen. Wie kann bloßes So-tun-als-ob zu irgendetwas Solidem führen? Und zweitens kann der Sprung von dem Beweisschritt, der den Widerspruch feststellt, zur Schlußfolgerung (im obigen Beispiel der Sprung von Schritt 9 nach Schritt 10) psychisch sehr groß sein, weil die gerade vorher besprochenen Kniffligkeiten oftmals keine sichtbare Verbindung zur Schlußfolgerung besitzen (im obigen Beispiel scheint die Tatsache, daß q^2 oder q gerade sind, nichts mit der Irrationalität von $\sqrt{2}$ zu tun zu haben).

Um dem abzuhelfen, muß man sich klar machen, daß wir mit der Annahme, ∼S sei wahr (im obigen Beispiel mit der Annahme, $\sqrt{2}$ sei rational), nicht zugestehen, daß $\sim$S wahr *ist*, sondern nur *die Möglichkeit in Erwägung ziehen*, daß es wahr sein *könnte*, um zu sehen, was dann passieren würde; der sich ergebende Widerspruch zeigt dann, daß dies nicht sein kann. (Im obigen Beispiel ist die Absurdität einer Zahl, die zugleich gerade und ungerade ist, das, was passieren *würde, wenn* $\sqrt{2}$ rational wäre; woraus wir dann schließen, daß $\sqrt{2}$ *nicht* rational ist.)

Es gibt heute eine Minderheit von Mathematikern, die Intuitionisten und Konstruktivisten, die in manchen Kontexten das Gesetz vom Ausgeschlossenen Dritten ablehnen und damit die uneingeschränkte Verwendung des Widerspruchsbeweises ablehnen. Ihre Kritik hat aber keinen großen Einfluß auf die Hauptströmung der Mathematik gehabt. Wie dem auch sei. Da der Widerspruchsbeweis erst *nach* der Erfindung der nichteuklidischen Geometrie ernsthaft in Frage gestellt wurde und da die Mathematiker, deren Arbeit *wir* studieren werden, den Widerspruchsbeweis ohne jedes Zögern verwendeten (noch dazu *oft*), werden wir diese Technik uneingeschränkt benutzen, wann immer es uns vorteilhaft erscheint.

Ein einfaches Beispiel eines materialen axiomatischen Systems

Dieses System[20] heißt „Der Club der Schildkröten“. Vergleichen Sie es mit dem Schema auf S. 7.

Die primitiven Terme lauten *Person* und *Versammlung*. Es ist beabsichtigt, daß diese Terme im alltäglichen Sinn verstanden werden.

Definitonen. Der *Club der Schildkröten* ist eine Versammlung einer oder mehrerer Personen. Eine Person im Club der Schildkröten heißt *Schildkröte*. Die *Ausschüsse* sind bestimmte Versammlungen einer oder mehrerer Schildkröten. Eine Schildkröte in einem Ausschuß heißt *Mitglied* dieses Ausschusses. Zwei Ausschüsse sind *gleich*, wenn jedes Mitglied des ersten Ausschusses auch Mitglied des zweiten Ausschusses ist und wenn jedes Mitglied des zweiten Ausschusses auch Mitglied des ersten Ausschusses ist. Zwei Ausschüsse, die keine gemeinsamen Mitglieder haben, heißen *disjunkte* Ausschüsse.

Axiome

(1) Jede Schildkröte ist Mitglied in mindestens einem Ausschuß.
(2) Zu jedem Paar von Schildkröten gibt es einen und nur einen Ausschuß, so daß beide Schildkröten Mitglieder dieses Ausschusses sind.
(3) Zu jedem Ausschuß gibt es einen und nur einen disjunkten Ausschuß.

Das Schema auf S. 7 besagt, daß die Axiome „Aussagen über die primitiven Terme“ sein müssen – was sie letzten Endes auch sind, wenngleich definierte Terme verwendet werden, um sie etwas ökonomischer zu formulieren –, die vom Leser „als wahr angenommen werden können“. *Ich* finde die Axiome (1)–(3) akzeptabel, weil

[20] Aus Eves, S. 15.

sie akkurat eine Liste von Namen und Zuordnungen dieser Namen zu Ausschüssen beschreiben, die ich vor mit liegen habe, während ich dies schreibe. Wenn Sie sich auf mein Wort verlassen wollen, dann können wir jetzt an das Beweisen von Sätzen gehen. (Ich weiß, dies ist etwas ungewöhnlich. Wenn wir zur euklidischen Geometrie kommen, werden Sie sich auf Ihren eigenen gesunden Menschenverstand verlassen können.)

Satz 1. *Jede Schildkröte ist Mitglied mindestens zweier Ausschüsse.*

Umformulierung als bedingte Aussage: „Wenn eine Person eine Schildkröte ist, dann ist die Person Mitglied mindestens zweier Ausschüsse.“ Die Formulierung eines Satzes als bedingte Aussage ist häufig unbeholfen.

Beweis. (Ein Kommentar folgt unten.)

Aussagen	*Begründungen*
1. Sei „t“ eine Schildkröte (siehe Abb. 6).	Voraussetzung, Benennung

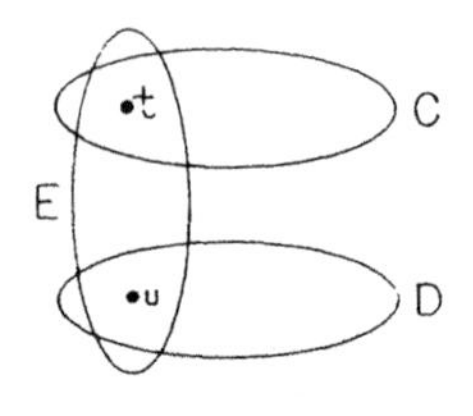

Abbildung 6

Aussagen	*Begründungen*
2. t ist Mitglied eines Ausschusses „C“.	Ax. 1, Benennung
3. Sei „D“ der zu C disjunkte Ausschuß.	Ax. 3, Benennung
4. Sei „u“ ein Mitglied von D.	Def. v. „Ausschuß“, Benennung
5. u ist nicht Mitglied von C.	Def. v. „disjunkt“
6. Es gibt einen Ausschuß „E“, in dem t und u Mitglieder sind.	Ax. 2, Benennung
7. C und E sind nicht gleich.	Def. v. „gleich“, 5., 6.
8. t ist Mitglied beider Ausschüsse C und E.	2., 6.
9. t ist Mitglied von mindestens zwei Ausschüssen.	7., 8.
10. Daher ist jede Schildkröte Mitglied in mindestens zwei Ausschüssen.	Verallgemeinerung

Abbildung 6 ist *nicht* Teil des Beweises – mathematische Zeichnungen sind dies niemals. Sie vereinfacht aber das Nachvollziehen der Begründungen. Ich habe Schildkröten durch Punkte und Ausschüsse durch Ovale dargestellt.

In Schritt 1 wähle und benenne ich eine typische Schildkröte. Ich weiß, daß eine solche Person existiert, denn ihre Existenz ist durch die Voraussetzung (und durch die Definitionen von „Schildkrötenclub" und „Schildkröte") gesichert. Es ist eine Regel der Logik (auf die ich mich mit dem Wort „benennen" beziehe), daß jedes Ding, dessen Existenz bekannt ist, zum Zweck der späteren Bezugnahme benannt werden kann.

Wenngleich t eine *typische* Schildkröte ist, beachten Sie bitte, daß ich nicht festgelegt habe, *welche* Schildkröte (welche Person auf meiner Liste) t ist. Dies liegt daran, daß ich eigentlich über *alle* Schildkröten *auf einmal* sprechen möchte. Wenn ich über eine typische Schildkröte nachdenke und dabei *nur* Eigenschaften dieser Person verwende, die diese Person mit *allen anderen* Schildkröten teilt, dann sind meine Deduktionen auf *alle* Schildkröten anwendbar. Es gibt eine Regel der Logik (genannt „Verallgemeinerung"), die dies sicherstellt. Ich habe sie in Schritt 10 verwendet, nachdem ich gezeigt habe, daß meine ausgewählte Schildkröte t Mitglied mindestens zweier Ausschüsse ist. Im täglichen Leben ist nicht jedes Individuum „typisch", und „Verallgemeinerungen" sind häufig falsch; in der Mathematik hingegen bedeutet „typisch sein" dasselbe wie „Eigenschaften haben, die von ausnahmslos allen Individuen geteilt werden", wodurch mathematische „Verallgemeinerungen" vollkommen zuverlässig werden.

Der entscheidende Punkt beim Benennen ist, daß ich irgendetwas *haben* muß, um es zu benennen. Benennung setzt Existenz voraus. Deshalb habe ich in Schritt 2 zuerst Axiom 1 aufgeführt, das besagt, daß es tatsächlich einen Ausschuß gibt, zu dem t gehört. Hierin verläuft Schritt 1 ähnlich, wie wir gesehen haben; ebenso die Schritte 3, 4 und 6.

In Schritt 4 habe ich mich auf die Definition des Begriffs „Ausschuß" bezogen, um meine implizite Behauptung zu stützen, daß der Ausschuß D mindestens ein Mitglied hat. „So ein Blödsinn!" könnten Sie sagen. „Natürlich hat D ein Mitglied. Ein Ausschuß ist grundsätzlich eine Versammlung von Personen. Wer hat jemals von einer Versammlung von Personen gehört, die überhaupt keine Person umfaßt?" Kann sein, daß *Sie* das nicht haben. Aber können Sie sicher sein, daß andere das Wort „Versammlung" auf die gleiche Art und Weise verstehen? „Versammlung" ist ein primitiver Term, und wir haben ein paar Seiten vorher festgehalten, daß die Bedeutung eines primitiven Terms in einem Beweis nicht benutzt werden darf. Also beziehe ich mich stattdessen auf die Definition von „Ausschuß". (Übrigens sprechen Mathematiker die ganze Zeit über *leere* „Versammlungen", das ist Teil ihres „Alltagsverständnisses" dieses Wortes.)

In zukünftigen Beweisen werde ich „Benennung" nicht mehr hinschreiben, weil diese logische Regel dauernd benutzt wird und ich unsere Begründungen damit nicht überfrachten möchte. Allerdings werde ich die Praxis beibehalten, einen Namen in Anführungsstriche zu setzen, wenn er das erste Mal auftaucht. Das wird für Sie das Signal sein, sich selbst zu fragen, „Woher wissen wir, daß dieses Ding, das wir hier benennen, überhaupt existiert?“ und unter der Begründung nach einer Antwort zu suchen.

Damit kommen wir zu einem allgemeineren Punkt. Ich beabsichtige nicht, in den Begründungen jede einzelne Tatsache aufzuführen, von der die Behauptung abhängt. Bespielsweise hängt Schritt 5 von den Schritten 3 und 4, aber auch von einer Definition ab, so daß eine *vollständige* Begründung lauten würde: „3., 4., Def. v. ‚disjunkt‘.“ Die Begründungen einiger anderer Schritte sind ähnlich unvollständig. Im allgemeinen werde ich für jeden Schritt nur die wesentlichen Tatsachen angeben, auf denen diese Schlußfolgerung beruht, und die Details auslassen, von denen ich meine, daß Sie sie leicht einfügen könnten (wenn Sie das wünschen), die aber die Hauptrichtung der Argumentation verdunkeln, wenn man sie alle einzeln aufzählt. Redundanz riskiere ich allerdings lieber als Unlesbarkeit. Das heißt, wenn immer ein Schritt ein bißchen kompliziert ist, wie z.B. Schritt 7, werde ich zusätzliche Infomation bereitstellen.

Satz 2. *Jeder Ausschuß hat mindestens 2 Mitglieder.*

Oder in Form einer bedingten Aussage: „Wenn eine Versammlung von Schildkröten einen Ausschuß bildet, dann besteht diese Versammlung aus mindestens zwei Schildkröten.“ In Zukunft werde ich Sätze nicht mehr umformulieren, es sei denn, ihre ursprüngliche Form macht es besonders schwierig, zwischen Voraussetzung und Schlußfolgerung zu unterscheiden.

Beweis.

1. Sei „C“ einer der Ausschüsse (siehe Abb. 7). 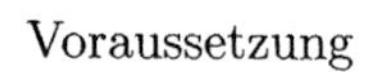 Voraussetzung

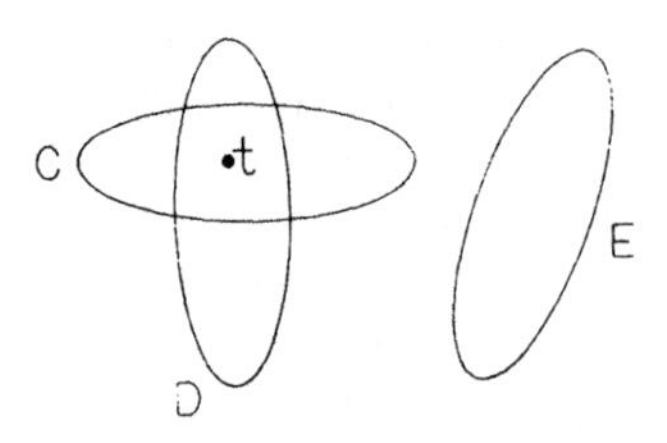

Abbildung 7

2. C hat mindestens ein Mitglied „t“. — Def. v. „Ausschuß“
3. Angenommen, t ist das einzige Mitglied von C. — Annahme des Gegenteils
4. t ist eine Schildkröte. — Def. v. „Ausschuß“
5. t ist Mitglied eines zweiten Ausschusses „D“. — Satz 1
6. Sei „E“ der zu D disjunkte Ausschuß. — Ax. 3

7. t ist nicht Mitglied von E.	Def. v. „disjunkt“, 5., 6.
8. C und E sind disjunkt.	Def. v. „disjunkt“, 3., 7.
9. E ist disjunkt zu C und D.	6., 8.
10. Aber E ist nur zu *einem* Ausschuß disjunkt.	Ax. 3
11. Widerspruch.	9. und 10.
12. Daher hat C mindestens zwei Mitglieder.	3.–11., Logik
13. Daher hat jeder Ausschuß mindestens zwei Mitglieder.	Verallgemeinerung

Der Beweis ist ein Widerspruchsbeweis. Ich möchte zeigen, daß C mindestens 2 Mitglieder hat, aber eine direkte Argumentation fällt mir nicht ein. Also wähle ich in Schritt 3 den einfachen Weg und nehme an, daß t das einzige Mitglied von C ist. Der Weg ist „einfach“, weil ich in einem Widerspruchsbeweis nicht wissen muß, wohin ich mich bewege. *Jeder* Widerspruch tut's, und schließlich taucht einer auf. Der Widerspruchsbeweis ist der Schrotschußansatz zur Herleitung eines Resultats.

Die Begründung des Schrittes 12 dient dazu, Sie an die Wirkungsweise eines Widerspruchsbeweises zu erinnern. Die Schritte 3 bis 11 zeigen, daß, wenn t das einzige Mitglied von C *wäre* (Schritt 3), ein Widerspruch (Schritt 11) folgen würde und daß daher, wegen der Gesetze vom ausgeschlossenen Widerspruch und vom ausgeschlossenen Dritten („Logik“) t *nicht* das einzige Mitglied von C sein kann. Widerspruchsbeweise sind oft leichter zu finden als direkte Beweise. Die Annahme des Gegenteils bedeutet eine zusätzliche „gegebene Voraussetzung“, und ein spezielles Ziel gibt es nicht; man sucht nur einen Widerspruch. Auf der anderen Seite sind direkte Beweise im allgemeinen *aufschlußreicher*. Deswegen setzen Mathematiker häufig die Suche nach einem direkten Beweis fort, wenn ein wichtiger Satz nur durch Widerspruch bewiesen worden ist. Darin sind sie nicht immer erfolgreich, weshalb die Kritik der Intuitionisten und Konstruktivisten am Widerspruchsbeweis nicht ignoriert werden darf.

Übungsaufgaben

1. Eine ganze Zahl soll *trinär* heißen, wenn sie ein Vielfaches von 3 ist. Die „trinären“ Zahlen sind also 3, 6, 9, 12, 15 usw. Beweisen Sie, daß nur trinäre Zahlen trinäre Quadrate besitzen. Verwenden Sie dieses Ergebnis, um zu beweisen, daß $\sqrt{3}$ nicht rational ist.
2. Beweisen Sie, daß jede Schildkröte Mitglied von mindestens *drei* Ausschüssen ist.
3. Welches ist die kleinstmögliche Zahl von Schildkröten? von Ausschüssen?

2 Euklidische Geometrie

Wie ich im Vorwort bemerkt habe, nehme ich an, daß Sie die ebene Geometrie in der Schule gelernt haben. Ich erwarte nicht, daß Sie sich an die Einzelheiten erinnern, aber ich hoffe, Sie haben ein Gefühl für die Spielregeln behalten.

Wir werden das Buch I der *Elemente* untersuchen. (Insgesamt bestehen die *Elemente* aus XIII „Büchern", die man heute wohl eher „Kapitel" nennen würde.) Da alle Schulbücher mindestens indirekt auf den *Elementen* beruhen, sind die meisten Sätze allgemein bekannt. Unser Ziel ist jedoch nicht so sehr das Studium des Inhaltes von Euklids Werk als vielmehr die Analyse von dessen Struktur.

Bevor wir anfangen, sollte ich Sie noch warnen, daß ich, wann immer ich „Euklid sagt ..." oder „Euklid nimmt an ..." oder etwas ähnliches sage, nur im übertragenen Sinne spreche. Niemand weiß genau, was Euklid tatsächlich geschrieben hat, geschweige denn, was er dachte, weil der Text, den wir heute besitzen, das Produkt vieler Hände ist.

Euklids *Elemente* waren bald als Standardeinführung in die Geometrie etabliert, und die Nachfrage nach Abschriften war groß. Da jede Abschrift Handarbeit war, müssen selbst direkte Abschriften des Originalmanuskripts etwas voneinander abgewichen sein. Textabweichungen mußten sich zwangsläufig ansammeln, als diese Abschriften und Abschriften dieser Abschriften im Mittelmeerraum verbreitet wurden, und sie wurden ihrerseits wieder und wieder abgeschrieben, und immer so weiter durch die Jahrhunderte. Manchmal wurden absichtlich Änderungen angebracht, z.B. als Theon von Alexandria[1] (4. Jahrhundert n. Chr.), der mit der nach fast 700 Jahren auf ihn gekommenen Version unzufrieden war, die Sprache klarer gestaltete, Zwischenschritte in den Beweisen ergänzte sowie alternative Beweise und kleinere eigene Sätze einfügte.

Die erste gedruckte Version der *Elemente* geht auf Theons revidierte Ausgabe zurück, und zwar folgendermaßen. Ungefähr 400 Jahre nach Theon wurde eine Abschrift (oder eine Abschrift einer Abschrift oder eine Abschrift einer Abschrift einer Abschrift etc.) von Theons revidierter Ausgabe ins Arabische übersetzt. Um 1120 wurde dann eine Abschrift (oder eine Abschrift einer Abschrift etc.) der arabischen Übersetzung vom englischen Philosophen Adelard von Bath ins Lateinische übersetzt. Adelards Übersetzung (oder eine Abschrift etc.) wurde um 1270 vom italienschen Wissenschaftler Campanus von Novara im Lichte anderer arabischer Quellen (die ihrerseits möglicherweise auf verschiedene revidierte griechische Fassungen von Theons revidierter Ausgabe zurückgingen) überarbeitet. Campanus'

---

[1] Theon von Alexandria war Professor am Museum; er brachte Euklids Werk heraus und schrieb Kommentare zu astronomischen Lehrbüchern. Theons Tochter Hypatia ist die erste Mathematikerin, deren Name uns bekannt ist. Im Jahre 415 wurde sie von einem Mob christlicher Fanatiker in Stücke gerissen, weil sie es ablehnte, ihr „heidnisches" Studium aufzugeben.

Überarbeitung (oder eine Abschrift etc.) wurde schließlich im Jahre 1482 in Venedig gedruckt. Die Titelseite gibt zwar Euklid als Urheber des Werkes an, jedoch wurden ungezählte Veränderungen auf der ungefähr 1800-jährigen Reise von der Hand Euklids bis zur Drucklegung angebracht.

Seit 1482 sind mehrere *griechische* Fassungen von Theons revidierter Ausgabe aufgetaucht, dazu wundersamerweise eine griechische Fassung der *Elemente*, die nicht auf Theon, sondern wahrscheinlich auf einer älteren Fassung beruht. Der dänische Philologe Johan L. Heiberg fertigte aus diesen Quellen in den 1880er Jahren eine Übersetzung an, die wahrscheinlich die getreueste Rekonstruktion des Originals ist, die jemals erreichbar sein wird. Unsere Zitate stammen aus der von Clemens Thaer in den 30er Jahren angefertigten deutschen Übersetzung des Heibergschen Textes.

Wie groß ist ein Punkt?[2]

Die *Elemente* haben kein Vorwort und keine Einleitung, es werden keine Ziele, keine Motivation und kein Kommentar formuliert. Das Werk beginnt abrupt mit einer Liste von 23 „Definitionen" zu Beginn von Buch I. Wir werden 19 davon brauchen. Die erste lautet:

Definition 1. Ein *Punkt* ist, was keine Teile hat.

Euklid sagt, daß man einen Punkt nicht in Teile teilen kann, nicht einmal in Gedanken; er hat weder Länge noch Breite noch Dicke.

Wenn ein Physiker oder eine Physikerin von heute ein Pendel untersucht, macht er oder sie die vereinfachenden Annahmen, daß die gesamte Masse im Pendelkörper konzentriert ist, daß die Aufhängung reibungsfrei gelagert ist und daß das Pendel in einem perfekten Vakuum schwingt. Solch ein Pendel gibt es natürlich nicht. Das Pendel eines Physikers ist ein *ideales* Pendel, ein Grenzfall, der von realen Pendeln mit immer leichteren Fäden und immer besser geölten Aufhängungen in einer immer dünneren Atmosphäre angenähert wird.

Wir können nicht genau sagen, was Euklid dachte, als er die *Elemente* schrieb, denn der Text enthält keine erklärenden Passagen; aber es scheint, als habe er die Geometrie als etwas angesehen, das der modernen Physik ähnelt. Ein *Punkt* ist in derselben Weise die Idealisierung eines Flecks, wie das Pendel des Physikers eine Idealisierung eines realen Pendels ist. Ein Punkt ist der Grenzfall, der von immer kleiner werdenden Flecken angenähert wird.

Wir können uns einen Punkt ohne weiteres als einen realen Fleck mit vernachlässigbaren Ausmaßen vorstellen – so daß er *im Endeffekt* „keine Teile hat" –, solange wir daran denken, daß er eigentlich ein ideales Objekt ist, dessen Länge, Breite und Dicke absolut Null sind.

[2] Der folgende Artikel sowie die Abb. 8 des Autors und die Skizze von K. Brenigan erschienen erstmals in *Two-Year College Mathematics Journal*, September 1983.

An dieser Stelle könnte Ihr gesunder Menschenverstand Einwände erheben.

„Geht das nicht schief?“ höre ich jemanden sagen. „Ich kann verstehen, daß der Durchmesser eines Punktes – den ich mir als winzigen Ball vorstelle – so klein sein könnte, daß wir ihn in der Praxis vernachlässigen können, ähnlich wie ein Chemiker den Durchmesser eines Atoms vernachlässigt. Aber wenn ein Punkt wirklich überhaupt keine Ausdehnung hätte, wie könnte dann selbst eine unendliche Anzahl davon eine 1 m lange Strecke ergeben? Egal, wie viele Nullen Sie aufaddieren, ich kann mir nicht vorstellen, wie das Ergebnis etwas anderes als Null sein könnte.“

Ich kann mir auch nicht vorstellen, wie das Ergebnis etwas anderes als Null sein könnte, aber das kümmert mich scheinbar weniger als Sie.

„Ich finde, das sollte es aber. Sie sind der Mathematiker, und es handelt sich hier um ein mathematisches Argument.“

Nicht wirklich, obgleich ich zugebe, daß es ein mathematisches Argument zu sein *scheint*. Es ist eigentlich eher intuitiv als logisch.

„Wie können Sie behaupten, es sei intuitiv? Sehen Sie doch mal. Wir haben eine Strecke von 1 m Länge –"

Ja.

„– und diese Strecke besteht aus Seite an Seite gelegten Punkten –"

Vorsicht! Wenn Punkte keine Größe haben, wie sollen sie dann „Seiten" haben? Und was soll es dann heißen, daß Punkte „Seite an Seite gelegt" werden? Verstehen Sie, worauf ich hinaus will?

„So ungefähr ... aber bedeutet das nicht, daß uns der Begriff des Punktes ohne Größe noch schneller, als ich erwartet hatte, in den Schlamassel gebracht hat?"

In intuitiven Schlamassel. Wir können uns kein detailliertes Bild davon machen, wie Punkte nun genau eine Strecke bilden. Aber nicht in logischen Schlamassel, jedenfalls nicht offensichtlich. Wir sind über ein Unvermögen unserer Vorstellungskraft gestolpert, deswegen wird die Diskussion ein bißchen seltsam; aber bis jetzt gibt es noch keinen klaren Widerspruch.

„... wir haben eine Strecke von 1 m Länge. Sie besteht *irgendwie* aus Punkten – wie, das soll uns nicht kümmern –"

Gut. Das ist genau die Einstellung, die ein Mathematiker –

„Moment mal! Sie sagten doch, jeder dieser Punkte habe die Länge *Null* –"

Genau, das ist Euklids Definition 1.

„Aber wenn jeder dieser Punkte *Null* zu der Länge von 1 m beiträgt, dann muß die gesamte Strecke auch die Länge Null haben! Da *haben* Sie Ihren Widerspruch."

Warum folgt aus der Tatsache, daß jeder Punkt die Länge Null hat, daß die gesamte Strecke ebenfalls die Länge Null hat?

... [frustriertes Schweigen.]

Es sieht bestimmt so aus, als würde ich Wortklauberei betreiben, aber das tue ich nicht, ehrlich. Diese Frage ist sehr subtil, sehr schwierig zu entwirren. Ich würde Sie gern davon überzeugen, daß der Standpunkt, den Euklid in der Definition 1 einnimmt, der für ihn *einzige* logisch mögliche ist. Dafür benötige ich aber Ihre Hilfe. Sagen Sie bitte: warum folgt für Sie aus der Tatsache, daß jeder Punkt die Länge Null hat, daß die gesamte Strecke die Länge Null hat? Sagen Sie es bitte so genau wie Sie können.

„... weil die Strecke *ausschließlich* aus Punkten besteht. Alle ihre Eigenschaften müssen aus denen der Punkte ableitbar sein. Speziell muß ihre Länge von der Länge der Punkte herrühren.

Ich möchte immer noch behaupten, daß die Länge der Strecke einfach die *Summe* der Längenmaße der Punkte ist, weil ich das Gefühl habe, daß Sie *doch* Wortklauberei betrieben haben, als Sie Einwände gegen meine Beschreibung der ‚Seite an Seite gelegten' Punkte erhoben haben. In *irgendeiner* Art und Weise sind sie ‚aufgereiht' zu einer Strecke. Die Streckenlänge muß die Summe ihrer einzelnen Längenbeiträge sein und ist darum Null.

Aber selbst wenn Ihre Einwände stichhaltig sind, bleibt die Tatsache bestehen, daß die Länge der Strecke *irgendwie* aus den Längen der Punkte erzeugt wird, und ich sehe keine Möglichkeit, einen Haufen Nullen mathematisch zu kombinieren und etwas anderes als wiederum Null herauszubekommen."

Okay, gut.

Lassen Sie mich damit anfangen, daß mein eigener gesunder Menschenverstand genauso energisch Einspruch gegen Euklids Definition 1 erhebt wie der Ihre, und das tut er ununterbrochen, seit ich Geometrie in der Schule kennenlernte. Aber ich habe gelernt, das zu ignorieren.

Das mag wohl komisch erscheinen – wie kann jemand seinen eigenen gesunden Menschenverstand ignorieren? Einstein sagte einmal,[3] der gesunde Menschenverstand sei nichts anderes als die Summe aller Vorurteile, die sich bis zum Alter von achtzehn Jahren im Gedächtnis abgelagert haben. Ich sehe das nicht ganz so kraß, aber ich glaube schon, daß der gesunde Menschenverstand nicht den gesamten intellektuellen Apparat eines Menschen ausmacht und daher Grenzen hat. Ohne eine genaue Definition des Begriffs „gesunder Menschenverstand" zu versuchen, lassen Sie mich festhalten, daß, wann immer ich diesen Begriff in mathematischem Zusammenhang verwende, er für mich die Vorstellungskraft und Intuition, aber nicht die logischen oder rechnerischen Fähigkeiten umfaßt. Natürlich kann die Arbeit des gesunden Menschenverstandes Logik oder Rechnen *involvieren*, z.B. wenn ein mit Hilfe der Intuition oder der Phantasie gewonnenes Urteil als Prämisse für eine Deduktion oder als Eingabe für eine Berechnung verwendet wird. Aber ich betrachte Logik und Rechnen als wesentlich verschieden vom gesunden Menschenverstand, weil der Rohstoff, mit dem Logik und Rechnen arbeiten, auch aus anderen Quellen stammen kann – z.B. aus einer Liste von Axiomen –, in welchem Falle die Schlußfolgerungen unabhängig von Intuition und Anschauung sind, ja ihnen sogar zuwiderlaufen können.

Mit anderen Worten: was mir vorschwebt, ist eine Unterscheidung zwischen zwei Arten der Argumentation: Argumentation mit dem „gesunden Menschenverstand", die Material aus der Intuition und der Anschauung akzeptiert – und sei dies noch so wenig –; und „mathematische Argumentation", die dies nicht tut. Und wenn uns auch die Geschichte der Mathematik lehrt, daß das, was die eine Generation als Herzstück der mathematischen Argumentation ansah, von einer späteren Generation als hoffnungslos intuitiv über Bord geworfen wurde, so daß es manchmal scheint, als sei mathematisches Argumentieren eher ein Ziel denn eine bereits bewältigte Aufgabe, ist es doch genau das Ringen um dieses Ziel, das seit der Zeit von Pythagoras das Kennzeichen der Mathematik darstellt.

Der gesunde Menschenverstand kann beiseitegelassen werden, denn er ist nicht die einzige Art zu denken, die wir haben. Und in der Mathematik *muß* er beiseitegelassen werden, wenn er mit Logik oder Rechnen in Konflikt gerät.

„Darf ich mal einhaken?"

Natürlich. Ich schweife ab.

[3] Zitiert in: Barnett, Lincoln: *The Universe and Dr. Einstein*, William Sloane Associates, 1948, S. 52.

„Ich glaube, ich weiß, worauf Sie hinauswollen. Sie wollen sagen, daß mein Standpunkt auf dem gesunden Menschenverstand beruht, daß er mit der Logik in Konflikt gerät und daß Euklids Standpunkt die einzige Alternative ist. Habe ich recht?"

Ja.

„Dann habe ich an zwei Stellen Schwierigkeiten. Erstens sehe ich nicht, inwiefern mein Standpunkt auf Intuition beruht. Zweitens sehe ich nicht, wie er zu einem logischen Widerspruch führt – er scheint eher zu zeigen, daß *Euklids* Standpunkt zu einem logischen Widerspruch führt."

Ihr Standpunkt beruht auf der Intuition, wenn Sie darauf bestehen, daß die Länge einer Strecke irgendeine mathematische Kombination – Sie denken da an die Summe – der Längenmaße der Punkte ist, aus denen sie zusammengesetzt ist. Aber es gibt einige Dinge, die Mathematiker einfach nicht können! Und eins davon ist die Kombination einer Sammlung von Größen, die so zahlreich sind wie die Punkte auf einer Strecke.[4] Einfache Addition z.B. kombiniert nur eine *endliche Anzahl* von Termen. Dasselbe gilt für die Multiplikation. Um ehrlich zu sein, gibt es *tatsächlich* eine moderne mathematische Methode, von der Sie vielleicht schon gehört haben, die sogenannte „Theorie der unendlichen Reihen", mit Hilfe derer manche unendliche Sammlungen von Größen „aufaddiert" werden können. (Solch eine Reihe findet sich gegen Ende der *Klugscheißer*-Anmerkung (Anmerkung 11 auf Seite 10.) Es gibt außerdem eine Theorie „unendlicher Produkte", die die Multiplikation erweitert. Aber die „Unendlichkeit" der Zahl der Terme in einer unendlichen Reihe oder einem unendlichen Produkt ist eine, die die Mathematiker „abzählbare" Unendlichkeit nennen und die viel kleiner als die „überabzählbare" Unendlichkeit der Zahl der Punkte auf einer Strecke ist.

Es gibt einen Begriff in der Analysis – das „bestimmte Integral" –, von dem man lange Zeit glaubte, es ergebe die Summe von überabzählbar unendlich vielen Termen. In der Tat halten die Mathematiker es bis auf den heutigen Tag für nützlich, es so zu *interpretieren.* Aber als eine *wirkliche* Summe wurde es nur solange angesehen, wie es ungenau definiert war. Nachdem im 19. Jahrhundert erst einmal eine genaue Definition formuliert worden war, beschlossen die Mathematiker, daß das bestimmte Integral nur in intuitivem Sinn als „Summe" betrachtet werden kann.

„Aber wenn es heutzutage auch keine mathematisch strenge Art und Weise gibt, genug Terme aufzuaddieren, könnte doch igendwann irgendjemand eine erfinden."

Selbst wenn das schon jemand getan hat, ändert es nichts. Alles, was ich versuche, ist, wie Sie sich erinnern, Sie auf die Stelle hinzuweisen, an der Ihre Argumentation von der Intuition abhing. Als Sie von der Länge der Punkte sprachen, die „mathematisch kombiniert" die Länge der Strecke ergeben sollten, gab es die

[4] Da lüge ich Ihnen etwas vor, weil die ganze Wahrheit die Sache enorm verkomplizieren würde. Die *traditionelle* Mathematik kann nicht derart viele Größen kombinieren. Sollten Sie zufällig schon einmal von der neuen Technik der „Non-Standard-Analysis" gehört haben, dann lesen Sie Fußnote 5 auf Seite 36.

mathematische Operation, auf die Sie sich bezogen, einfach noch nicht – soweit Sie wußten. Daher konnten Sie nur mit der Analogie zu Ihnen bekannten Operationen argumentieren. Ihr Argument war daher ein intuitives, ganz unabhängig davon, welche mathematischen Neuigkeiten die Zukunft bringen mag.

Aber nähern wir uns diesem Gegenstand einmal aus einer anderen Richtung. Stellen Sie sich einen Regenbogen vor – ein komplexes Phänomen aus in der Luft suspendierten Wassertropfen, der Sonne und einem Beobachter, die in bestimmter Weise relativ zueinander positioniert sind. Der Regenbogen ist in gewisser Weise das Resultat des Zusammenwirkens aller dieser Faktoren, und es ist schwer, individuelle Verantwortlichkeiten festzulegen. Welcher dieser Faktoren verursacht das grüne Band? Welcher bestimmt den Durchmesser? Wir halten solche Fragen für unangemessen, denn wenn wir einen der beitragenden Faktoren entfernen – Tropfen, Sonne, Beobachter oder ihre geometrische Anordnung – verschwindet der gesamte Regenbogen.

Die Strecke ist ungefähr wie ein Regenbogen, nur mit zwei statt vier Bausteinen: den Punkten und ihrer Anordnung. Wer könnte sagen, woher die Länge kommt? Nur von den Punkten allein? Was aber, wenn sie zufällig über die Ebene verstreut wären wie Farbspritzer? Es scheint, daß ihre Anordnung ebenso zum Phänomen der „Länge" beiträgt. Aber dann wäre der Versuch, die Länge der Strecke aus den Punkten allein zu erklären, zum Scheitern verurteilt. Sie haben genau dies versucht, denn arithmetische Operationen nehmen keine Rücksicht auf die Anordnung.

„Aha!"

Ich weiß, daß es nach Widerspruch riecht, wenn alle diese Nullen nicht zu 1 Meter „aufaddiert" werden können. Aber die Arithmetik ist der Situation nicht angemessen, weil sie den geometrischen Aspekt ignoriert.

Übrigens hätte Euklid selbst hiermit wahrscheinlich weniger Schwierigkeiten gehabt, als wir heute. Zu seiner Zeit waren alle Zahlen („Größen") positiv; die Null war nicht bekannt. Wenn er also sagte, ein Punkt habe keine Länge, dann *meinte* er genau das, nämlich daß man nicht davon sprechen könne, ein Punkt habe eine Länge, im Gegensatz zur heutigen Bedeutung, er „hat eine Länge, aber diese Länge ist Null". Für ihn besaß ein Punkt ebensowenig eine Länge, wie ein Wassertropfen eine Farbe besitzt, und der Versuch, die Länge der Strecke aus der nichtexistenten Länge der Punkte herzuleiten, muß ihm ähnlich fruchtlos erschienen sein wie der Versuch, die Farben des Regenbogens ohne Optik mit der nichtexistenten Farbe der Tropfen zu erklären.

„Interessant... Na gut. Ich muß zugeben, daß meine Einstellung letzten Endes auf *mehr* als der Logik fußte. Aber wie gerät sie in *Konflikt* mit der Logik?"

Erinnern Sie sich an die Geschichte von den Pythagoräern und $\sqrt{2}$ (S. 2–5)?

„Ja. Die frühen Pythagoräer hielten es für einleuchtend, daß man immer eine Strecke finden kann, die ‚gemeinsames Maß' zweier anderer Strecken ist, d.h. ihre Länge geht ganzzahlig in den Längen der beiden anderen Strecken auf. Daraus folgt, daß der Quotient zweier Längen stets eine ‚rationale' Zahl ist – ein Verhältnis zweier ganzer Zahlen –, denn $AB/CD = (AB/XY)/(CD/XY) = m/n$, wobei XY

ein gemeinsames Maß von AB und CD ist und daher m und n ganze Zahlen sind. Dies bedeutet, daß $\sqrt{2}$ rational sein muß, weil man es als Quotient zweier Längen ausdrücken kann. Einer der späteren Pythagoräer fand jedoch einen auf Logik und Rechnen beruhenden Beweis, daß $\sqrt{2}$ nicht rational ist."

Genau, und ein schöner Beweis ist es noch dazu, den jeder Mathematikstudent auswendig lernen sollte. Fanden Sie ihn schwer nachvollziehbar?

„Ein wenig. Diese Art von Argumentation habe ich vorher noch nie gesehen. Nicht, weil es ein Widerspruchsbeweis war, sondern weil es sich dauernd darum drehte, ob bestimmte Zahlen gerade oder ungerade sind. Aber nach einer Weile konnte ich ihm ganz gut folgen."

Was war Ihre Reaktion auf Pythagoras' ursprünglichen, intuitiven Standpunkt, daß zwei Strecken immer ein gemeinsames Maß besitzen?

„Zunächst wußte ich nicht genau, was ich davon halten sollte; die ganze Frage war neu für mich. Dann entschied ich, daß sein Standpunkt zumindest physikalisch zutrifft. Wären z.B. AB und CD zwei Stäbe, überlegte ich mir, so würde ein Tischler wahrscheinlich einen dritten Stab XY zurechtsägen können, der soundsooft hintereinandergelegt praktisch dieselbe Länge wie AB und soundsooft hintereinandergelegt praktisch dieselbe Länge wie CD hat. Aber ich weiß, daß geometrische Strecken keine Stäbe sind, und daß was für den praktischen Gebrauch ausreichen mag, noch nicht mathematisch exakt ist, darum hatte ich am Ende meine Zweifel. Obwohl die Position der Pythagoräer ziemlich vernünftig erscheint, hatte ich auch wieder nicht das dringende Gefühl, sie sei richtig."

Der Überlieferung zufolge war *ihr* Gefühl für deren Richtigkeit sehr ausgeprägt. Ich schätze, die Überlieferung stimmt, denn ich glaube, daß ihre Position des gesunden Menschenverstandes *nicht* direkt aus der Intuition herkommt – so plausibel sie intuitiv auch sei –, sondern eher eine *Schlußfolgerung* war, die sie aus etwas anderem abgeleitet hatten.

„Aus etwas anderem?"

Etwas, das noch unmittelbarer mit der Intuition zusammenhängt. Etwas, das sie ganz und gar zwingend fanden.

„Und was?"

Etwas mit Punkten.

„Sie machen Witze."

Nein. Ich bin davon überzeugt, daß der Durchmesser eines Punktes für die frühen Pythagoräer zwar sehr klein, aber nicht unendlich klein oder gar Null war. Wenn das stimmt, dann waren Sie wohl ein früher Pythagoräer!

„Heißt das, wenn Punkte einen positiven Durchmesser haben, können wir deduzieren, daß zwei Strecken stets ein gemeinsames Maß besitzen?"

Fast. Wir brauchen dazu noch *eine* weitere Annahme, allerdings eine sehr natürliche. Sagen Sie mir – als Sie vorhin so fest davon überzeugt waren, daß Punkte einen positiven Durchmesser haben, haben Sie sich diese Durchmesser alle als gleich vorgestellt, oder als von Punkt zu Punkt veränderlich?

„. . . als gleich. Es gab keinen Grund, warum sie sich ändern sollten."

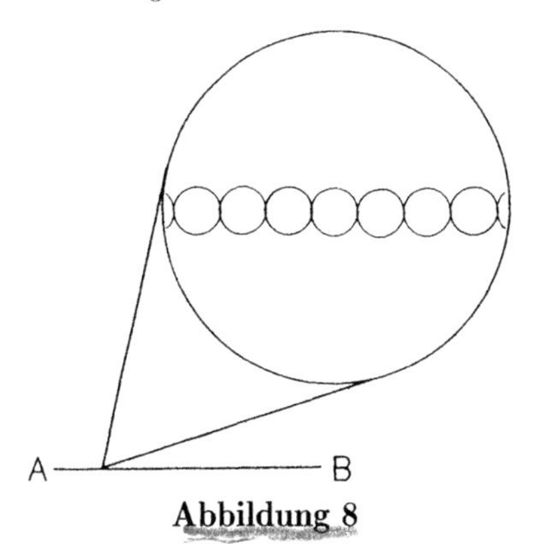

Abbildung 8

Das ist genau das, was auch die Pythagoräer angenommen hätten. Und genau dieses Prinzip ist es! – das die Philosophen das „Prinzip vom zureichenden Grunde“ genannt haben: eine Änderung tritt nur dann auf, wenn es einen dafür verantwortlichen Grund gibt.

Also gut. Jeder Punkt hat denselben positiven Durchmesser, den wir „d“ nennen können. Damit haben wir schließlich eine Situation, die wir uns vorstellen können. Meine Vorstellung entspricht dem in Abb. 8 skizzierten Bild, wobei ich an ein Mikroskop denke, das auf einen winzigen Ausschnitt der Strecke AB gerichtet ist, um deren Feinstruktur zu zeigen. Entspricht dies ungefähr dem, was Sie sich dachten?

„Das entspricht genau dem, was ich mir dachte.“

Betrachten Sie dann bitte die Größe AB/d, die ich der Kürze halber „m“ nennen will. Als Quotient zweier positiver, endlicher Zahlen ist m selbst eine positive, endliche Zahl. Wofür steht m? Im Sinne des gesunden Menschenverstandes.

„Für die Anzahl der Punkte in AB.“

Das denke ich auch. Teilt man die Länge von AB durch die Länge eines einzelnen Punktes, so erhält man die Anzahl der Punkte. (Sieht man Abb. 8 an, so scheint die Verwendung einfachster Arithmetik absolut gerechtfertigt, selbst für einen alten Wortklauber wie mich!) Damit wissen wir, daß die positive, endliche Zahl m, die die Anzahl von Punkten in AB angibt, sogar eine *ganze* Zahl sein muß.

Ist CD eine andere Strecke, so können wir uns überlegen, daß CD genauso aus einzelnen Punkten mit Durchmesser d zusammengesetzt ist und daß $n = CD/d$ ebenfalls eine ganze Zahl ist. Darum ist eine winzige „Strecke“, die aus nur einem Punkt besteht, ein gemeinsames Maß von AB und CD.

Damit folgt genau wie eben, daß der Quotient zweier Längen immer rational ist, denn $AB/CD = (AB/d)/(CD/d) = m/n$, und m sowie n sind ganze Zahlen.

„Heißt das, Euklid sagte, ein Punkt ‚hat keine Teile‘, weil $\sqrt{2}$ irrational ist?“

Ja, das denke ich, und Mathematiker haben seit damals seine Entscheidung unterstützt. Der heutige Durchschnittsmathematiker möchte genau wie die Griechen lauter identische Punkte haben, und dies läßt uns nur die beiden betrachteten

Alternativen[5]: Punkte haben entweder alle denselben Durchmesser d, oder sie haben alle den Durchmesser Null. Wie wir gesehen haben, führt die Wahl der ersten Alternative unausweichlich zu der Schlußfolgerung, daß zwei Strecken immer ein gemeinsames Maß besitzen, jedenfalls auf dem Niveau des gesunden Menschenverstandes. Vielleicht ist es ja möglich – ich weiß nicht, ob das geht –, die erste Alternative zu wählen und mittels logischer Verrenkungen trotzdem diese Schlußfolgerung zu vermeiden, aber dadurch würde der gesunde Menschenverstand in noch größerem Maße gekränkt als durch Punkte ohne Größe. Also ist die zweite Alternative diejenige der Wahl.

Ich bin froh, daß wir dieses Gespräch geführt haben, weil es Licht auf die Implikationen der hohen Anforderungen an mathematisches Argumentieren[6] geworfen hat: daß nämlich die Gegenstände, von denen Mathematik handelt, nicht nur unsinnlich sind – sie existieren nicht physikalisch –, sondern daß sie manchmal auch dem gesunden Menschenverstand zuwiderlaufen und in diesem Sinne *unsinnig* sind. Die Logik erzeugt ihre eigene „Mystik"!

Euklids primitive Terme

In einem bestimmten Sinne ist es unwichtig, wie Sie sich Punkte vorstellen, oder ob Sie sich Punkte überhaupt vorstellen.

Hier sind Euklids vier erste Definitionen:

Definition 1. Ein *Punkt* ist, was keine Teile hat.

---

[5] Diese Fußnote ist für Sie nur interessant, wenn Sie schon von der sogenannten „Non-Standard-Analysis" gehört haben.

Seit der Erfindung der Non-Standard-Analysis ist es nunmehr möglich, überabzählbar viele Nullen zu „addieren", und das Ergebnis, ist – selbstverständlich – Null. Dies stärkt das Argument gegen Euklids Definition 1. Aber *zwischen* den Alternativen gibt es nun eine dritte: daß nämlich die Punkte einen unendlich kleinen (infinitesimalen) Durchmesser dx haben, der zwar größer als Null, aber kleiner als jede positive Zahl ist. Die Summe der Längen aller Punkte in unserer 1-Meter-Strecke ist dann die Non-Standard-Zahl $\sum_0^1 dx$, welche eindeutig die Standard-Zahl $\int_0^1 dx = 1$ bestimmt.

Dies hätte die Griechen gefreut. Sie hatten lange und gründlich über infinitesimale Zahlen nachgedacht – Buch III, Satz 16 der *Elemente* beispielsweise läuft auf den Beweis der Tatsache hinaus, daß die Größe des „Winkels" zwischen einem Kreis und einer Tangente infinitesimal ist. Aber da sie keine widerspruchsfreie Theorie der Größen zustandebrachten, die solche Dinge enthält, verbannten sie sie, indem sie stattdessen das Archimedische Axiom ausheckten (es erscheint in den *Elementen* als Definition 4 in Buch V):
Sind a und b zwei Größen der selben Art und ist $a < b$, dann gibt es eine positive ganze Zahl n derart, daß $2^n \cdot a > b$.

[6] „Es ist allgemein bekannt", lautet ein Kommentar, der dem Buch X der *Elemente* um 450 n. Chr. hinzugefügt wurde, „daß der Mann, der erstmals die Theorie der irrationalen Zahlen öffentlich bekannt machte" – dabei handelt es sich um Hippasos von Metapontum (S. 4), der entdeckt hatte, daß $\sqrt{2}$ nicht rational ist – „in einem Schiffswrack unterging, damit das Unausdrückbare und Unvorstellbare für immer verborgen bleibe. Und so wurde der Schuldige, der diesen Aspekt der lebenden Dinge zufällig anrührte und aufdeckte, an den Ort zurückgeführt, an dem er begann, und dort wird er auf ewig von den Wellen geschlagen." (Carruccio, S. 27.

Definition 2. Eine *Linie* ist breitenlose Länge.

Definition 3. Die Enden einer Linie sind Punkte.

Definition 4. Eine *gerade Linie* ist eine Linie, die gleichmäßig zu den Punkten auf ihr liegt.

Definition 1 haben wir schon besprochen. Die „Linie“ aus Definition 2 kann gerade oder gekrümmt sein – wenn Euklid eine gerade Linie meint, sagt er immer „gerade Linie“, wie in Definition 4. Definition 3 erläutert den Zusammenhang zwischen Punkten (Definition 1) und Linien (Definition 2); Euklid bezieht sich darin auf *Abschnitte* von Linien. Manchmal wird er deutlicher und nennt einen Linienabschnitt eine „endliche Linie“, aber selbst, wenn er nur „Linie“ sagt, nimmt er stets an, sie sei endlich.

Definition 3 ist keine richtige „Definition“ im modernen Sinne des Wortes, weil kein technischer Term darin eingeführt wird. *Definitionen 1, 2 und 4 sind dies ebensowenig.* Eine „Definition“ (vergleiche Kapitel 1, „materiales axiomatisches System“) dient zur Einführung eines neuen technischen Terms, und zwar unter *ausschließlicher* Verwendung *früher eingeführter* Terme, wobei natürlich unzweideutige Wörter und Satzstücke („der, die, das“, „jedes“, „heißt“, „ein oder mehrere“ usw.) aus der Alltagssprache als Bindemittel verwendet werden können. Der Begriff „Teil“ aus Definition 1 ist aber ein geometrischer Term der Griechen (der sich auf die Unterteilung von Figuren bezieht) und in den *Elementen* vorher noch nicht eingeführt worden; und die Begriffe „breitenlose Länge“ (Definition 2) und „liegt gleichmäßig zu“ (Definition 4) sind, wenngleich sie wahrscheinlich keine technischen Terme sind – wenn sie's doch sind, sind sie vorher nicht eingeführt worden – zweifellos keine unzweideutigen Satzteile.

Wenn die Definitionen 1, 2 und 4 keine richtigen Definitionen sind, dann sind die Terme, die in ihnen eingeführt werden – „Punkt“, „Linie“ und „gerade Linie“ – nicht das, was wir „definierte Terme“ genannt haben. Sie müssen stattdessen „primitive Terme“ sein, Terme, die am Beginn eines deduktiven Systems eingeführt und erklärt, aber niemals präzise definiert werden.

Wenngleich Euklid seine primitiven Terme und definierten Terme nicht explizit unterschied – schließlich und endlich wurde der Begriff des „materialen axiomatischen Systems“ erst im 19. Jh. aus den *Elementen* und ähnlichen Systemen abstrahiert –, war er sich nichtsdestoweniger über diese Unterscheidung in der Praxis im Klaren, wenn es darauf ankam. Sie erinnern sich, daß der einzige praktische Unterschied zwischen einem primitiven Term und einem definierten Term darin besteht, daß die informelle Erklärung des ersteren nicht zur Rechtfertigung eines Beweisschrittes verwendet werden darf, anders als die Definition des letzteren. In den *Elementen* behandelt Euklid die zwei Typen von Termen auf genau diese Weise. Die Definitionen seiner definierten Terme verwendet er ungehindert zur Rechtfertigung von Beweisschritten, aber nicht ein einziges Mal in 465 Beweisen bezieht er sich auf eine der Definitionen 1–4 oder eine der „Definitionen“ (Erläuterungen) seiner anderen primitiven Terme.

Am Anfang dieses Abschnittes sagte ich, es sei unwichtig, wie Sie sich einen Punkt vorstellen. Das liegt daran, daß die Definition 1, logisch betrachtet, irrelevant für das System ist. Da der Begriff „Punkt“ ein primitiver Term ist, sind die einzigen Eigenschaften von „Punkt“, die man in einem Beweis verwenden darf, diejenigen, die in den Axiomen verwendet werden; und Euklids Axiome (s. u.) sind mit jeder der Betrachtungsweisen aus dem vorherigen Abschnitt vereinbar. Zwei Personen, von denen die eine mit Euklid darin übereinstimmt, daß ein Punkt den Durchmesser 0 hat, von denen die andere demgegenüber trotz aller meiner Argumente darauf besteht, daß der Durchmesser vernachlässigbar aber positiv ist, werden nichtsdestotrotz Euklids Axiome gleichermaßen akzeptabel finden, werden seine Deduktionen gleichermaßen akzeptieren und werden so schließlich zu denselben geometrischen Wahrheiten gelangen.

Unbeschadet der logischen Irrelevanz der Definitionen 1–4 ist es schön, wenn einem der Autor eines mathematischen Textes zu erklären versucht, was ihm vorschwebt. Nehmen wir also die Untersuchung von Euklids Definitionen unter diesem Gesichtspunkt wieder auf.

Wie wir gesehen haben, wird die Bedeutung der Definition 1 klar, sobald wir uns vor Augen geführt haben, daß „keine Teile“ auf „keine Größe“ hinausläuft. Und um das Paar von Definitionen 2 und 3 zu verstehen, müssen wir nur beachten, daß für Euklid der Begriff „Linie“ ein allgemeiner Terminus ist, der sowohl gerade als auch gekrümmte Linien umfaßt, und daß eine Linie als endlich lang verstanden wird, solange Euklid nicht explizit das Gegenteil erwähnt. (Definition 3 ist nicht anwendbar auf geschlossene gekrümmte Linien wie z. B. Kreise.)

Definition 4 ist erstaunlich. An dieser Stelle erwarten die meisten Menschen, daß Euklid sagt „eine *gerade Linie* ist der kürzeste Weg zwischen zwei Punkten“. Dieses berühmte Prinzip erscheint jedoch erstmals in den Arbeiten von Archimedes[7], ungefähr 50 Jahre nachdem die *Elemente* verfaßt worden waren – und dort handelt es sich um ein Axiom, nicht um eine Definition. Aber dies ist nicht der einzige Grund, weshalb Definition 4 erstaunlich ist. Was genau soll es bedeuten, daß eine Linie „zu den Punkten auf ihr gleichmäßig liegt“?

Einige Jahrzehnte früher hatte Plato gesagt: „Gerade ist etwas, dessen Mitte vor beiden seiner Enden liegt“[8], was eine visuelle Interpretation des Begriffs „gerade Linie“ als Sichtlinie nahelegt – eine Linie ist „gerade“, wenn es möglich ist, so auf sie zu sehen, daß alle ihre Punkte voreinander angeordnet sind und daß alles,

[7] Archimedes von Syrakus (287–212 v. Chr.) war der größte Mathematiker der Antike. Er war nicht nur der erste, der eine gerade Linie „den kürzesten Weg zwischen zwei Punkten“ nannte, sondern er

entwickelte als erster eine Methode, die Zahl π mit beliebiger Genauigkeit zu berechnen,
fand das Volumen einer Kugeloberfläche,
erfand eine Methode der Integration,
rannte nackt aus einem öffentlichen Bad nach Hause und schrie dabei „Eureka!“,
sagte: „Gebt mir einen festen Punkt, und ich hebe die Erde aus den Angeln“ und
entwickelte geniale Kriegsmaschinen, so daß die belagernde römische Armee drei Jahre lang aus der Stadt Syrakus ferngehalten werden konnte.

[8] *Parmenides* 137 E

was man von ihr sieht, der nächst benachbarte Endpunkt ist. Einige Gelehrte sind der Auffassung, daß Euklid dies bei der Definition 4 im Kopf hatte und daß es sein Verlangen nach Strenge war, das ihn davon abhielt, dies einfach so zu sagen – um die Mathematik von ihren bodenständigen Ursprüngen zu trennen, konnte man einen fundamentalen Begriff wie „gerade Linie“ nicht unter Bezugnahme auf ein physikalisches Phänomen wie die menschliche Sehfähigkeit definieren.

Andere Gelehrte, die den platonischen Einfluß eher skeptisch beurteilen, denken, eine gespannte Saite sei Euklids Bild einer „geraden Linie“ gewesen – auch sie stimmen aber darin überein, daß es seine Bemühung, jeden Bezug auf physikalische Objekte zu vermeiden, war, die ihn davon zurückhielt, dies einfach so zu sagen.

Ich selbst habe überhaupt keine Idee, was Euklid mit der Definition 4 meint. In einem anderen seiner Bücher (der *Optik*) wird aber deutlich, daß er eine Sichtlinie (den Weg eines Lichtstrahls) zumindest als *physikalische Manifestation* einer geraden Linie betrachtete.

Definition 5. Eine *Fläche* ist, was nur Länge und Breite hat.

Definition 6. Die Begrenzungen einer Fläche sind Linien.

Definition 7. Eine *ebene Fläche* ist eine Fläche, die gleichmäßig zu den geraden Linien auf ihr liegt.

Die Definitionen 5, 6 und 7 sind die zweidimensionalen Analoga der Definitionen 2, 3 und 4 und sind, wie die letzteren, keine Definitionen, sondern Erklärungen der primitiven Terme. „Fläche“ (Definition 5) ist ein allgemeiner Terminus für alle Flächen, seien sie nun flach, gekrümmt, gewellt oder was immer. Eine Fläche wird üblicherweise als von endlicher Ausdehnung gedacht. Ist sie also nicht geschlossen, wie eine Kugeloberfläche, so hat sie einen Rand, der, wie Definition 6 erklärt, aus Linien besteht.

Definition 7 ist genauso unklar wie Definition 4. Aber in diesem Fall ist nur die visuelle Interpretation leicht zu verstehen: Eine „ebene Fläche“ ist eine Fläche, die, von der Seite betrachtet, wie eine gerade Linie erscheint. In der Praxis verkürzt Euklid den Ausdruck „ebene Fläche“ zu „Ebene“.

Die meisten der Sätze im Buch I der „Elemente“ sind für beliebig im dreidimensionalen Raum angeordnete Figuren wahr, andere gelten nur in einer einzelnen Ebene. Wir werden sie *alle* als Sätze über Figuren in einer einzelnen (unendlichen) Ebene betrachten, die wir kurz als „die Ebene“ bezeichnen. (Wie üblich schweigt Euklid hierzu, aber da er mit der dreidimensionalen Geometrie explizit nicht vor Buch XI beginnt, war sein Standpunkt scheinbar derselbe. Dadurch bleiben unsere Zeichnungen einfach und harmonieren mit der geometrischen Erfahrung des Lesers, die wahrscheinlich sowieso auf ebene Geometrie beschränkt ist. Demzufolge werden wir nur selten Gelegenheit haben, die primitiven Terme „Fläche“ und „ebene Fläche“ zu verwenden.

Da die „Definitionen" nach Definition 7 wirklich Definitionen *sind* und es dementsprechend keine weiteren primitiven Terme gibt, kommen im Buch I insgesamt 5 primitive Terme vor, von denen uns nur drei beschäftigen werden: „Punkt", „Linie" und „gerade Linie".

Die definierten Terme von Euklid (Teil 1)

Definition 8. Ein ebener *Winkel* ist die Neigung zweier Linien in einer Ebene gegeneinander, die einander treffen, ohne einander gerade fortzusetzen.

„Halt, halt!" höre ich in Gedanken jemanden rufen. „Sie sagten doch, die Definitionen nach Definition 7 seien wirkliche Definitionen. Aber was ist mit dem Wort ‚Neigung'? Es handelt sich nicht um einen vorher eingeführten technischen Term. Es ist mehr als ‚Bindemittel'. Und es ist sicherlich nicht unzweideutig."

Das ist wahr. Derselbe, vielleicht nicht ganz so starke Einwand kann gegen das Wort „sich treffen" angeführt werden, und vielleicht auch noch gegen andere Teile der Definition 8. So, wie sie da steht, handelt es sich nicht um eine wirkliche Definition. Anders als Definition 7 kann sie aber zu einer richtigen Definition *werden*, wenn man sie umschreibt. Z.B. umgeht die Definition

> Ein *ebener Winkel* besteht aus 2 Linien in der Ebene, die sich schneiden und nicht in einer geraden Linie liegen

jeden Einwand gegen das Wort „Neigung", und mit umständlicheren Umformulierungen läßt sich auch anderen Einwänden begegnen.

Erinnern Sie sich, daß Euklid keinen Grund hatte, seine Definitionen in strikter Anlehnung an eine Unterscheidung (zwischen primitiven und definierten Termen) zu gestalten, die erst 2200 Jahre später explizit getroffen werden sollte. Nichtsdestotrotz ist die Macht der nicht getroffenen Unterscheidung fühlbar. Die Definitionen 1–7 und 8–23 haben einen unverkennbar unterschiedlichen Beigeschmack, was daher kommt, daß die ersteren nicht zu richtigen Definitionen umgearbeitet werden *können*, die letzteren hingegen schon. In diesem Sinne werden wir die Terme aus den Definitionen 8–23 Euklids „definierte Terme" nennen, wenn wir uns auch nicht die Zeit nehmen werden, diese Definitionen für den zukünftigen Gebrauch aufzupolieren.

Beachten Sie, daß die Schenkel eines „ebenen Winkels" lediglich „Linien" sind – keine „geraden Linien" – und daher krummlinig sein können. Wahrscheinlich ließ Euklid Winkel mit gekrümmten Schenkeln nur deshalb zu, weil sie damals allgemein als echte Winkel anerkannt waren. Nur in einem Satz in den *Elementen* (Buch III, Satz 16) kommt ein solcher Winkel vor (siehe Abb. 9); der Satz wird nie verwandt, und selbst in diesem Fall ist einer der beiden Schenkel des Winkels gerade.

Euklids Bezeichnung für einen normalen ebenen Winkel mit zwei geraden Schenkeln lautet „ebener *geradliniger* Winkel".

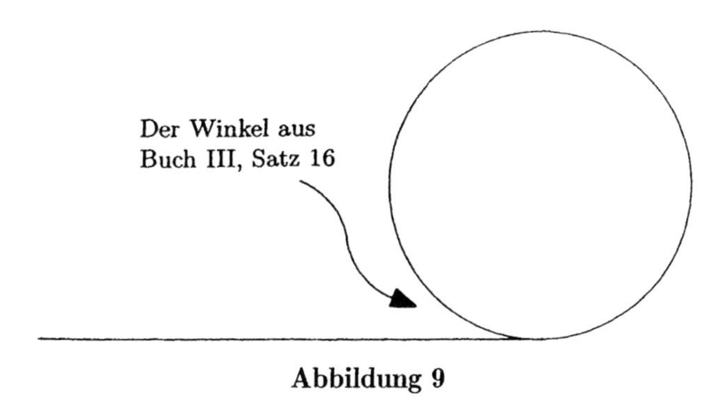

Abbildung 9

Definition 9. Wenn die den Winkel umfassenden Linien gerade sind, heißt der Winkel *geradlinig.*

Da wir keine Gelegenheit haben werden, uns mit Winkeln mit gekrümmten Schenkeln zu beschäftigen, werde ich statt „ebene geradlinige Winkel" einfach „Winkel" schreiben, eine Vereinfachung, die Euklid selbst auch verwendet.

Da die Definition 8 die Schenkel eines Winkels als „*zwei* Linien" aufführt (was bedeutet, daß sie vollständig verschieden sind) und sie als Linien spezifiziert,

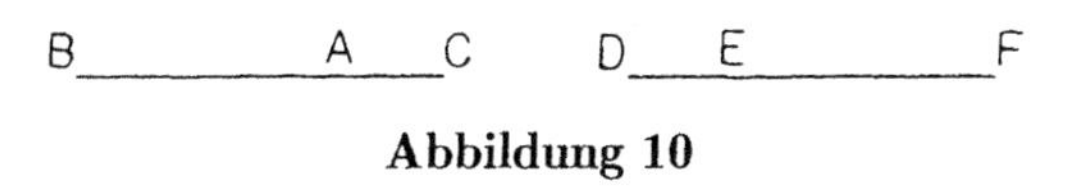

Abbildung 10

die „einander nicht gerade fortsetzen", sind Objekte wie ABC und DEF in Abb. 10 als „Winkel" ausgeschlossen. Für Euklid ist jeder Winkel – um eine moderne Ausdrucksweise zu verwenden – größer als 0° und kleiner als 180°.

Definition 10. Wenn eine gerade Linie, auf eine gerade Linie gestellt, einander gleiche Nebenwinkel bildet, dann ist jeder der beiden Winkel ein *Rechter*; und die stehende gerade Linie heißt *senkrecht* zu (*Lot* auf) der, auf der sie steht.

Das ist vielleicht nicht das, was Sie zunächst unter einem rechten Winkel verstehen. Betrachten Sie Abb. 11. Wenn eine gerade Linie CD, „auf eine gerade Linie AB gestellt", gleiche Nebenwinkel 1 und 2 bildet, dann heißen die Winkel 1 und 2 *rechte* Winkel, und CD heißt *senkrecht* zu AB.

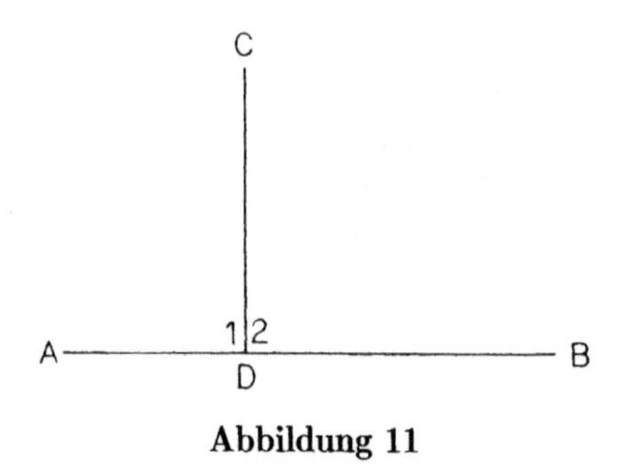

Abbildung 11

„Es ist genug, daß jeder Tag seine eigene Strenge hat.“[9]

Gelehrte haben bei der Überprüfung der *Elemente* eine große Anzahl von Tatsachen ans Licht gebracht, die Euklid als zutreffend annahm, die er aber nicht aufgeschrieben hat. In der Regel reicht es für unsere Zwecke, derlei Dinge ungestört unter dem angenehmen Schatten des gesunden Menschenverstandes liegen zu lassen. Jede Enthüllung verkompliziert unsere Studien; und bei der Lektüre der *Elemente* gelangen wir ganz selbstverständlich zum selben unausgesprochenen Verständnis wie der Autor. Da unsere Reiseroute aber eine Tour durch die nichteuklidische Geometrie umfaßt, müssen wir einige der unausgesprochenen Annahmen explizit machen. Das werden wir tun, wenn wir darauf treffen.

In den Definitionen 11 und 12 kommt indirekt eine unausgesprochene Einsicht vor. Dabei handelt es sich *nicht* um eine von denjenigen, die wir bloßlegen müssen. Trotzdem will ich diesen Fall aufdecken, um Ihnen zu zeigen, welche *Art* von Dingen wir zukünftig unkritisch akzeptieren werden.

Definition 11. *Stumpf* ist ein Winkel, wenn er größer als ein rechter ist.

Definition 12. *Spitz* ist ein Winkel, wenn er kleiner als ein rechter ist.

[9] Maxime des amerikanischen Mathematikers Robert L. Moore, 1882–1974, Erfinder der „Moore-Methode“ für die Ausbildung von Mathematikern. „Als er selbst noch Student war“, schreibt F. Burton Jones im *American Mathematical Monthly* (April 1977, S. 274),

> (...) hatte Moore die grundlegende Idee, die schließlich zu seiner radikalen Lehrmethode führte. Mit seinem schnellen Verstand und rastlosen Geist fand er die Vorlesungsmethode ziemlich langweilig – um genau zu sein, einschläfernd. Um die Vorlesungen zu beleben, begann er ein Wettrennen mit seinem Professor, indem er versuchte, den Beweis eines behaupteten Satzes zu entdecken, noch bevor der Dozent seine Darstellung beendet hatte. Sehr oft gewann er dieses Rennen. In jedem Falle aber merkte er, daß er allein aus dem Versuch Nutzen zog. Könnte man also die Studenten dahin bringen, die Sätze selbst zu beweisen, so gewännen sie nicht nur ein tieferes und länger andauerndes Verständnis, sonder es würden auch ihre Fähigkeiten und ihr Interesse gestärkt.

Hier wird unterstellt, daß wir wissen, wie man von zwei gegebenen ungleichen Winkeln den „größeren“ bestimmt.

Es wäre wertlos, die Winkel physikalisch zu messen, ob nun mit dem Auge oder einem Instrument, denn wir könnten unser Meßergebnis nicht *verwenden* – „durch Messung“ ist keine von den erlaubten Begründungen (Seite 17), um einen Beweisschritt zu rechtfertigen. Sie erinnern sich, daß die Mathematik Abstand von der physikalischen Welt hält, deren Teil die geometrischen Diagramme sind. „Der Geometer gründet keine Schlußfolgerung darauf, daß die spezielle Linie, die er gezeichnet hat, diejenige ist, die er beschreibt, sondern er bezieht sich auf das, was von den Bildern *illustriert* wird“, sagt Aristoteles. Hinzu kommt noch, daß wir, selbst wenn wir daherkämen und die Winkel trotzdem messen würden, unseren Meßergebnissen nicht *trauen* könnten. Die Geometer wissen, daß es unmöglich ist, eine mathematisch exakte Zeichnung herzustellen, und sie stimmen Aristoteles darin zu, daß ihre Zeichnungen zunächst einmal visuelle Hilfen sein sollen, und deswegen tendieren sie seit jeher dazu, in die Zeichnungen nur das hineinzutun, was man benötigt, um der Argumentation zu folgen; es interessiert sie nicht, ob ein Winkel, sagen wir, ein bißchen zu groß oder zu klein gezeichnet ist. „Geometrie“, so lautet eine Maxime, die moderne Geometer gerne wiederholen, „ist die Kunst, gute Argumente auf schlechte Diagramme anzuwenden.“

Was meint Euklid also? Unmittelbar an die Definitionen finden sich Euklids Axiome, von denen das letzte den Schlüssel zum Verständnis enthält. „Das Ganze“, so lautet es, „ist größer als der Teil.“ Der eine Winkel ist „größer“ als der andere, sagt uns Euklid, wenn er ein „Ganzes“ ist, von dem der andere ein „Teil“ ist. Aber auf welches Verhältnis zwischen Winkeln beziehen sich die Terme „Ganzes“ und „Teil“? Dies sagt Euklid nicht, und somit sind wir in gewisser Weise wieder da, wo wir angefangen haben. Aber seine Ausdrucksweise legt etwas wie in Abb. 12 nahe, wo das „Ganze“ $\sphericalangle ABC$ aus den „Teilen“ $\sphericalangle ABD$ und $\sphericalangle DBC$

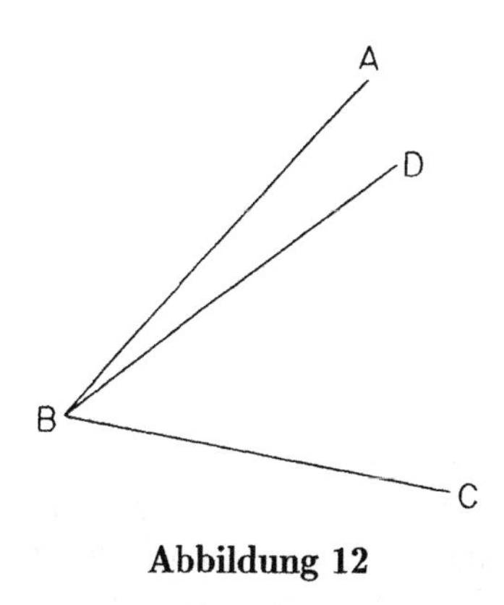

Abbildung 12

zusammengesetzt ist. Zum gegenwärtigen Zeitpunkt ist überhaupt nicht klar, daß dieses Verhältnis zwischen $\sphericalangle ABC$ und (sagen wir) $\sphericalangle DBC$ tatsächlich die Art von

Verhältnis zwischen zwei Winkeln ist, die sie nach Euklid haben müssen, um als „Ganzes" und „Teil" angesprochen zu werden – und damit $\sphericalangle ABC$ als *größer als* $\sphericalangle DBC$ zu bezeichnen –, jedoch zeigt eine Durchsicht von Euklids Beweisen, daß es so ist. Wann immer er, ohne Verweis auf einen Satz, behauptet, daß ein Winkel größer sei als ein anderer, haben diese Winkel den Scheitel und einen Schenkel gemeinsam, wie in unserer Abbildung, und der „größere" ist immer derjenige, dessen beide Schenkel einen Schenkel des anderen umfassen. Augenscheinlich ist Euklid bereit, den Gehalt eines Diagramms *bis zu einem gewissen Grade* zu akzeptieren. Die Abbildung 12 könnte nicht so schlecht gezeichnet sein, meint er wohl, daß BC auf der falschen Seite von BA zu liegen käme.

Aus all dem schließen wir, daß Euklids Begriff davon, was es für einen Winkel bedeutet, „größer" zu sein als ein anderer, folgendermaßen zusammengefaßt werden kann:

> Seien ein Winkel ABC und eine gerade Linie B derart gegeben, daß die Punkte A und D auf derselben Seite von BC liegen (siehe Abb. 12). Wir sagen, der Winkel ABC sei *größer* als der Winkel DBC, wenn BD zwischen BA und BC liegt.

Die Bedeutung von „kleiner" ergibt sich nun unmittelbar: Ein Winkel ist *kleiner* als ein anderer, wenn im obigen Sinne der letztere größer ist als der erstere.

Ich habe oben darauf bestanden, daß A und D auf derselben Seite von BC liegen (Euklid hätte das auch getan), um Situationen wie in Abb. 13 zu vermeiden.

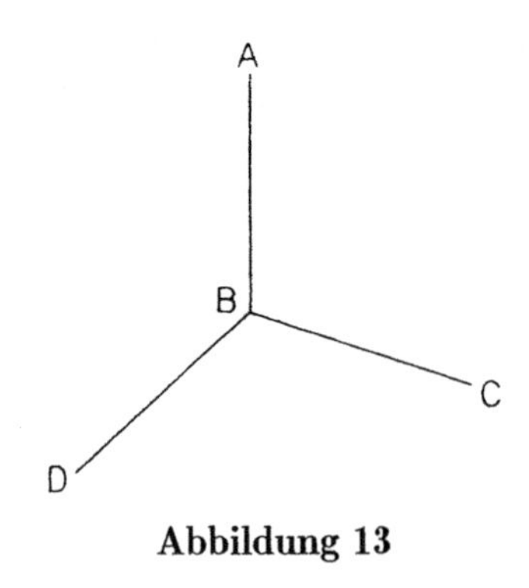

Abbildung 13

Dort ist BD in einem bestimmten Sinne „zwischen" BA und BC, aber Euklid hätte die Winkel $\sphericalangle ABC$ und $\sphericalangle DBC$ trotzdem nicht „Ganzes" und „Teil" genannt.

Die Definitionen 11 und 12 enthalten noch eine weitere, bisher ebenfalls nicht erwähnte Annahme; allerdings handelt es sich nicht wirklich um eine „stillschweigende" Annahme, vielmehr formuliert Euklid sie wenig später als eines seiner Axiome. Wir werden die Annahme diskutieren, wenn wir zu diesem Axiom gelangen. Können Sie in der Zwischenzeit herausfinden, um welche Annahme es sich handelt?

Um 1800 verehrten die meisten Mathematiker die *Elemente*, die sie als ein hervorragendes Beispiel wasserdichter deduktiver Darstellung ansahen. Wegen der Grundlagenkrise in verschiedenen Bereichen der Mathematik, speziell wegen der Krise in der Geometrie, die von der Erfindung der nichteuklidischen Geometrie ausgelöst worden war, dachten um 1900 die meisten Mathematiker geringschätzig über das alte Meisterwerk und betrachteten es als logisches Sieb. Es war genauer als je zuvor untersucht worden, und man hatte herausgefunden, daß es mit intuitiven Begriffen durchsetzt war, die die Griechen und ihre Nachfolger übersehen hatten.

Ein Beispiel ist das Wort „zwischen“, das in den *Elementen* auftaucht, und das wir gerade eben (Seite 44) verwendet haben, um deutlich zu machen, was es für Euklid bedeutet, daß ein Winkel „größer“ ist als ein anderer. (Die Aufdeckung einer stillschweigenden Annahme zog die nächste nach sich!) Zugegebenermaßen ist der durch das Wort „zwischen“ ausgedrückte Begriff ziemlich klar. In Abb. 12 liegt BD „zwischen“ BA und BC – was könnte unzweideutiger sein als dieses? Aber wenn wir den Satzteil unserer Behauptung, in dem dieses Wort vorkommt, näher untersuchen – „Wir sagen, der Winkel ABC sei *größer* als der Winkel DBC, wenn BD zwischen BA und BC liegt “ –, dann sehen wir, daß, anders als die Wörter und Satzteile, die ganz klar verbindende Elemente sind – „Wir sagen“, „sei“, „wenn“, „und“ –, das Wort „zwischen“ eine Bedeutung trägt, die fraglos *geometrisch* ist, wodurch es streng genommen zu einem terminus technicus wird. (Wir dürfen die Aussage eines Diagramms *überhaupt nicht* verwenden.) Wir haben dieses Wort weder definiert noch als primitiven Term aufgenommen. Damit ist es als intuitiv entlarvt. „Auf derselben Seite“ ist in den *Elementen* wie auch in unserer Behauptung ein weiteres Beispiel eines unauffälligen Ausdrucks, dessen Bedeutung geometrischer Natur ist, dessen einzige Grundlegung aber intuitiv ist.

Und so wurde die Geometrie zum zweiten Mal im großen Umfang von der Intuition gesäubert, und ein Neuaufbau des Faches von Grund auf fand statt. Die bekannteste Neuformulierung ist das Buch *Grundlagen der Geometrie* von dem mathematischen Giganten David Hilbert (1862–1943), veröffentlicht im Jahre 1899 (die zehnte Auflage erschien 1968). Hilberts primitive Terme lauten: *Punkt, Gerade, Ebene, liegen auf* (wie im Satz „der Punkt C liegt auf der Geraden AB“), *zwischen* und *kongruent* (entsprechend Euklids „gleich“). Er zählt 15 Axiome auf (bei Euklid sind es 10), und seine Sätze umfassen solch intuitiv offensichtliche Behauptungen wie

Satz 4. *Von je drei Punkten A, B, C auf einer Geraden liegt stets einer zwischen zwei anderen.*

So wurde die Geometrie „strenger“, als es die Griechen in ihren kühnsten Träumen erwartet hätten. Gemessen an den heutigen strengen Normen sind die *Elemente* tatsächlich ein logisches Sieb. Nichtsdestotrotz habe ich dieses Buch an den *Elementen* orientiert, nicht an den *Grundlagen der Geometrie*, weil ich das Gefühl habe, daß wir so schneller und bequemer zu den eigentlichen Gegenständen vordringen. Es ist eine langweilige Arbeit, jede kleine logische Ritze abzudichten, und wenn Sie nicht gerade viel mathematische Erfahrung haben, würden die Arbeit wahrscheinlich auch noch verwirrend finden. Viel wichtiger noch ist, daß es Euklids Text, nicht Hilberts Text, war, der das wissenschaftliche Paradigma für den größten Teil der Wissenschaftsgeschichte darstellte; und es war Euklids Text, nicht Hilberts, auf den die Erfinder der nichteuklidischen Geometrie antworteten.

Die größten Löcher in den *Elementen* werden wir stopfen, diejenigen intuitiven Komponenten, die wahrscheinlich Schwierigkeiten bereiten, sobald wir zur nichteuklidischen Geometrie gelangen, werden wir ausmerzen, und dabei belassen wir es. Harmlose Bezugnahme auf die Intuition wie die oben besprochenen Fälle werden wir beibehalten; um den Aufbau der logischen Substruktur, mit Hilfe derer diese Beispiele logisch gestützt werden können, wie Hilbert gezeigt hat, werden wir uns nicht kümmern.

Die definierten Terme von Euklid (Teil 2)

Die Definitionen 13 und 14 brauchen wir nicht, also lasse ich sie aus.

Definition 15. Ein *Kreis* ist eine ebene, von einer einzigen Linie [die *Umfang (Bogen)* heißt] umfaßte Figur mit der Eigenschaft, daß alle von einem innerhalb der Figur gelegenen Punkte bis zur Linie [zum Umfang des Kreises] laufenden Strecken [die *Radien*] einander gleich sind;

Definition 16. und *Mittelpunkt* des Kreises heißt dieser Punkt.

Die „einzige Linie“ aus Definition 15 ist der Kreis selbst. Die vom Mittelpunkt (Definition 16) „bis zur Linie laufenden“ Strecken, die „einander gleich“ sind, sind das, was wir „Radien“ nennen würden, darum habe ich diesen Term eingefügt. Kreise sind die einzigen nichtgeraden Linien, die in den *Elementen* auftauchen.

Die Definitionen 17 und 18 brauchen wir auch nicht, also lasse ich sie ebenfalls aus.

Definition 19. *Geradlinige Figuren* sind solche, die von Strecken umfaßt werden, *dreiseitige* [*Dreiecke*] die von drei, *vierseitige* die von vier, *vielseitige* die von mehr als vier Strecken umfaßten.

Definition 20. Von den dreiseitigen Figuren ist ein *gleichseitiges Dreieck* jede mit drei gleichen Seiten, ein *gleichschenkliges* jede mit (...) zwei gleichen Seiten, ein *schiefes* jede mit drei ungleichen Seiten.

Im Original steht: „... ein *gleichschenkliges* jede mit nur zwei gleichen Seiten“. Ich habe das „nur“ gestrichen, um Euklids Definition dem heute üblichen Sprachgebrauch anzupassen, gemäß dem ein gleichseitiges Dreieck auch ein gleichschenkliges (einer speziellen Sorte) ist.

Definition 21. Weiter ist von den dreiseitigen Figuren ein *rechtwinkliges* Dreieck jede mit einem rechten Winkel, ein *stumpfwinkliges* jede mit einem stumpfen Winkel, ein *spitzwinkliges* jede mit drei spitzen Winkeln.

Hier vermittelt Euklid bereits die Botschaft, die in Satz 17 bewiesen wird, daß nämlich ein Dreieck höchstens einen stumpfen Winkel haben kann.

Definition 22. Von den vierseitigen Figuren ist ein *Quadrat* jede, die gleichseitig und rechtwinklig ist ...

Mit anderen Worten, ein Viereck mit vier gleichen Seiten und vier rechten Winkeln.

Definition 23. *Parallel* sind gerade Linien, die in derselben Ebene liegen und dabei, wenn man sie nach beiden Seiten ins Unendliche verlängert, nicht aufeinander treffen.

Wäre Euklids Standardgerade unendlich statt endlich, dann hätte er einfach gesagt:

> *Parallele* gerade Linien sind solche, die in derselben Ebene liegen und sich auf keiner Seite treffen.

Da seine gewöhnliche „gerade Linie" aber eine Strecke ist, mußte er den Zusatz über die „Verlängerung" einfügen.

Die Axiome von Euklid

Euklid stellt 10 Axiome (im weiteren Sinne) auf. Es gibt aber noch andere, um deren Niederschrift er sich nicht gekümmert hat, und von denen wir einige auf unserem Weg durch Buch I aufdecken werden. Die ersten 5 der 10 expliziten Axiome nennt er „Postulat", die letzten 5 „Axiom" (im engeren Sinne). Diese Unterscheidung, die von modernen Mathematikern nicht getroffen wird, scheint zu bedeuten, daß die Postulate spezifisch geometrische Annahmen sind, während die Axiome auch anderen Wissenschaften zugrunde liegen.

Postulat 1. [Gefordert soll sein:] Daß man von jedem Punkt nach jedem Punkt die Strecke ziehen kann.

Postulat 2. [Gefordert soll sein:] Daß man eine begrenzte gerade Linie zusammenhängend gerade verlängern kann.

Postulat 3. [Gefordert soll sein:] Daß man mit jedem Mittelpunkt und Abstand den Kreis zeichnen kann.

Die ersten drei Postulate versetzen uns in die Lage, Dinge zu konstruieren: Zwei Punkte durch eine gerade Linie zu verbinden, wann immer wir dieses wünschen, eine beliebige endliche gerade Linie zu verlängern und Kreise in jeder Größe um jeden Mittelpunkt zu zeichnen. Die Postulate 1 und 2 heißen die „Lineal-Postulate", weil sie im übertragenen Sinne den unbeschränkten Gebrauch eines Bleistifts und eines unmarkierten Lineals freigeben. Aus ähnlichen Gründen heißt das Postulat 3 das „Zirkel-Postulat".

Die Erlaubnis dieser Konstruktion ist Euklids Art, die Existenz der konstruierten Objekte zu sichern. Jeder Zweig der Mathematik benötigt einen klaren Maßstab, mit Hilfe dessen vorgeschlagene Studienobjekte, die inkonsistent mit seinen Axiomen sind, als außerhalb der Reichweite dieses Zweigs liegend eingestuft werden. Solche Objekte werden für „nicht existent" erklärt, und der Maßstab, mit dessen Hilfe sie ausgeschlossen werden, heißt „Existenzkriterium". (Z.B. erfüllt 1/0 nicht das Existenzkriterium des üblichen Zahlsystems, denn seine Zulassung würde zu Absurditäten wie z. B. $1 = 2$ führen.[10] Darum sagt man uns in der Schule, daß Division durch 0 „unmöglich sei" bzw. daß 1/0 „undefiniert sei" oder „nicht existiere".) Euklids Existenzkriterium ist die Konstruierbarkeit mit Zirkel und Lineal.

Es ist klar, daß Euklid die gerade Linie aus Postulat 1 und den Kreis aus Postulat 3 als eindeutig auffaßte – daß es *nur eine* gerade Linie gibt, die zwei Punkte verbindet, und daß es *nur einen* Kreis gibt, der einen gegebenen Mittelpunkt und Radius besitzt. Aus seiner Verwendung des Postulates 2 ergibt sich außerdem, daß dieses Postulat nach seiner Auffassung die Verlängerung einer geraden Linie in beiden Richtungen erlaubt, *soweit* wir wollen. Um diese Auffassungen explizit zu machen, revidieren wir die Postulate 1–3 folgendermaßen.

Postulat 1. Es ist möglich, eine und nur eine gerade Linie von einem beliebigen Punkt zu einem beliebigen anderen Punkt zu zeichnen.

Postulat 2. Es ist möglich, eine begrenzte gerade Linie an jedem Ende zusammenhängend gerade zu verlängern, und zwar um einen Betrag, der größer ist, als eine beliebige vorgegebene Länge.

---

[10] Zwei Regeln des Zahlsystems lauten:

(1) $0 \cdot x = 0$,
(2) $x \cdot \frac{1}{x} = 1$, wenn $\frac{1}{x}$ eine Zahl ist.

Würde man zulassen, daß die Kombination von Symbolen „1/0" eine Zahl wäre, dann wäre

$$0 \cdot \frac{1}{0} = 0$$

nach Regel (1) und

$$0 \cdot \frac{1}{0} = 1$$

nach Regel (2), woraus folgt: $0 = 1$. Die Gleichung $1 = 2$ folgt dann durch Addition von 1 auf beiden Seiten.

Postulat 3. Es ist möglich, einen und nur einen Kreis mit gegebenem Mittelpunkt und Radius zu zeichnen.

Das nächste Postulat erscheint vielen Menschen als überflüssig.

Postulat 4. Alle rechten Winkel sind einander gleich.

„*Selbstverständlich* sind alle rechten Winkel gleich“, höre ich in meiner Vorstellung jemanden sagen „Sie sind doch alle gleich 90°!“ Wir sind so sehr daran gewöhnt, Winkel in „Grad“ zu messen, daß wir die Tatsache leicht übersehen, daß Euklid diesen Term nicht erwähnt (das tut er nirgends). Unter den metaphorischen Werkzeugen, die er uns gegeben hat, findet sich auch kein Winkelmesser. Das symbolische „90°“ ist zugegebenermaßen eine handliche Abkürzung für „rechter Winkel“, und wir werden es in Kürze für diesen Zweck einführen; aber selbst wenn dies einmal getan ist, bleibt der Begriff „rechter Winkel“ logisch vorhergehend. Wir werden wissen, daß „90°“ immer dieselbe Winkelgröße repräsentiert, weil wir Postulat 4 kennen, und nicht andersherum.

Die Definition 10 besagt, daß rechte Winkel paarweise als je zwei gleiche Winkel daherkommen, sie zwingt uns aber nicht dazu, zu glauben, daß zwei rechte Winkel im einen Teil der Ebene gleich zwei rechten Winkeln irgendwo anders sind. Angenommen, die zwei Zeichnungen aus Abb. 14 liegen Milliarden von Kilometern

Abbildung 14

auseinander. Falls $\sphericalangle 1 = \sphericalangle 2$ und $\sphericalangle 3 = \sphericalangle 4$, dann heißt nach Definition 10 jeder der Winkel 1, 2, 3 und 4 zu recht „rechter“ Winkel. Aber ist $\sphericalangle 1 = \sphericalangle 3$? Es ist schon wahr: beide Winkel $\sphericalangle 1$ und $\sphericalangle 3$ „rechte“ Winkel zu nennen, *legt es nahe*, daß sie gleich sind; aber mit dieser Begründung sollten alle Winkel, die wir „spitz“ nennen, auch gleich sein. Könnte es nicht sein, daß der Charakter der Ebene sich über die riesige Distanz zwischen $\sphericalangle 1$ und $\sphericalangle 3$ verändert? Wäre es nicht in der Tat bemerkenswert, wenn die Ebene über ihre gesamte unendliche Ausdehnung gleichförmig wäre? Aber das ist es genau, was wir implizieren, wenn wir behaupten, es sei notwendigerweise $\sphericalangle 1 = \sphericalangle 3$.

Ich will sagen, daß die Wahrheit von Postulat 4 nicht offensichtlich ist. Es sagt uns etwas, was wir vorher noch nicht wußten – nämlich, daß die Ebene gleichförmig *ist*, zumindest insoweit, daß alle rechten Winkel gleich sind, egal wo sie sich befinden.

Erst jetzt erhalten die Begriffe „spitz“ und „stumpf“ ihre bekannte Bedeutung. Diese Terme sind so geläufig, daß Sie bei der Lektüre der Definitionen 11 und 12 möglicherweise gar keinen Mangel entdeckt haben, obwohl ich von einer versteckten Annahme gesprochen habe (Seite 44). Kehren wir einen Moment an die Stelle vor Postulat 4 zurück. In der Abb. 15 sei $\sphericalangle 1 = \sphericalangle 2$ und $\sphericalangle 3 = \sphericalangle GHF$,

Abbildung 15

so daß alle 4 Winkel nach Definition 10 rechte Winkel sind. $\sphericalangle JHF$ ist kleiner als $\sphericalangle GHF$, daher ist $\sphericalangle JHF$ nach Definition 11 ein spitzer Winkel. Die Bekanntheit dieser Situation wiegt uns vielleicht in Sicherheit, so daß wir denken, daß $\sphericalangle JHF$ automatisch kleiner ist als $\sphericalangle 2$. Aber ohne Postulat 4 folgt dies nicht! Ohne Postulat 4 könnte nach allem, was wir wissen, $\sphericalangle GHF$ um vieles größer als $\sphericalangle 2$ sein, ja sogar soviel größer, daß selbst der kleinere Winkel $\sphericalangle JHF$ noch größer ist als $\sphericalangle 2$. Angesichts dieser Möglichkeit hätte die Anwendung des Terms „spitz“ auf $\sphericalangle JHF$ gar nichts über seine absolute Größe ausgesagt. *Mit* Postulat 4 wissen wir hingegen, daß „rechter Winkel“ ein feststehender und universeller Maßstab ist, mit dem andere Winkel verglichen werden können. Dies ermöglicht uns die Schlußfolgerung, daß $\sphericalangle JHF$ tatsächlich kleiner ist als $\sphericalangle 2$, wie erwartet.

Definition 24. Ein *Grad* ist ein Neunzigstel eines rechten Winkels.

Die Hinzunahme dieser Definition zu Euklids Liste, ermöglicht es uns, „90°“ für „rechter Winkel“ und „180°“ für Euklids unhandliche „zwei rechte Winkel“ zu schreiben.

Der Zweck des Postulats 5 ist es, uns die Schlußfolgerung zu ermöglichen, daß bestimmte Paare von geraden Linien sich schneiden, in welchem Falle es uns auch noch sagt, wo dieser Schnitt liegt. Es ist merkbar komplizierter als die anderen 9 Axiome von Euklid.

Postulat 5. [Gefordert soll sein:] (...) daß, wenn eine gerade Linie beim Schnitt mit zwei geraden Linien bewirkt, daß innen auf derselben Seite entstehende Winkel zusammen kleiner als zwei rechte werden, dann die zwei geraden Linien bei Verlängerung ins Unendliche sich treffen auf der Seite, auf der die Winkel liegen, die zusammen kleiner als zwei rechte sind.

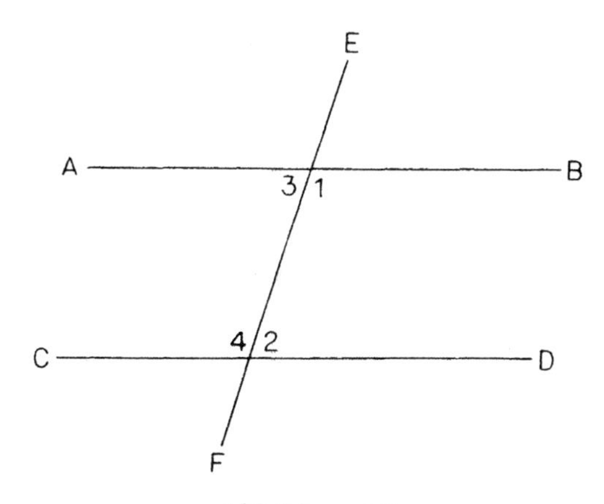

Abbildung 16

Eine Zeichnung wird hier weiterhelfen. In der Abb. 16 ist EF ein gerade Linie beim Schnitt mit zwei geraden Linien AB und CD. Es gibt zwei Paare von „innen auf derselben Seite entstehenden Winkeln": Die Winkel 1 und 2 und die Winkel 3 und 4. Postulat 5 besagt, daß, wenn die Summe eines dieser Paare weniger als 180° ergibt, dann AB und CD, falls man sie genügend verlängert, sich auf eben dieser Seite von EF schneiden. Ist insbesondere $\sphericalangle 1 + \sphericalangle 2$ kleiner 180°, dann werden sich AB und CD auf der rechten Seite (in meiner Zeichnung) von EF treffen, ist hingegen $\sphericalangle 3 + \sphericalangle 4 < 180°$, dann werden sie sich auf der linken Seite treffen. Euklid wird, bevor er das Postulat benutzt, beweisen, daß $\sphericalangle 1 + \sphericalangle 2$ und $\sphericalangle 3 + \sphericalangle 4$ nicht *beide* kleiner als 180° sein können.

Beachten Sie, daß durch die Behandlung der 180° (zwei rechte Winkel) als feste Größe das Postulat 5 von Postulat 4 abhängt.

Axiome (im engeren Sinne)

1. Was demselben gleich ist, ist auch einander gleich.
2. Wenn Gleichem Gleiches hinzugefügt wird, sind die Ganzen gleich.
3. Wenn von Gleichem Gleiches weggenommen wird, sind die Reste gleich.
4. Was einander deckt, ist einander gleich.
5. Das Ganze ist größer als der Teil.

Das fünfte Axiom erkennen Sie wahrscheinlich als das Axiom, das wir auf Seite 43 schon erwähnt haben.

Die Axiome im engeren Sinne sind die letzten expliziten Axiome von Euklid. Es sind allgemeine Regeln für den argumentativen Umgang mit Zahlen, oder, um den griechischen Term zu benutzen, „Größen". In der ebenen Geometrie handelt es sich um Größen von dreierlei Art: Längen endlicher Linien, Winkelgrößen und Flächeninhalte.

Die Axiome können mit Ausnahme der Nummer 4 algebraisch ausgedrückt werden, wobei „a", „b", „c" und „d" jeweils Größen derselben Art darstellen.

Axiom 1. Ist $a = b$ und $c = d$, dann ist $a = c$.

Axiom 2. Ist $a = b$ und $c = d$, dann ist $a + c = b + d$.

Axiom 3. Ist $a = b$ und $c = d$, dann ist $a - c = b - d$.

Axiom 5. $a + b > a$.

Die Nummer 4 kann nicht algebraisch ausgedrückt werden, weil sie, anders als die anderen Axiome, einen nicht quantitativen Begriff involviert: Deckung. Es handelt sich um einen spezifisch geometrischen Begriff, der durch das Axiom 4 mit dem quantitativen Begriff der Gleichheit verknüpft wird. Auf einen kurzen Begriff gebracht, ist Axiom 4 die Rechtfertigung für unsere Behauptung (Abb. 17), daß

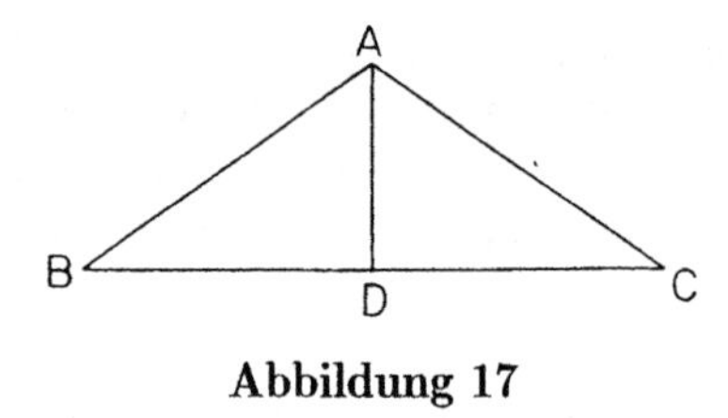

Abbildung 17

die Seite AD des Dreiecks ADB gleich der Seite AD des Dreiecks ACD ist. Es scheint allerdings, als habe Euklid für das Axiom 4 noch eine andere, noch geometrischere Verwendung gehabt, nämlich eine umstrittene Prozedur zu rechtfertigen, die er widerstrebend bei zwei Gelegenheiten verwendet hat (Satz 4 und Satz 8) und die Hilbert in seiner Umformulierung der euklidischen Geometrie vollständig abgelehnt hat – die Überlagerung von Diagrammen. Ich erzähle Ihnen die ganze Geschichte, wenn wir bei Satz 4 angekommen sind.

Unglücklicherweise gibt es einige sehr einfache quantitative Schlußfolgerungen, die Sie oder ich ganz natürlich ziehen würden, und die Euklid in der Tat zieht, die von den Axiomen 1 bis 5 nicht gerechtfertigt werden. Wüßten wir z. B., daß $\measuredangle 1 = \measuredangle 2$ und daß $\measuredangle 3 < \measuredangle 4$, würden wir ganz selbstverständlich schließen, daß $\measuredangle 1 + \measuredangle 3 < \measuredangle 2 + \measuredangle 4$. Aber keines der formulierten Axiome besagt, daß wenn Gleiches zu *Ungleichem* addiert wird, die Summen ungleich (und zwar in derselben Art) sind.[11] Wir könnten vielleicht irgendeine Art von Rechtfertigung aus den Axiomen 2 und 5 herausdestillieren, aber dies würde eine Menge Arbeit bedeuten

[11] Interessanterweise enthalten die meisten Manuskripte der *Elemente* genau diese Behauptung unter den Axiomen, es scheint allerdings so, als sei sie von Theon von Alexandria eingefügt worden (siehe Seite 27).

und müßte mehrfach wiederholt werden, bevor wir alle Prinzipien quantitativer Argumentation etabliert hätten, die Euklid verwendet. Da wir aber letzten Endes daran interessiert sind, einige der Dinge, die in den *Elementen* nur implizit vorkommen, unverblümt festzuhalten, gibt es noch die andere Möglichkeit, eine Reihe *neuer* „Axiome" hinzuzufügen, die jeden Typ quantitativer Schlußfolgerungen abdecken, den wir irgendwann einmal ziehen müssen; eine solche Reihe wäre aber entmutigend lang. Als Kompromiß werde ich ein einziges „Axiom" hinzufügen, das in ganz allgemeinen Ausdrücken die Legitimität der Behandlung geometrischer Größen als Zahlen festhält, wobei wir jedesmal, wenn wir es anwenden, das spezifische numerische Prinzip, an das wir denken, explizit erwähnen.

Axiom 6. Gleichungen und Ungleichungen, in denen geometrische Größen derselben Art vorkommen, gehorchen denselben Gesetzen wie Gleichungen und Ungleichungen, in denen positive Zahlen vorkommen.

Wenn wir also wüßten, um zu unserem Beispiel zurückzukehren, daß $\sphericalangle 1 = \sphericalangle 2$ und $\sphericalangle 3 < \sphericalangle 4$, würden wir das Folgende als Begründung für unsere Schlußfolgerung $\sphericalangle 1 + \sphericalangle 3 < \sphericalangle 2 + \sphericalangle 4$ schreiben:

Ax. 6 (Falls $a = b$ und $c < d$, dann ist $a + c < b + d$.)

Technisch gesehen umfaßt Axiom 6 alle anderen Axiome mit Ausnahme der Nummer 4, wodurch diese redundant werden. Ich werde sie trotzdem weiterhin benutzen, wenn sie anwendbar sind, und das Axiom 6 für Fälle reservieren, in denen dies nicht der Fall ist.

Sätze, die ohne Verwendung des fünften Postulats bewiesen werden

Euklid hat die Verwendung des fünften Postulats scheinbar so lange wie möglich aufgeschoben. Jedenfalls werden die ersten 28 Sätze des Buches I ohne es bewiesen, desgleichen Satz 31 (Buch I besteht insgesamt aus 48 Sätzen). Wir werden in diesem Abschnitt die meisten der von Postulat 5 unabhängigen Sätze untersuchen. Auf dem Weg dahin hoffe ich, drei Dinge zu erreichen: Sie wieder mit der Methode und den Ideen der ebenen Geometrie vertraut zu machen; weitere von Euklids stillschweigend getroffenen Annahmen aufzudecken und in neuen Postulaten zu formulieren; die Schwierigkeiten mit den Sätzen 4 und 8 zu beheben.

Ich werde Euklids Beweis eines Satzes immer dann präsentieren, wenn er problematisch, lehrreich oder besonders schön ist. In anderen Fällen überlasse ich es Ihnen, einen Beweis zu finden, in der Annahme, daß Sie sich selbst daran versuchen möchten. (Falls Sie das nicht wollen, akzeptieren Sie die Sätze einfach so oder schlagen Sie die Beweise in den *Elementen* nach.)

Satz 1. *Über einer gegebenen Strecke [ist es möglich,] ein gleichseitiges Dreieck zu errichten.* (Abb. 18.)

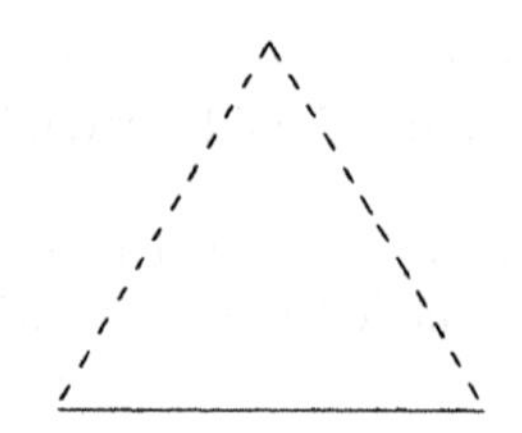

Abbildung 18

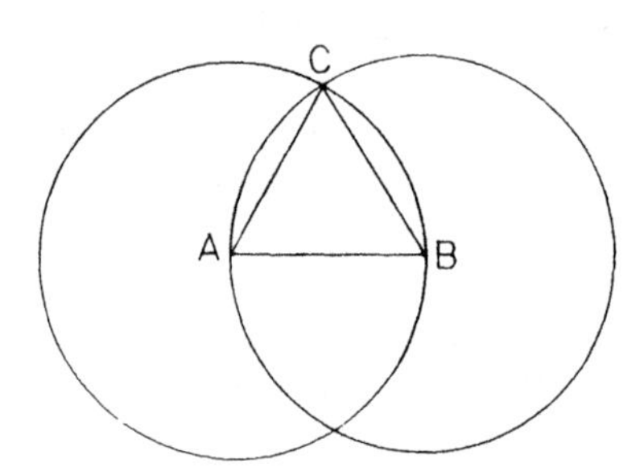

Abbildung 19

Beweis.

1.	Sei „AB“ die gegebene Strecke (siehe Abb. 19).	Voraussetzung
2.	Man zeichne einen Kreis mit Mittelpunkt A und Radius AB.	Post. 3
3.	Man zeichne einen Kreis mit Mittelpunkt B und Radius AB.	Post. 3
4.	Sei „C“ der Punkt, in dem sich die beiden Kreise schneiden.	
5.	Man zeichne AC und BC.	Post. 1
6.	$AC = BC$.	Def. v. „Radius“
7.	$BC = AB$.	Def. v. „Radius“
8.	$AC = BC$.	6., 7., Ax. 1
9.	ABC ist ein gleichseitiges Dreieck.	6., 7., 8., Def. v. „gleichseitiges Dreieck“
10.	Daher ist es möglich, über einer gegebenen Strecke ein gleichseitiges Dreieck zu errichten.	Verallgemeinerung

Eine Anmerkung zur Schreibweise. Euklid arrangiert seine Beweise *nicht* zweispaltig. Ich habe sie umgeschrieben, weil man sie dann leichter analysieren kann. Außerdem beziehe ich mich auf Definitionen mittels des betreffenden Terms, auf

Postulate, Axiome und Sätze hingegen mittels Numerierung. (Wenn die Postulate und Sätze mehr werden und es schwierig wird, sie sich mit Nummer zu merken, schlagen Sie im „Register zur euklidischen Geometrie“ auf Seite 117–119 nach.)

Die Postulate 1 und 3 statten uns mit der Möglichkeit aus, gerade Linien und Kreise zu konstruieren. Dieser Satz zeigt, daß die beiden Postulate in Kombination vielfältiger sind, als es zunächst erscheint. Abgesehen vom letzten Standardschritt hat der Beweis zwei Teile. In den ersten fünf Schritten wird das Dreieck konstruiert. In den nachfolgenden vier wird gezeigt, daß es, wie angekündigt, gleichseitig ist.

Der wesentliche Gehalt dieses Satzes ist natürlich die Existenz gleichseitiger Dreiecke. Vom logischen Standpunkt aus ist es entscheidend, dies zu verifizieren, damit wir gleichseitige Dreiecke für den zukünftigen Gebrauch zur Verfügung haben, wenn wir sie benötigen (z.B. im Beweis von Satz 2). Die bloße Definition eines Terms, wie z.B. des Terms „gleichseitiges Dreieck“ in Definition 20, stellt keineswegs die Existenz irgendeines Objektes, auf das dieser Term angewandt werden kann, sicher; sie sagt uns nur, wie wir es nennen sollen, wenn wir auf eines stoßen. Z.B. könnte ich eine „Tetraprimzahl“ als eine „durch 4 teilbare Primzahl“[12] definieren. Ich könnte sogar Sätze über Tetraprimzahlen beweisen – z.B., daß keine Tetraprimzahl ungerade ist, daß Quadrate von Tetraprimzahlen stets durch 16 teilbar sind, und so weiter. Dabei würde ich aber buchstäblich über Nichts reden, weil Tetraprimzahlen nicht existieren. (Keine Primzahl ist durch 4 teilbar.) Und nähme ich fälschlich an, daß sie existieren, so bräche meine Arithmetik unter einem Hagel von Widersprüchen zusammen. Um jede dieser beiden Möglichkeiten auszuschließen, beweist Euklid vorsichtshalber die Existenz jedes geometrischen Objekts, über das er sprechen möchte.

Da gibt es aber noch ein kleines Problem mit Schritt 4. Dinge können benannt werden, sobald wir wissen, daß sie existieren, aber woher wissen wir, daß der Punkt C existiert? Ich gebe zu, daß die Kreise sich durchdringen, und es *sieht* auf jeden Fall *so aus*, als hätten sie einen, ja sogar zwei Punkte gemein. Aber der Hinweis „siehe Zeichnung“ ist kein mathematisch akzeptables Argument. Eine Zeichnung ist nicht Teil des Beweises, sondern lediglich eine Hilfe, um dem Beweis leichter folgen zu können. Was wäre außerdem, wenn ich ein anderes Bild gezeichnet hätte? Vielleicht liegen zwischen den Punkten der Kreise ja Zwischenräume, wie in Abb. 20. Sich durchdringende Halsketten haben keine Perle gemeinsam.

Ich behaupte nicht ernstlich, daß Kreise wie Halsketten sein könnten. Die Frage lautet gar nicht: „Schneiden sich Kreise, die sich durchdringen?“ Selbstverständlich schneiden sie sich. Sie, die Leser, glauben, daß sie das tun. Ich glaube, daß sie das tun. Euklid nahm ganz sicher an, daß sie das tun. So sieht *unser* System aus. Die Frage lautet vielmehr: „Auf welcher Grundlage?“ Welche Begründung können wir für den Schritt 4 angeben? Keine Definition und kein Axiom sagt uns, daß Punkt C existiert.

---

[12] Eine Primzahl ist eine ganze Zahl größer als 1, die nur durch 1 und durch sich selbst teilbar ist. Die ersten zehn Primzahlen lauten 2, 3, 5, 7, 11, 13, 17, 19, 23 und 29. Aus technischen Gründen wird 1 nicht zu den Primzahlen gerechnet.

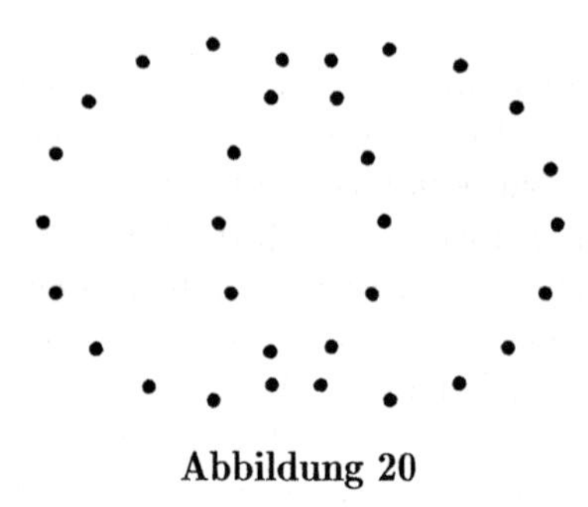

Abbildung 20

Die einfache Lösung besteht in der Aufstellung eines neuen Postulats, das offiziell festhält, was wir längst glauben.

Postulat 6.[13]

(i) Ein Kreis (bzw. Dreieck) teilt die Punkte der Ebene, die nicht auf dem Kreis (bzw. Dreieck) liegen, in zwei Klasse, die *Innen* und *Außen* genannt werden (siehe Abb. 21);

(ii) jede Linie, die einen Punkt des Inneren mit einem Punkt des äußeren verbindet, schneidet den Kreis (bzw. das Dreieck); und

(iii) jede gerade Linie, die einen Punkt auf dem Kreis (bzw. Dreieck) mit einem Punkt des Inneren verbindet, schneidet, wenn man sie über den inneren Punkt hinaus unendlich weit verlängert, den Kreis (bzw. das Dreieck) genau ein weiteres Mal.

Die drei Teile des Postulats sind hier am Beispiel des Kreises illustriert. Teil (i) stellt die Bühne für Teil (ii) dar. Teil (iii) ist eine Erweiterung von Teil (ii), die wir später noch benötigen werden. Teil (ii) ist das, was uns gefehlt hat, um den Beweis von Satz 1 zu vervollständigen, und zwar folgendermaßen:

4. Die Kreise schneiden sich im Punkt „C“. Post. 6 (ii)

Bei der Anwendung von Postulat 6 (ii) betrachten wir den einen Kreis als „den Kreis“ und einen Kreisbogen des anderen Kreises als „die Linie“, die einen Punkt des Inneren mit einem Punkt des Äußeren verbindet.

Postulat 6 nennt man ein „Stetigkeitsaxiom“, weil es uns im Endeffekt versichert, daß Kreise und Dreiecke stetige Figuren ohne Löcher zwischen ihren Punkten sind. Später werden wir noch ein weiteres Stetigkeitsaxiom brauchen; da es das Analogon von Postulat 6 für gerade Linien ist, können wir es ebensogut schon jetzt aufstellen.

[13] In einem anderen Zweig der Mathematik ist das Postulat 6(i) als (Spezialfall vom) „Kurvensatz von Jordan“ bekannt; 6(ii) ist ein Korollar davon. In der Geometrie heißt der Dreiecksfall von 6(iii) das „Axiom von Pasch“, nach Moritz Pasch, 1843–1930, einem Pionier auf dem Gebiet, Euklids stillschweigende Annahmen ausfindig zu machen. Pasch formulierte das „Schema für ein materiales axiomatisches System“ (Seite 7).

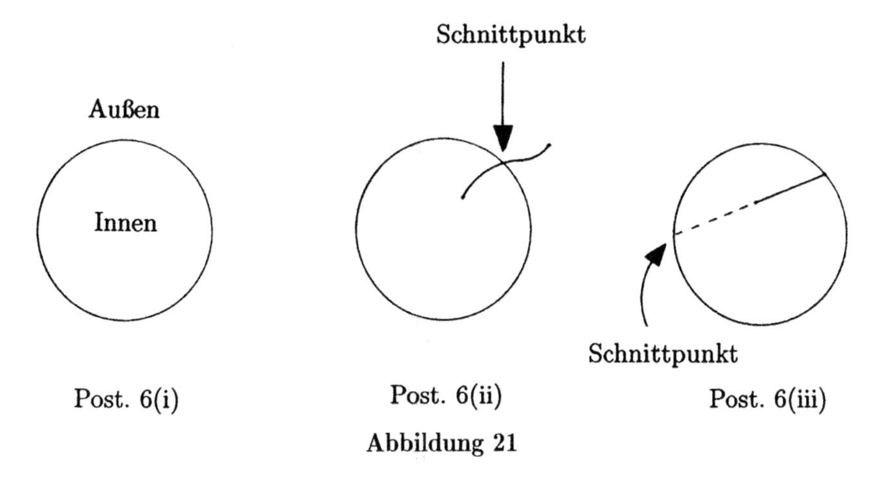

Abbildung 21

Postulat 7.

(i) Eine in beiden Richtungen unendlich verlängerte gerade Linie teilt die Punkte der Ebene, die nicht auf der geraden Linie liegen, in zwei Klassen, die *Seiten* genannt werden (siehe Abb. 22); und

(ii) jede Linie, die einen Punkt der einen Seite mit einem Punkt der anderen Seite verbindet, schneidet die unendlich lange gerade Linie.

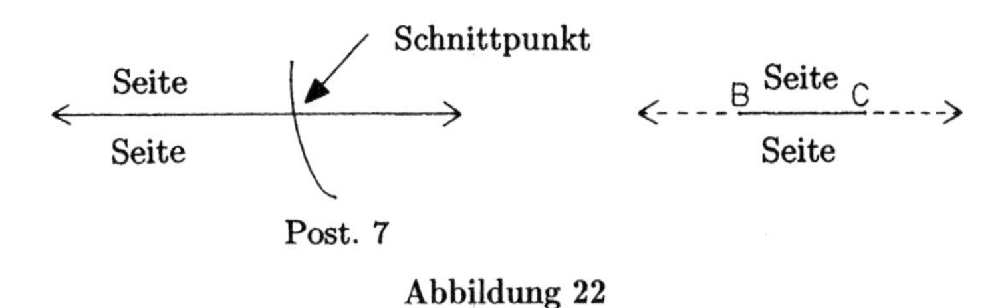

Abbildung 22

Da endlich lange gerade Linien nach Postulat unendlich verlängert werden können, können wir unter Benutzung von Teil (i) auch von deren „Seiten“ sprechen. Die „Seiten“ einer endlich langen geraden Linie, sagen wir BC, sind die Seiten derjenigen unendlichen geraden Linie, die aus all den Punkten besteht, durch die BC verlängert werden kann.

> Die Sätze 2 und 3 (...) bleiben geheimnisvoll für den, der nicht sieht, daß das Postulat 3 nicht auf *jede Verwendung des Zirkels* anwendbar ist.[14]

[14] Augustus de Morgan, 1849, in der englischen Ausgabe der *Elemente*, Heath: *Euclid*, S. 246. Augustus de Morgan, 1806–1871, war ein englischer Mathematiker, der zwei „Gesetze“ der

Es gibt noch eine Subtilität bei Postulat 3, die wir beachten sollten, bevor wir weitermachen; anderenfalls ergeben die Sätze 2 und 3 keinen Sinn. Um Folgendes handelt es sich: der metaphorische Zirkel aus Postulat 3 bleibt nicht geöffnet. Hebt man einen seiner Schenkel von der Ebene, so fällt er zusammen. Er kann nicht als Abstandhalter verwendet werden, um Abstände zu übertragen.

Das heißt – um die Metapher nun fallen zu lassen –: das Postulat 3 kann zum Zeichnen eines Kreises mit gegebenem Punkt als Mittelpunkt und gegebener Strecke als Radius *nur dann* verwendet werden, wenn der gegebene Punkt ein Endpunkt der gegebenen Strecke ist. Der beabsichtigte Mittelpunkt und der beabsichtigte Radius müssen verknüpft vorliegen. In Abb. 23 können wir z.B. nur

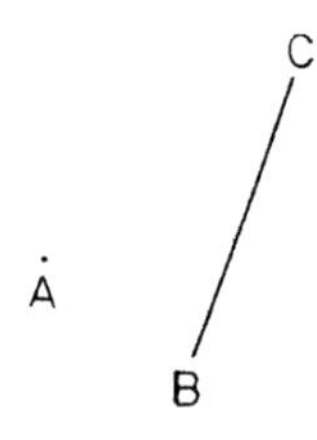

Abbildung 23

zwei Kreise mit Radius BC zeichnen – einen mit Mittelpunkt B, den anderen mit Mittelpunkt C. Das Postulat 3 erlaubt es uns nicht, einen mit Mittelpunkt A zu zeichnen. Solch ein Kreis hätte einen Radius *gleich* BC. In der griechischen Mathematik gab es einen Unterschied zwischen „der Radius ist BC“ und „der Radius ist gleich BC“. Diese Unterscheidung ist verlorengegangen, weil wir heute einen Radius als Zahl, als frei variierende Größe ansehen. Gemäß Definition 15 ist ein „Radius“ aber eine der lauter gleichen Strecken, die vom Mittelpunkt ausgehen, genau besehen also ein *geometrisches* Objekt und als solches an einen bestimmten Ort gebunden. Postulat 3 gibt uns die Möglichkeit, einen Kreis zu zeichnen, dessen einer Radius BC *ist*, daher gibt es also zwei solche Kreise; es gibt uns aber nicht die Möglichkeit, einen Kreise zu zeichnen, dessen Radien alle bloß *gleich* BC sind.

Die Sätze 2 und 3 besagen nun, daß der Zirkel, obwohl er auch weiterhin zusammenfällt, trotzdem zu alldem benutzt werden kann, wozu man einen normalen Zirkel benutzt, wenn auch auf Umwegen. Aber warum um alles in der Welt hat Euklid dann nicht von Anfang an einen normalen Zirkel postuliert? Wahr-

Mengenlehre, an die Sie sich vielleicht noch aus der Schule erinnern, formulierte. Sind A und B Mengen, ist $\mathcal{U}$ die universelle Menge (diese Idee geht auch auf de Morgan zurück), bezeichnen "$\cup$“ und „$\cap$“ die Vereinigung und den Durchschnitt, und bezeichnet $\mathcal{U}$ „minus“ eine Menge diejenige Menge aller Objekte, die in $\mathcal{U}$, aber *nicht* in dieser Menge liegen, dann lauten die „de Morganschen Gesetze“:

$$\mathcal{U} - (A \cup B) = (\mathcal{U} - A) \cap (\mathcal{U} - B)$$

und

$$\mathcal{U} - (A \cap B) = (\mathcal{U} - A) \cup (\mathcal{U} - B).$$

scheinlich aus Stolz. Unter Mathematikern gilt es als „unelegant", mehr als nötig anzunehmen.

Speziell der Satz 2 sagt uns, wie man an einem gegebenen Punkt eine Strecke anbringt, die gleich einer gegebenen, anderswo lokalisierten Strecke ist. Es erlaubt uns aber nicht, die Richtung der so konstruierten Strecke festzulegen.

Satz 2. *[Es ist möglich,] an einem gegebenen Punkt [als Endpunkt] eine einer gegebenen Strecke gleiche Strecke hinzulegen.* (Abb. 24.)

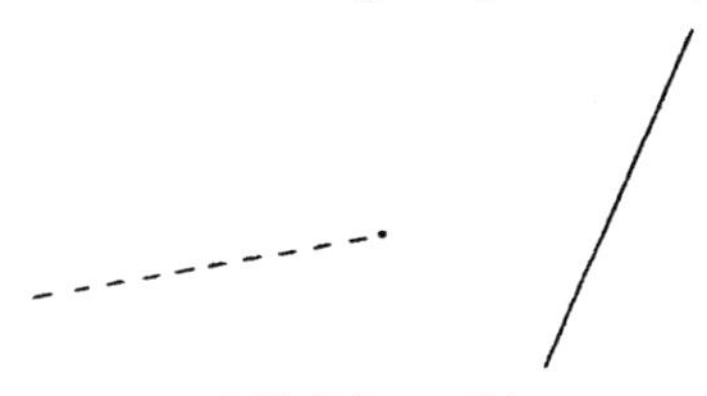

Abbildung 24

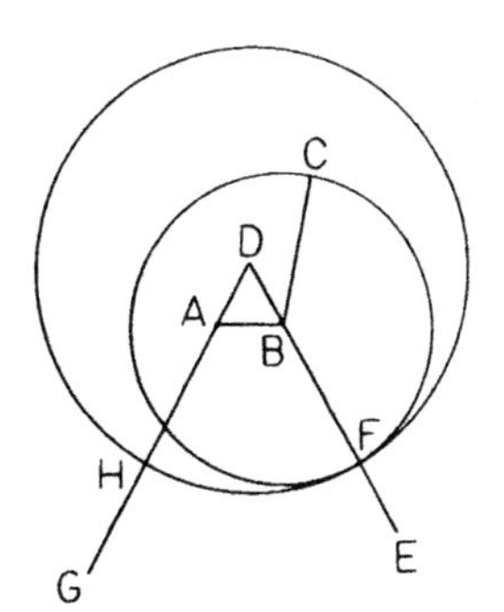

Abbildung 25

Beweis.

1. Sei „A" der gegebene Punkt und „BC" die gegebene Strecke (siehe Abb. 25).	Voraussetzung
2. Man zeichne AB.	Post. 1
3. Über AB zeichne man ein gleichseitiges Dreieck AB„D".	Satz 1
4. Man zeichne einen Kreis mit Mittelpunkt B und Radius BC.	Post. 3
5. Man verlängere DB bis zu einem Punkt „E" außerhalb des Kreises.	Post. 2
6. BE schneidet den Kreis in einem Punkt „F".	Post. 6(ii)

7. Man zeichne einen Kreis mit Mittelpunkt D und Radius DF.	Post. 3
8. Man verlängere DA bis zu einem Punkt „G" außerhalb dieses zweiten Kreises.	Post. 2
9. DG schneidet den zweiten Kreis in einem Punkt „H".	Post. 6(ii)
10. $DH = DF$.	Def. v. „Radius"
11. $DA = DB$.	3., Def. v. „gleichseitiges Dreieck"
12. $AH = BF$.	10., 11., Ax. 3
13. $BC = BF$.	Def. v. „Radius"
14. $AH = BC$.	12., 13., Ax. 1
15. AH hat den gegebenen Punkt als Endpunkt und ist gleich der gegebenen Strecke BC.	1., 14.
16. Darum ist es möglich, an einem gegebenen Punkt als Endpunkt eine einer gegebenen Strecke gleiche Strecke hinzulegen.	Verallgemeinerung

Ab jetzt werde ich den traditionellen letzten Schritt, in dem der Satz durch Verallgemeinerung bewiesen wird, weglassen.

Wie der Beweis von Satz 1 hat auch dieser Beweis zwei Teile. Die Schritte 1–9 bilden die Blaupause für die Konstruktion, während Schritte 10–15 überprüfen, ob AH den Anforderungen genügt.

Beachten Sie, daß im Schritt 5 das Postulat 2 verwendet wird, um DB um einen Betrag zu verlängern, der größer ist als der Radius des Kreises. Da BC jede beliebige Länge haben kann – das war die zu Beginn gegebene beliebige Strecke –, können wir anscheinend jede Strecke (endlich lange gerade Linie) um einen beliebigen Betrag verlängern. Sie ist potentiell unendlich lang. Darum habe ich das Postulat 2 so verändert, wie es jetzt auf Seite 48 steht.

In dieser Konstruktion ist AH eine Verlängerung von DA, deren Richtung durch die Positionen von A und BC festgelegt ist; wir haben also keinen Einfluß auf die Richtung von AH.[15]

Vor einiger Zeit habe ich mit Blick auf Abb. 23 gesagt, daß uns das Postulat 3 nicht gestattet, einen Kreis mit Mittelpunkt A zu zeichnen, dessen Radius einfach nur *gleich* BC ist. Mit Hilfe des Satzes 2 können wir das jetzt: man verwende Satz 2, um eine gerade Linie $AH = BC$ mit Endpunkt A zu zeichnen, und zeichne dann unter Verwendung des Postulats 3 einen Kreis mit Mittelpunkt A und Radius AH. Wie mit Satz 3 gezeigt wird – und wie Sie vielleicht längst sehen –, ist das der

[15] Außer dadurch, daß wir ΔABD mit D *unterhalb* von AB hätten zeichnen können, wodurch wir eine Alternative haben, und daß wir die Konstruktion mit AC statt AB hätten beginnen können, wodurch wir noch zwei weitere Alternativen erhalten.

Schlüssel, eine in A beginnende Strecke zu zeichnen, die gleich BC ist und in eine beliebige gewünschte Richtung zeigt.

Satz 3. *Wenn zwei ungleiche Strecken gegeben sind, [ist es möglich,] auf der größeren eine der kleineren gleiche Strecke abzutragen.* (Siehe Abb. 26.)

Abbildung 26

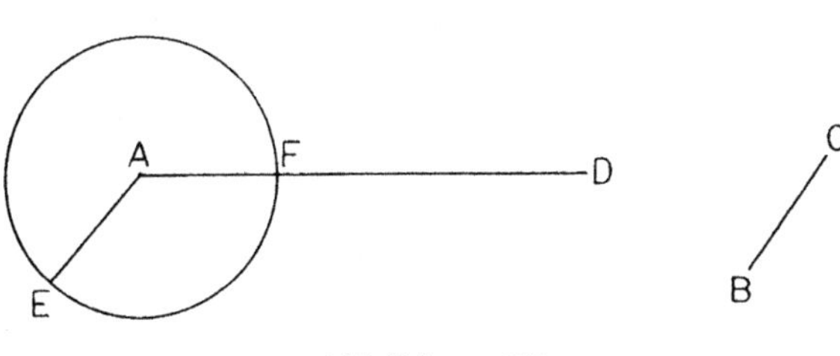

Abbildung 27

Beweis.

1.	Seien „AD“ und „BC“ die geraden Linien, wobei, sagen wir, AD größer als BC sei (siehe Abb. 27).	Voraussetzung
2.	Beginnend in A, zeichne man eine Strecke A„E“$= BC$.	Satz 2
3.	Man zeichne einen Kreis mit Mittelpunkt A und Radius AE.	Post. 3
4.	$AD > AE$.	1., 2., Ax. 6 (Ist $a > b$ und $c = b$, so ist $a > c$.)
5.	Der Kreis schneidet AD in einem Punkt „F“.	Post. 6(ii)
6.	$AE = AF$.	Def. v. „Radius“
7.	$AF = BC$.	2., 6., Ax.1
8.	AF ist auf AD abgetragen und ist gleich BC.	5., 7.

Ich habe Ihnen den Satz 3 angekündigt als einen Satz, der es uns ermöglicht, eine gerade Linie, die gleich BC ist, von A aus in eine beliebige Richtung zu zeichnen.

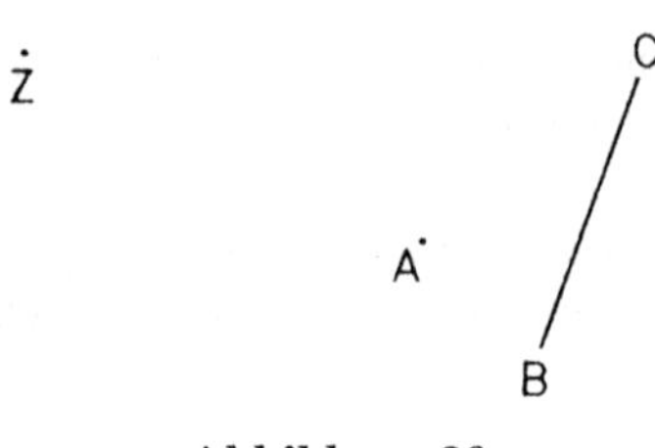

Abbildung 28

Angenommen, diese beliebige Richtung ist die Richtung nach Z (siehe Abb. 28). Man zeichne AZ; ist AZ nicht länger als BC, dann verlängere man sie gemäß Postulat 2, bis sie es ist. Dann verwende man Satz 3, um $AF = BC$ darauf abzutragen.

Wir werden den Satz 3 häufig verwenden. Angesichts eines möglichen Mißverständnisses in bezug auf seine Anwendung und Euklids Konstruktionssätze im allgemeinen möchte ich an dieser Stelle einen Ausschnitt aus dem Buch *Euclid and His Modern Rivals* von Charles L. Dodgson (Lewis Carroll) zitieren, ein unfreiwillig komisches Stück, in dem der Geist von Euklid im Hades seine *Elemente* vor einer Versammlung von Richtern gegen Lehrbücher des 19. Jahrhunderts verteidigen muß.

> *Minos.* Mir wurde erzählt, Sie gönnten sich zu viele „willkürliche Beschränkungen". Mr. Reynolds sagt (*Modern Methods in Elementary Geometry*, 1868, Vorwort, S. vi): „Die willkürlichen Beschränkungen bei Euklid bescheren ihm Ungereimtheiten und machen seine Konstruktionen unbrauchbar. Wenn er von uns z.B. verlangt, fünf Kreise, ein gleichseitiges Dreieck, eine gerade Linie von beschränkter und zwei gerade Linien von unbeschränkter Länge zu zeichnen, nur um auf einer geraden Linie eine bestimmte Länge abzutragen, dann verurteilt er damit sein System zur Trennung von der Praxis und jeder vernünftigen Argumentation."

(Im Beweis von Satz 3 wird zwar nur ein Kreis explizit gezeichnet, aber der Satz 2 wird angewandt, dessen Beweis eine gerade Linie und zwei Kreise verlangt und außerdem auf Satz 1 bezogen ist, in dessen Beweis zwei gerade Linien und zwei Kreise gezeichnet werden.)

> *Euklid.* Mr. Reynolds hat mich mißverstanden: Ich verlange keineswegs alle diese Konstruktionen in Satz 3.
>
> ...
>
> Im Satz 2 beweise ich lediglich ein für alle Mal, daß eine gerade Linie von einem gegebenen Punkt aus und mit gegebener Länge unter alleiniger Verwendung der ursprünglichen Techniken gezeichnet werden *kann*,

ohne Abstände zu übertragen. Danach ist mein Leser herzlich eingeladen, Abstände mit jeder ihm genehmen Methode zu übertragen (...) und natürlich darf er jetzt seinen Zirkel zu einem neuen Mittelpunkt bewegen. Das ist alles, was ich im Satz 3 von ihm erwarte.

Minos. Das heißt also, Sie *erwarten* gar nicht, daß man diese fünf Kreise usw. zeichnet, wenn man eine Strecke von gegebener Länge auf einer geraden Linie abtragen muß?

Euklid. Pas si bête, mon ami [*So* dumm ist es wirklich nicht, mein Freund].[16]

Satz 4. *Wenn in zwei Dreiecken zwei Seiten zwei Seiten entsprechend gleich sind und die von den gleichen Strecken umfaßten Winkel einander gleich, dann muß in ihnen auch die Grundlinie der Grundlinie gleich sein, und die übrigen Winkel müssen den übrigen Winkeln entsprechend gleich sein, nämlich immer die, denen gleiche Seiten gegenüberliegen.*

Dies ist das Seite-Winkel-Seite-Kriterium (SWS) für (wie man es heute nennt) „Kongruenz" von Dreiecken. Betrachten Sie Abb. 29. „Wenn in zwei Dreiecken

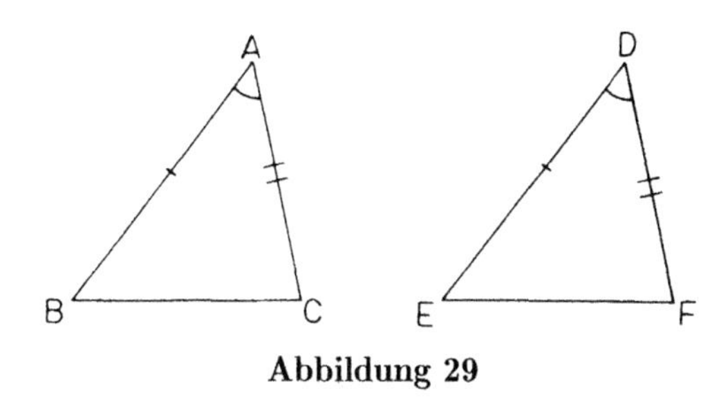

Abbildung 29

zwei Seiten zwei Seiten entsprechend gleich sind" bedeutet, daß z.B. $AB = DE$ und $AC = DF$, in welchem Falle „und die von den gleichen Strecken umfaßten Winkel einander gleich [sind]" bedeutet, daß $\sphericalangle A = \sphericalangle D$. Die Schlußfolgerung besteht aus drei Teilen:

(1) „Dann muß in ihnen auch die Grundlinie gleich der Grundlinie sein", d.h. $BC = EF$. Euklid nennt die untere Seite des Diagramms häufig „Grundlinie" oder „Grundseite", aber da die Richtigkeit des Satzes nicht davon berührt wird, wenn man die Abbildung z.B. auf dem Kopf betrachtet, hat dieser Term keine mathematische Bedeutung und bezieht sich in diesem Falle einfach auf die dritte Seite jedes Dreiecks.

[16] Dodgson, Charles L.: *Euclid and His Modern Rivals.* New York, 1973. Erstmals erschienen 1879. Akt IV, Szene 2.

(2) „Das Dreieck muß dem Dreieck gleich sein", d.h. die Dreiecke haben den gleichen *Flächeninhalt.*

(3) „Und die übrigen Winkel müssen den übrigen Winkeln gleich sein, nämlich immer die, denen gleiche Seiten gegenüberliegen", d.h. $\sphericalangle C = \sphericalangle F$ und $\sphericalangle B = \sphericalangle E$. Nach Voraussetzung sind AB und DE gleiche Seiten, und die ihnen gegenüberliegenden Winkel sind $\sphericalangle C$ und $\sphericalangle F$; (3) besagt also, daß $\sphericalangle C = \sphericalangle F$, und genauso für $\sphericalangle B$ und $\sphericalangle E$.

Ich möchte ungern an Euklids Formulierungen herumbasteln, aber wir sollten es nicht zulassen, daß ein so wichtiger Satz unter antiker Phraseologie verborgen liegt. (Es wird sich ohnehin herausstellen, daß wir seinen Beweis wegwerfen müssen.) Lassen Sie uns den modernen Begriff der „Kongruenz" einführen.

Definition 25. Zwei Dreiecke sind *kongruent*, wenn die drei Winkel des einen gleich den jeweiligen Winkeln des anderen sind und wenn die jeweils gleichen Winkeln gegenüberliegenden Seiten gleich sind.

Sind „PQR" und „XYZ" die kongruenten Dreiecke, dann sagt die Definition, daß es eine geeignete Entsprechung zwischen den Winkeln von PQR und XYZ gibt, und daß unter dieser Entsprechung die Paare von Seiten, die jeweils gleichen Winkeln gegenüberliegen, gleich sind (siehe Abb. 30). Die Entsprechung muß aber

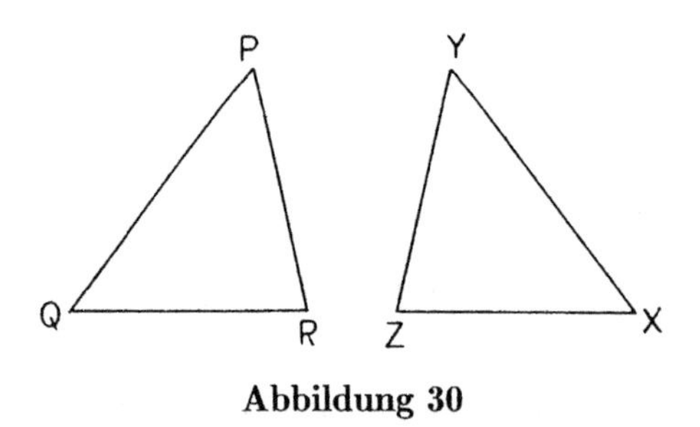

Abbildung 30

nicht alphabetisch sein, etwa dergestalt, daß $\sphericalangle P$, $\sphericalangle Q$, $\sphericalangle R$ in dieser Reihenfolge $\sphericalangle X$, $\sphericalangle Y$, $\sphericalangle Z$ entsprechen. Die Entsprechung könnte auch (wie in der Zeichnung angedeutet) so sein, daß $\sphericalangle P = \sphericalangle Y$, $\sphericalangle Q = \sphericalangle X$ und $\sphericalangle R = \sphericalangle Z$, in welchem Falle die Paare entsprechend gegenüberliegender Seiten $QR = ZX$, $PR = YZ$ und $PQ = YX$ wären.

Kongruenz von Dreiecken besteht aus insgesamt sechs Gleichungen. Die Voraussetzung von Satz 4 liefert uns drei der sechs, die Teile (1) und (3) der Schlußfolgerung liefern uns die anderen drei. Wenn wir daher die Schlußfolgerung (2) für den Moment einmal beiseitelassen – wir werden in Kürze darauf zurückkommen – und die Voraussetzung etwas griffiger formulieren, erhalten wir

Satz 4 (SWS). *Sind zwei Seiten und der eingeschlossene Winkel eines Dreiecks gleich zwei Seiten und dem eingeschlossenen Winkel eines anderen Dreiecks, dann sind die Dreiecke kongruent.*

Dies ist der erste Satz, der uns erlaubt, zu *folgern*, nicht nur zu *konstruieren*. Hier ist Euklids Beweis.

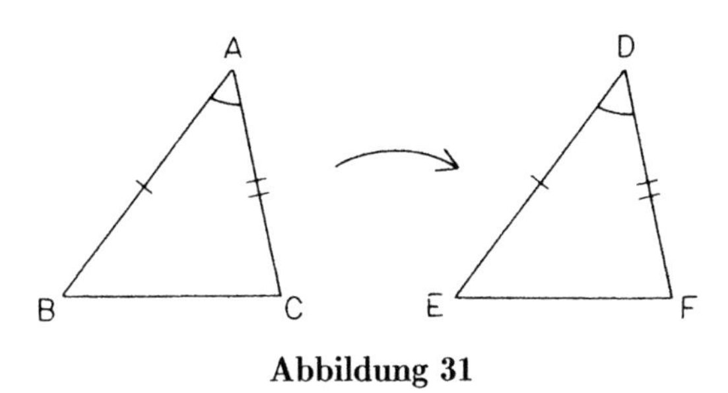

Abbildung 31

Beweis.

1.	Seien „ABC" und „DEF" die zwei Dreiecke, wobei, sagen wir, $AB = DE$, $AC = DF$ und $\sphericalangle BAC = \sphericalangle EDF$ (siehe Abb. 31).	Voraussetzung
2.	Man hebe das Dreieck ABC auf und lege es auf das Dreieck DEF, derart, daß Punkt A mit Punkt D und die Seite AB mit der Seite DE zusammenfallen.	
3.	B fällt mit E zusammen.	1. ($AB = DE$)
4.	AC fällt mit DF zusammen.	1. ($\sphericalangle BAC = \sphericalangle EDF$)
5.	C fällt mit F zusammen.	1. ($AC = DF$)
6.	Es kann nur eine gerade Linie geben, die den Punkt $B = E$ mit dem Punkt $C = F$ verbindet.	Post. 1
7.	Daher fällt BC mit EF zusammen.	6.
8.	$\sphericalangle ABC = \sphericalangle DEF$, $\sphericalangle ACB = \sphericalangle DFE$, $BC = EF$.	Ax. 4
9.	Die Dreiecke ABC und DEF sind kongruent.	1., 8., Def. v. „kongruent"

Euklids Verwendung des Postulats 1 in Schritt 6 rechtfertigt unseren Zusatz zu diesem Postulat auf Seite 48.

In Schritt 2 verwendet Euklid die „Superposition", eine Technik, die auf Thales 300 Jahre früher zurückgeht. In neuerer Zeit, mindestens seit 1550, wurde die

Superposition sowohl von Mathematikern als auch von Philosophen scharf kritisiert, denn sie sei dem Zweck der *Elemente* abträglich. Der Philosoph Arthur Schopenhauer machte beispielsweise im Jahre 1818 folgende Beobachtung:

> Mich wundert, daß man [statt des fünften Postulats] nicht vielmehr das [vierte] Axiom angreift: „Figuren, die sich decken, sind einander gleich". Denn das *Sichdecken* ist entweder eine bloße Tautologie, oder etwas ganz Empirisches, welches nicht der reinen Anschauung, sondern der äußern sinnlichen Erfahrung angehört.[17]

Andere erhoben Einwände, weil nach ihrer Auffassung die Essenz der Geometrie im Vergleich von Figuren *auf Distanz* bestehe, ein Programm, das hinfällig würde, wenn Figuren herumgetragen und direkt verglichen würden; und sicherlich rührt die *Anwendbarkeit* der Geometrie in Naturwissenschaft und Technik daher, daß in ihr Schlußfolgerungen über Figuren gezogen werden, welche unzugänglich sind.

Die Griechen selbst hatten möglicherweise auch gewisse Befürchtungen. Die Superpositionstechnik wurde im Laufe der Zeit offenbar immer seltener angewandt. Euklids eigener Widerwille gegen ihre Verwendung in Buch I ist offen ersichtlich. Es gibt Sätze, die er mit Hilfe der Superposition hätte beweisen *können*, und derlei Beweise wären erheblich kürzer geworden als diejenigen, die er dann gibt; er verwendet diese Technik jedoch nur zweimal – hier und im Beweis von Satz 8.

Im Beweis gibt es außerdem noch ein formales Problem. Wenn wir die Frage einmal beiseitelassen, ob wir Superposition zulassen *wollen*, so bleibt doch die Tatsache bestehen, daß kein Axiom oder Postulat dies *tut*. Euklid gibt keine Begründung für Schritt 2. Kommentatoren der *Elemente* stimmen überein, daß er wahrscheinlich das Axiom 4 dahingehend interpretierte, daß es die Superposition zulasse – deshalb verbindet Schopenhauer die beiden in der oben zitierten Passage –, aber selbst dann bleibt Schritt 2 problematisch, weil das Axiom nicht explizit sagt, daß Figuren bewegt werden dürfen.[18]

Meine Meinung ist, daß Euklid hier nicht anders konnte. Er *brauchte* das SWS–Kriterium der Kongruenz, weil es grundlegend für sein geometrisches System ist. Er konnte es entweder als Axiom voraussetzen oder als Satz beweisen. Seine Leser werden von ihm erwartet haben, daß er es beweist, denn in früheren Geometriebüchern war SWS stets ein Satz gewesen (bewiesen durch Superposition). Außerdem *hörte sich* SWS wie ein Satz *an* – es hatte nicht die Einfachheit, die

[17] Schopenhauer, Arthur: *Die Welt als Wille und Vorstellung.* Leipzig: Brockhaus, 1888, Bd. 2, S. 143.

[18] Es gibt noch andere nicht stichhaltige Begründungen für die Schritte 3–5. In Schritt 3 z.B. sagt Euklid, daß AB und DE zusammenfallen, weil sie gleich sind. Aber kein Axiom besagt, daß „Dinge, die gleich sind, zusammenfallen, wenn man sie einander überlagert"; Axiom 4 stellt das *Umgekehrte* fest, aber das ist nicht dasselbe. (Die „Umkehrung" einer bedingten Aussage erhält man, indem man Voraussetzung und Schlußfolgerung austauscht. Eine solche Aussage und ihre Umkehrung besagen verschiedene Dinge, wenn sie auch oft verwechselt werden. Z.B. lautet die Umkehrung von „Ist man eine Frau, so ist man ein menschliches Wesen" folgendermaßen: „Ist man ein menschliches Wesen, so ist man eine Frau.")

man wohl von einem Axiom erwartete, und Euklid wußte, daß er in diesem Punkt sowieso schon in Schwierigkeiten war wegen seines komplizierten Postulats 5. Nein, SWS mußte ein Satz werden. Aber er fand keinen Beweis, der die traditionelle Superposition hätte ersetzen können! Er hätte seine Verwendung der Superposition rechtfertigen können, indem er unzweideutig postuliert hätte, daß Figuren überlagert werden dürfen, aber er wollte eine Technik, die langsam obsolet wurde und im übrigen nicht zum statischen Charakter seines Systems paßte, nicht unnötig herausstreichen. So wählte er den scheinbar einzigen Ausweg: er verwendete die Superposition, von der er wußte, daß seine Leser sie schlucken würden, lenkte aber höchst diplomatisch so wenig Aufmerksamkeit wie möglich darauf.[19]

So kompliziert das SWS-Kriterium auch immer sei, setzen Hilbert und die meisten modernen Geometrieautoren es doch als Axiom ein. Wir werden das gleiche tun.

Postulat 8 (SWS). Sind zwei Seiten und der eingeschlossene Winkel eines Dreiecks gleich den zwei Seiten und dem eingeschlossenen Winkel eines anderen Dreiecks, dann sind die Dreiecke kongruent.

Zwischen Satz 3 und Satz 5 gibt es nun eine Leerstelle. Satz 4 ist verschwunden, SWS ist in den Rang eines Postulats erhoben worden, und die Superposition ist aus dem System verbannt. Trotzdem sollten wir Euklids Superpositionsargument im Hinterkopf behalten; es hat nicht den Rang eines Beweises, aber es kann gut als *Erklärung* außerhalb des Systems dienen, die wir Leuten vorlegen, die das neue, komplizierte Postulat 8 bezweifeln.

Satz 5. *Im gleichschenkligen Dreieck sind die Winkel an der Grundlinie einander gleich ...*

Nach Definition 20 besitzt ein „gleichschenkliges" Dreieck zwei gleiche Seiten; die „Grundlinie" ist einfach die dritte Seite. Euklid fügt in seiner Formulierung noch einen Nebensatz über die Winkel „unter der Grundlinie" ein, die auch gleich sind – in Abb. 32 $\sphericalangle DBC = \sphericalangle FCB$ –, aber diesen Nebensatz sowie die Beweisschritte dazu habe ich ausgelassen.

Es ist erstaunlich, daß es Euklid gelang, diesen Satz so früh zu beweisen! Wenn Sie verstehen wollen, was ich meine, schließen Sie einmal das Buch und versuchen Sie selbst, einen Beweis zu erfinden, in dem nur das verwendet wird, was wir schon wissen. Moderne Bücher sparen diesen Satz auf, bis mehr Werkzeuge zur Verfügung stehen.

[19] Meine Meinung wird von der Tatsache untergraben, daß Euklids andere Verwendung der Superposition im Beweis von Satz 8 leicht vermieden werden kann. „Da ein alternativer Beweis von Satz 8 nicht sehr schwer ist", schreibt Mueller in *Philosophy of Mathematics and Deductive Structure in Euclid's Elements* (Cambridge, Mass.: MIT Press, 1981), „ist es wahrscheinlich, daß, wenn Euklid Superposition vermeiden wollte, sein Wunsch nicht ausgeprägt genug war, ihn sehr gründlich nach Alternativen suchen zu lassen."

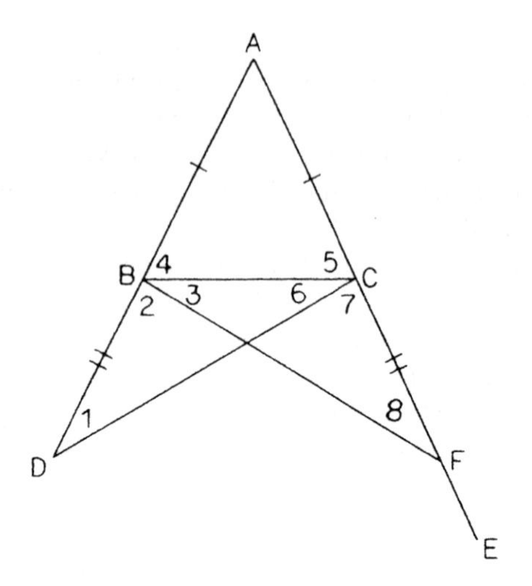

Abbildung 32

Beweis.

1. Sei „ABC“ ein gleichschenkliges Dreieck, wobei $AB = AC$ sein soll. (siehe Abb. 32.)	Voraussetzung, Def. v. „gleichschenklig“
(Zu zeigen: $\sphericalangle ABC = \sphericalangle ACB$.)	
2. Man verlängere AB nach „D“.	Post. 2
3. Man verlängere AC nach „E“, so daß $CE > BD$.	Post. 2
4. Auf CE trage man C„F“$= BD$ ab.	3., Satz 3
5. Man zeichne DC und FB.	Post. 1
6. $AD = AF$.	1., 4., Ax. 2
7. $\sphericalangle A = \sphericalangle A$.	Ax. 4
8. Die Dreiecke ABF und ADC sind kongruent.	1., 7., 6., SWS (Post. 8)
9. $\sphericalangle 8 = \sphericalangle 1$, $BF = DC$.	Def. v. „kongruent“
10. Die Dreiecke BCF und DBC sind kongruent.	4., 9., SWS
11. $\sphericalangle 4 + \sphericalangle 3 = \sphericalangle 5 + \sphericalangle 6$.	8., Def. v. „kongruent“
12. $\sphericalangle 3 = \sphericalangle 6$.	10., Def. v. „kongruent“
13. $\sphericalangle 4 = \sphericalangle 5$.	11., 12., Ax. 3
14. In ΔABC sind die Winkel an der Grundlinie einander gleich.	13.

Die unnumerierte Zeile in Klammern zwischen Schritt 1 und 2 ist im Wesentlichen ein Kommentar von Euklid, den er abgibt, um die Richtung seines Beweises anzudeuten. Natürlich ist er kein Teil des Beweises und bedarf keiner Begründung. In Zukunft werde ich solche Bemerkungen, ob von Euklid oder von mir, immer in dieser Weise einschieben. Außerdem bedeutet die Nummer, die ich einem Winkel gebe, stets den kleinsten Winkel in der fertigen Zeichnung, in dem die Nummer steht.

Man sagt, Satz 5 sei von Thales selbst bewiesen worden. Aber seine Methode muß eine andere gewesen sein – in dem Buch *Erste Analytik* von Aristoteles (I 24, 41 b 13–22) finden sich überzeugende Belege dafür, daß der übliche Beweis dieses Satzes fünfzig Jahre vor Euklid eine andere, weniger strenge Strategie verfolgte, weshalb es wahrscheinlich ist, daß der soeben durchgegangene Beweis ziemlich neu war, als die *Elemente* entstanden, und vielleicht sogar von Euklid stammt.

Im späten Mittelalter wurde Satz 5 mitsamt der Figur von Euklid und dem Beweis *Pons Asinorum* genannt, die „Eselsbrücke". Der Ursprung dieses Spitznamens hat wohl etwas mit der besonderen Schwierigkeit dieses Satzes zu tun. Die Abbildung erinnert an eine Brücke, und je nach der persönlichen Interpretation waren die „Esel" entweder diejenigen, die trittsicher genug waren, um heil hinüberzugelangen, oder diejenigen, denen es unmöglich war, hier weiterzukommen (siehe Abb. 33).

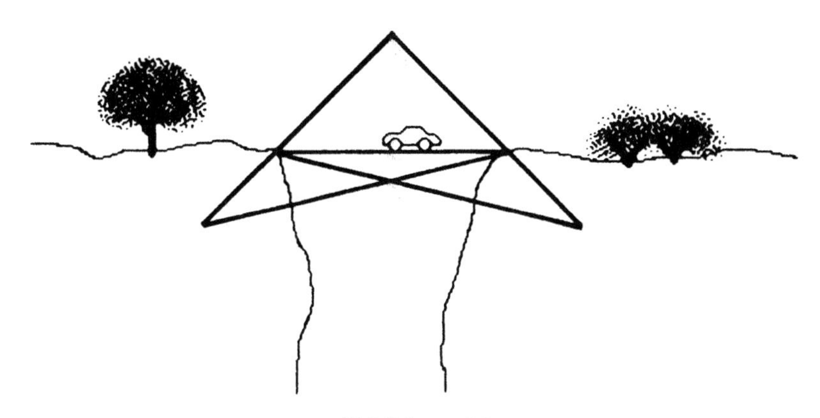

Abbildung 33

Viele Menschen fühlen sich von Euklids Beweisen eingeschüchtert und empfinden die Aufstellung von Beweisen selbst in einfachen Übungen als verwirrend. Vor allem niedergeschlagen aussehende Studenten kommen häufig zu mir und sagen: „Ich fühle mich wie einer dieser Esel, die nicht weiterkommen. Mir wäre solch ein Beweis für den Satz 5 *niemals* eingefallen." Ich antworte dann, daß ich nicht sicher bin, ob er mir eingefallen wäre, wenn man einmal bedenkt, wieviele (größtenteils nutzlose) Hilfspunkte und -linien man nach dem ersten Schritt hätte zeichnen *können*.

Der Grund für all diese Schwierigkeiten liegt in der Art und Weise, wie Euklid seine Beweise demonstriert. Euklids Geometrie heißt „synthetische" Geometrie, im Gegensatz zur „analytischen" Geometrie, die von René Descartes[20] im Jahre 1637 veröffentlicht wurde und die heutzutage in den Oberstufenkursen der Schule gelehrt wird. In der analytischen Geometrie werden Geraden und Kreise durch algebraische Gleichungen dargestellt, ein Umstand, der viele Schüler zu der falschen Schlußfolgerung führt, der Term „analytisch" sei synonym mit „algebraisch". Es stimmt zwar, daß die Geometrie von Descartes „analytisch" als Konsequenz der algebraischen Methoden ist, jedoch wird der Terminus „analytisch" in der Mathematik in viel allgemeinerem Sinne gebraucht und ist fast zwei Jahrtausende älter als Descartes' symbolische Algebra. Er bezieht sich auf jede Methode des *Rückwärtsarbeitens*, wobei eine Aussage, die man beweisen möchte, in Teile *zerlegt* wird, die ihr logisch *vorausgehen.* „Synthese", der andere Terminus, bezeichnet das Beweisen durch *Zusammenfügung* separater Elemente zu einer deduktiven Sequenz, die im zu beweisenden Satz *gipfelt.*

Pappos – ein griechischer Geometer, der 600 Jahre nach Euklid in Alexandria arbeitete und eine immense Anthologie über höhere Geometrie zusammentrug – erläuterte diese Unterscheidung folgendermaßen (zitiert nach Heath, S. 138):

> (...) in der Analysis nehmen wir das, was gesucht ist, als [schon] getan an, und wir fragen nach dem, woraus es resultiert, und wiederum nach dem, was der Grund für Letzteres ist, und so weiter, bis wir bei der Rückverfolgung dieser Schritte auf etwas schon bekanntes oder zur Klasse der Grundprinzipien gehörendes treffen, und diese Methode nennen wir Analysis, weil sie eine Rückwärtslösung ist.
>
> In der *Synthesis* hingegen drehen wir den Prozeß um, wir nehmen das als schon getan an, wo wir in der Analysis angekommen waren, und so gelangen wir, indem wir in natürlicher Reihenfolge als Konsequenzen anorden, was früher Vorgänger waren, und indem wir diese aufeinanderfolgend verbinden, schließlich zu der Konstruktion dessen, was gesucht war; und das nennen wir Synthesis.

Hier sind zum Beispiel zwei Beweise der Tatsache, daß $1520/39$ die Lösung der Gleichung $(39/5)x - 261 = 43$ ist.

Analytischer Beweis. Angenommen, wir haben eine Zahl x gefunden derart, daß $(39/5)x - 261 = 43$. Dann muß für dasselbe x wahr sein, daß $(39/5)x = 261 + 43$, d.h. $(39/5)x = 304$; aber daraus lesen wir ab, daß $x = (5/39) \cdot 304 = 1520/39$, daher kann x nur $1520/39$ gewesen sein.

[20] *René Descartes*, Philosoph, Naturwissenschaftler und Mathematiker, 1596–1650, ist hauptsächlich für seine Anwendung mathematischer Methoden auf die Philosophie bekannt. Er begann damit, alles in Frage zu stellen, und fand heraus, daß die einzig unbezweifelbare Tatsache sein Zweifeln selbst war. „Ich denke", sagte er und folgerte: „also bin ich." (*Cogito, ergo sum.*) Auf diesen Satz gründete er sein philosophisches System.

Synthetischer Beweis. $(39/5)\cdot(1520/39) - 261 = (1520/5) - 261 = 304 - 261 = 43.$

Beide Beweise überzeugen uns, wenn wir die aufgestellte Rechnung überprüfen, daß 1520/39 eine Lösung der Gleichung ist. Der synthetische Beweis will uns *ausschließlich* von dieser Tatsache überzeugen und geht daher so direkt wie möglich zu Werke. Der analytische Beweis ist länger, weil er auch erklärt, *wie* die Tatsache entdeckt wurde. Welchen Beweis ich verwende, hängt daher von meinen Absichten ab.

Schulbücher über Algebra verlangen normalerweise, daß ein Schüler beide Beweise durchführt; dabei dient die Synthesis als Probe, daß die Analysis richtig durchgeführt wurde. Die meisten Schüler entdecken aber schnell, daß in der Algebra die analytische Methode praktisch narrensicher ist, und lassen die synthetische Probe als überflüssig aus. Die heutige wissenschaftliche und ingenieurwissenschaftliche Mathematik ist hauptsächlich algebraisch formuliert, daher dominiert die analytische Methode.

In der griechischen Mathematik hingegen dominierte die Synthesis. Die griechische Mathematik war geometrisch formuliert, und in diesem Zusammenhang ist die Analysis nicht so verläßlich. Sie läuft nicht so automatisch mit stets reversiblen Implikationen wie bei der Lösung algebraischer Gleichungen. Zweifellos verwendeten auch die Griechen irgendeine Art von (anzunehmenderweise) nichtalgebraischer Analysis zur *Entdeckung* ihrer Beweise – kein Mathematiker kann immer nur vorwärts arbeiten –, aber für sie war ein Beweis nicht abgeschlossen, solange er nicht vollständig in die synthetische Form umgearbeitet war.

Daher sind die Beweise von Euklid so schrecklich. Sie bestehen nur aus der Synthese, wobei die Analyse *ausgelassen* wurde. Das Gerüst ist entfernt, und nun stehen sie da wie die Pyramiden und lassen uns fragen, wie sie wohl konstruiert wurden.

Der nächste Satz ist der erste in den *Elementen*, der mittels Widerspruch bewiesen wird. Es ist die „Umkehrung" von Satz 5.

Die *Umkehrung* einer bedingten Aussage erhält man durch Vertauschung von Voraussetzung und Schlußfolgerung. Die Umkehrung von „Wenn V, dann S" lautet „Wenn S, dann V". Es kann manchmal so aussehen, als besagten sie fast dasselbe, aber logisch betrachtet sind eine Aussage und ihre Umkehrung sehr verschieden. Zum Beispiel ist die Umkehrung von „Ist man eine Frau, so ist man ein menschliches Wesen" der Satz „Ist man ein menschliches Wesen, so ist man eine Frau". Aus diesem Grunde muß die Umkehrung eines Satzes nicht wahr sein, und selbst, wenn sie es ist, benötigt sie auf jeden Fall ihren eigenen Beweis. Satz 6 ist die Umkehrung von Satz 5, weil in Satz 6 ein Dreieck mit zwei gleichen Winkeln gegeben ist (Schlußfolgerung von Satz 5) und die Schlußfolgerung lautet, daß es gleichschenklig ist (Voraussetzung von Satz 5).

Satz 6. *Wenn in einem Dreieck zwei Winkel einander gleich sind, müssen auch die den gleichen Winkeln gegenüberliegenden Seiten einander gleich sein.*

Beweis.

1. Sei „ABC" ein Dreieck, in dem, sagen wir, $\sphericalangle ACB = \sphericalangle ABC$ (siehe Abb. 34).	Voraussetzung

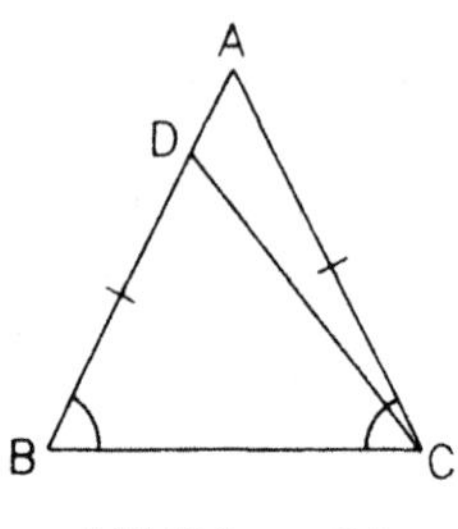

Abbildung 34

(Zu zeigen: $AB = AC$.)

2. Angenommen, $AB \neq AC$, etwa $AB > AC$.	Annahme des Gegenteils
3. Man trage B„D"$= CA$ auf BA ab.	Satz 3
4. Man zeichne DC.	Post. 1
5. $BC = BC$.	Ax. 4
6. Die Dreiecke DBC und ACB sind kongruent.	3., 1., 5., SWS
7. Fläche von ΔDBC = Fläche von ΔACB.	6.
8. Aber es gilt: Fläche von $\Delta ACB >$ Fläche von ΔDBC.	Ax. 5
9. Widerspruch.	7. und 8.
10. Daher ist $AB = AC$.	2.–9., Logik

Um genau zu sein, stellte Euklid in Schritt 2 nur fest, daß $AB > AC$, weshalb der Widerspruch in Schritt 9 strenggenommen nur impliziert, daß AB nicht größer als AC ist. Aber er wußte, daß ein ähnliches Argument zwischen Schritt 9 und 10 eingefügt werden könnte, das zeigt, daß AB auch nicht kleiner als AC ist.

In Teil (2) der Schlußfolgerung von Satz 4 (Seite 64) behauptete Euklid ganz klar, daß kongruente Dreiecke gleichen Flächeninhalt haben, aber wir haben in unserer Revision (Seite 45) diesen Nebensatz ausgelassen, um den Satz (jetzt Postulat 8) den modernen Lehrbüchern anzupassen. Daraus ergab sich, daß Euklid in Schritt 7 keine stillschweigende Annahme machte – der Schritt folgt absolut sicher aus *seinem* SWS –, *wir* aber schon. (Das Blatt hat sich gewendet!) Dann wollen wir uns beeilen, den betreffenden Nebensatz wieder instandzusetzen.

Postulat 9. Kongruente Dreiecke besitzen den gleichen Flächeninhalt.

Damit können wir die Begründung für Schritt 7 in „6., Post. 9“ abändern.

Satz 7. *Es ist nicht möglich, über derselben Strecke zwei weitere Strecken, die zwei festen Strecken entsprechend gleich sind, an denselben Enden wie die ursprünglichen Strecken ansetzend, auf derselben Seite in verschiedenen Punkten zusammenzubringen.*

Dies wird im Beweis von Satz 8 verwendet werden. Es besagt, kurz und bündig, daß die in Abb. 35 dargestellte Situation unmöglich ist. Vergleichen Sie das mit Abb. 36, die zwei Situationen darstellt, welche nicht nur auftreten können, sondern dies sogar oft tun.

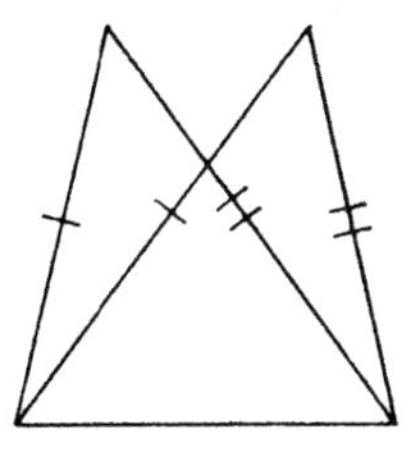

Abbildung 35

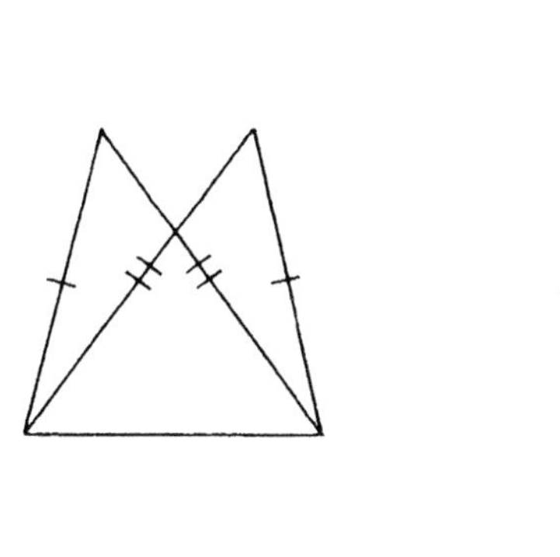

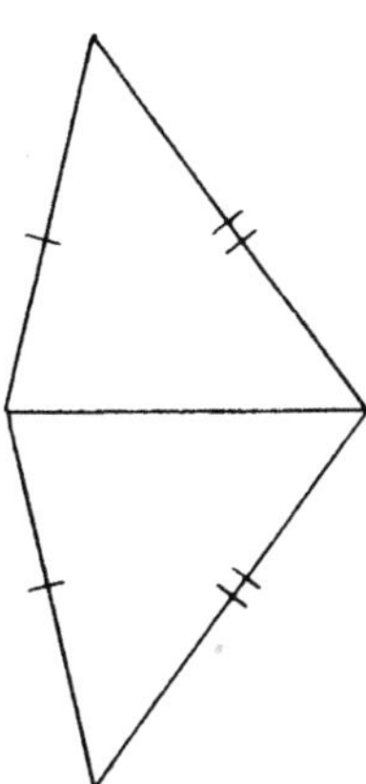

Abbildung 36

Euklid. (...) Satz 7 zeigt, daß unter allen Figuren, die man erhält, indem man Stäbe durch Gelenke verbindet, die *drei*-seitigen (und nur diese) *starr* sind (was nichts anderes heißt, als daß es nicht *zwei* solche Figuren auf derselben Grundseite geben kann).

Minos. Da haben Sie etwas wichtiges herausgefunden (...) Dies ist einer der wenigen Sätze mit direkten Auswirkungen auf die praktischen Wissenschaften. Ich habe viele Schüler kennengelernt, die sich sehr daran interessiert zeigten, daß die Prinzipien der Starrheit von Dreiecken in der Architektur fortwährend gebraucht werden, ja selbst bei einer so alltäglichen Angelegenheit wie der Herstellung eines Tores.[21]

Beweis.

1. Seien „AC“ und „B“C die zwei auf den Endpunkten der Strecke AB errichteten geraden Linien, die sich in C schneiden (siehe Abb. 37).	Voraussetzung

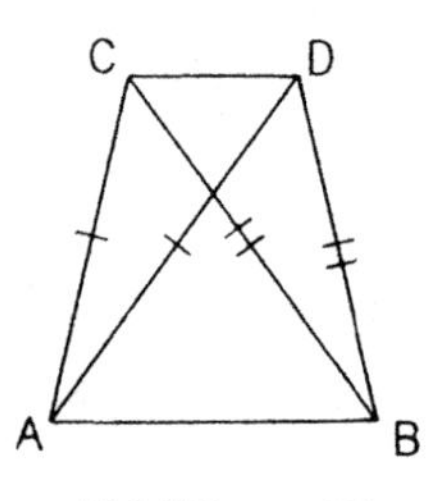

Abbildung 37

2. Angenommen, es gibt noch einen weiteren Punkt „D“ auf derselben Seite von AB wie C derart, daß $AD = AC$ und $BD = BC$, wenn man die entsprechenden Linien zeichnet.	Annahme des Gegenteils
3. Man zeichne DC.	Post. 1
4. $\sphericalangle ADC < \sphericalangle BDC$.	Ax. 5
5. $\sphericalangle BDC = \sphericalangle BCD$.	2. ($BD = BC$), Satz 5
6. $\sphericalangle ADC < \sphericalangle BCD$.	4., 5., Ax. 6 (Ist $a < b$ und $b = c$, so ist $a < c$.)
7. $\sphericalangle BCD < \sphericalangle ACD$.	Ax. 5
8. $\sphericalangle ADC < \sphericalangle ACD$.	6., 7., Ax. 6 (Ist $a < b$ und $b < c$, so ist $a < c$.)
9. Aber $\sphericalangle ADC = \sphericalangle ACD$.	2. ($AD = AC$), Satz 5

[21] Dodgson, *Euclid and His Modern Rivals*, a.a.O., Akt IV, Szene 6.

10.	Widerspruch.	8. und 9.
11.	Daher gibt es keinen Punkt „D“ auf derselben Seite von AB wie C derart, daß $AD = AC$ und $BD = BC$.	2.–10., Logik

Satz 8. *Wenn in zwei Dreiecken zwei Seiten zwei Seiten entsprechend gleich sind und auch die Grundlinie der Grundlinie gleich ist, dann müssen in ihnen auch die von gleichen Strecken umfaßten Winkel einander gleich sein.*

Umformuliert:

Satz 8 (SSS). *Wenn die drei Seiten eines Dreiecks den entsprechenden Seiten eines anderen Dreiecks gleich sind, dann sind die Dreiecke kongruent.*

In Euklids Beweis tritt der zweite Fall der Verwendung der Superposition auf und bereitet dieselben Schwierigkeiten, die wir schon im Zusammenhang mit Satz 4 besprochen haben. Wir könnten sie umgehen, indem wir, wie im vorherigen Fall, aus dem Satz ein Axiom machten. In diesem Fall ist allerdings eine weniger drastische Maßnahme ausreichend. Wir stellen den Beweis von Satz 8 hintan, bis wir Satz 23 bewiesen haben, und verwenden dann Satz 23, um einen neuen Beweis für Satz 8 aufzustellen, der die Superposition nicht verwendet. Das bedeutet natürlich, daß wir bis dahin von der Verwendung des Satzes SSS Abstand nehmen müssen, um Zirkelschlüsse zu vermeiden.

Bis jetzt können wir fünf Dinge: gerade Linien (Strecken) zeichnen (Postulat 1), sie verlängern (Postulat 2), Kreise zeichnen (Postulat 3), gleichseitige Dreiecke konstruieren (Satz 1) und begrenzte gerade Linien woandershin übertragen (Sätze 2 und 3). Die nächsten vier Sätze und das begleitende Postulat (unser letztes) werden uns mit vier neuen Fähigkeiten ausstatten.

Satz 9. *[Es ist möglich,] einen gegebenen geradlinigen Winkel zu halbieren.*

Wir, die wir darauf gedrillt wurden, uns Winkel als in Zahlen gemessen und in ihrem eigenen Bereich unabhängig von der Geometrie existierend vorzustellen, finden es insbesondere offensichtlich, daß ein Winkel in zwei, drei oder wieviele auch immer gleiche Teile geteilt werden kann, weil die zugehörigen Maßzahlen unmittelbar durch zwei, drei oder jede andere Zahl dividiert werden können. Für Euklid hingegen war das Maß eines Winkels – er hätte gesagt, seine „Größe“ – außerhalb der Geometrie nicht darstellbar. Einen Winkel zu „halbieren“ hieß, ihn *geometrisch* mittels einer geraden Linie durch den Scheitelpunkt in zwei Hälften zu zerteilen (siehe Abb. 38). Da das Existenzkriterium der Geometrie die Konstruierbarkeit mit Zirkel und Lineal war und da es nicht offensichtlich ist, daß diese Werkzeuge der Konstruktion der fraglichen Linie angemessen sind, war dieser Satz in Euklids Zeit so sehr eines sorgfältigen Beweises wert wie jeder andere. (Es ist sogar so,

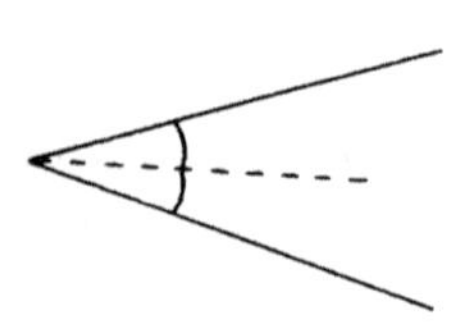

Abbildung 38

daß zur Zeit der Niederschrift der *Elemente* die griechischen Mathematiker bereits seit Jahren erfolglos versucht hatten, einen Winkel zu *dritteln*! Im 19. Jahrhundert wurde schließlich gezeigt, daß unter alleiniger Verwendung von Zirkel und Lineal die meisten Winkel nicht gedrittelt werden *können*, und man begann, Euklids Existenzkriterium als zu restriktiv anzusehen. Unter modernen Existenzkriterien können Winkel in jede beliebige Zahl gleicher Teile zerlegt werden.)

Euklid beginnt seinen Beweis mit der Wahl eines „beliebigen“ Punktes auf einem Schenkel des Winkels. Im Beweis des Satzes 12 tut er etwas ähnliches. Bildlich gesprochen, setzt er eine Spitze seines Zirkels auf, nicht völlig beliebig aber, denn es gibt einige Einschränkungen – im vorliegenden Falle muß er auf einer gegebenen geraden Linie landen, und in Satz 12 muß er *neben* einer gegebenen unendlich langen geraden Linie landen, und zwar auf einer gegebenen Seite davon. Wir werden diese neue Fähigkeit des Zirkels durch Aussprechen eines neuen Postulats, des letzten, anerkennen. (Euklid nahm diese neue Fähigkeit natürlich durchweg als gegeben an. Neu ist, daß wir uns dies vergegenwärtigen.)

Postulat 10. Es ist möglich, einen beliebigen Punkt

(i) in der Ebene,
(ii) zwischen den Endpunkten einer gegebenen endlichen Linie,
(iii) außerhalb sowie innerhalb eines gegebenen Kreises (oder Dreiecks) oder
(iv) auf einer gegebenen Seite einer unendlich langen geraden Linie

zu wählen.

Beweis von Satz 9.

1. Sei „BAC“ der gegebene geradlinige Winkel (siehe Abb. 39).	Voraussetzung
2. Man wähle einen beliebigen Punkt „D“ auf AB.	Post. 10 (ii)
3. Man verlängere AC, wenn nötig, bis sie länger als AD ist.	Post. 2
4. Auf AC (verlängert, falls erforderlich) trage man A„E“$= AD$ ab.	Satz 3
5. Man zeichne DE.	Post. 1

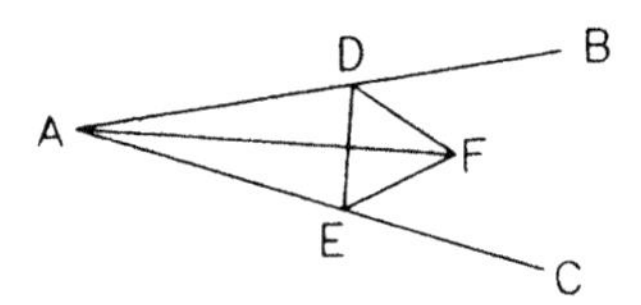

Abbildung 39

6. Auf DE konstruiere man ein gleichseitiges Dreieck DE„F“.	Satz 1
7. Man zeichne AF.	Post. 1
8. $DF = EF$.	Def. v. „gleichseitiges Dreieck“

(An diesem Punkt behauptet Euklid, die Dreiecke ADF und AEF seien nach SSS kongruent. Da wir den Beweis des Satzes SSS hintanstellen, können wir ihm darin nicht folgen; wir werden daher stattdessen SWS verwenden.)

9. $\sphericalangle ADE = \sphericalangle AED$.	4., Satz 5
10. $\sphericalangle FDE = \sphericalangle FED$.	8., Satz 5
11. $\sphericalangle ADF = \sphericalangle AEF$.	9., 10., Ax. 2
12. Die Dreiecke ADF und AEF sind kongruent.	4., 11., 8., SWS
13. $\sphericalangle DAF = \sphericalangle EAF$.	Def. v. „kongruent“
14. AF halbiert $\sphericalangle BAC$.	13.

Satz 10. *[Es ist möglich,] eine gegebene Strecke zu halbieren.* (Siehe Abb. 40.)

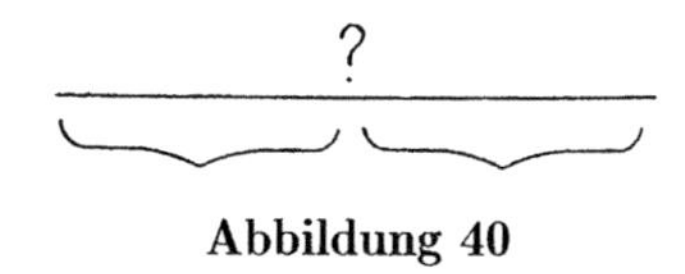

Abbildung 40

Beweis.

1. Sei „AB“ die gegebene endliche gerade Linie (siehe Abb. 41).	Voraussetzung
2. Auf AB errichte man ein gleichseitiges Dreieck AB„C“.	Satz 1
3. Man zeichne C„D“ so, daß sie $\sphericalangle ACB$ halbiert.	Satz 9

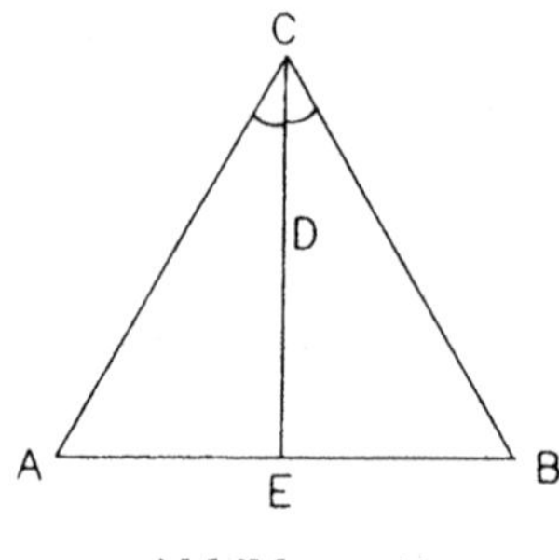

Abbildung 41

4. Man verlängere CD, bis sie AB in einem Punkt „E“ schneidet.	Post. 2, Post. 6(iii), Post. 1
5. $AC = BC$.	Def. v. „gleichseitiges Dreieck“
6. $CE = CE$.	Ax. 4
7. Die Dreiecke ACE und BCE sind kongruent.	5., 3. ($\sphericalangle ACE = \sphericalangle BCE$), 6., SWS
8. $AE = EB$.	Def. v. „kongruent“
9. E halbiert AB.	8.

Beachten Sie, daß die „Halbierende“ eines Winkels eine gerade Linie ist, während das „Halbierende“ einer Strecke lediglich aus einem Punkt besteht.

Vielleicht fühlen Sie sich von der Begründung für Schritt 4 verwirrt. Als die Mathematiker des ausgehenden 19. Jahrhunderts die *Elemente* sorgfältig nach Schwachstellen durchkämmten, war eine der bestürzenden Entdeckungen, wie oft Euklid sich des Argumentierens mit dem Bild schuldig gemacht hatte. Das Vorhandensein geometrischer Diagramme ist in der Tat der Grund dafür, weshalb so viele der stillschweigenden Annahmen von Euklid derart lange unbemerkt blieben. Verwenden wir ein Schaubild, um einer Begründung zu folgen, so schlucken wir (genau wie Euklid) unbewußt alle zusätzlichen Feststellungen über die Untersuchungsgegenstände, die es enthält. Diese Feststellungen sind subtil, weil sie gemacht und angenommen werden, ohne je in Worte gekleidet worden zu sein. Schritt 4 ist ein gutes Beispiel dafür. Angesichts der Abb. 41 ist es offensichtlich, daß CD bei Verlängerung AB schneidet. Aber lassen Sie uns einen kleinen Schritt zurückgehen. Nachdem CD den Winkel ACB halbiert, haben wir die in Abb. 42 aufgezeichnete Situation. Wo uns nur die ursprünglichen Axiome Euklids zur Verfügung stehen, wie können wir da wissen, daß CD nicht (zum Beispiel) spiralig im Innern des Dreiecks gewunden ist, ohne es je ein zweites Mal zu schneiden? (Siehe Abb. 43.) „Weil CD gerade ist!“, donnert unsere Intuition. Aber „gerade

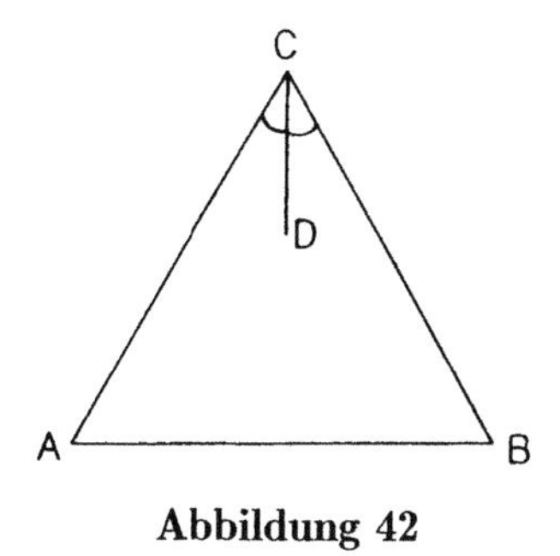

Abbildung 42

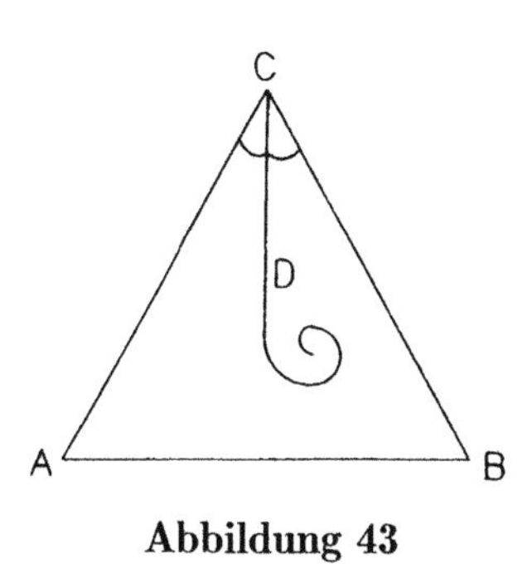

Abbildung 43

Linie" ist ein primitiver Term, also wissen wir offiziell nicht, was „gerade" bedeutet. Jede zusätzliche Eigenschaft, die gerade Linien nach unseren Wünschen haben sollen, müssen in Form neuer Axiome ausgesprochen werden. Im vorliegenden Falle fand dieses Aussprechen im Jahre 1882 statt, als Moritz Pasch[22] das Postulat 6(iii) entdeckte. Obgleich aber Postulat 6(iii) nun garantiert, daß CD das Dreieck bei genügender Verlängerung ein zweites Mal schneidet, sagt es nicht, *wo* (siehe Abb. 44). Warum zwischen A und B, und nicht zwischen A und C oder in A? Weil wir aus unserem revidierten Postulat 1 wissen, daß nur *eine* gerade Linie zwei gegebene Punkte verbinden kann. Würde CD (verlängert) die Seite AC zwischen A und C oder in A treffen, dann gäbe es zwei gerade Linien, die C mit dem Schnittpunkt verbinden; genauso kann die verlängerte Linie CD auch BC nicht treffen.

Unsere früheren Diskussionen, die den Begriff des „rechten Winkels" involvierten, hingen bezüglich ihrer Bedeutung von der *Existenz* rechter Winkel ab, die bisher nicht explizit sichergestellt ist, obwohl ein Paar im Beweis von Satz 10 uneingestanden erschien. Satz 11 nutzt dieselbe Idee, um dieses lose Ende festzubinden.

Satz 11. *[Es ist möglich,] zu einer gegebenen geraden Linie rechtwinklig von einem auf ihr gegebenen Punkte aus eine gerade Linie zu ziehen.* (Siehe Abb. 45)

[22] Siehe Fußnote 13 auf Seite56

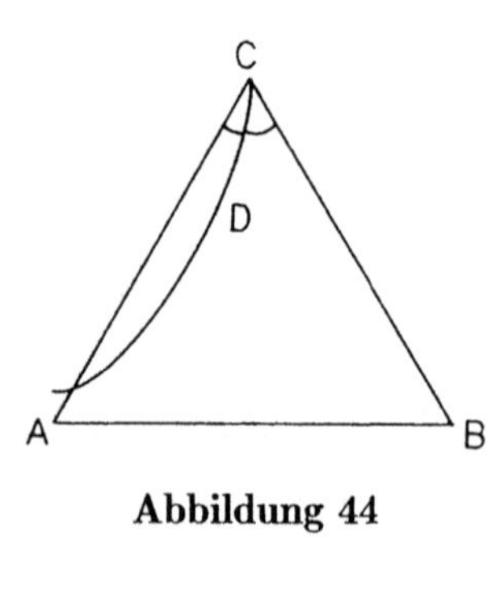

Abbildung 44

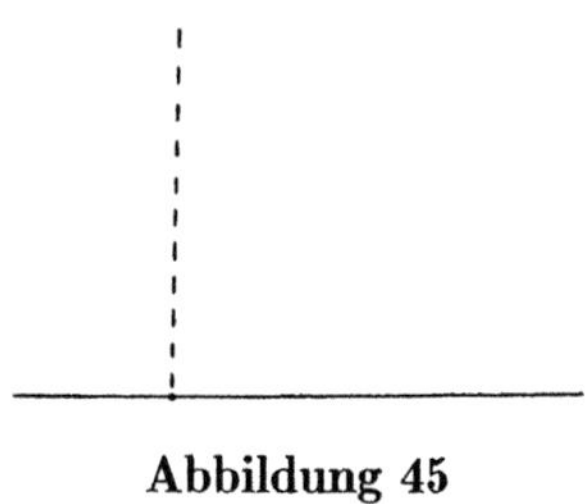

Abbildung 45

Beweis.

1. Sei „AB“ die gegebene gerade Linie und „C“ der gegebene Punkt darauf (siehe Abb. 46).	Voraussetzung

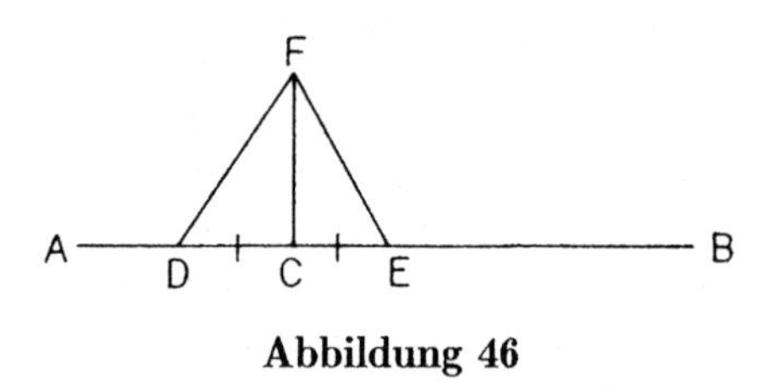

Abbildung 46

2. Man wähle „D“ beliebig auf AC.	Post. 10 (ii)
3. Man verlängere CB, falls nötig, so daß sie länger als DC wird.	Post. 2
4. Auf CB (ggf. verlängert) trage man C„E“$= DC$ ab.	Satz 3
5. Über DE konstruiere man ein gleichseitiges Dreieck „F“DE.	Satz 1
6. Man zeichne FC.	Post. 1

7. $FD = FE$.	Def. v. „gleichseitiges Dreieck“

(Hier verwendet Euklid den Satz SSS, um zu zeigen, daß die Dreiecke FDC und FEC kongruent sind. Wie werden dies wie zuvor vermeiden und stattdessen SWS verwenden.)

8. $\sphericalangle FDC = \sphericalangle FEC$.	Satz 5
9. Die Dreiecke FDC und FEC sind kongruent.	7., 8., 4., SWS
10. $\sphericalangle FCD = \sphericalangle FCE$.	Def. v. „kongruent“
11. FC bildet einen rechten Winkel mit AB.	10., Def. v. „rechter Winkel“

Satz 12. *[Es ist möglich,] auf eine gegebene unbegrenzte gerade Linie von einem gegebenen Punkte aus, der nicht auf ihr liegt, das Lot zu fällen.*

Nachdem wir eben gelernt haben, eine Senkrechte „von unten nach oben“ zu konstruieren, lernen wir nun dasselbe „von oben nach unten“. (Siehe Abb. 47.) Euklid

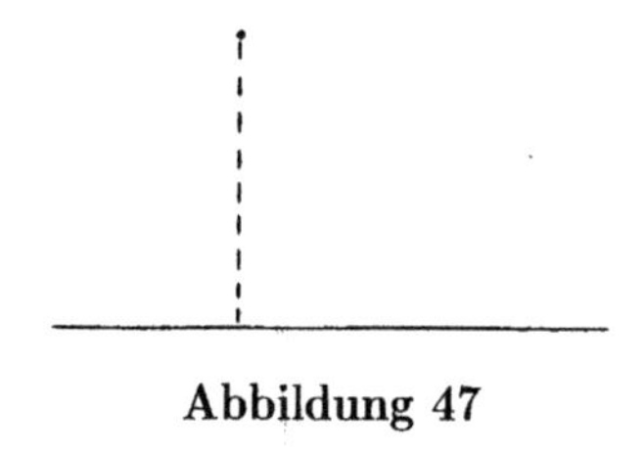

Abbildung 47

setzt eine unbegrenzte gerade Linie voraus, um sicherzustellen, daß der Teil, auf dem die Senkrechte landet, bereits gezeichnet ist.

Beweis.

1. Sei „AB“ die unbegrenzte gerade Linie und „C“ der Punkt nicht auf ihr (siehe Abb. 48).	Voraussetzung
2. Man wähle einen Punkt „D“ beliebig auf der anderen Seite von AB.	Post. 10(iv)
3. Man zeichne CD.	Post. 1
4. CD schneidet AB in einem Punkt „E“.	Post. 7(ii)
5. Man zeichne einen Kreis mit Mittelpunkt C und Radius CD.	Post. 3
6. EB schneidet den Kreis in einem Punkt „F“.	Post. 6(ii)
7. FE verlängert (d.h. also FA) schneidet den Kreis in einem Punkt „G“.	Post. 6(iii)

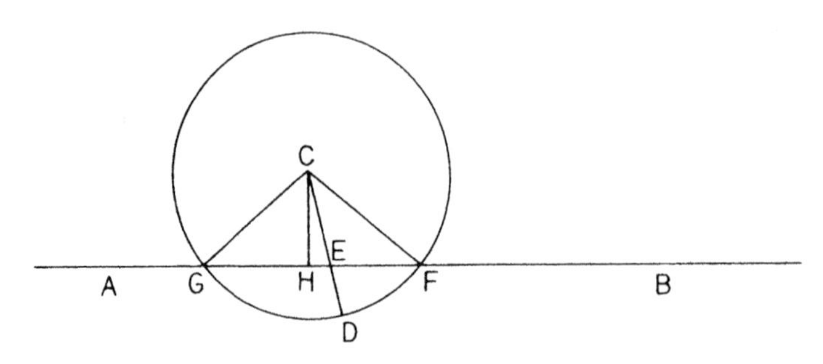

Abbildung 48

8. Man halbiere GF in „H“.	Satz 10
9. Man zeichne CG, CF und CH.	Post. 1
10. $CG = CF$.	Def. v. „Radius“

(Nochmals verwendet Euklid SSS, und nochmals können wir stattdessen SWS verwenden.)

11. $\sphericalangle CGH = \sphericalangle CFH$.	Satz 5
12. Die Dreiecke CGH und CFH sind kongruent.	10., 11., 8., SWS
13. $\sphericalangle CHG = \sphericalangle CHF$.	Def. v. „kongruent“
14. CH steht senkrecht auf AB.	Def. v. „senkrecht“

Satz 13. *Wenn eine gerade Linie, auf eine gerade Linie gestellt, Winkel bildet, dann muß sie entweder zwei Rechte oder solche, die zusammen zwei Rechten gleich sind, bilden.*

Das heißt also, die beiden Winkel 1 und 2 in Abb. 49 sind entweder selbst rechte Winkel, oder haben anderenfalls dieselbe Summe, die zwei tatsächliche rechte

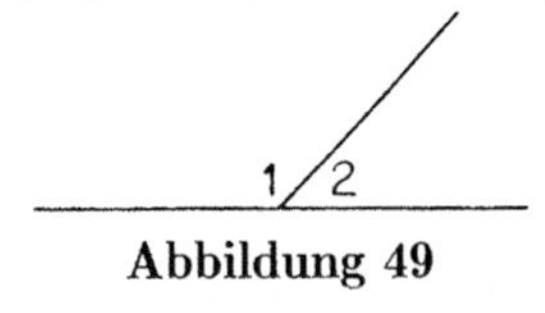

Abbildung 49

Winkel hätten. Euklids sorgfältige Differenzierung zwischen diesen beiden Möglichkeiten reflektiert seine Auffassung, die Größe eines Winkels sei irgendwie mit dem speziellen Winkel selbst verknüpft und könne nicht unabhängig davon untersucht werden, wie wir es z.B. mit Zahlen täten. Diese nicht länger als bedeutungsvoll angesehene Differenzierung lassen wir hinter uns, indem wir den Satz in der üblichen Weise umformulieren: „Ergänzungswinkel[23] haben eine Summe von 180°.“

[23] „Ergänzungswinkel“ ist ein Terminus, der in modernen Lehrbüchern oft verwendet wird und Winkel bezeichnet, die wie Winkel 1 und 2 in Abb. 49 zusammenhängen. Formal sind

Wenn auch die *Wichtigkeit* des Satzes 13 von Satz 11 und Postulat 4 abhängt – weil die Existenz und Konstanz des Maßes von 180° als Maßstab benötigt werden, auf den die Winkelsummen rückbezogen werden können –, könnten Sie doch vielleicht denken, wir seien bereits im Besitz der nackten *Wahrheit* dieses Satzes, da wir die Definition von „rechter Winkel" haben. Sind wir, zugegebenermaßen, wenn die eine gerade Linie so auf die andere gestellt wird, daß die entstehenden Winkel gleich sind; nicht aber, falls die Winkel ungleich sein sollten. Erst mit Satz 11 haben wir das Werkzeug, das es uns erlaubt zu schließen, der Raum, der von zwei ungleichen Winkeln eingenommen wird, könne auch von zwei rechten eingenommen werden.

Beweis.

1. Sei „AB" die gerade Linie, die auf die gerade Linie „CD" gestellt ist und dabei die Winkel ABC und ABD bildet (siehe Abb. 50).	Voraussetzung

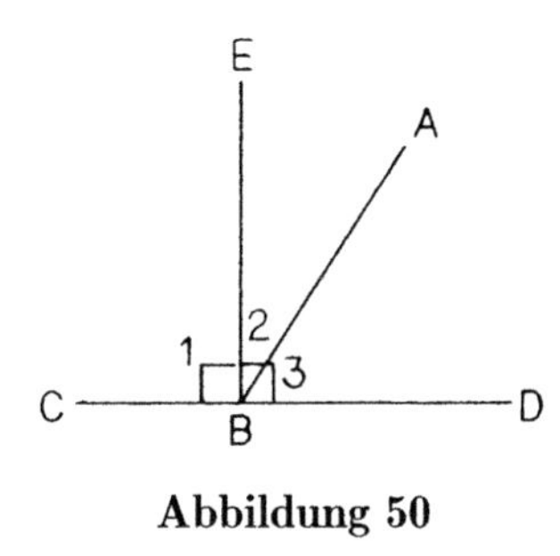

Abbildung 50

2. Gilt $\sphericalangle ABC = \sphericalangle ABD$, so bildet AB zwei rechte Winkel mit CD.	Def. v. „rechter Winkel"
3. Gilt $\sphericalangle ABC \neq \sphericalangle ABD$, sagen wir $\sphericalangle ABC > \sphericalangle ABD$, zeichne man B„E" im rechten Winkel zu CD.	Satz 11
4. $\sphericalangle ABC = \sphericalangle 1 + \sphericalangle 2$, $\sphericalangle 3 = \sphericalangle 3$.	Ax. 4
5. $\sphericalangle ABC + \sphericalangle 3 = \sphericalangle 1 + \sphericalangle 2 + \sphericalangle 3$.	4., Ax. 2
6. $\sphericalangle 2 + \sphericalangle 3 = \sphericalangle EBD$, $\sphericalangle 1 = \sphericalangle 1$.	Ax. 4
7. $\sphericalangle 1 + \sphericalangle 2 + \sphericalangle 3 = \sphericalangle 1 + \sphericalangle EBD$.	6., Ax. 2
8. $\sphericalangle ABC + \sphericalangle 3 = \sphericalangle 1 + \sphericalangle EBD$.	5., 7., Ax. 1
9. $\sphericalangle 1$ und $\sphericalangle EBD$ sind rechte Winkel.	3.
10. Daher bildet AB zwei rechte Winkel mit CD.	8., 9.

Ergänzungswinkel Winkel, die den Scheitelpunkt und einen Schenkel gemeinsam haben und deren jeweils andere Schenkel auf gegenüberliegenden Seiten des gemeinsamen Schenkels liegen und zusammen eine gerade Linie bilden.

Weder Satz 14, der die Umkehrung von Satz 13 ist, noch Satz 15, der Thales zugeschrieben wird, ist schwer zu beweisen. Ich beginne beide Beweise und überlasse Ihnen den Rest als Übungsaufgabe.

Satz 14. *Bilden an einer geraden Linie in einem Punkte auf ihr zwei nicht auf derselben Seite liegende gerade Linien Nebenwinkel (benachbarte Winkel), die zusammen zwei Rechten gleich sind, dann müssen diese geraden Linien einander gerade fortsetzen.*

Beweis.

1. Sei „AB“ die gerade Linie und „C“ der Punkt auf ihr, in dem die zwei geraden Linien „D“C und „E“C, die nicht auf derselben Seite von AB liegen, Nebenwinkel DCA und ECA bilden, welche eine Summe von 180° haben (siehe Abb. 51).	Voraussetzung

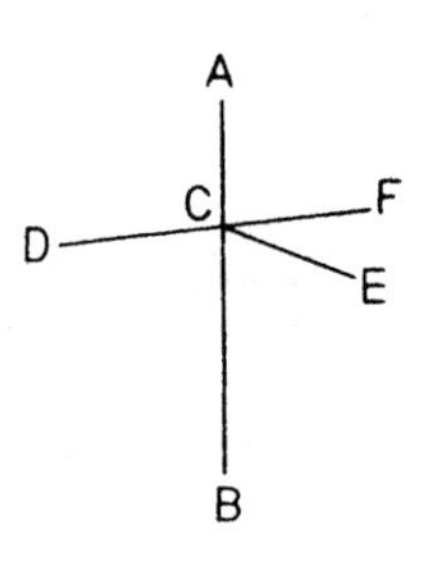

Abbildung 51

(Zu zeigen: DCE ist eine einzige gerade Linie. Euklids Beweis ist ein Widerspruchsbeweis.)

2. Angenommen, DCE ist nicht eine einzige gerade Linie.	Annahme des Gegenteils
3. Man verlängere DC zu einer geraden Linie durch „F“.	Post. 2

(Verwenden Sie jetzt Satz 13 und einige Rechnungen gemäß den Axiomen, um einen Widerspruch herzuleiten.)

Satz 15. *Zwei gerade Winkel bilden, wenn sie einander schneiden, Scheitelwinkel, die einander gleich sind.*

Beweis.

1. Seien „AB“ und „CD“ die geraden Linien, die einander in „E“ schneiden (siehe Abb. 52). Voraussetzung

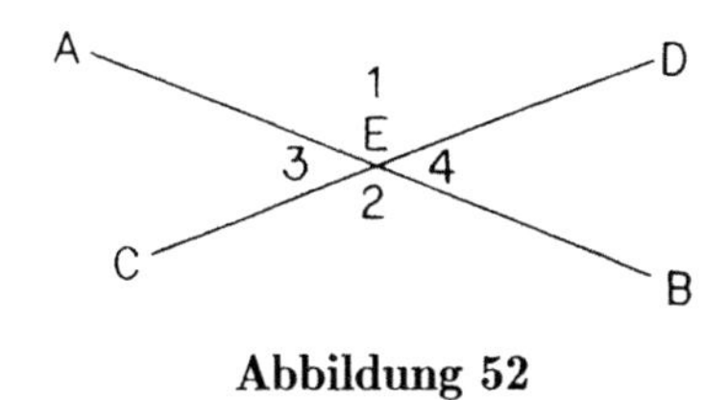

Abbildung 52

(Wenn Euklid sagt, die „Scheitelwinkel sind einander gleich“, so meint er: $\sphericalangle 1 = \sphericalangle 2$ und $\sphericalangle 3 = \sphericalangle 4$. Verwenden Sie Satz 13 und die Axiome.)

Satz 16. *An jedem Dreieck ist der bei Verlängerung einer Seite entstehende Außenwinkel größer als jeder der beiden gegenüberliegenden Innenwinkel.*

Beweis.

1. Sei „ABC“ das Dreieck, und sei, sagen wir, BC nach „D“ verlängert (siehe Abb. 53). Voraussetzung

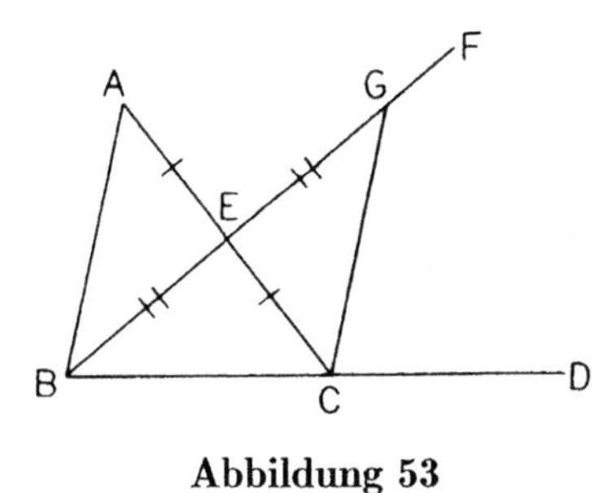

Abbildung 53

(Der „Außenwinkel“ ist dann $\sphericalangle ACD$, die „gegenüberliegenden Innenwinkel“ $\sphericalangle ABC$ und $\sphericalangle BAC$. Wir zeigen zuerst: $\sphericalangle ACD > \sphericalangle BAC$.)

2. Man halbiere AC in „E“. Satz 10
3. Man zeichne BE. Post. 1
4. Man verlängere BE nach „F“, so daß $EF > BE$. Post. 2
5. Auf EF trage man E„G“$= BE$ ab. Satz 3

6. Man zeichne GC.	Post. 1
7. $\sphericalangle AEB = \sphericalangle GEC$.	Satz 15
8. Die Dreiecke AEB und GEC sind kongruent.	2., 7., 5., SWS
9. $\sphericalangle BAC = \sphericalangle ACG$.	Def. v. „kongruent"
10. $\sphericalangle ACD > \sphericalangle ACG$.	Ax. 5
11. $\sphericalangle ACD > \sphericalangle BAC$.	9., 10., Ax. 6 (Ist $a = b$ und $c > b$, so ist $c > a$.)

Ich überlasse es Ihnen, den Beweis zu vervollständigen, indem Sie zeigen, daß $\sphericalangle ACD > \sphericalangle ABC$. Beginnen Sie damit, unter Verwendung von Postulat 2 die gerade Linie AC nach „H" zu verlängern (siehe Abb. 54), imitieren Sie die Schritte

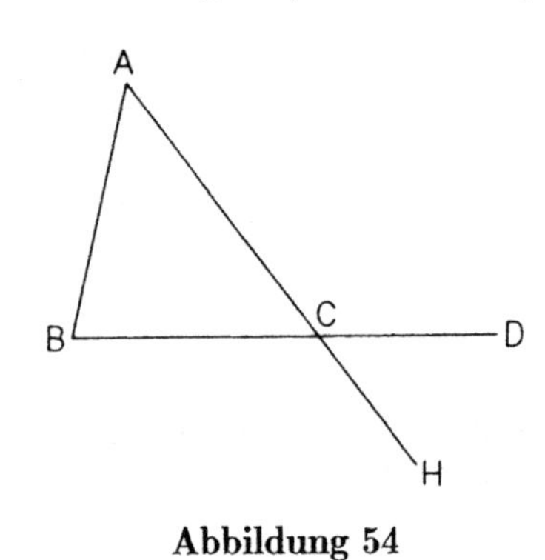

Abbildung 54

2.–11., um zu zeigen, daß $\sphericalangle BCH > \sphericalangle ABC$, und verwenden Sie dies dann, um die Schlußfolgerung zu begründen.

Satz 16 heißt „Außenwinkelsatz". Er ist oft nützlich, aber die Gelegenheiten zu seiner Anwendung werden leicht übersehen.

Satz 17. *In jedem Dreieck sind zwei Winkel, beliebig zusammengenommen, kleiner als zwei Rechte.*

D.h., die Summe je zweier Winkel in einem Dreieck ist kleiner als 180°. Im Zusammenhang mit einer geraden Linie, die zwei andere gerade Linien schneidet (Abb. 55), ist das die Umkehrung von Postulat 5. Postulat 5 besagt, daß, wenn $\sphericalangle 1 + \sphericalangle 2 < 180°$, die geraden Linien sich schneiden und damit ein Dreieck bilden. Satz 17 besagt, daß, wenn ein Dreieck gebildet wird, $\sphericalangle 1 + \sphericalangle 2 < 180°$ gilt.

Beweis.

1. Sei „ABC" ein Dreick und seien, sagen wir, $\sphericalangle ABC$ und $\sphericalangle ACB$ die beiden Winkel (siehe Abb. 56).	Voraussetzung

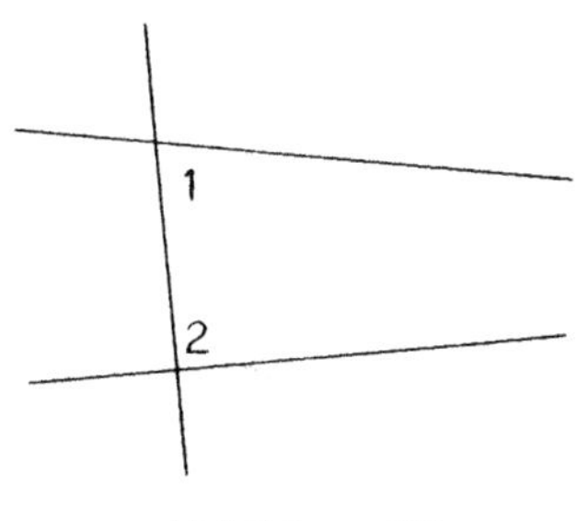

Abbildung 55

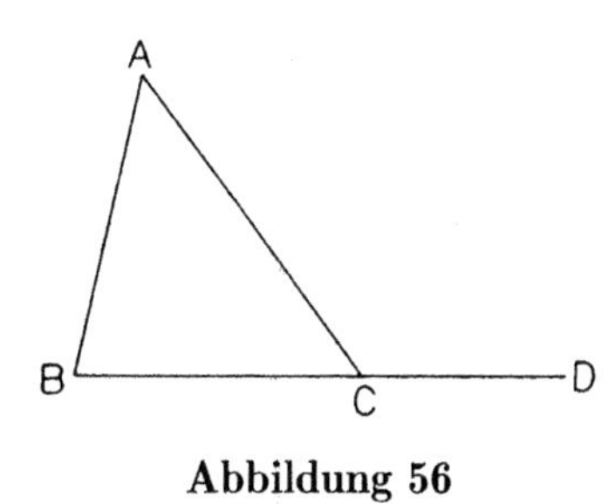

Abbildung 56

2. Man verlängere BC nach „D".	Post. 2

(Der Rest des Beweises ist eine Übungsaufgabe.)

Die Sätze 18 und 19 vervollständigen die mit den Sätzen 5 und 6 begonnenen Dinge. In Satz 5 waren zwei gleiche Seiten eines Dreiecks, in Satz 6 zwei gleiche Winkel gegeben; die Sätze 18 und 19 teilen uns mit, was ableitbar ist, wenn zwei Seiten bzw. zwei Winkel *un*gleich sind.

Satz 18. *In jedem Dreieck liegt der größeren Seite der größere Winkel gegenüber.*

Beweis.

1. Sei „ABC" ein Dreieck mit, sagen wir, $AC > AB$ (siehe Abb. 57).	Voraussetzung

(Zu zeigen: $\sphericalangle ABC > \sphericalangle ACB$.)

2. Auf AC trage man A„D"$= AB$ ab.	Satz 3
3. Man zeichne BD.	Post. 1
4. $\sphericalangle ABC > \sphericalangle ABD$.	Ax. 5
5. $\sphericalangle ABD = \sphericalangle ADB$.	Satz 5

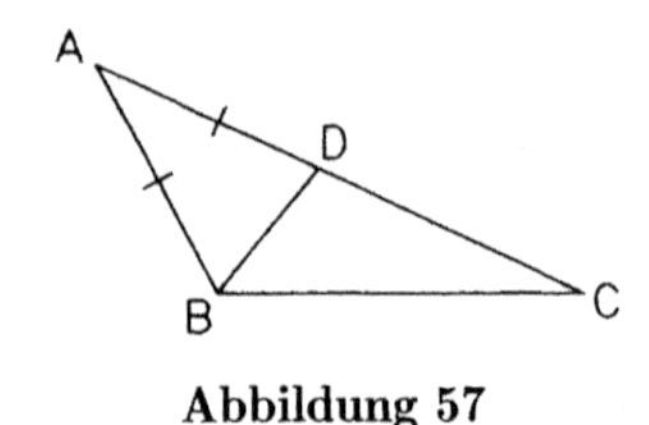

Abbildung 57

6. $\sphericalangle ABC > \sphericalangle ADB$.	4., 5., Ax. 6 (Ist $a > b$ und $b = c$, so ist $a > c$.)
7. $\sphericalangle ADB > \sphericalangle ACB$.	Satz 16 (ΔDBC)

(Die Anwendbarkeit des Satzes 16 ist möglicherweise schwer zu erkennen, daher erwähne ich das Dreieck. Der Außenwinkel ADB ist größer als der innen gegenüberliegende Winkel ACB.)

8. Daher ist $\sphericalangle ABC > \sphericalangle ACB$.	6., 7., Ax. 6 (Ist $a > b$ und $b > c$, so ist $a > c$.)

Satz 19. *In jedem Dreieck liegt dem größeren Winkel die größere Seite gegenüber.*

Dies ist natürlich die Umkehrung von Satz 18. Die beiden werden wegen der symmetrischen Formulierung leicht verwechselt. Denken Sie einfach daran, daß jeweils der erste in einem Satz erwähnte Sachverhalt die Voraussetzung ist.

Beweis.

1. Sei „ABC“ ein Dreieck, in dem, sagen wir, $\sphericalangle ABC > \sphericalangle ACB$ sei (siehe Abb. 58).	Voraussetzung

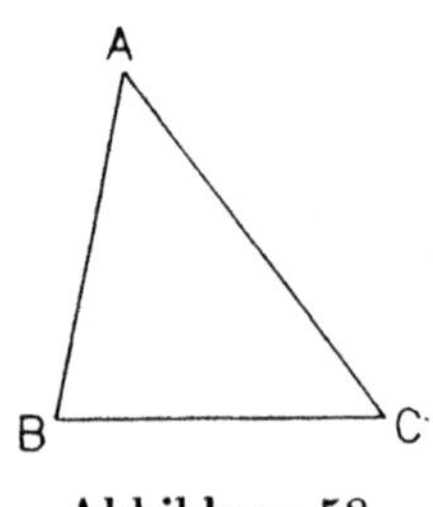

Abbildung 58

(Zu zeigen: $AC > AB$.)

2. Angenommen, $AC = AB$.	Annahme des Gegenteils
3. Dann ist $\sphericalangle ABC = \sphericalangle ACB$.	Satz 5
4. Widerspruch.	1. und 3.
5. Daher ist $AC \neq AB$.	2.–4., Logik
6. Angenommen nun, $AC < AB$.	Annahme des Gegenteils
7. Dann ist $\sphericalangle ABC < \sphericalangle ACB$.	Satz 18
8. Widerspruch.	1. und 7.
9. Daher ist $AC \not< AB$.	6.–8., Logik
10. Also ist $AC > AB$.	5., 9., Ax. 6 (Entweder ist $a = b$, $a < b$ oder $a > b$.)

Diese Art von Beweis heißt Beweis „durch doppelten Widerspruch“. Euklid möchte $AC > AB$ zeigen. Außerstande, dies direkt zu beweisen, macht er sich stattdessen daran, zu zeigen, daß die Alternativen ausgeschlossen sind. Aber die Durchführung dessen führt ihn auf zwei verschiedene Wege, weshalb beide Widersprüche explizit hergeleitet werden müssen.

Satz 20. *In jedem Dreieck sind zwei Seiten, beliebig zusammengenommen, größer als die letzte.*

D.h., die Summe je zweier Dreiecksseiten ist größer als die dritte Seite. Dieser Satz wird „Dreiecksungleichung“ genannt.

Beweis.

1. Sei „ABC“ ein Dreieck, und seien, sagen wir, AB und AC die beiden Seiten (siehe Abb. 59).	Voraussetzung

(Wir müssen zeigen, daß $AB + AC > BC$.)

2. Man verlängere BA nach „D“. so daß $AD > AC$.	Post. 2
3. Auf AD trage man A„E“$= AC$ ab.	Satz 3
4. Man zeichne EC.	Post. 1

(Der Rest des Beweises ist eine Übungsaufgabe.)

Euklid nähert sich der Aussage „eine gerade Linie ist die kürzeste Verbindung zwischen zwei Punkten“ nie weiter als in Satz 20, obwohl ihm dies oft nachgesagt wird (siehe Seite 38).

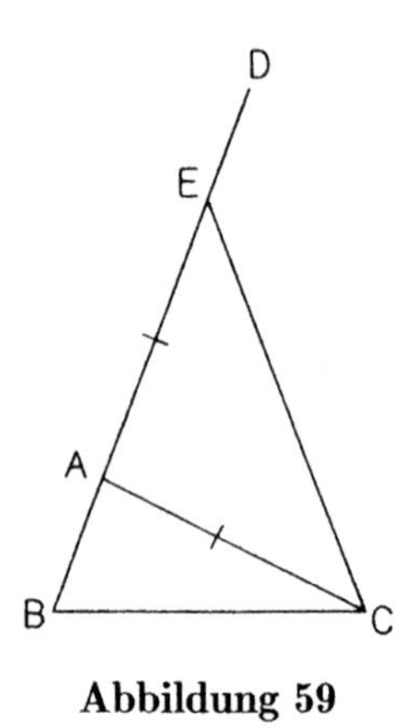

Abbildung 59

> Proklos sagt, es sei unter den Epikureern üblich gewesen, diesen Satz damit lächerlich zu machen, daß er sogar einem Esel einsichtig sei und keines Beweises bedürfe, und dafür, daß der Satz sogar einem Esel „bekannt" sei, führten sie die Tatsache ins Feld, daß der Esel, wenn man ihn an einem Eckpunkt und Futter an einem anderen Eckpunkt plaziert, nicht die zwei Seiten des Dreiecks entlangläuft, um an sein Futter zu gelangen, sondern nur die eine Seite, die ihn vom Futter trennt (...) Proklos entgegnet richtig, daß die bloße Anschauung der Wahrheit eines Satzes ein anderes Ding ist als ein wissenschaftlicher Beweis und das Wissen darüber, *warum* er wahr ist. Darüberhinaus (...) sollte die Anzahl der Axiome nicht unnötig erhöht werden.[24]

(Proklos, 410–485, war ein neoplatonischer Philosoph und schrieb einen Kommentar zu Buch I der *Elemente.*)

Die Sätze 21 und 22 werde ich überspringen, weil wir sie nicht benötigen werden. Das bringt uns zum

Satz 23. *[Es ist möglich,] an eine gerade Linie in einem Punkt auf ihr einen einem gegebenen geradelinigen Winkel gleichen geradlinigen Winkel anzutragen.*

Dies ist das Analogon zu Satz 3: es verschafft uns die Möglichkeit, an Ort und Stelle eine Kopie eines anderswo liegenden Winkels herzustellen (siehe Abb. 60). Erinnern Sie sich daran (S. 41), daß „geradlinig" nur bedeutet, daß ein Winkel aus zwei *geraden* Linien besteht (wie immer), was zu unserer Diskussion nichts beiträgt.

---

[24] Heath: *Euclid*, S. 287.

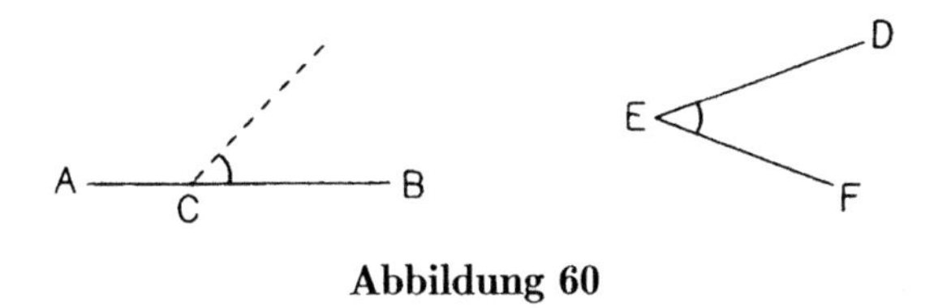

Abbildung 60

Satz 23 ist der Satz, den wir brauchen, um einen superpositionsfreien Beweis Beweis des Satzes SSS (Satz 8) zu schneidern. Ironischerweise beruht Euklids Beweis von Satz 23 auf dem Satz SSS, und diesmal ist die Abhängigkeit grundlegend! Früher – in den Sätzen 9, 11 und 12 – konnten wir Euklids Verwendung von SSS durch nur leichte Modifikationen umgehen; diesmal müssen wir den Beweis durch einen vollständig neuen ersetzen. Er ist lang, aber nirgends schwierig.

Beweis.

1. Sei „AB“ die gegebene gerade Linie, „C“ der darauf gelegene Punkt und „DEF“ der gegebene Winkel (siehe Abb. 60).	Voraussetzung

(Wir müssen zeigen, daß wir durch C eine gerade Linie konstruieren können, so daß der entstehende Winkel gleich $\sphericalangle DEF$ ist. Der Beweis besteht eigentlich aus drei getrennten Beweisen – einer für den Fall, daß $\sphericalangle DEF$ ein Rechter ist, einer für den Fall, daß er spitz ist, und einer für den Fall, daß er stumpf ist.)

Fall 1. $\sphericalangle DEF$ ist ein rechter Winkel (siehe Abb. 61).

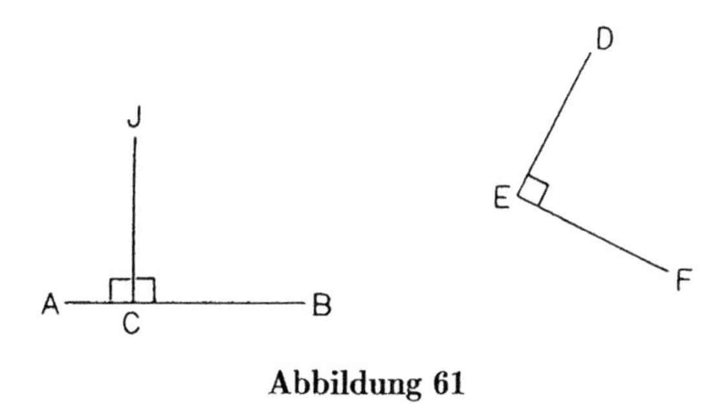

Abbildung 61

2. Man zeichne C„J“ im rechten Winkel zu AB.	Satz 11
3. $\sphericalangle JCB = \sphericalangle DEF$.	Voraussetzung von Fall 1, 2., Post. 4

(Wird ein Beweis in mehrere Teile aufgespalten, so besitzt jeder Fall seine eigene Voraussetzung, die nur in diesem Fall benutzt werden darf. Bisher haben wir demnach bewiesen: Ist $\sphericalangle DEF$ ein rechter Winkel, dann können wir einen gleichen Winkel JCB konstruieren.)

Fall. 2. $\sphericalangle DEF$ *ist spitz* (siehe Abb. 60).

4. Man zeichne D„G" senkrecht zu EF (bei Bedarf verlängert).	Satz 12 (Post. 2)

(Es ist möglicherweise erforderlich, EF zu verlängern, damit der Punkt G, auf dem die Senkrechte fußt, noch auf der geraden Linie durch EF liegt. Intuitiv erkennen wir, daß G auf derselben Seite von E wie F liegen wird, wie es auch in Abb. 64 gezeichnet ist, aber der Vollständigkeit halber wird in den Schritten 5.–20. verifiziert, daß dies tatsächlich der Fall ist.)

5. Angenommen, G liegt auf der F gegenüberliegenden Seite von E (siehe Abb. 62).	Annahme des Gegenteils

Abbildung 62

6. $\sphericalangle DGE = 90°$.	4.
7. $\sphericalangle DEF > \sphericalangle DGE$.	Satz 16
8. $\sphericalangle DEF > 90°$.	6., 7., Ax. 6 (Ist $a = b$ und $c > a$, dann ist $c > b$.)
9. Aber $\sphericalangle DEF < 90°$.	Voraussetzung von Fall 2
10. Widerspruch.	8. und 9.
11. Daher liegt G nicht auf der F gegenüberliegenden Seite von E.	5.–10., Logik
12. Angenommen nun, G fällt mit E zusammen (siehe Abb. 63).	Annahme des Gegenteils
13. DG fällt mit DE zusammen.	Post. 1
14. $\sphericalangle DGF = \sphericalangle DEF$.	Ax. 4
15. $\sphericalangle DGF = 90°$.	4.
16. $\sphericalangle DEF > 90°$.	Voraussetzung von Fall 2

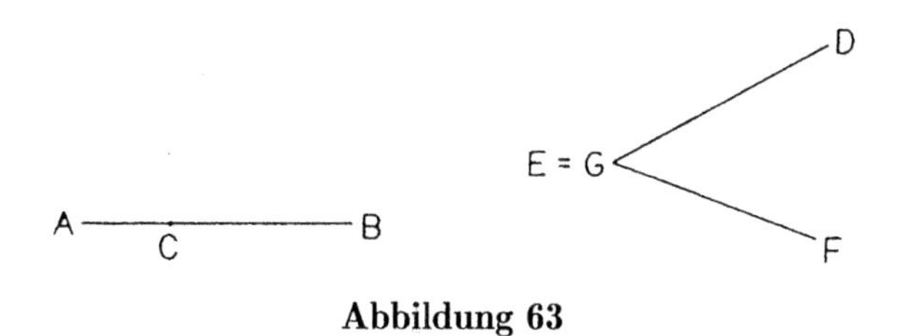

Abbildung 63

17. $\sphericalangle DGF > \sphericalangle DEF$.	15., 16., Ax. 6 (Ist $a = b$ und $c < b$, so ist $a > c$.)
18. Widerspruch.	14. und 17.
19. Also fällt G nicht mit E zusammen.	12.–18., Logik
20. Daher liegt G auf derselben Seite von E wie F (siehe Abb. 64).	11., 19.

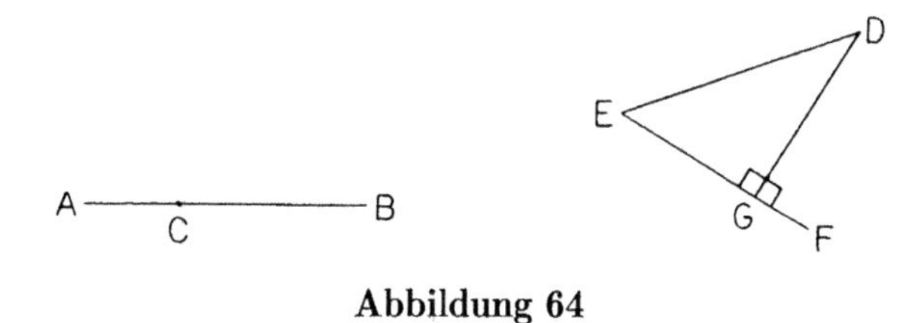

Abbildung 64

(Jetzt können wir an unsere eigentliche Aufgabe gehen, nämlich eine Kopie des Winkels DEF zu konstruieren.)

21. Auf CB, bei Bedarf verlängert, trage man C„H“$= EG$ ab (siehe Abb. 65).	Satz 3 (Post. 2)

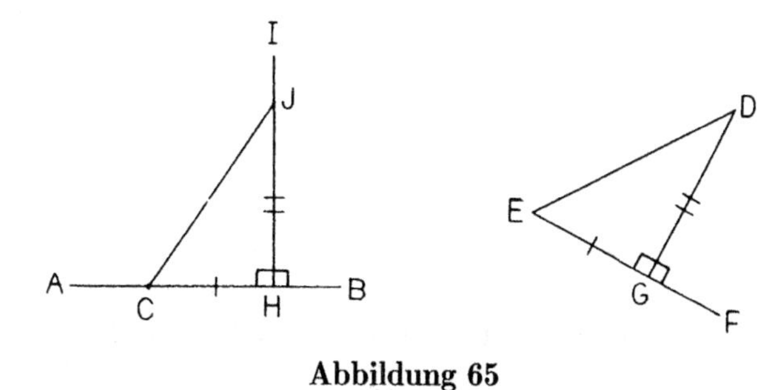

Abbildung 65

22. Durch H zeichne man eine gerade Linie im rechten Winkel zu AB und verlängere sie nach „I", so daß $HI > DG$.	Satz 11, Post. 2
23. Auf HI trage man H„J"$= DG$ ab.	Satz 3
24. Man zeichne CJ.	Post. 1
25. $\sphericalangle JHC = \sphericalangle DGE$.	4., 22., Post. 4
26. Die Dreiecke JHC und DEG sind kongruent.	21., 25., 23., SWS
27. $\sphericalangle JCB = \sphericalangle DEF$.	Def. v. „kongruent"

(Fall 2 beweist folgendes: Ist $\sphericalangle DEF$ spitz, so können wir einen gleichen Winkel JCB konstruieren.)

Fall 3. $\sphericalangle DEF$ *ist stumpf* (siehe Abb. 66).

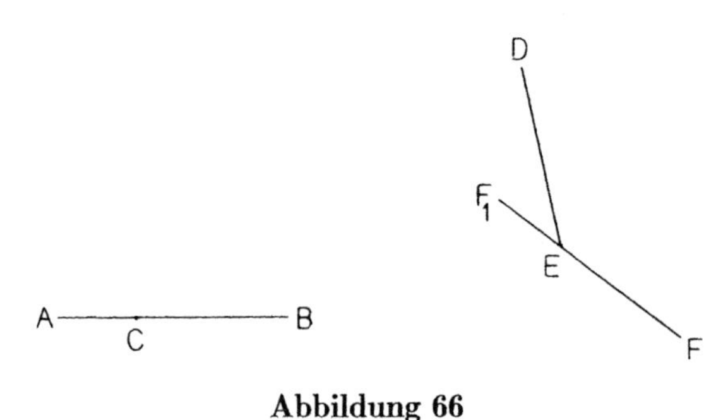

Abbildung 66

28. Man verlängere FE bis zu einem Punkt „F_1".	Post. 2
29. $\sphericalangle DEF_1 + \sphericalangle DEF = 180°$.	Satz 13
30. $\sphericalangle DEF > 90°$.	Voraussetzung von Fall 3
31. $\sphericalangle DEF_1 < 90°$.	29., 30., Ax. 6 (Ist $a + b = c$ und $b > \frac{1}{2}c$, dann ist $a < \frac{1}{2}c$.)
32. Man zeichne C„J", so daß $\sphericalangle JCA = \sphericalangle DEF_1$ (siehe Abb. 67).	31., Fall 2

(Fall 2 ist ein richtiger Minisatz und wurde bereits bewiesen. Er besagt, daß, wenn der Winkel, den wir kopieren möchten, spitz ist – denken Sie an $\sphericalangle DEF_1$ als den Winkel, den wir kopieren möchten –, wir eine gerade Linie CJ zeichnen können, mit der es klappt. Fall 2 besitzt außerdem eine Flexibilität, die es uns erlaubt, CA statt CB als zweite Seite der Kopie zu wählen. In unserem Beweis von Fall

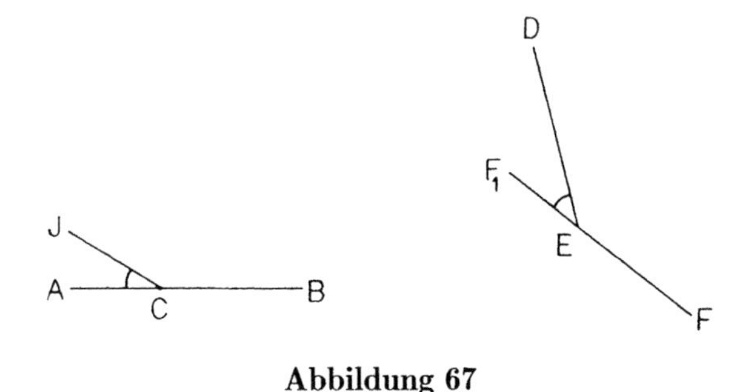

Abbildung 67

2 haben wir alles so arrangiert, daß CB die zweite Seite der Kopie wurde – diese Entscheidung fiel in Schritt 21 –, aber ebensogut hätten wir CA an diese Stelle setzen können.)

33. $\sphericalangle JCA + \sphericalangle JCB = 180°$. Satz 13

34. $\sphericalangle JCA + \sphericalangle JCB = \sphericalangle DEF_1 + \sphericalangle DEF$. 33., 29., Ax. 1

35. $\sphericalangle JCB = \sphericalangle DEF$. 34., 32., Ax. 3

(Fall 1 bewies: Ist $\sphericalangle DEF$ ein rechter Winkel, so können wir einen gleichen Winkel JCB konstruieren. Fall 2 bewies: Ist $\sphericalangle DEF$ spitz, dann können wir einen gleichen Winkel JCB konstruieren. Fall 3 nun beweist: Ist $\sphericalangle DEF$ stumpf, so können wir einen gleichen Winkel JCB konstruieren. Da $\sphericalangle DEF$ nur ein rechter, spitzer oder stumpfer Winkel sein kann, haben wir alle Möglichkeiten betrachtet. Wir können also in *jedem* Fall einen gleichen Winkel JCB konstruieren, und Satz 23 ist bewiesen.)

Schließlich sind wir in der Lage, SSS zu beweisen.

Satz 8 (SSS). *Wenn die drei Seiten eines Dreiecks den entsprechenden Seiten eines anderen Dreiecks gleich sind, dann sind die Dreiecke kongruent.*

Beweis.

1. Seien „ABC" und „DEF" die zwei Dreiecke, wobei, sagen wir, $AB = DE$, $BC = EF$ und $AC = DF$ sei (siehe Abb. 68). Voraussetzung

(Die Beweisidee ist, die Kongruenz der Dreiecke auf den Satz SWS zurückzuführen. In Anbetracht von Schritt 1 benötigen wir nur noch die Gleichheit eines beliebigen Paares von Winkeln.)

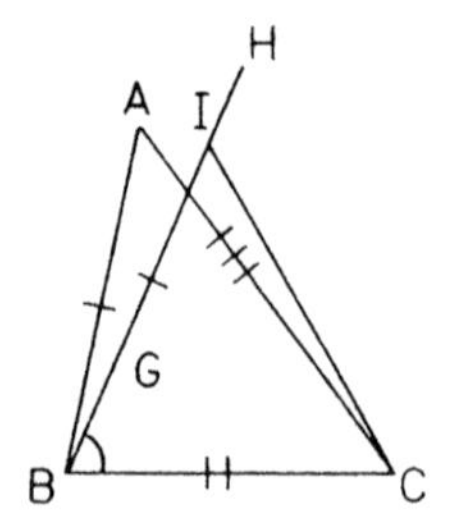

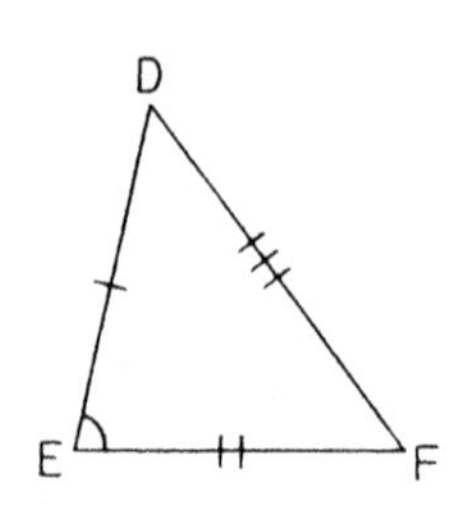

Abbildung 68

2. Angenommen, $\sphericalangle ABC \neq \sphericalangle DEF$, z.B. $\sphericalangle ABC > \sphericalangle DEF$.	Annahme des Gegenteils
3. Beginnend an der geraden Linie BC im Punkt B zeichne man B„G“, so daß $\sphericalangle GBC = \sphericalangle DEF$.	Satz 23
4. $\sphericalangle ABC > \sphericalangle GBC$.	2., 3., Ax. 6 (Ist $a > b$ und $c = b$, so ist $a > c$.)
5. BG liegt zwischen BA und BC.	4.
6. Man verlängere BG nach „H“, so daß $BH > DE$.	Post. 2
7. Auf BH trage man B„I“$= DE$ ab.	Satz 3
8. Man zeichne CI.	Post. 1
9. Die Dreiecke IBC und DEF sind kongruent.	7., 3., 1. ($BC = EF$), SWS
10. A und I sind verschiedene Punkte.	5., Post. 1
11. $BA = BI$.	1. ($BA = DE$), 7., Ax. 1
12. $CI = DF$.	9., Def. v. „kongruent“
13. $CA = CI$.	1. ($CA = DF$), 12., Ax. 1

(Bevor Sie den Rest des Beweises lesen, sollten Sie vielleicht die Aussage des Satzes 7 und die zugehörige Erklärung auf Seite 73 noch einmal lesen.)

14.	Gegeben sind zwei gerade Linien (BA und CA), errichtet über den Endpunkten einer geraden Linie (BC), die sich in einem Punkt (A) treffen; wir haben über den Endpunkten derselben geraden Linie (BC) und auf derselben Seite davon zwei andere gerade Linien (BI und CI) errichtet, die sich in einem anderen Punkt (I) treffen, aber den vorhergehenden Seiten gleich sind, nämlich jede gleich der Seite mit demselben Endpunkt ($BA = BI$ und $CA = CI$) (siehe Abb. 68).	7., 8., 10., 11., 13.
15.	Widerspruch.	14. und Satz 7
16.	Daher ist $\sphericalangle ABC = \sphericalangle DEF$ (siehe Abb. 69).	2.–15., Logik

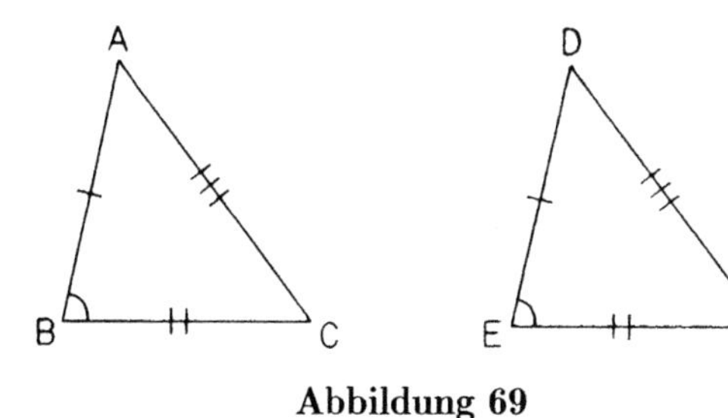

Abbildung 69

17.	Daher sind die Dreiecke ABC und DEF kongruent.	1.($AB = DE$, $BC = EF$), 16., SWS

Jetzt ist wohl der richtige Zeitpunkt, darüber zu sprechen, daß Punkte oder Geraden mehrfache Aufgaben zu erfüllen gezwungen werden, ein Fehler, der manchmal gemacht wird. In einer Situation wie in Abb. 70 z.B., in der $AB = DC$ und $AD = BC$ gegeben war und $\sphericalangle A = \sphericalangle C$ bewiesen werden sollte, habe ich schon Leute (die SSS vergessen haben mußten und sich wohl nur noch an SWS erinnern konnten) folgendermaßen vorgehen sehen:

„Man zeichne die gerade Linie BD, um die Winkel ABC und ADC zu halbieren.	Satz 9"

Während es sicher richtig ist, daß wir BD zeichnen können (unter Verwendung des Postulats 1), und daß wir $\sphericalangle ABC$ und $\sphericalangle ADC$ halbieren können (mittels Satz 9, zweimal angewandt), ist es doch extrem unwahrscheinlich, daß auch nur zwei dieser geraden Linien zusammenfallen, geschweige denn alle drei. Im allgemeinen wird das Resultat der Konstruktion aller dieser drei etwa wie in Abb. 71 aussehen. Die Person hat drei gerade Linien hergenommen – die zugegebenermaßen existieren

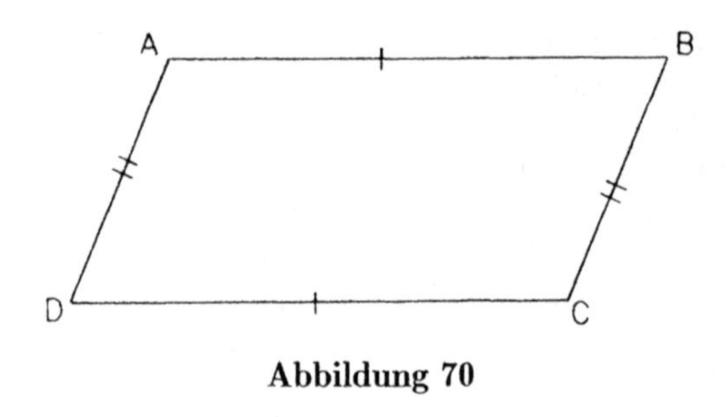

Abbildung 70

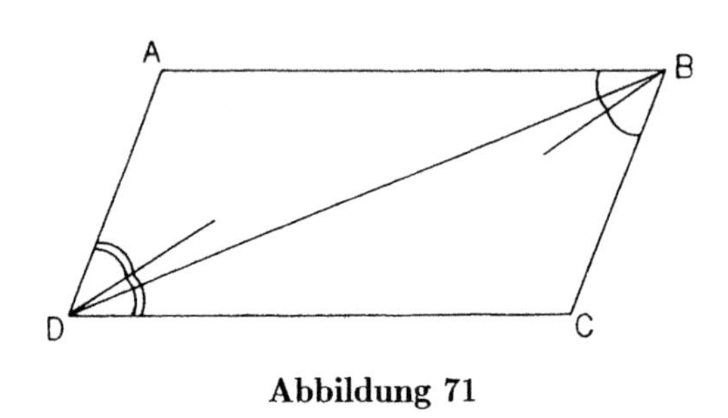

Abbildung 71

– und sie miteinander *identifiziert* und hat damit die gerade Linie BD gezwungen, mehrere Aufgaben zu erfüllen.

Hier ist ein Beispiel für die Art von logischem Sumpf, in den so etwas führen kann. Betrachten Sie $\sphericalangle ABC$ in Abb. 72. Nach Satz 11 kann ich durch den Punkt

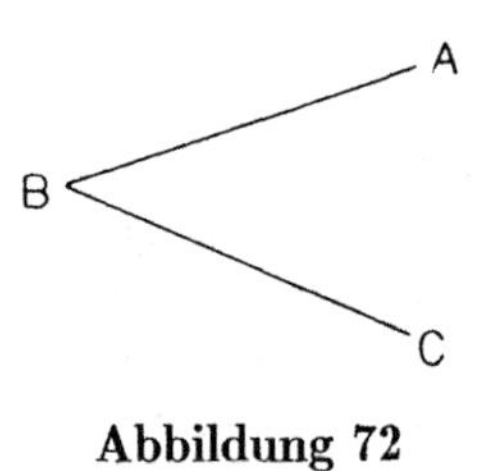

Abbildung 72

A eine Senkrechte zeichnen, und dasselbe kann ich – ebenfalls nach Satz 11 – durch den Punkt C tun. Ich werde diese Linien miteinander identifizieren, indem ich sage:

„Man zeichne die gerade Linie AC senkrecht zu AB und BC. Satz 11"

Aber jetzt hat das resultierende Dreieck zwei rechte Winkel, im Konflikt mit Satz 17.

Kehren wir noch einmal zu Abb. 70 zurück. Es ist selbstverständlich vollkommen in Ordnung, *eine* der drei Linien zu zeichnen, z.B. die Winkelhalbierende von $\sphericalangle ABC$. Wenn Sie aber festhalten möchten, daß diese gerade Linie durch den Punkt D geht, müssen Sie das beweisen; und wenn Ihnen das gelingt und Sie außerdem sicherstellen wollen, daß sie auch noch $\sphericalangle ADC$ halbiert, müssen Sie das auch beweisen.

Die Sätze 24 und 25 werden wir nicht benötigen, darum lasse ich sie aus.

Satz 26. *Wenn in zwei Dreiecken zwei Winkel zwei Winkeln entsprechend gleich sind und eine Seite einer Seite, nämlich entweder die den gleichen Winkeln anliegenden oder die einem der gleichen Winkel gegenüberliegenden Seiten einander gleich, dann müssen auch die übrigen Seiten den übrigen Seiten (entsprechend) gleich sein und der letzte Winkel dem letzten Winkel.*

Die zwei Teile des Satzes besitzen verschiedene Beweise. Ich werde jeden Teil extra umformulieren und den zweiten beweisen. Die Vervollständigung des Beweises von Teil 1 ist eine Übungsaufgabe.

Der erste Teil wird Thales zugeschrieben.

Satz 26 (a) (WSW). *Sind zwei Winkel und die eingeschlossene Seite eines Dreiecks gleich zwei Winkeln und der eingeschlossenen Seite eines anderen Dreiecks, dann sind die Dreiecke kongruent.*

Beweis.

1. Seien „ABC" und „DEF" die Dreiecke, wobei gelte: $\sphericalangle ABC = \sphericalangle DEF$, $BC = EF$ und $\sphericalangle ACB = \sphericalangle DFE$ (siehe Abb. 73).	Voraussetzung

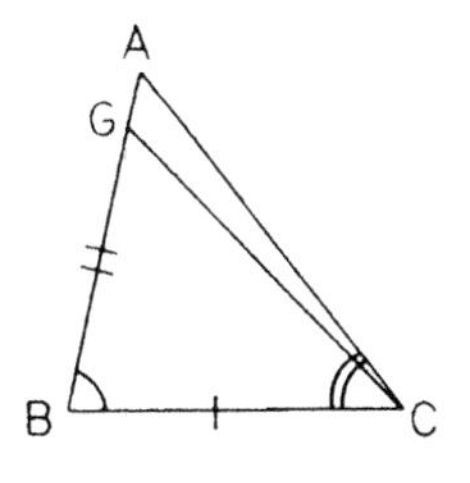

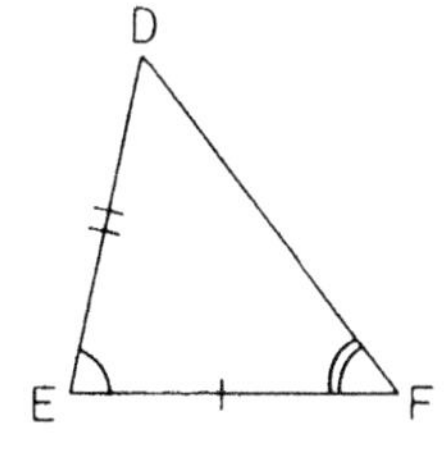

Abbildung 73

(Die Idee ist: man zeigt, daß $AB = DE$, und verwendet SWS.)

2. Angenommen, $AB \neq DE$, sagen wir $AB > DE$.	Annahme des Gegenteils
3. Auf AB trage man „G"$B = DE$ ab.	Satz 3
4. Man zeichne GC.	Post. 1

(Jetzt sind Sie dran.)

Ich habe mich dafür entschieden, lieber WWS als WSW zu beweisen, weil das Kongruenzkriterium WWS für Sie wahrscheinlich ungewohnter ist. Wenn Autoren moderner Lehrbücher es überhaupt explizit erwähnen, warten sie damit gewöhnlich, bis sie bewiesen haben, daß die Winkelsumme eines Dreiecks 180° beträgt – Euklids Satz 32(b) –, weil daraus, zusammen mit WSW, sofort WWS folgt. WWS erscheint dann als untergeordneter Satz, der der Aufmerksamkeit kaum wert ist. Während jedoch die Gültigkeit von WWS in der nichteuklidischen Geometrie erhalten bleibt, wird diese Art von Beweis ungültig, denn in der nichteuklidischen Geometrie ist Satz 32(b) falsch. Als Studenten *beider* Geometrien werden wir einen solchen Beweis ablehnen, weil wir sonst das Kriterium WWS später noch einmal beweisen müßten. Euklid rettet uns glücklicherweise, indem er WWS *jetzt* beweist.

Sein Beweis ist natürlich unabhängig vom Satz 32(b) und bleibt in der nichteuklidischen Geometrie gültig.

Satz 26 (b) (WWS). *Sind zwei Winkel eines Dreiecks gleich zwei Winkeln eines anderen Dreiecks und ist außerdem ein Paar von Seiten, die einem Paar gleicher Winkel gegenüberliegen, gleich, dann sind die Dreiecke kongruent.*

Beweis.

1. Seien „ABC“ und „DEF“ die Dreiecke, und seien $\sphericalangle ABC = \sphericalangle DEF$, $\sphericalangle ACB = \sphericalangle DFE$ und $AB = DE$ (siehe Abb. 74).	Voraussetzung

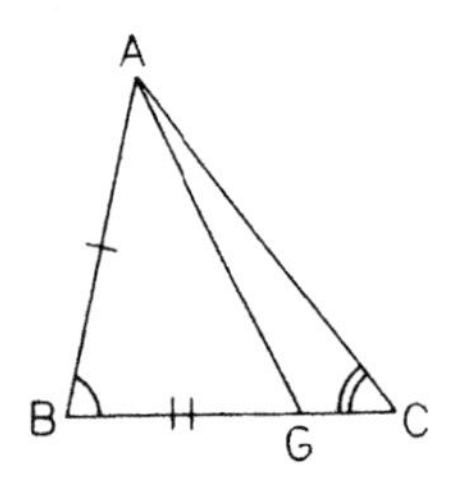

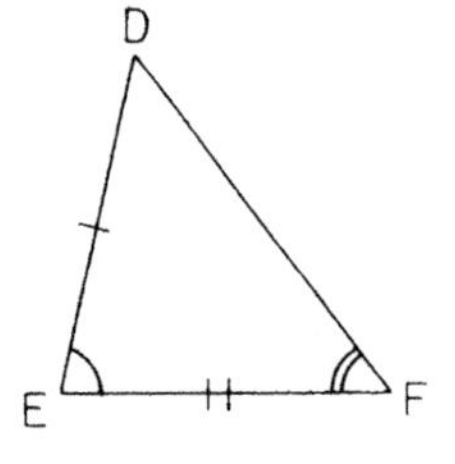

Abbildung 74

(Die Idee besteht darin, zu zeigen, daß $BC = EF$, denn dann sind die Dreiecke wahlweise nach SWS oder dem soeben bewiesenen WSW kongruent.)

2. Angenommen, $BC \neq EF$, etwa $BC > EF$.	Annahme des Gegenteils
3. Auf BC trage man B„G“$= EF$ ab.	Satz 3
4. Man zeichne AG.	Post. 1
5. Die Dreiecke ABG und DEF sind kongruent.	1.($AB = DE$, $\sphericalangle ABC = \sphericalangle DEF$), 3., SWS

6. Daher gilt: $\sphericalangle ABG = \sphericalangle DFE$,	Def. v. „kongruent“
7. und also: $\sphericalangle AGB = \sphericalangle ACB$.	1.($\sphericalangle ACB = \sphericalangle DFE$), 6., Ax. 1
8. Aber $\sphericalangle AGB > \sphericalangle ACB$.	Satz 16 (ΔAGC)
9. Widerspruch.	7. und 8.

(Also ist $BC \not> EF$. Unter Auslassung der Begründung für $BC \not< EF$, die ähnlich ist, können wir schließen:)

10. Daher ist $BC = EF$.	2.–9., Logik
11. Darum sind die Dreiecke ABC und DEF kongruent.	1.($\sphericalangle ABC = \sphericalangle DEF$, $\sphericalangle ACB = \sphericalangle DFE$), 10., WSW oder 1.($AB = DE$, $\sphericalangle ABC = \sphericalangle DEF$), 10., SWS

Satz 27. *Wenn eine gerade Linie beim Schnitt mit zwei geraden Linien einander gleiche (innere) Wechselwinkel bildet, müssen diese geraden Linien einander parallel sein.*

Satz 28. *Wenn eine gerade Linie beim Schnitt mit zwei geraden Linien bewirkt, daß ein äußerer Winkel dem auf derselben Seite innen gegenüberliegenden gleich oder innen auf derselben Seite liegende Winkel zusammen zwei Rechten gleich werden, dann müssen diese geraden Linien einander parallel sein.*

In diesen beiden Sätzen und auch im Satz 29 verwendet Euklid eine quasi-technische Sprache, um diejenigen Winkel zu bezeichnen, die beim Schnitt einer geraden Linie mit zwei anderen geraden Linien bildet. Betrachten Sie Abb. 75. Es gibt zwei

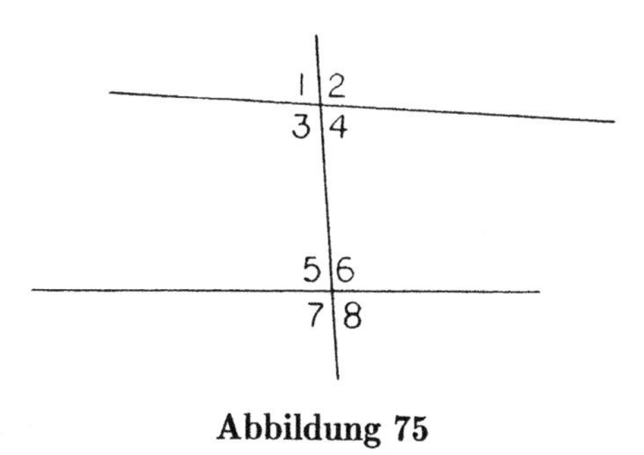

Abbildung 75

Paar „alternierender Winkel“: 3 und 6 sowie 4 und 5. Es gibt vier „Außenwinkel“, jeder begleitet von seinem „innen auf derselben Seite gegenüberliegenden Winkel“;

diese Paare sind 1 und 5, 2 und 6, 7 und 3 sowie 8 und 4. Schließlich gibt es noch zwei Paar „innerer Winkel auf derselben Seite“: 3 und 5 sowie 4 und 6.

In den Voraussetzungen von Satz 27 und 28 und in der Schlußfolgerung von Satz 29 richtet Euklid seine Aufmerksamkeit auf insgesamt acht Relationen, welche diese Winkelpaare erfüllen können: $\sphericalangle 3 = \sphericalangle 6$, $\sphericalangle 4 = \sphericalangle 5$ bzw. $\sphericalangle 1 = \sphericalangle 5$, $\sphericalangle 2 = \sphericalangle 6$, $\sphericalangle 7 = \sphericalangle 3$, $\sphericalangle 8 = \sphericalangle 4$ bzw. $\sphericalangle 3 + \sphericalangle 5 = 180°$, $\sphericalangle 4 + \sphericalangle 6 = 180°$. Ich überlasse es Ihnen als Übungsaufgabe, zu beweisen, daß das folgende Lemma (Hilfssatz) gilt.[25]

Lemma. *Wenn eine gerade Linie beim Schnitt mit zwei geraden Linien irgendeine der oben erwähnten acht Winkelrelationen bewirkt, dann bewirkt sie auch die anderen sieben.*

In Anbetracht dieser Tatsache können wir die Sätze 27 und 28 zu folgender Aussage zusammenfassen:

Satz 27/28. *Wenn eine gerade Linie beim Schnitt mit zwei geraden Linien irgendeine der acht Winkelrelationen bewirkt, dann sind die beiden geraden Linien parallel*

– die wir stattdessen beweisen wollen.

Beweis.

1. Seien „AB“ und „CD“ die zwei geraden Linien, und sei „EF“ die gerade Linie, die sie – in E bzw. F – schneidet und die eine der acht Winkelrelationen bewirkt (siehe Abb. 76). — Voraussetzung

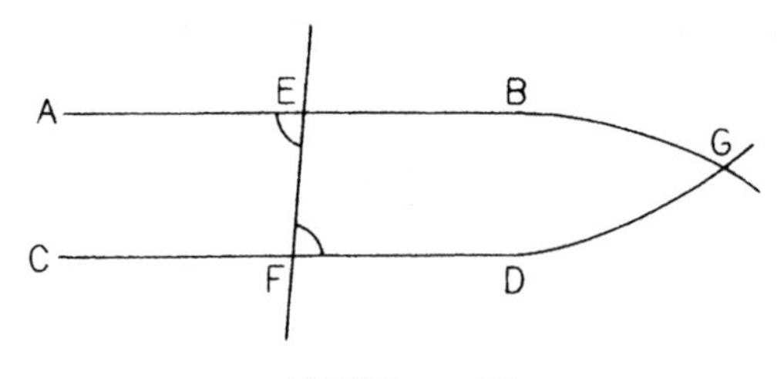

Abbildung 76

2. Dann ist $\sphericalangle AEF = \sphericalangle EFD$. — Lemma

[25] Ein vollständiger Beweis des Lemmas würde $8 \times 7 = 56$ einzelne Überprüfungen verlangen, und ich erwarte nicht im Ernst, daß Sie das auf sich nehmen. Wenn Sie eine Auswahl von 3 oder 4 repräsentativen Fällen beweisen, dann sind Sie sicherlich zufriedengestellt und nehmen an, daß die anderen ähnlich bewiesen werden können.

(Wir müssen zeigen, daß AB und CD parallel sind, d.h. nach Definition 23, daß sie sich niemals schneiden, egal wie weit man sie verlängert.)

3. Angenommen, AB und CD schneiden sich bei Verlängerung in einem Punkt „G“, der, sagen wir, auf der Seite von EF liegt, auf der auch B und D liegen.	Annahme des Gegenteils
4. $\sphericalangle AEF > \sphericalangle EFD$.	Satz 16 (ΔEFG)
5. Widerspruch.	2. und 4.
6. Daher schneiden sich AB und CD niemals auf der Seite von EF, auf der B und D liegen, egal wie weit man sie verlängert.	3.–5., Logik

(Eine ähnliche Argumentation zeigt, daß sich AB und CD auch auf der anderen Seite von EF niemals schneiden.)

7. Daher sind AB und CD parallel.	Def. v. „parallel“

Satz 29 und 30 finden sich im nächsten Abschnitt, weil sie von Postulat 5 abhängen. Satz 31 ist der letzte in Buch I verbleibende Satz, der ohne Postulat 5 bewiesen werden kann; in ihm beweist Euklid, nachdem er das Thema parallele Linien soeben aufgebracht hat, daß solche Dinge auch wirklich existieren.

Satz 31. *[Es ist möglich,] durch einen gegebenen Punkt [, der nicht auf einer gegebenen geraden Linie oder ihrer Verlängerung liegt,] eine [der] gegebenen geraden Linie parallele gerade Linie zu ziehen.*

Beweis.

1. Sei „A“ der gegebene Punkt, der nicht auf der gegebenen geraden Linie „BC“ oder ihrer Verlängerung liege (siehe Abb. 77).	Voraussetzung

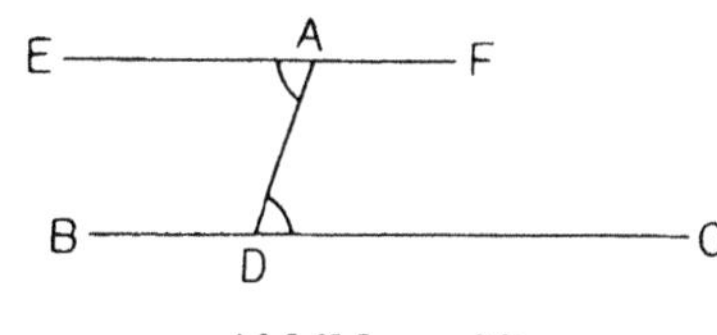

Abbildung 77

2. Man wähle „D“ beliebig auf BC.	Post. 10(ii)
3. Man zeichne AD.	Post. 1
4. Man zeichne „E“A, so daß $\sphericalangle EAD = \sphericalangle ADC$.	Satz 23
5. Man verlängere EA nach „F“.	Post. 2
6. EAF ist parallel zu BC.	4., Satz 27/28

Sätze, die mit Hilfe des Postulats 5 bewiesen werden

Die restlichen Sätze des Buches I (29, 30, 32–48) hängen von Postulat 5 ab. Ich habe neun daraus gewählt (im berühmten Satz des Pythagoras gipfelnd), die, wie ich denke, sehr schön mit der nichteuklidschen Geometrie kontrastieren, wie wir sie in Kapitel 6 entwickeln werden. Da die Sätze, die ohne das Postulat 5 bewiesen werden, in der anderen Geometrie richtig bleiben, diejenigen aber, deren Beweis das 5. Postulat erfordert, falsch werden, ist es dieser Punkt, an dem die beiden Geometrien sich trennen (siehe Abb. 78). Was wir bisher getan haben,

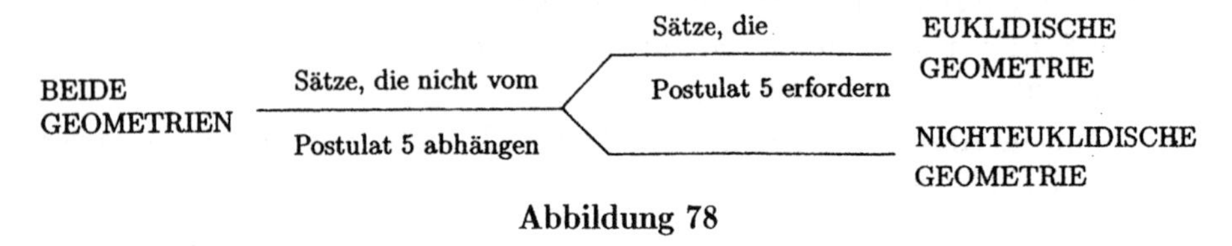

Abbildung 78

gehört beiden an; von jetzt an aber, wo wir dem Weg Euklids folgen, sind die Revolutionäre des 19. Jahrhunderts nicht länger bei uns.

Satz 29. *Beim Schnitt einer geraden Linie mit (zwei) geraden Linien werden (innere) Wechselwinkel einander gleich, jeder äußere Winkel wird dem innen gegenüberliegenden gleich, und innen auf derselben Seite entstehende Winkel werden zusammen zwei Rechten gleich.*

Mit anderen Worten, sind die zwei geraden Linien, die von der Transversalen geschnitten werden, parallel, dann treten alle acht Winkelrelationen auf. Dies ist die Umkehrung von Satz 27/28. Man verwechselt einen Satz leicht mit seiner Umkehrung, und daher möchte ich Sie in diesem Falle nachdrücklich dazu auffordern, besonders vorsichtig zu sein.

Beweis.

1. Seien „AB“ und „CD“ die zwei geraden parallelen Linien, und sei „EF“ die gerade Linie, die sie in E bzw. F schneidet (siehe Abb. 79).	Voraussetzung

(Wir werden zeigen, daß $\sphericalangle AEF = \sphericalangle EFD$, und dann das Lemma auf Seite 102 verwenden, um zu schließen, daß die anderen sieben Winkelrelationen auch auftreten.)

2. Angenommen, $\sphericalangle AEF \neq \sphericalangle EFD$, sagen wir $\sphericalangle AEF > \sphericalangle EFD$.	Annahme des Gegenteils
3. $\sphericalangle AEF + \sphericalangle BEF > \sphericalangle EFD + \sphericalangle BEF$.	2., Ax. 6 (Ist $a > b$, so ist $a+c > b+c$.)

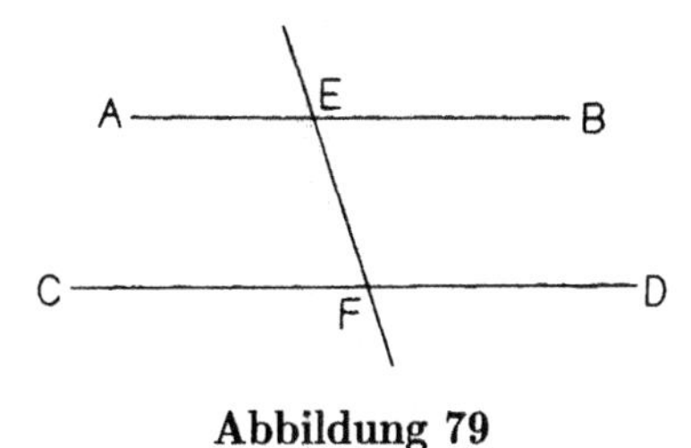

Abbildung 79

4. $\sphericalangle AEF + \sphericalangle BEF = 180°$.	Satz 13
5. $\sphericalangle EFD + \sphericalangle BEF < 180°$.	3., 4., Ax. 6 (Ist $a > b$ und $a = c$, so ist $b < c$.)
6. AB und CD schneiden sich auf der Seite von EF, auf der auch B und D liegen.	5., Post. 5
7. Widerspruch.	1.($AB \parallel CD$) und 6.

(Das Zeichen $\parallel$ bedeutet „ist parallel zu".)

8. Daher ist $\sphericalangle AEF = \sphericalangle EFD$.	2.–7., Logik
9. Daher sind die anderen inneren Wechselwinkel gleich, jeder äußere Winkel ist dem innen gegenüberliegenden Winkel gleich, und beide Paare von innen auf derselben Seite entstehenden Winkeln sind zusammen jeweils gleich zwei Rechten.	8., Lemma auf Seite 102

Satz 30. *Derselben geraden Linie parallele sind auch einander parallel.*

Beim Beweis müssen zwei Fälle unterschieden werden, je nachdem, ob die geraden Linien auf derselben Seite oder auf unterschiedlichen Seiten der gemeinsamen Parallelen liegen.

Beweis.

1. Seien „AB" und „CD" die zwei geraden Linien, die zu derselben geraden Linie „EF" parallel sind, und seien sie auf derselben Seite von EF gelegen (siehe Abb. 80).	Voraussetzung
2. Auf der weiter von EF entfernten Linie (diese sei AB) wähle man einen beliebigen Punkt „G", und auf EF wähle man einen beliebigen Punkt „H".	Post. 10(ii)

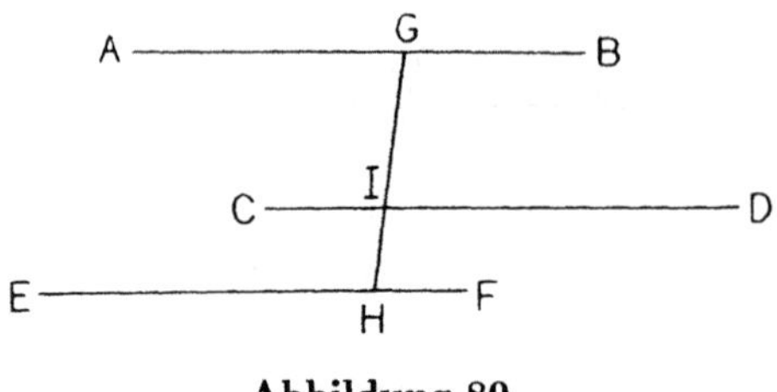

Abbildung 80

3. Man zeichne GH.	Post. 1
4. GH schneidet CD (nötigenfalls verlängert) in einem Punkt „I".	Post. 2, Post. 7(ii)
5. $\sphericalangle BGI = \sphericalangle EHI$.	1.($AB \parallel EF$), Satz 29
6. $\sphericalangle DIH = \sphericalangle EHI$.	1.($CD \parallel EF$), Satz 29
7. $\sphericalangle BGI = \sphericalangle DIH$.	5., 6., Ax. 1
8. $\sphericalangle CIG = \sphericalangle DIH$.	Satz 15
9. $\sphericalangle BGI = \sphericalangle CIG$.	7., 8., Ax. 1
10. AB ist parallel zu CD.	9., Satz 27/28

(Der Fall, daß AB und CD auf verschiedenen Seiten von EF liegen, ist eine Übungsaufgabe.)

Die Abhängigkeit dieser Hälfte des Beweises von Postulat 5 tritt in Schritt 5 und 6 auf, denn Postulat 5 wurde zum Beweis von Satz 29 gebraucht. Hätte ich Satz 29 mit Satz 27/28 (verwendet in Schritt 10) verwechselt, wären wir später, wenn wir nichteuklidsche Geometrie betreiben, zu der irrigen Schlußfolgerung gelangt, Satz 30 bliebe weiterhin gültig.

Satz 32. *In jedem Dreieck*

(a) *ist der bei Verlängerung einer Seite entstehende Außenwinkel den beiden gegenüberliegenden Innenwinkeln zusammen gleich,*

(b) *und die drei Winkel innerhalb des Dreiecks sind zusammen zwei rechten gleich.*

Satz 32(b) ist der erste Satz, der mich überrascht. Dreiecke haben nicht alle dieselben Winkel, Seiten, Umfänge oder Flächen, warum sollten sie also alle dieselbe Winkel*summe* haben? Auch wenn ich Abb. 81 ansehe, finde ich es schwerlich offensichtlich, daß die drei Winkel des Dreiecks ABC genau dieselbe Summe haben wie die zwei rechten Winkel GHI und GHJ. Meine Intuition ist von der Universalität und Exaktheit dieses Satzes überrascht.

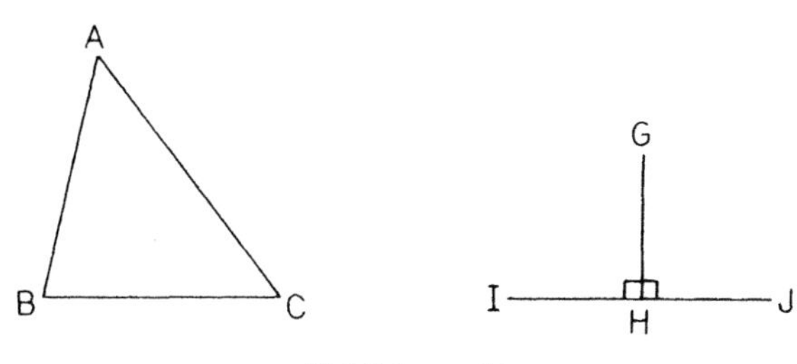

Abbildung 81

Beweis.

1. Sei „ABC“ ein Dreieck, und sei z.B. BC nach „D“ verlängert.	Voraussetzung
2. Durch C zeichne man C„E“ parallel zu AB (siehe Abb. 82).	Satz 31

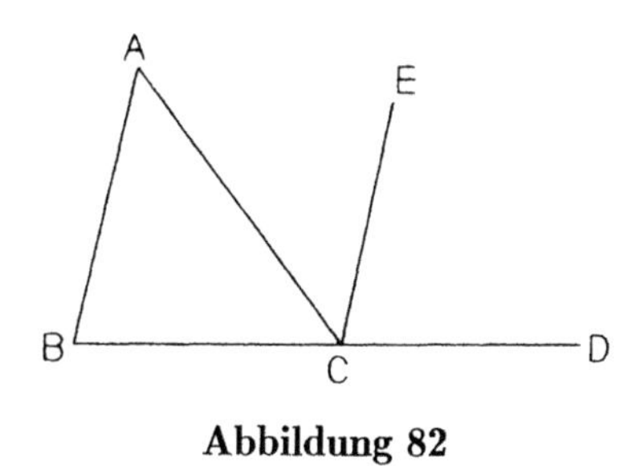

Abbildung 82

(Wir werden zuerst zeigen, daß $\sphericalangle ACD = \sphericalangle BAC + \sphericalangle ABC$.)

3. $\sphericalangle BAC = \sphericalangle ACE$.	Satz 29(AC schneidet $AB \parallel CE$)
4. $\sphericalangle ABC = \sphericalangle ECD$.	Satz 29(BD schneidet $AB \parallel CE$)
5. $\sphericalangle BAC + \sphericalangle ABC = \sphericalangle ACE + \sphericalangle ECD$.	3., 4., Ax. 2
6. $\sphericalangle ACD = \sphericalangle ACE + \sphericalangle ECD$.	Ax. 4
7. $\sphericalangle ACD = \sphericalangle BAC + \sphericalangle ABC$.	5., 6., Ax. 1

(Jetzt zeigen wir, daß $\sphericalangle ACB + \sphericalangle BAC + \sphericalangle ABC = 180°$.)

8. $\sphericalangle ACB = \sphericalangle ACB$. Ax. 4
9. $\sphericalangle ACB + \sphericalangle ACD = \sphericalangle ACB + \sphericalangle BAC + \sphericalangle ABC$. 7., 8., Ax. 2
10. $\sphericalangle ACB + \sphericalangle ACD = 180°$. Satz 13
11. Daher ist $\sphericalangle ACB + \sphericalangle BAC + \sphericalangle ABC = 180°$. 9., 10., Ax. 1

Die Abhängigkeit von Postulat 5 liegt in Schritt 3 und 4.

In Satz 34 beginnt Euklid, von Parallelogrammen zu sprechen, ohne jemals gesagt zu haben, was „Parallelogramme“ *sind*; der Begriff wird jedoch aus der nachfolgenden Verwendung deutlich.

Definition 26. Ein *Parallelogramm* ist ein Viereck, in dem jeweils gegenüberliegende Seiten parallel sind.

Ich überlasse Ihnen den Beweis des Satzes 34 als Übungsaufgabe, sage allerdings voraus, daß Ihr Beweis mindestens indirekt von Postulat 5 abhängen wird.

Satz 34. *Im Parallelogramm sind die gegenüberliegenden Seiten sowohl als Winkel gleich, und die Diagonale halbiert [die Fläche].*

Beweis.

1. Sei „$ABCD$“ ein Parallelogramm mit $AB \parallel DC$ und $AD \parallel BC$, in welchem BD die gezeichnete Diagonale sei (siehe Abb. 83). Voraussetzung

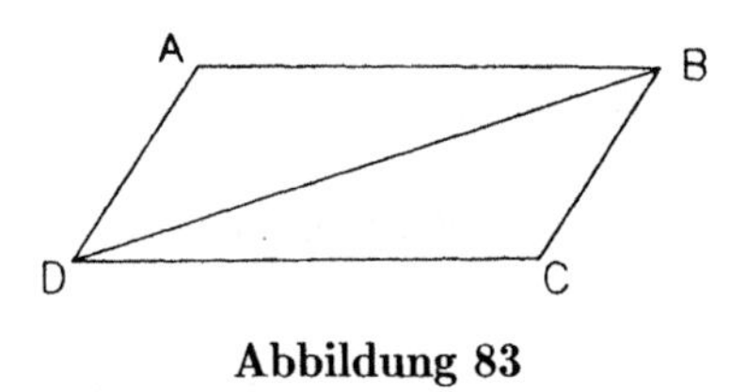

Abbildung 83

(Zu zeigen: $AB = DC$, $AD = BC$, $\sphericalangle A = \sphericalangle C$, $\sphericalangle ADC = \sphericalangle ABC$ und Fläche von ΔADB = Fläche von ΔBDC.)

In den Sätzen 35 bis 41 kommt Euklid so nahe wie nirgends sonst an die bekannten Formeln aus modernen Lehrbüchern heran, daß „die Fläche eines Parallelogramms gleich dem Produkt aus Grundlinie und Höhe“ sowie „die Fläche eines Dreiecks die Hälfte des Produkts aus Grundlinie und Höhe“ beträgt.[26] Ich werde nur die Sätze 35, 37 und 41 anführen.

[26] Eine „Höhe“ eines Parallelogramms ist der senkrechte Abstand zwischen einer Grundlinie und der gegenüberliegenden Seite. Eine „Höhe“ eines Dreiecks ist der senkrechte Abstand zwischen einer Grundlinie und dem gegenüberliegenden Punkt.

Satz 35. *Auf derselben Grundlinie zwischen denselben Parallelen gelegene Parallelogramme sind einander gleich.*

In jedem Teil der Abb. 84 sind $ABCD$ und $EFCD$ Parallelogramme „auf derselben Grundlinie" DC und „zwischen denselben Parallelen" AF und DC. Der Satz schließt für jeden dieser Fälle, daß $ABCD$ und $EFCD$ „einander gleich" sind, d.h. daß ihre *Flächen* übereinstimmen. Die Fälle unterscheiden sich in der relativen Lage von B und E.

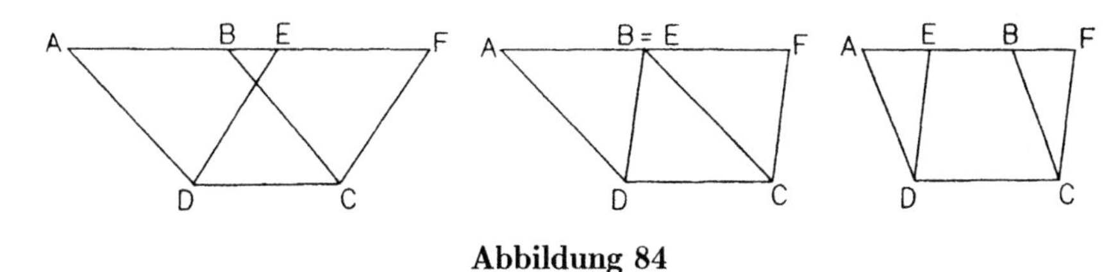

Abbildung 84

Beweis des ersten Falles.

1. Seien „$ABCD$" und „EF"CD Parallelogramme auf derselben Grundlinie DC und zwischen denselben Parallelen AF und DC, wobei B zwischen A und E liege (siehe Abb. 85).	Voraussetzung

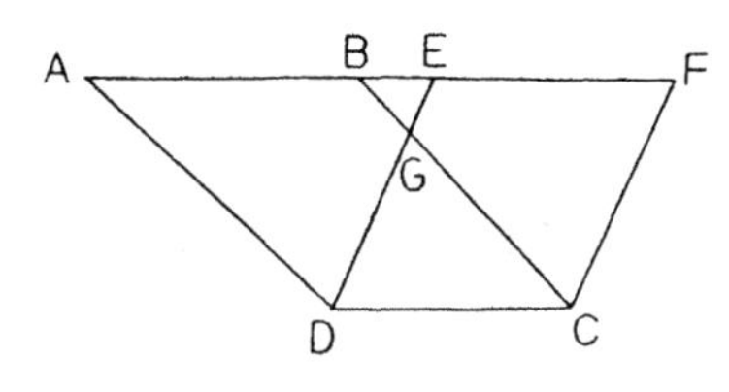

Abbildung 85

2. DE schneidet BC in einem Punkt „G".	Post. 7(ii)
3. $AB = DC$.	Satz 34
4. $EF = DC$.	Satz 34
5. $AB = EF$.	3., 4., Ax. 1
6. $BE = BE$.	Ax. 4
7. $AE = BF$.	5., 6., Ax. 2
8. AD ist parallel zu BC.	Def. v. „Parallelogramm"
9. $\sphericalangle BAD = \sphericalangle FBC$.	Satz 29 (AF im Schnitt mit $AD \parallel BC$)

10. $AD = BC$.	Satz 34
11. Die Dreiecke ADE und BCF sind kongruent.	7., 9., 10., SWS
12. Fläche von ΔADE = Fläche von ΔBCF.	Post. 9
13. Fläche von ΔBGE = Fläche von ΔBGE.	Ax. 4
14. Fläche von $ABGD$ = Fläche von $EFCG$.	12., 13., Ax. 3
15. Fläche von ΔGDC = Fläche von ΔGDC.	Ax. 4
16. Daher ist Fläche von $ABCD$ = Fläche von $EFCD$.	14., 15., Ax. 2

(Die Beweise der anderen beiden Fälle sind Übungsaufgaben.)

Die Abhängigkeit des ersten Falles vom Postulat 5 tritt in den Schritten 3, 4, 9 und 10 auf.

Vielleicht wird die folgende paradoxe Situation Ihre angemessene Würdigung dieses Satzes erneuern. Abb. 86 zeigt zwei Pfähle gleicher Höhe und verschiedenen

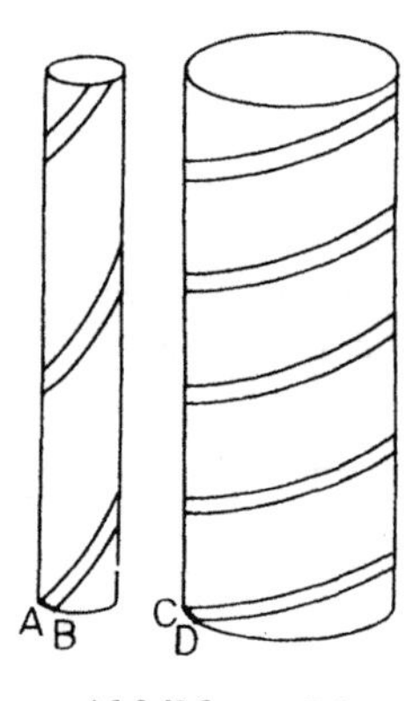

Abbildung 86

Druchmessers, jeder spiralig mit einem Streifen bemalt. Die Streifen haben die gleiche Breite, horizontal gemessen (d.h. die Bögen AB und CD sind gleich lang). Und obwohl der Streifen auf der dicken Stange mehr als zweimal so oft herumgeht wie der Streifen auf der dünnen Stange, folgt aus Satz 35, daß sie genau dieselbe Fläche bedecken!

Satz 37. *Auf derselben Grundlinie zwischen denselben Parallelen gelegene Dreiecke sind einander gleich.*

Beweis.

1. Seien „ABC“ und „D“BC Dreiecke auf derselben Grundlinie AB zwischen denselben Paralellen AD und BC (siehe Abb. 87).	Voraussetzung

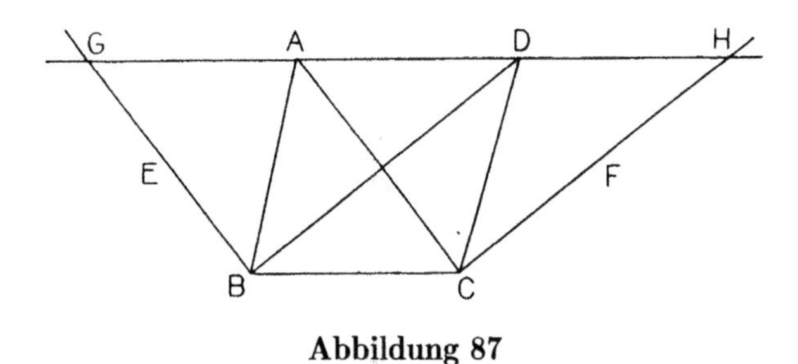

Abbildung 87

2.	Durch B zeichne man B„E“ parallel zu AC; durch C zeichne man C„F“ parallel zu BD.	Satz 31

(Bevor wir mit dem eigentlichen Beweis fortfahren, müssen wir noch verifizieren, was die Abbildung bereits nahelegt, daß sich nämlich sowohl BE und DA als auch CF und AD bei Verlängerung schneiden werden.)

3.	Angenommen, BE und DA schneiden sich nicht, egal wieweit man sie verlängert.	Annahme des Gegenteils
4.	Dann gilt: $BE \parallel DA$.	Def. v. „parallel“
5.	Aber $BC \parallel DA$.	1.
6.	Daher ist $BC \parallel BC$.	4., 5., Satz 30
7.	Aber BE und BC schneiden sich im Punkt B.	2.
8.	Widerspruch.	6. und 7.
9.	Daher schneiden sich BE und DA bei hinreichender Verlängerung in einem Punkt, den wir „G“ nennen können.	3.–8., Logik; Post. 2
10.	Ebenso schneiden sich CF und AD bei hinreichender Verlängerung in einem Punkt, den wir „H“ nennen können.	Übertragung der Schritte 3.–9.

(Schritt 10 ist technisch gesehen kein legitimer Schritt, weil seine Begründung keine der sieben zugelassenen ist (Seite 17). Es handelt sich vielmehr um eine Zusammenfassung von sieben Schritten, die wir ganz leicht aufschreiben könnten – indem wir in den Schritten 3.–9. jeweils CF, AD und H durch BE, DA und G ersetzten –; aber das wäre sehr mühsam.)

11.	$GACB$ und $DHCB$ sind Parallelogramme.	1.($AD \parallel BC$), 2., 9., 10., Def. v. „Parallelogramm“
12.	Fläche von $GACB$ = Fläche von $DHCB$.	Satz 35

13.	$\frac{1}{2}$(Fläche von $GACB$) = $\frac{1}{2}$(Fläche von $DHCB$).	12., Ax. 6 (Ist $a = b$, so ist $\frac{1}{2}a = \frac{1}{2}b$.)
14.	Fläche von $\Delta ABC = \frac{1}{2}$(Fläche von $GACB$).	Satz 34
15.	Fläche von $\Delta ABC = \frac{1}{2}$(Fläche von $DHCB$).	13., 14., Ax. 1
16.	Fläche von $\Delta DBC = \frac{1}{2}$(Fläche von $DHCB$).	Satz 34
17.	Daher gilt: Fläche von ΔABC = Fläche von ΔDBC.	15., 16., Ax. 1

Satz 41. *Wenn ein Parallelogramm mit einem Dreieck dieselbe Grundlinie hat und zwischen denselben Parallelen liegt, ist das Parallelogramm doppelt so groß wie das Dreieck.*

Euklids Schlußfolgerung bedeutet, daß die *Fläche* des Parallelogramms doppelt so groß wie die *Fläche* des Dreiecks ist.

Beweis.

1.	Sei „$ABCD$“ das Parallelogramm, das dieselbe Grundlinie DC wie das Dreieck „E“DC habe und zwischen denselben Parallelen AE und DC liege (siehe Abb. 88).	Voraussetzung

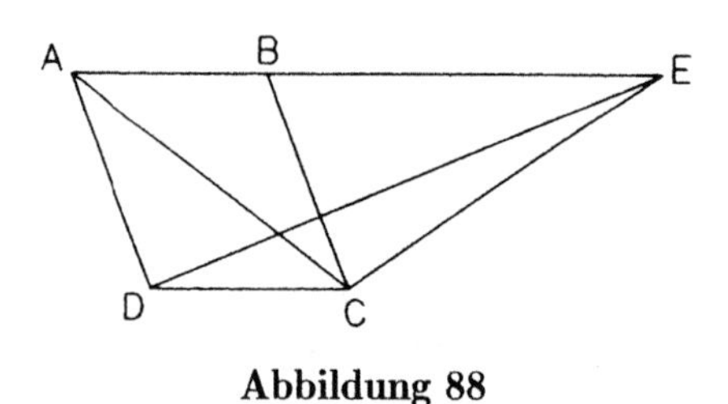

Abbildung 88

2.	Man zeichne AC.	Post. 1

(Die Vervollständigung des Beweises unter Verwendung der Sätze 34 und 37 ist leicht.)

Satz 46. *[Es ist möglich,] über einer gegebenen Seite daß Quadrat zu zeichnen.*

Beweis.

1.	Sei „AB“ die gegebene gerade Linie.	Voraussetzung
2.	Durch A zeichne man eine gerade Linie senkrecht zu AB und verlängere sie nach „C“, so daß $AC > AB$ (siehe Abb. 89).	Satz 11, Post. 2

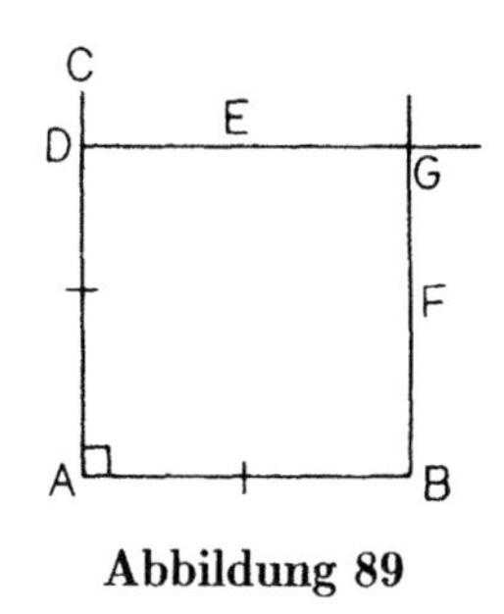

Abbildung 89

3. Auf AC trage man A„D"$= AB$ ab.	Satz 3
4. Durch D zeichne man eine gerade Linie D„E" parallel zu AB.	Satz 31
5. Durch B zeichne man eine gerade Linie B„F" parallel zu AD.	Satz 31

(Aus Abb. 89 ist offen ersichtlich, daß DE und EF sich bei hinreichender Verlängerung schneiden werden; aber damit unser Beweis nachher nicht von der Zeichnung abhängt, werden wir jetzt *herleiten*, daß sie sich schneiden.)

6. Angenommen, DE und BF schneiden sich auch bei beliebiger Verlängerung nicht.	Annahme des Gegenteils
7. Dann gilt: $DE \parallel BF$.	Def. v. „parallel"
8. Aber $AD \parallel BF$.	5.
9. Daher ist $DE \parallel AD$.	7., 8., Satz 30
10. Aber DE und AD schneiden sich in D.	4.
11. Widerspruch.	9. und 10.
12. Daher schneiden sich DE und BF bei hinreichender Verlängerung in einem Punkt, den wir „G" nennen können.	6.–11., Logik; Post. 2

(Nachdem wir damit die Konstruktion unserer vierseitigen Figur beendet haben, wenden wir uns der Aufgabe zu, zu zeigen, daß sie ein Quadrat ist.)

13. $DGBA$ ist ein Parallelogramm.	4., 5., 12., Def. v. „Parallelogramm"
14. Daher ist $DG = AB$ und $DA = GB$.	Satz 34
15. Aber $DA = AB$.	3.
16. Daher sind die vier Seiten von $DGBA$ gleich.	14., 15., Ax. 1 (mehrmals)
17. $\sphericalangle A = 90°$.	2.

18. $\sphericalangle A + \sphericalangle D = 180°$.	Satz 29 (CA im Schnitt mit $DG \parallel AB$)
19. $\sphericalangle D = 90°$.	18., 17., Ax. 3
20. $\sphericalangle A = \sphericalangle G$, $\sphericalangle D = \sphericalangle B$.	13., Satz 34
21. Daher sind die vier Winkel von $DGBA$ rechte.	17., 19., 20., Ax. 1 (zweimal)
22. Daher ist $DGBA$ ein Quadrat.	16., 21., Def. v. „Quadrat"

In den Schritten 9, 14, 18 und 20 hängt der Beweis von Postulat 5 ab.

Dieser Satz stellt die Existenz von Quadraten sicher und garantiert damit, daß die folgende Aussage überhaupt einen Sinn hat.

Euklid führt die Schritte 6–12 (oder eine ähnliche Argumentation in den Schritten 3–10 im Beweis von Satz 37) nicht an; ihm genügt die Überzeugungskraft des Diagramms. Es ist nur natürlich, das Verlangen zu spüren, es ihm hierin gleichzutun, insbesondere wenn man sich die Anzahl der ansonsten erforderlichen Schritte ansieht. Nach Schritt 5 im obigen Beweis muß es Ihnen fast schmerzhaft offensichtlich erschienen sein, daß DE und BF sich schneiden, ja unvorstellbar, daß sie es nicht tun könnten. Ich mache Ihnen gewiß keinen Vorwurf, wenn mein Insistieren auf dieser Verifikation Ihre Geduld auf eine zu harte Probe gestellt hat, aber ich wußte etwas, das Sie wahrscheinlich nicht wußten: besagte Verifikation involviert Postulat 5 (via Satz 30 in Schritt 9.), und deshalb müssen sich in der nichteuklidschen Geometrie die geraden Linien DE und BF auch bei beliebieger Verlängerung *nicht notwendigerweise schneiden*! Mit der Erfindung einer alternativen Geometrie ist die Frage, ob sich Geraden schneiden, zu einem heiklen Gegenstand geworden, der es unumgänglich macht, daß wir unsere Beweise unabhängig von der Aussagekraft der Diagramme halten.

Satz 47 [Satz des Pythagoras]. *Am rechtwinkligen Dreieck ist das Quadrat über der dem rechten Winkel gegenüberliegenden Seite den Quadraten über den den rechten Winkel umfassenden Seiten zusammen gleich.*

Das heißt, die Fläche des ersten Quadrats ist gleich der Summe der Flächen der beiden anderen. Ein vollständiger Beweis hätte dermaßen viele Schritte, daß das Hauptargument untergehen würde, daher folgt stattdessen eine Skizze. Schritte ohne Begründung sind als Übungsaufgaben zu verstehen, von denen ich die erste (und schwierigste) am Schluß gelöst habe.

Beweisskizze.

1. Sei „ABC" ein rechtwinkliges Dreieck, wobei $\sphericalangle BAC$ der rechte Winkel sei (siehe Abb. 90).	Voraussetzung

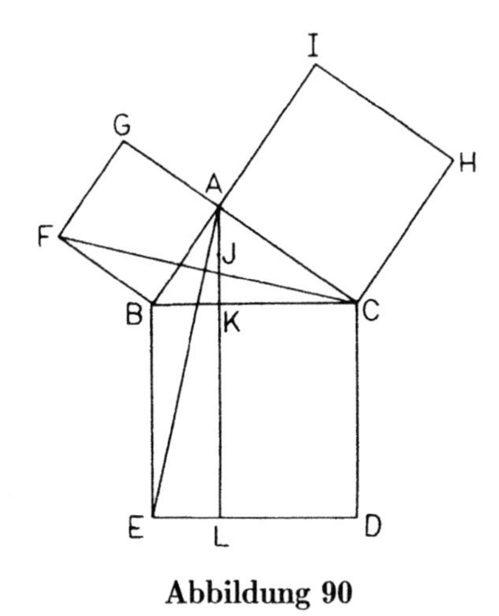

Abbildung 90

2.	über BC, AB und AC errichte man jeweils Quadrate BC„DE“, AB„FG“ und AC„HI“.	Satz 46
3.	Durch A zeichne man A„J“ parallel zu BE.	Satz 31
4.	AJ schneidet bei hinreichender Verlängerung BC in einem Punkt „K“.	
5.	AK schneidet bei genügender Verlängerung ED in einem Punkt „L“.	
6.	Man zeichne AE und FC.	Post. 1
7.	Die Dreiecke FBC und ABE sind kongruent.	
8.	Fläche von ΔFBC = Fläche von ΔABE.	Post. 9
9.	2(Fläche von ΔFBC) = 2(Fläche von ΔABE).	Ax. 6 (Ist $a = b$, dann ist $2a = 2b$.)
10.	$ABFG$ ist ein Parallelogramm.	
11.	Fläche von $ABFG$ = 2(Fläche von ΔFBC).	Satz 41
12.	Fläche von $ABFG$ = 2(Fläche von ΔABE).	9., 11., Ax. 1
13.	$BKLE$ ist ein Parallelogramm.	
14.	Fläche von $BKLE$ = 2(Fläche von ΔABE).	Satz 41
15.	Fläche von $ABFG$ = Fläche von $BKLE$.	12., 14., Ax. 1
16.	Indem man AD und BH zeichnet, folgt ebenso: Fläche von $ACHI$ = Fläche von $CDLK$.	
17.	Fläche von $ABFG$ + Fläche von $ACHI$ = Fläche von $BKLE$ + Fläche von $CDLK$.	15., 16., Ax. 2
18.	Fläche von $BCDE$ = Fläche von $BKLE$ + Fläche von $CDLK$.	Ax. 4

19. Daher gilt: Fläche von $BCDE =$ Fläche von $ABFG +$ Fläche von $ACHI$.	18., 17., Ax. 1

Beweis von Schritt 4.

a. $\sphericalangle JAB + \sphericalangle ABE = 180°$.	Satz 29 (AB im Schnitt mit $AJ \parallel BE$)
b. $\sphericalangle CBE = 90°$.	2., Def. v. „Quadrat"
c. $\sphericalangle ABE > \sphericalangle CBE$.	Ax. 5
d. $\sphericalangle ABE > 90°$.	b., c., Ax. 6 (Ist $a = b$ und $c > a$, so ist $c > b$.)
e. $\sphericalangle JAB < 90°$.	a., d., Ax. 6 (Ist $a + b = cb$ und $b > \frac{1}{2}c$, so ist $a < \frac{1}{2}c$.)
f. $\sphericalangle JAB < \sphericalangle BAC$.	1.($\sphericalangle BAC = 90°$), e., Ax. 6 (Ist $a = b$ und $c < b$, so ist $c < a$.)
g. AJ verbindet einen Punkt auf ΔABC mit einem Punkt im Innern von ΔABC.	f.
h. Daher schneidet AJ bei hinreichender Verlängerung über den Punkt im Inneren hinaus das Dreieck ABC in einem Punkt „K", der zwischen B und C liegt.	Post. 2, Post. 6(iii), Post. 1

(Der letzte Schritt ist vergleichbar mit Schritt 4 im Beweis von Satz 10, den ich auf den Seiten 78–79 diskutiert habe.)

Der Satz des Pythagoras kann algebraisch formuliert werden: „Haben die Seiten eines rechtwinkligen Dreiecks die Längen a, b, c, wobei c dem rechten Winkel gegenüberliegt, so gilt: $c^2 = a^2 + b^2$." Das kommt Ihnen wahrscheinlich eher bekannt vor.

Mir erscheint der Satz des Pythagoras sehr überraschend. Wenngleich die menschengemachte Welt von rechten Winkeln erfüllt ist, kommen sie mir doch wie etwas Natürliches vor, ähnlich wie Blitze und der Große Wagen. Ich stehe auf einem Feld in rechtem Winkel zum Boden. Blicke ich anfangs nach Osten, so muß ich mich um einen rechten Winkel drehen, um nachher nach Süden zu schauen. Eine herabfallende Eichel verfolgt einen Weg, der rechtwinklig zum Horizont verläuft. „$c^2 = a^2 + b^2$" hingegen ruft keinerlei Bild vor mein inneres Auge. Zahlen sind nicht Teil der Natur; und selbst wenn sie es wären, wäre es höchst unwahrscheinlich, über drei solcherart zusammenhängende zu stolpern. Weil die Gleichung abstrakt und präzise ist, ist sie fremd. Ich kann mir nicht vorstellen, was so etwas mit den rechten Winkeln des normalen Lebens zu tun haben soll. Wenn daher der Staub der Gewöhnung auffliegt, was er manchmal tut, und ich den Satz des Pythagoras in neuem Licht sehe, bin ich verblüfft.

Register zur Euklidischen Geometrie

Primitive Terme

„Definitionen"

Definierte Terme

Definitionen

Axiome

Postulate

1, 2	Lineal-Postulate	48
3	Zirkel-Postulat	49
4	alle rechten Winkel sind gleich	49
5	ist $\sphericalangle 1 + \sphericalangle 2 < 180^\circ$, dann treffen sich gerade Linien auf dieser Seite	50
6	Kreise, Dreiecke sind stetig	56
7	unendliche gerade Linien sind stetig	57
8	SWS	67
9	kongruente Dreiecke haben denselben Flächeninhalt	72
10	man kann Punkte beliebig wählen	76

Axiome (im engeren Sinne)

1	ist $a = b$ und $c = b$, so ist $a = c$	52
2	ist $a = b$ und $c = d$, so ist $a + c = b + d$	52
3	ist $a = b$ und $c = d$, so ist $a - c = b - d$	52
4	Dinge, die zusammenfallen, sind gleich	51
5	$a + b > a$	52
6	geometrische Größen genügen denselben Gesetzen wie positive Zahlen	53

Sätze ohne Postulat 5

Satz

1	Konstruktion eines gleichseitigen Dreiecks	53
2	Übertragung einer Länge	59
3	Abtragung einer kürzeren Strecke auf einer längeren	61
5	Basiswinkel im gleichschenkligen Dreieck sind gleich	67
6	sind zwei Winkel eines Dreiecks gleich, so auch die gegenüberliegenden Seiten	71
7	Dreiecke sind starr	73
9	Halbierung eines Winkels	75
10	Halbierung einer Strecke	77
11	Errichtung einer Senkrechten	79
12	Fällen eines Lotes	81

Sätze mit Postulat 5

Satz

Übungsaufgaben

Siehe auch Kapitel 4, Aufgaben 1–3.

1. Beweisen Sie, daß parallele gerade Linien überall denselben Abstand haben. D.h. (Abb. 91), seien AB und CD parallele gerade Linien, seien E und F

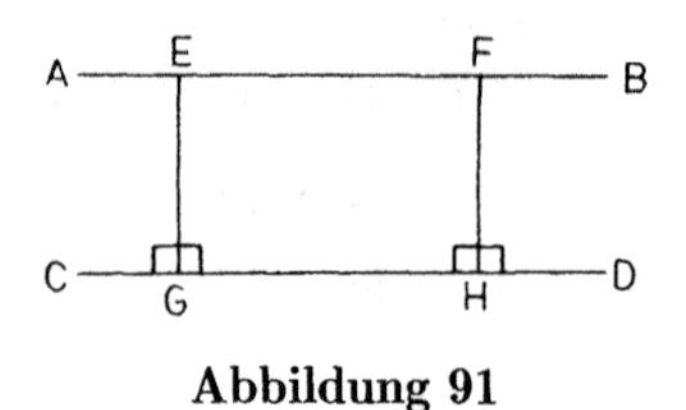

Abbildung 91

irgend zwei Punkte auf AB, und seien EG und FH im rechten Winkel zu CD (ggf. verlängert) gezeichnet; zeigen Sie, daß $EG = FH$.

2. Na? (Abb. 92.)

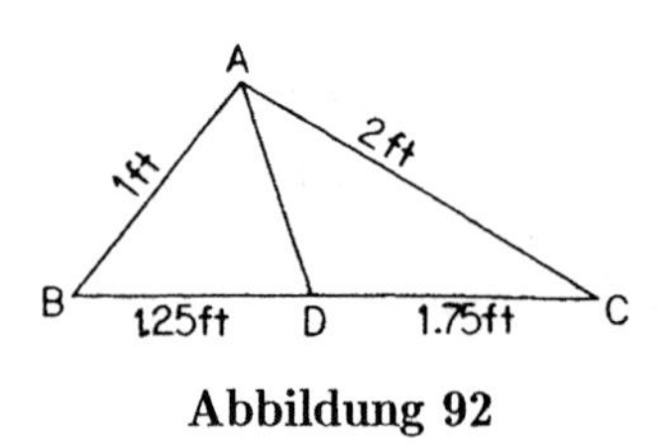

Abbildung 92

3. Beweisen Sie, daß ein einem Halbkreis einbeschriebener Winkel ein Rechter ist. D.h., zeigen Sie, daß in Abb. 93, wo Q der Mittelpunkt des Kreises ist,

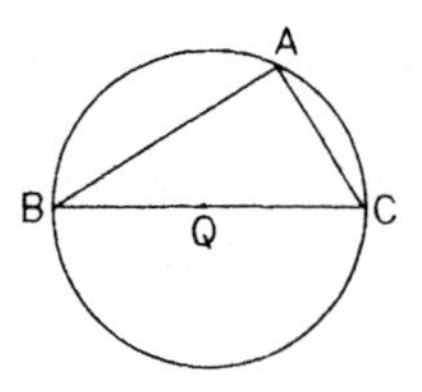

Abbildung 93

gilt: $\sphericalangle BAC = 90°$.

4. In Abb. 94 ist AB eine Leiter, die anfangs flach an der Wand stand, deren Fußpunkt B aber nun nach links gezogen wird. Finden Sie den Weg des Punktes C, des Mittelpunkts der Leiter, heraus und beweisen Sie, daß Ihre Antwort stimmt.

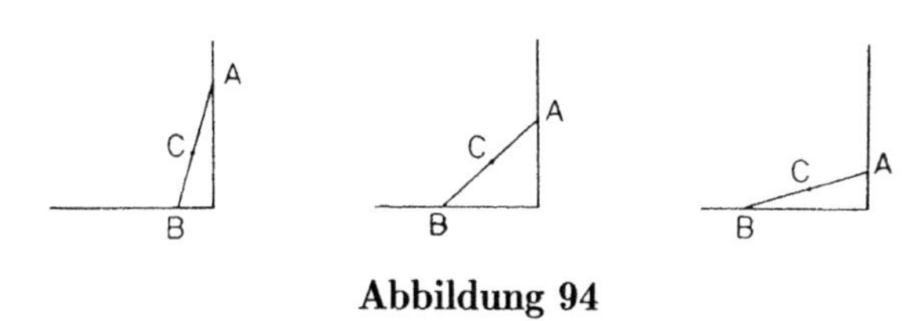

Abbildung 94

5. Sie stehen am Meeresufer und sehen weit draußen ein kleines Boot. Sie sind im Besitz eines Zirkels (eines normalen, der geöffnet bleibt), eines geraden Stockes, der etwas kürzer als Sie selbst ist, eines Stückes Klebeband und eines Freundes. Sie kennen Ihre Schrittlänge und den Satz WSW. Wie finden Sie die Entfernung des Bootes heraus? (Man schreibt Thales den Satz WSW auf der Grundlage zu, er habe die Lösung dieser Aufgabe gekannt.)

6. Ist in Abb. 95 gegeben, daß $\sphericalangle 1 = \sphericalangle 2$ und $\sphericalangle 3 = \sphericalangle 4$, so sagt uns die Definiti-

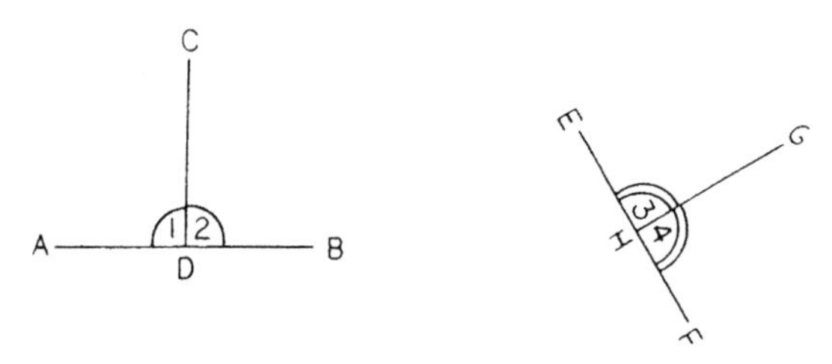

Abbildung 95

on 10, daß jeder der Winkel 1, 2, 3 und 4 ein Rechter ist. Nehmen Sie $GEHF$ und stellen Sie es auf $CADB$, so daß EF längs AB verläuft und H mit D zusammenfällt. Beweisen Sie *ohne* Verwendung des Postulats 4, daß $\sphericalangle 1 = \sphericalangle 3$. Könnten wir also Figuren superponieren, dann müßten wir Postulat 4 nicht annehmen, sondern könnten es beweisen.

7. Finden Sie den Fehler in folgenden „Beweis".

„Satz". *Jedes Dreieck ist gleichschenklig.*

„Beweis".

1. Sei „ABC" ein Dreieck (siehe Abb. 96).	Voraussetzung

(Zu zeigen: ΔABC ist gleichnschenklig.)

2. Man zeichne A„D" als Winkelhalbierende von $\sphericalangle BAC$.	Satz 9
3. Man verlängere AD, bis sie das Dreieck ein weiteres Mal in einem Punkt „E" schneidet.	Post. 2, Post. 6(iii)

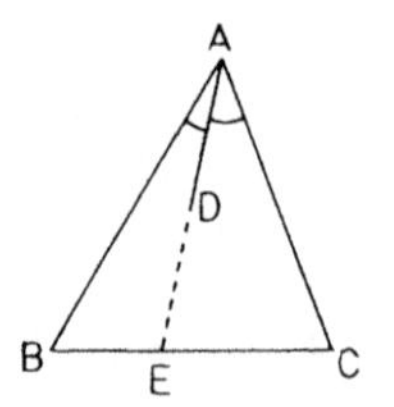

Abbildung 96

4. E liegt nicht auf AB oder AC.	Post. 1
5. Daher liegt E auf BC (wie gezeichnet).	3., 4.

Fall 1. AE steht senkrecht auf BC (siehe Abb. 97).

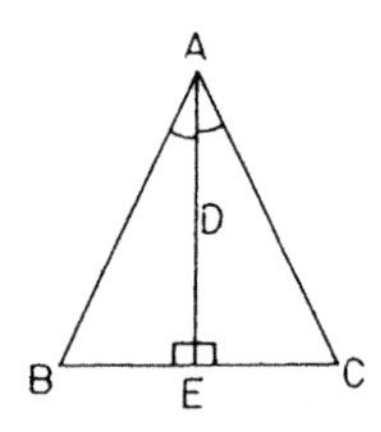

Abbildung 97

6. Dann sind die Dreiecke ABE und ACE kongruent.	WSW
7. Daher ist $AB = AC$,	Def, v. „kongruent“
8. und also ist ΔABC gleichschenklig.	Def. v. „gleichschenklig“

Fall 2. AE steht nicht senkrecht auf BC; sagen wir, $\sphericalangle AEC < 90°$ (siehe Abb. 98).

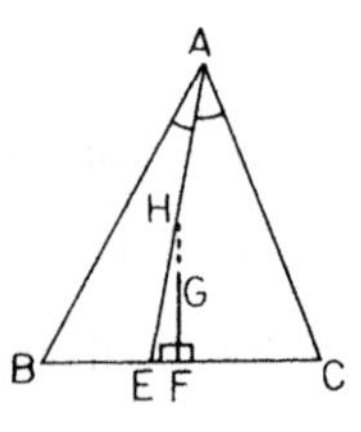

Abbildung 98

(Die Argumentation verliefe genauso, wenn $\sphericalangle AEB$ derjenige Winkel wäre, der kleiner als 90° wäre.)

9.	Man halbiere BC in „F“.	Satz 10
10.	Man zeichne F„G“ senkrecht zu BC.	Satz 11
11.	$\sphericalangle AEC + \sphericalangle GFE < 180°$.	Voraussetzung von Fall 2, 10., Ax. 6 (Ist $a < b$ und $c = b$, so ist $a + c < 2b$.)
12.	EA und FG schneiden sich bei hinreichender Verlängerung.	Post. 5
13.	Man verlängere FG bis zum Schnittpunkt „H“ mit EA.	Post. 2
14.	Man zeichne H„I“ senkrecht zu AB und H„J“ senkrecht zu AC (siehe Abb. 99).	Satz 12

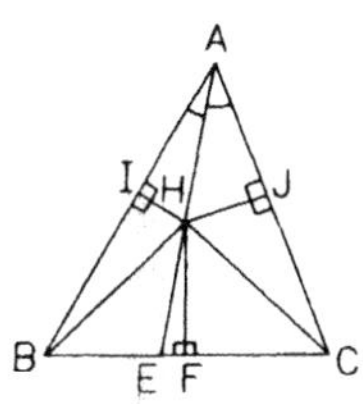

Abbildung 99

15.	Man zeichne HB und HC.	Post. 1
16.	Die Dreiecke HBF und HCF sind kongruent.	9., 10., SWS
17.	Daher gilt $HB = HC$.	Def. v. „kongruent“
18.	Die Dreiecke AIH und AJH sind kongruent.	WWS
19.	Daher gilt $HI = HJ$.	18., Def. v. „kongruent“
20.	$HB^2 = HC^2$.	17., Ax. 6 (Ist $a = b$, so ist $a^2 = b^2$.)
21.	$HI^2 = HJ^2$.	17., Ax. 6 (dasselbe)
22.	Daher ist $HB^2 - HI^2 = HC^2 - HJ^2$.	20., 21., Ax. 3
23.	Aber $HB^2 = HI^2 + IB^2$.	Satz des Pythagoras

24. Also ist $HB^2 - HI^2 = IB^2$.	Ax. 3
25. Ebenso ist $HC^2 = HJ^2 + JC^2$,	Satz des Pythagoras
26. und also $HC^2 - HJ^2 = JC^2$.	Ax. 3
27. Daher ist $IB^2 = JC^2$	22., 24., 26., Ax. 1 (zweimal)
28. und somit $IB = JC$.	Ax. 6 (Ist $a^2 = b^2$ und sind a und b positiv, so ist $a = b$.)
29. Aber $AI = AJ$.	18., Def. v. „kongruent“
30. Daher ist $AB = AC$,	29., 28., Ax. 2
31. und ΔABC ist gleichschenklig.	Def. v. „gleichschenklig“

3 Geometrie und die Theorie der diamantenen Wahrheiten

Bei der Durchsicht des letzten Kapitels wurde ich daran erinnert, wie mich die Geometrie, als ich sie in der Schule kennenlernte, mit Ehrfurcht erfüllte und wie dieses Gefühl noch vertieft wurde, als ich Jahre später die *Elemente* selbst las. Errichtet auf scheinbar unbezweifelbaren Prinzipien, gestützt von unfehlbarer Logik, ragte Euklids Gedankengebäude in meinem Bewußtsein auf als ein Paradebeispiel unter den Wissenschaften, einzigartig in seiner Klarheit und fraglosen Gültigkeit.

Über zwei Jahrtausende übten die *Elemente* diesen Eindruck auf ihre Leser aus, vor allem auf diejenigen mit philosophischer Neigung. Der Physiologe, Physiker und Philosoph Hermann von Helmholtz (1821–1894) beschrieb seine Erfahrungen in der Eröffnung einer Vorlesung, die er 1870 hielt:

> Die Thatsache, dass eine Wissenschaft von der Art bestehen und in der Weise aufgebaut werden kann, wie es bei der Geometrie der Fall ist, hat von jeher die Aufmerksamkeit aller derer, welche für die principiellen Fragen der Erkenntnistheorie Interesse fühlten, im höchsten Grade in Anspruch nehmen müssen. Unter allen Zweigen menschlicher Wissenschaft giebt es keine zweite, die gleich ihr fertig, wie eine erzgerüstete Minerva aus dem Haupte des Zeus, hervorgesprungen erscheint, keine vor deren vernichtender Aegis Widerspruch und Zweifel so wenig ihre Augen aufzuschlagen wagten. Dabei fällt ihr in keiner Weise die mühsame und langwierige Aufgabe zu, Erfahrungsthatsachen sammeln zu müssen, wie es die Naturwissenschaften im engeren Sinne zu thun haben, sondern die ausschliessliche Form ihres wissenschaftlichen Verfahrens ist die Deduction. Schluss wird aus Schluss entwickelt, und doch zweifelt schliesslich Niemand von gesunden Sinnen daran, dass diese geometrischen Sätze ihre sehr praktische Anwendung auf die uns umgebende Wirklichkeit finden müssen. Die Feldmesskunst wie die Architektur, die Maschinenbaukunst wie die mathematische Physik, sie berechnen fortdauernd Raumverhältnisse der verschiedensten Art nach geometrischen Sätzen, sie erwarten, dass der Erfolg ihrer Constructionen und Versuche sich diesen Rechnungen füge, und noch ist kein Fall bekanntgeworden, wo sie sich in dieser Erwartung getäuscht hätten, vorausgesetzt, dass sie richtig und mit ausreichenden Daten gerechnet hatten.[1]

[1] Nachgedruckt in: Helmholtz, Hermann von: *Über Geometrie*. Darmstadt: Wissenschaftliche Buchgesellschaft, 1968, S. 3.

Angesichts dieser Bewunderung, die die *Elemente* über die Jahre fortwährend hervorgerufen haben, und angesichts der wichtigen Rolle als wissenschaftlicher Archetypus, die sie gespielt haben, verwundert es nicht, daß wir in der Philosophie einen Begriff von Wahrheit finden, der vom Beispiel der *Elemente* gestützt wurde und dessen Einfluß in der Philosophie parallel zu dem der *Elemente* in der Wissenschaft verläuft. Diesen Begriff von Wahrheit nenne ich die „Theorie der diamantenen Wahrheiten".

Kants Einteilung der Urteile

Die Diskussionen des 19. Jahrhunderts über das Wesen geometrischer Wahrheit wurden von der Lehre von Immanuel Kant[2] (1724–1804) dominiert. Kants Philosophie verkörpert die Theorie diamantener Wahrheiten in höchst ausgearbeiteter Form.

Unter Bezugnahme auf die Arbeiten früherer Philosophen traf Kant eine Unterscheidung zwischen Aussagen (sogenannten „Urteilen"), die er „analytisch" nannte, und solchen, die er „synthetisch" nannte. (Diese Unterscheidung hängt zwar mit der früher auf Seite 70 getroffenen Unterscheidung zwischen „analytischen" und „synthetischen" *Beweisen* zusammen, ist aber davon verschieden.) Die Untersuchung dieser Einteilung zusammen mit einer weiteren, älteren, die Kant übernahm – zwischen „a priori[3]" gültigen und „empirischen" Aussagen –, wird unsere Aufmerksamkeit auf den Gegenstand der Theorie der diamantenen Wahrheiten lenken.

Ich lasse Kant für sich selbst sprechen, beginnend mit der älteren, übernommenen Einteilung.

> Es ist (...) eine der näheren Untersuchung noch benötigte und nicht auf den ersten Anschein sogleich abzufertigende Frage: ob es ein dergleichen von der Erfahrung und selbst von allen Eindrücken der Sinne unabhängiges Erkenntnis gebe. Man nennt solche *Erkenntnisse a priori*, und unterscheidet sie von den *empirischen*, die ihre Quelle (...) in der Erfahrung (...) haben.

[2] Einer der bedeutendsten Namen in der Philosophie. Kants Biographie ist der Beweis dafür, daß man nicht auffällig sein muß, um berühmt zu werden. Kant verbrachte sein gesamtes Leben innerhalb eines Kreises von wenigen Kilometern um Königsberg in Ostpreußen (dem heutigen Kaliningrad in der GUS, an der Ostseeküste, ca. 65 km nördlich der polnischen Grenze). Er war ein armer, gebrechlicher Professor von ernstem Temperament, mit unflexiblen täglichen Gewohnheiten (Hausfrauen stellten ihre Uhren nach seinem Nachmittagsspaziergang), der seine Hauptwerke in einem Stil verfaßte, den ein moderner Herausgeber als „so arm an imaginativer Wärme, Klarheit und literarischem Charme" beschrieb, „daß der Leser oft versucht ist, ihr Studium voller Verzweiflung aufzugeben". Daß der Leser dies dann normalerweise doch nicht tut, ist ein Hinweis auf das, was er unter der schwierigen Oberfläche findet: einen toleranten, ernsthaften und scharfsinnigen Denker, der sich mit den wesentlichen Fragen der menschlichen Existenz befaßt.

[3] Im Deutschen sollte „a priori" (ursprünglich ein lateinischer Ausdruck) als ein Wort behandelt werden.

> Jener Ausdruck ist indessen noch nicht bestimmt genug, um den ganzen Sinn, der vorgelegten Frage angemessen, zu bezeichnen. Denn man pflegt wohl von mancher aus Erfahrungsquellen abgeleiteten Erkenntnis zu sagen, daß wir ihrer a priori fähig, oder teilhaftig sind, weil wir sie nicht unmittelbar aus der Erfahrung, sondern aus einer allgemeinen Regel, die wir gleichwohl selbst doch aus der Erfahrung entlehnt haben, ableiten. So sagt man von jemand, der das Fundament seines Hauses untergrub: er konnte es a priori wissen, daß es einfallen würde, d.i. er durfte nicht auf die Erfahrung, daß es wirklich einfiele, warten. Allein gänzlich a priori konnte er dieses doch auch nicht wissen. Denn daß die Körper schwer sind, und daher, wenn ihnen die Stütze entzogen wird, fallen, mußte ihm doch zuvor aus der Erfahrung bekannt werden.
>
> Wir werden also (...) unter Erkenntnissen a priori nicht solche verstehen, die von dieser oder jener, sondern die *schlechterdings* von aller Erfahrung unabhängig stattfinden. Ihnen sind empirische Erkenntnisse, oder solche, die nur (...) durch Erfahrung (...) möglich sind, entgegengesetzt.[4]

Kant zählt diejenige „Erfahrung", die ich „linguistische" Erfahrung nenne, nicht mit, die nämlich, die wir durchmachen müssen, um die Wörter und Sätze unserer Sprache zu verstehen und logisch zu analysieren. Er würde zum Beispiel sagen, die Aussage „Alle Junggesellen sind unverheiratet"[5] sei a priori klar, denn ich benötige keinerlei Erfahrung außer dem Erlernen der Sprache, um sie als wahr einzustufen. Auf der anderen Seite würde er sagen, daß die Aussage „Genau zwei der Junggesellen, die gegenwärtig Mitglieder des Lehrkörpers des Stonehill College sind, wurden im Jahre 1946 geboren" – angenommen, ich wüßte, daß sie zutrifft – drücke empirisches Wissen aus, denn um sie als zutreffend zu beurteilen, muß ich über das Verständnis der Aussage selbst und über logische Folgerungen daraus hinausgegangen sein – vielleicht, indem ich zum College gegangen bin und die Lehrenden persönlich befragt habe, oder indem ich mit jemandem gesprochen habe, der das getan hat, oder indem ich die Personalakten durchgesehen habe usw. Selbstverständlich würden wir erwarten, daß der Satz „Alle Junggesellen sind unverheiratet" ebenso durch solche außerlinguistischen Erfahrungen bestätigt werden kann, aber der Punkt ist, daß a priori gültige Aussagen (ich spreche lieber von „Aussagen" als von „Erkenntnissen") eine derartige Überprüfung nicht erfordern, während empirische Aussagen das tun.

Eine Aussage, die wir als wahr einstufen, ist also „a priori" gültig, wenn sie ohne außerlinguistische Erfahrung begründet werden kann, und „empirisch", wenn ihre Begründung außersprachliche Erfahrung erfordert. Diese Unterteilung ist scheinbar vollkommen klar. Vielleicht finden Sie sie trotzdem verschwommen,

---

[4] Kant, Immanuel: *Kritik der reinen Vernunft*, B1f.; zitiert nach: Kant, Immanuel: *Kritik der reinen Vernunft 1*. Frankfurt am Main: Suhrkamp, 1982, S.45 f.

[5] Das Beispiel stammt aus: Barker, S. 7.

sobald Kant zu einer weiteren Klasseneinteilung der Urteile kommt, denn die ist der ersten sehr ähnlich.

> In allen Urteilen, worinnen das Verhältnis eines Subjektes zum Prädikat gedacht wird (wenn ich nur die bejahende erwäge, denn auf die verneinende ist nachher die Anwendung leicht), ist dieses Verhältnis auf zweierlei Art möglich. Entweder das Prädikat B gehört zum Subjekt A als etwas, was in diesem Begriff (versteckter Weise) enthalten ist; oder B liegt ganz außer dem Begriff A, ob es zwar mit demselben in Verknüpfung steht. Im ersten Fall nenne ich das Urteil *analytisch*, in dem andern *synthetisch*. (...) jene [fügen] durch das Prädikat nichts zum Begriff des Subjekts hinzu(...), sondern [zerfällen] diesen nur durch Zergliederung in seine Teilbegriffe (...), die in selbigen schon (obgleich verworren) gedacht waren; (...) hingegen [fügen] die letztere zu dem Begriffe des Subjektes ein Prädikat hinzu (...), welches in jenem gar nicht gedacht war, und durch keine Zergliederung desselben hätte können herausgezogen werden.
>
> ...
>
> Nun ist hieraus klar:
>
> 1) daß durch analytische Urteile unsere Erkenntnis gar nicht erweitert, sondern die uns bereits bekannten Begriffe besser geordnet und verständlicher gemacht würden.
> 2) daß bei synthetischen Urteilen ich außer dem Begriffe des Subjekts noch etwas anderes (X) haben müsse, worauf sich der Verstand stützt, um ein Prädikat, das in jenem Begriffe nicht liegt, doch als dazu gehörig zu erkennen.[6]

Das läßt sich folgendermaßen paraphrasieren. Eine Aussage (ich wende Kants Termini lieber auf „Aussagen“ als auf „Urteile“ an), die wir als wahr einstufen, heißt „analytisch“, wenn das bloße Verständnis seines Inhalts (einschließlich logischer Analyse dieses Inhalts) ausreicht, um unsere Einstufung zu begründen; sie heißt „synthetisch“, wenn wir zusätzlich zum Inhaltsverständnis mehr brauchen – Kants „X“.

Verwenden wir wieder die beiden Beispiele von früher. „Alle Junggesellen sind unverheiratet“ ist eine analytische Aussage, denn um sie als wahr zu erkennen, brauche ich nicht mehr als mein Verständnis ihrer Bedeutung. „Genau zwei der Junggesellen, die gegenwärtig Mitglieder des Lehrkörpers des Stonehill College sind, wurden im Jahre 1946 geboren“ hingegen ist eine synthetische Aussage, denn zusätzlich zum Verständnis brauche ich noch mehr (eine Untersuchung des Lehrkörpers, einen Informanten, einen Blick in die Akten des Colleges), bevor ich schließen kann, daß sie wahr ist.

[6] Kant, *Kritik der reinen Vernunft*, a.a.O., B11 u. A8 (S. 52–53).

Es ist schwer, den Unterschied zwischen analytischen Aussagen und Aussagen a priori zu sehen, denn jede Aussage, die wir als Beispiel für das eine heranziehen, ist mit großer Wahrscheinlichkeit auch ein Beispiel für das andere. Unser Beispiel „Alle Junggesellen sind unverheiratet" ist *sowohl* a priori *als auch* analytisch. Genauso schwer ist der Unterschied zwischen empirischen und synthetischen Aussagen zu sehen: „Genau zwei der Junggesellen, die gegenwärtig Mitglieder des Lehrkörpers des Stonehill College sind, wurden im Jahre 1946 geboren" ist *sowohl* empirisch *als auch* synthetisch. Nichtsdestoweniger sind die jeweiligen Klassen nicht identisch, jedenfalls in der Theorie nicht.

Das große Quadrat in Abb. 100 stellt die Menge aller Aussagen dar, die ich als wahr betrachte. Die vertikale Linie trennt die a priori gültigen Aussagen von

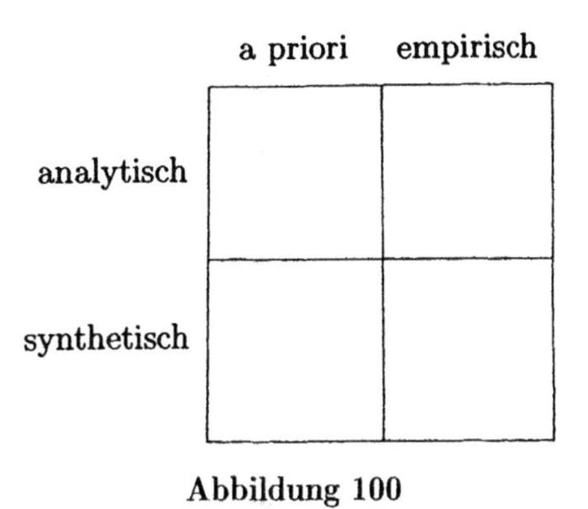

Abbildung 100

den empirischen. Es ist klar, daß dies eine scharfe Trennung ist, das heißt, daß die zwei Spalten sich nicht überlappen, weil die beiden Termini einfach die Negation des jeweils anderen sind – empirische Aussagen sind diejenigen, welche außerlinguistischer Erfahrung zur Begründung bedürfen, a priori gültige Aussagen sind diejenigen, die keiner außerlinguistischen Erfahrung bedürfen. Die horizontale Linie stellt die Trennungslinie zwischen analytischen und synthetischen Aussagen dar. Wiederum ist die Trennung scharf, weil „analytisch" einfach „nicht synthetisch" heißt – synthetische Aussagen sind Aussagen, die zur Begründung neben Sprachverständnis und logischer Analyse noch einen Faktor X benötigen, analytische Aussagen sind diejenigen, die diesen zusätzlichen Faktor nicht benötigen.

Überlagert man die beiden Klasseneinteilungen wie in Abb. 100, dann ist der rechte obere Quadrant wirklich leer. Keine Aussage kann *zugleich* analytisch *und* empirisch sein, zugleich gerechtfertigt durch *bloßes* Verständnis und Analyse seines Inhalts und zur selben Zeit nur gerechtfertigt durch irgendeine Erfahrung *über* Verstehen und Analyse *hinaus*. Wir sollten unsere Zeichnung darum in Abb. 101 abändern. (Ein anderer Weg zu sehen, daß der rechte obere Quadrant in Abb. 100 leer ist, besteht in der Überlegung, daß jede analytische Aussage automatisch a priori und jede empirische Aussage automatisch synthetisch ist.)

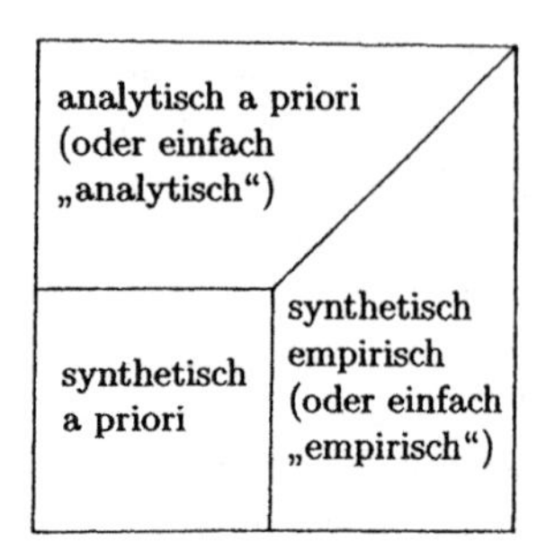

Abbildung 101

Es ist außerdem klar, daß die zwei mit „analytisch a priori" und mit „synthetisch empirisch" bezeichneten Sektoren unserer neuen Zeichnung *nicht* leer sind, da wir ein Beispiel aus jedem schon gehabt haben; es war überhaupt erst unser Gefühl, daß jede Aussage entweder analytisch *und zugleich* a priori oder synthetisch *und zugleich* empirisch sei, das uns dazu bewog, alle Kombinationen zu betrachten.

Nicht klar ist, ob die mit „synthetisch a priori" bezeichnete Ecke in Abb. 101 leer ist. „A priori" heißt „verifizierbar ohne Rückgriff auf Erfahrung über Verständnis und Analyse hinaus", und „synthetisch" bedeutet „verifizierbar nur durch etwas (X) *zusätzlich* zum Verständnis und zur Analyse". Wenn Sie das Gefühl hätten, dieses „zusätzliche Etwas", das „X", könne nur außerlinguistische *Erfahrung* sein, dann wären die beiden Termini unvereinbar, und die „synthetisch a priori"-Ecke wäre leer. Aber obwohl ich selbst Schwierigkeiten habe, mir vorzustellen, was Kants X wohl sein könnte, bin ich gezwungen zuzugeben – weil „Erfahrung" nach Kant Information ist, die durch unsere *Sinne* zu uns gelangt –, daß die logische Möglichkeit eines *nichtsinnlichen* Faktors bleibt, mithilfe dessen eine Synthese denkbar wäre. Wir hätten dann eine Aussage, die zugleich synthetisch – wegen des zusätzlichen Faktors – und a priori gültig wäre – weil der nichtsinnliche Faktor nicht das ist, was Kant „Erfahrung" nennt. Solch ein X könnte irgendeine Art innerer Wahrnehmung oder Einsicht sein.

Synthetische Urteile a priori

Kant war an synthetischen Urteilen a priori interessiert, weil sie, wenn sie existierten, in besonderer Weise ausgezeichnet wären.

Kant empfand empirische Aussagen als notwendigerweise unsicher, weil sie auf Information beruhen, die durch unsere Sinne zu uns gelangt. Betrachten wir noch einmal unser Beispiel: „Genau zwei der Junggesellen, die gegenwärtig Mitglieder des Lehrkörpers des Stonehill College sind, wurden im Jahre 1946 geboren." Nehmen wir an, ich halte dies für wahr – ich habe die Akten des College untersucht und das Ergebnis meiner Untersuchungen durch Gespräche mit den Junggesellen an der Fakultät bestätigt. Trotzdem verbleibt reichlich Raum für Zweifel. Vielleicht enthält die Akte von jemandem einen kirchlichen Fehler, und durch ein unglückliches Zusammentreffen habe ich überhört, was eben diese Person zu mir sagte. Möglicherweise ist ein „Junggeselle“ im Geheimen verheiratet oder einige der Mitglieder des Lehrkörpers haben ein falsches Alter angegeben. Vielleicht *glaubt* ein Junggeselle, der in Wirklichkeit am 14. Dezember 1945 geboren wurde, er sei am 5. Januar 1946 geboren, weil die Menschen, die er für seine leiblichen Eltern hält (die gestorben sind, bevor sie ihm mitteilen konnten, daß er adoptiert ist), ihn im Alter von etwa einem Jahr am 5. Januar 1947 zu sich nahmen und so den 5. Januar 1946 als sein Geburtsdatum bestimmten! Ich muß Kant zustimmen. Ich kann mir keine empirische Aussage vorstellen, die nicht bezweifelt werden könnte.

Auf der anderen Seite fühlte Kant, daß Urteile a priori sicher *sind*, daß aber die Mehrheit davon – die analytischen Urteile – substanzlos sind. „[Hieraus ist klar], daß durch analytische Urteile unsere Erkenntnis gar nicht erweitert werde,“ schreibt er, „sondern der Begriff, den ich schon habe, aus einander gesetzt, und mir selbst verständlich gemacht werde.“[7] Es ist zweifellos wahr, daß „alle Junggesellen unverheiratet sind“, aber es ist außerdem trivial.

Von den drei Arten von Aussagen, die wir als wahr beurteilen (Abb. 101), sind also zwei untauglich als Diamanten – empirische Aussagen, weil sie unsicher sind, analytische Aussagen, weil sie uninformativ sind.

Ein synthetisches Urteil a priori, so Kant, trägt keinen dieser beiden Makel. Es ist synthetisch und daher mehr als die Ausarbeitung von etwas, was implizit bereits bekannt war; es enthält Information, die wirklich *neu* ist. Und es ist a priori und besitzt daher nach Kants Empfinden die Sicherheit, die jedem von unseren Sinneswahrnehmungen unabhängigen Wissen inhärent ist.

Geometrie als synthetische Urteile a priori

Nach Kant sind die Sätze der euklidischen Geometrie synthetische Urteile a priori.

Diese Einstellung war nicht neu. Vielmehr war sie mindestens 2200 Jahre lang die Meinung der Mehrheit der Gelehrten, aber der Vollständigkeit halber überprüfte er ihre Grundlage trotzdem.[8]

> Zuvörderst muß bemerkt werden: daß eigentliche mathematische Sätze jederzeit Urteile *a priori* und nicht empirisch sind, weil sie Notwendigkeit bei sich führen, welche aus Erfahrung nicht abgenommen werden kann. Will man mir aber dieses nicht einräumen, wohlan so schränke ich meinen Satz auf die reine Mathematik ein, deren Begriff es schon

[7] Kant, *Kritik der reinen Vernunft*, a.a.O., A7f. (S. 53f.)

[8] Alle nun folgenden Zitate stammen aus: Kant, Immanuel: *Prolegomena zu einer jeden künftigen Metaphysik, die als Wissenschaft wird auftreten können.* Hamburg: Verlag von Felix Meiner, 1969.

> mit sich bringt, daß sie nicht empirische, sondern bloß reine Erkenntnis *a priori* enthalte.[9]

Kants Beitrag, der durch die Unterscheidung analytisch/synthetisch ermöglicht wurde, war die Entdeckung, daß die Sätze der euklidischen Geometrie auch synthetisch sind.

> Dieser Satz scheint den Bemerkungen der Zergliederer der menschlichen Vernunft bisher ganz entgangen, ja allen ihren Vermutungen gerade entgegengesetzt zu sein (...)[10]

Kant zufolge bestanden „ihre Vermutungen" darin, die Geometrie bestehe aus nichts als analytischen Urteilen.

> Denn weil man fand, daß die Schlüsse der Mathematiker alle nach [den Gesetzen der Logik] fortgehen (...), so überredete man sich, daß auch die Grundsätze nach [den Gesetzen der Logik] erkannt würden, worin man sich sehr irrte; denn ein synthetischer Satz kann allerdings nach [den Gesetzen der Logik] eingesehen werden, aber nur so, daß ein anderer synthetischer Satz vorausgesetzt wird, aus dem er gefolgert werden kann (...)[11]

Könnte Kant also zeigen, daß die „fundamentalen Prinzipien" von Euklid synthetisch sind, so würde seine These unmittelbar folgen, daß die Sätze synthetisch sind. Er vertrat den Standpunkt, daß die Postulate synthetische Urteile sind, die Axiome hingegen nicht.

> Einige andere Grundsätze, welche die Geometer voraussetzen, sind zwar wirklich analytisch (...); sie dienen aber nur, wie identische Sätze, zur Kette der Methode und nicht als Prinzipien, z.B. $a = a$, das Ganze ist sich selber gleich, Oder $(a + b) > a$, d.i. das Ganze ist größer als sein Teil.[12]

In der Argumentation hingegen, daß die Postulate synthetische Urteile sind, verwendet Kant als Beispiel die Aussage „Eine gerade Linie ist die kürzeste Verbindung zwischen zwei Punkten". Dies ist natürlich keines der Postulate von Euklid (vergleiche Seite 38), nichtsdestotrotz fand es sich häufig in geometrischen Lehrbüchern. Kant zitierte einfach das Buch, das er in der Schule verwendet hatte.

---

[9] Kant, *Prolegomena*, S. 16f.
[10] ebd.
[11] ebd.
[12] Kant, *Prolegomena*, S. 18.

> Daß die gerade Linie zwischen zwei Punkten die kürzeste sei, ist ein synthetischer Satz. Denn mein Begriff vom Geraden enthält nichts von Größe, sondern nur eine Qualität. Der Begriff des Kürzesten kommt also gänzlich hinzu und kann durch keine Zergliederung aus dem Begriffe der geraden Linie gezogen werden. (...) Was uns hier gemeiniglich glauben macht, als läge das Prädikat solcher apodiktischen [= unbezweifelbaren] Urteile schon in unserem Begriffe und das Urteil sei also analytisch, ist bloß die Zweideutigkeit des Ausdrucks. Wir *sollen* nämlich zu einem gegebenen Begriffe ein gewisses Prädikat hinzudenken, und diese Notwendigkeit haftet schon an den Begriffen. Aber die Frage ist nicht, was wir zu dem gegebenen Begriffe hinzu *denken sollen*, sondern was wir *wirklich* in ihm, obzwar nur dunkel *denken* (...)[13]

Das ist Kants einziges Beispiel. Er behauptete, daß eine genauere Untersuchung *jedes* Postulat in gleicher Weise als synthetisches Urteil enthüllen würde. Für uns, die wir Euklids ursprüngliches System studieren, ist es Pech, daß Kants entscheidendes Beispiel etwas ist, das wir nicht als Postulat anerkennen.

Konstruieren wir doch unser eigenes Beispiel gemäß der kantschen Argumentationsweise. Postulat 4 – „alle rechten Winkel sind gleich" – ist für diesen Zweck ein geeigneter Text. Die Frage lautet: Führt uns das bloße Verstehen des Begriffs „rechter Winkel" sowie logische Analyse dieses Begriffs notwendigerweise auf die Eigenschaft rechter Winkel, untereinander gleich zu sein? Lautet die Antwort „ja", so ist Postulat 4 analytisch, lautet sie „nein", so ist es synthetisch. Aber genau diese Frage hat uns beschäftigt, als Postulat 4 eingeführt wurde (Seite 49f.), und damals haben wir geschlossen, daß die Antwort „nein" lautet. Postulat 4 ist also ein synthetisches Urteil.

Kants Argumentation, daß die Sätze der Geometrie synthetische Urteile a priori sind, verläuft zusammengefaßt wie folgt.

1. Euklids Postulate, Axiome und Sätze gelten samt und sonders a priori. (Wir sind von ihrer Wahrheit überzeugt, und kein experimenteller Test würde unsere Überzeugung noch erhöhen, daher kann unser Urteil über ihre Wahrheit nicht von außersprachlicher Erfahrung abhängig sein.)
2. Die Postulate von Euklid sind außerdem synthetisch. (Dies ist jedenfalls für mindestens ein Postulat verifiziert worden.)
3. Logische Konsequenzen synthetischer Urteile sind aber synthetisch, und
4. jeder Satz hängt von den Postulaten ab. (Keiner ist eine Konsequenz der Axiome allein.)
5. Daher sind Euklids Sätze samt und sonders synthetisch.
6. Also sind Euklids Sätze synthetische Urteile a priori. (Gemäß 1. und 5.)

[13] Kant, *Prolegomena*, S. 17f.

Kants Lehre vom Raum

Drei Abschnitte zuvor (Seite 130) sagten wir, ein synthetisches Urteil a priori (wenn so etwas überhaupt existiert) benötige zur Verifikation – da es synthetisch ist – etwas (Kants X) jenseits des bloßen Verstehens und der logischen Analyse, daß aber dieses X – da das Urteil a priori ist – nicht die Erfahrung sein könne. Wo nun Kant gefolgert hat, daß synthetische Urteile a priori tatsächlich in der Geometrie existieren, steht er vor der folgenden Frage: Was könnte in der Geometrie dieses außergewöhnliche X sein?

Kants Antwort darauf ist seine Lehre vom Raum. Eine detailliertere Untersuchung dieser Lehre läge zu weit ab vom Inhalt dieses Kapitels. Ich möchte aber die Hauptidee skizzieren, um Sie nicht völlig im Unklaren zu lassen.

Kant kam zu dem Beschluß, daß die Daten unserer Sinnesorgane unbewußt „verarbeitet" werden, bevor sie in unser Bewußtsein gelangen. Wir hören z. B. niemals reinen Klang. Unsere *Ohren* nehmen ihn wahr, diese Daten werden aber zunächst an einen „Sinnesdatenprozessor" im Gehirn übermittelt, der sie gemäß bestimmter Prinzipien *organisiert*, bevor er sie an unsere bewußte Wahrnehmung weiterleitet. Was wir „hören" (bewußt wahrnehmen) ist kein realer Klang, sondern verarbeiteter Klang.

Dies kann auf unseren Raumbegriff angewandt werden. Durch unsere Sinne, hauptsächlich Gesichtssinn und Tastsinn, erhalten wir Daten über den realen Raum, in dem wir leben. Bevor wir diese Daten aber bewußt wahrnehmen, wurden sie durch den Sinnesdatenprozessor verarbeitet. Unser Raumbegriff ist demgemäß kein Begriff des realen Raumes, sondern des bearbeiteten Raumes. Dieser bearbeitete Raum ist es, den wir in der Geometrie untersuchen.

Denken wir über den Raum nach, dann beurteilen wir Euklids Postulate als wahr. Wir können uns nicht vorstellen, wie sie etwa *nicht* wahr sein könnten. Es ist uns unmöglich, sie zu bezweifeln. Wenn wir nicht in der Lage sind, eine Aussage zu bezweifeln, liegt es gewöhnlich daran, daß diese Aussage analytisch ist; Euklids Postulate enthalten aber Information, die aus ihren Komponenten durch bloßes Verstehen oder logische Analyse nicht gewonnen werden kann: es sind synthetische Urteile. Wie ist dies möglich?

Die einzige Erklärung dafür lautet nach Kant, daß die Postulate von Euklid die Art und Weise beschreiben, in der der Sinnesdatenprozessor die Daten über den realen Raum aufbereitet. Der dergestalt bearbeitete Raum, der in der Geometrie untersuchte Raum, ist von Euklids Postulaten durchdrungen, weil sie genau diejenigen Prinzipien sind, nach denen er organisiert ist! Unsere Unfähigkeit, Euklids Postulate zu bezweifeln, spiegelt die Tatsache wider, daß unser Gehirn in einer Weise aufgebaut ist, die es uns buchstäblich *unmöglich* macht, in anderer Art über den Raum zu denken.

In Bezug auf die Geometrie ist dieses X also eine Struktur in unserem Gehirn, die unsere Wahrnehmung des Raumes bestimmt. Und das Gefühl der Hilflosigkeit, das uns überfällt, wenn wir uns den Raum in einer Weise vorzustellen versuchen, die eines der euklidischen Postulate falsch werden läßt, ist nichts anderes als unser unterschwelliges Bewußtsein von dieser Struktur.

Die Theorie der diamantenen Wahrheiten

Die Menschen haben sich schon immer danach gesehnt, die Wahrheit über die Welt zu wissen – nicht logisch wahre Aussagen, trotz all ihrer Nützlichkeit; nicht einmal Aussagen, die mit einer gewissen Wahrscheinlichkeit wahr sind, ohne die unser tägliches Leben unmöglich wäre; sondern gehaltvolle, mit Sicherheit wahre Aussagen, die einzigen „Wahrheiten", die diesen Namen im strengen Sinne des Wortes verdienen. Solche wahren Aussagen werde ich „Diamanten" nennen[14]; sie sind heiß begehrt, aber schwer zu finden.

Von Plato bis Kant – rund gerechnet von 400 v. Chr. bis 1800 n. Chr. – waren die allermeisten westlichen Philosophen und Naturwissenschaftler Diamantensucher. Selbstverständlich gab es hin und wieder einen Skeptiker, der diese Suche verspottete und behauptete, daß wahre Aussagen, die zugleich gehaltvoll und sicher sind, nicht existieren könnten. Aber die meisten Denker waren zu sehr damit beschäftig, Diamanten auszugraben, um viel darauf zu achten; und diejenigen, die das taten, beruhigten sich normalerweise selbst damit, daß der Skeptiker falsch liege.

Kant war ein Diamantensucher. Seine Diamanten waren synthetische Urteile a priori.

Eines der Motive Kants, das Buch zu schreiben, aus dem ich zitiert habe, bestand darin, daß er mit dem schottischen Skeptiker David Hume (1711–1776) über ein als Kausalitätsgesetz bekanntes metaphysisches Prinzip („jedes Ereignis hat eine Ursache") nicht übereinstimmte. Hume hatte geleugnet, daß es sich um einen Diamanten handelt, und dabei hatte er die Existenz von Diamanten überhaupt in Frage gestellt.

> *Hume*, als er den eines Philosophen würdigen Beruf fühlte, seine Blicke auf das ganze Feld der reinen Erkenntnis *a priori* zu werfen, in welchem sich der menschliche Verstand so große Besitzungen anmaßt, schnitt unbedachtsamerweise eine ganze (...) Provinz derselben, nämlich reine Mathematik, davon ab in der Einbildung, ihre Natur und sozureden ihre Staatsverfassung beruhe auf ganz anderen Prinzipien, nämlich lediglich auf [den Gesetzen der Logik]; und ob er zwar die Einteilung der Sätze nicht so förmlich und allgemein (...) [in analytische und synthetische] gemacht hatte, als es von mir hier geschieht, so war es doch gerade soviel, als ob er gesagt hätte: reine Mathematik enthält bloß *analytische* Sätze, Metaphysik aber synthetische *a priori*. Nun irrte er hierin gar sehr, und dieser Irrtum hatte auf seinen ganzen Begriff entscheidend nachteilige Folgen. Denn wäre das von ihm nicht geschehen,

[14] Diese geglückte Metapher stammt von Morris Kline aus *Mathematics in Western Culture*, Oxford, 1953, S. 430.

> so hätte er seine Frage wegen des Ursprungs unserer synthetischen Urteile weit über seinen metaphysischen Begriff der Kausalität erweitert und sie auch auf die Möglichkeit der Mathematik *a priori* ausgedehnt (...) Alsdann aber hätte er seine metaphysischen Sätze keineswegs auf bloße Erfahrung gründen können [Hume hatte behauptet, das Kausalitätsgesetz sei empirischer Natur], weil er sonst die Axiome der reinen Mathematik ebenfalls der Erfahrung unterworfen haben würde, welches zu tun er viel zu einsehend war. Die gute Gesellschaft, worin Metaphysik alsdann zu stehen gekommen wäre, hätte sie wider die Gefahr einer schnöden Mißhandlung gesichert; denn die Streiche; welche der letzteren zugedacht waren, hätten die erstere auch treffen müssen, welches aber seine Meinung nicht war, auch nicht sein konnte (...).[15]

Beachten Sie die zentrale Rolle der Mathematik im Gedankengang Kants. Er ist sicher, daß Hume den Sätzen der Geometrie den Status von Diamanten zuerkannt hätte. Daher, so argumentiert Kant, wäre Hume, hätte er nur bemerkt, daß sie synthetisch sind, niemals zu der Schlußfolgerung gekommen, daß synthetische Aussagen stets empirisch sind, was ihn an der Erkenntnis gehindert hat, daß das nicht-mathematische Kausalitätsgesetz ebenfalls ein Diamant ist. Für Kant war die Diamanten-Natur der Geometrie besonders offensichtlich, und sie führte ihn zu der Entdeckung anderer Diamanten jenseits der Grenzen der Mathematik.

Unter den Diamantensuchern gehörte Kant zu den ausgesprochen konservativen. Seine Begriffe waren so scharf definiert, seine Analyse so peinlich genau, daß seine Sammlung von Diamanten klein war – er fand sehr wenig Diamanten außerhalb der Mathematik – und seine Anforderungen an sie sehr gemäßigt waren – sie waren absolute Wahrheiten, ja, aber nur über die Welt, *wie wir sie erfahren*, nicht die Welt, *wie sie ist*.

In mancher Hinsicht jedoch war er typisch. Während es, wie Sie vielleicht erwartet haben, unter den Diamantensuchern erhebliche Meinungsverschiedenheiten über die Diamanten selbst gab – verschiedene Denker entwickelten verschiedene Tests dafür, Diamant zu sein, denen die Sammlungen anderer unterzogen wurden; des öfteren fanden sich Zirkonier –, doch im Herzen *jeder* Sammlung fand sich die Geometrie. Es herrschte allgemeine Übereinstimmung, daß sich mindestens in den *Elementen* echte Diamanten fanden, und daß jeder Test, der die Sätze der Geometrie als Zirkonier entlarvte, unmöglich gültig sein konnte.

Nehmen wir Plato (427–347 v. Chr.), den ersten Diamantensucher, dessen Schriften mehr oder weniger unbeschadet überdauert haben. Plato beschrieb die Geometrie als „Wissen über das, was ewig existiert" (*Republik* 527B). (Platos Geometriebuch war natürlich nicht das von Euklid, das noch nicht geschrieben war, sondern eins der früheren *Elemente*.) Er empfand es als vollkommen offensichtlich, daß die Sätze der Geometrie Diamanten waren, und erwartete, daß seine Leser nach einigem Nachdenken zustimmen würden. Er widmete seine Aufmerksamkeit stattdessen dem Problem, *wie* solche absolute Wahrheit erworben wird.

[15] Kant, *Prolegomena*, S. 19.

Angesichts der Tatsache, daß keine Zeichnung eines Kreises jemals mathematisch perfekt war und deshalb niemals der *wirkliche* Kreis war, den die Geometer untersuchten, wurde er dazu geführt, die zeitlose Existenz eines Bereichs von Archetypen zu fordern, die Welt der Formen, in der, wie er annahm, unsere Seelen wohnten, bevor wir geboren wurden, und in der nach seiner Annahme perfekte Beispiele derjenigen Objekte existieren, die in der Welt, die wir bewohnen, nur in nicht-perfekter Form vorhanden sind – einschließlich geometrischer Objekte wie Kreise und Geraden. Die Postulate der Geometrie besitzen den spontanen (Kant hätte gesagt „a priori") Anschein der Wahrheit, beschied Plato, denn sie erinnern uns an unsere vorgeburtliche Existenz in der Welt der Formen, während derer wir wirklichen geometrischen Objekten begegnet sind, die sich genau so verhalten, wie die Postulate es nun fordern. (Kant hätte gesagt, unsere Erinnerungen an die Existenz in der Welt der Formen war für Plato das X, das verantwortlich für die synthetische Natur der Postulate ist.)

Platos Philosophie unterscheidet sich sicherlich sehr stark von der Kants. Kant, der sich auf die Erfahrung von post-platonischen Philosophen aus 2200 Jahren beziehen konnte, gab die Hoffnung, die Welt zu erkennen, wie sie *ist*, vollständig auf und beschränkte sich auf eine kleine Sammlung von Diamanten über die Welt, wie wir sie *erfahren*. Plato identifizierte diese beiden naiverweise (wie Kant wohl gesagt hätte) –, was wir erfahren, *ist* die Welt, wie sie ist aber in einer Herabsetzung beider siedelte er die vollständige Realität nur in der zugrundeliegenden Welt der Formen an, deren Beschreibungen Platos viel größere Sammlung von Diamanten bilden.

Ungeachtet dieser Unterschiede teilten Plato und Kant so wie die meisten der Philosophen und Wissenschaftler während des 2200jährigen Zeitraums zwischen ihnen die folgenden allgemeinen Annahmen:

(1) Diamanten – gehaltvolle, sichere Wahrheiten über die Welt – existieren.
(2) Die Sätze der euklidischen Geometrie sind Diamanten.

Annahme (1) ist die, die ich früher als die „Theorie der diamantenen Wahrheiten" bezeichnet habe. Sie ist sehr, sehr viel älter als die deduktive Geometrie. Einige Gelehrte[16] behaupten, daß es lange vor Thales eine Zeit gab, in der die Menschen nicht realisierten, daß sie selbst die Quelle derjenigen Behauptungen waren, die ihnen plötzlich in den Kopf kamen, und die daher ihre eigenen Gedanken als göttliche Stimmen wahrnahmen (und daher als Diamanten). Es herrscht weitgehende Übereinstimmung, selbst unter denjenigen Gelehrten, die diese Theorie abwegig finden, daß vor der Erfindung von Philosophie und Wissenschaft die Menschen die Welt *unmittelbarer* wahrnahmen als wir heute, und daß daher ihre Mythen, die Ausdruck ihrer direkteren Erfahrung waren, als Diamanten angesehen wurden.

Deduktive Geometrie war dementsprechend nicht der Ursprung der Theorie der diamantenen Wahrheiten. Sie war indes der Hauptfaktor, durch den die Theorie der diamantenen Wahrheiten als alte Gewohnheit *aufrechterhalten wurde*, als

[16] z.B. Snell; Jaynes, Julian, in: *Der Ursprung des Bewußtseins durch den Zusammenbruch der bikameralen Psyche*, Reinbek bei Hamburg: Rowohlt, 1988.

alle Welt schon längst nicht mehr direkt sprach und die Menschen sich der Philosophie und Wissenschaft zugewandt hatten. Von Plato bis Kant galt (2) als stärkste Evidenz für (1). Die Geometer hatten eine beeindruckende Lagerstätte von offenkundigen Diamanten ausgegraben. Dies war der Beweis nicht nur für die Existenz der Diamanten, sondern auch für die Kraft des Geistes, diese zu entdecken. Es gab keinen Grund, warum Forschungsanstrengungen auf anderen Gebieten – der Kosmologie z.B. oder der Ethik – nicht im selben Maße Erfolg erzielen sollten. Objektive Wahrheiten mußten überall herumliegen, nur darauf wartend, entdeckt zu werden. Die Diamantensuche begann.

Die Diamantensucher waren die überragenden Gestalter der westlichen intellektuellen Tradition, weshalb man sagen kann, daß der Einfluß der euklidischen Geometrie auf die westliche Kultur weit darüber hinausgeht, mathematisches Werkzeug zu sein. Bis ins letzte Jahrhundert durchdrang die Theorie der diamantenen Wahrheiten nicht nur Philosophie und Naturwissenschaft, sondern auch Theologie, Geschichtswissenschaft, Politik, Ethik, Recht, Ökonomie, Ästhetik – wirklich *jede* geistige Forschungsaktivität. Sie legte die Ziele fest. Wahre Aussagen hatten unabhängig von jedem menschlichen Beitrag zu sein, wie Diamanten, die man aus der Erde gräbt.

4 Das Problem mit dem Postulat 5

Während einer Periode von zweitausendeinhundert Jahren nach dem Erscheinen der *Elemente* fühlte sich eine ununterbrochene Folge schlauer Köpfe vom fünften Postulat gestört. Es war nicht so einfach wie die anderen Axiome. Niemand bezweifelte, daß es wahr war, aber es schien unter den grundlegenden Annahmen fehl am Platze.

Zunächst wurde das Problem lediglich als ein ästhetisches wahrgenommen. Postulat 5 „klang" mehr nach einem Satz als nach einem Axiom. Die Tatsache, daß seine Umkehrung tatsächlich ein Satz ist (Satz 17), verstärkte noch das Gefühl, daß es nicht angenommen zu werden braucht, sondern bewiesen werden kann. Da es Mathematiker von jeher als „unelegant" ansehen, mehr als absolut nötig anzunehmen, führte dies zu der Überzeugung, daß das Postulat 5 bewiesen werden *sollte.*

Auf Grund einer Fehlinterpretation der Intention Euklids bekam das Problem später auch noch eine philosophische Dimension. Euklid selbst scheint die Wahrheit seines Postulats *nicht* als offensichtlich betrachtet zu haben. „Was die Postulate betrifft", schließt Thomas L. Heath nach längerer Analyse[1], „können wir uns vorstellen, wie Euklid sagt:

> Neben den Axiomen gibt es einige andere Dinge, die ich ohne Beweis annehmen muß, die aber darin von den Axiomen abweichen, daß sie nicht selbstevident sind. Der Lernende mag geneigt sein, ihnen zuzustimmen, oder auch nicht; Er muß sie aber am Anfang wegen der überlegenen Autorität seines Lehrers akzeptieren, und es bleibt ihm selbst überlassen, sich im Verlauf der dann folgenden Untersuchung von ihrer Wahrheit selbst zu überzeugen."

Da Euklid dieses nie explizit gesagt hat, kam unweigerlich der Gedanke auf, er habe nicht nur die Axiome, sondern auch die Postulate als von Beginn an offensichtlich wahr betrachtet wissen wollen – ein Standard, wie viele wohl meinen, den das komlizierte Postulat 5 nicht erreichte. Hierdurch erhielt das Problem mit dem fünften Postulat neue Dringlichkeit: sein Status als Axiom war mehr als nur mathematisch unelegant – es forderte philosophische Einwände heraus.

Eine Anzahl von Historikern hat aus der Struktur des Buches I geschlossen, daß Euklid selbst sich mit dem Postulat 5 irgendwie unwohl gefühlt habe. Die Tatsache, daß bis zum Satz 29 kein Satz von ihm abhängt, danach aber *jeder* Satz mit Ausnahme von Satz 31, erweckt den Eindruck, als habe er seine Verwendung so lange wie möglich hinausschieben wollen. Darüber hinaus gibt es Sätze, bei denen er sich der Mühe unterzieht, sie ohne Postulat 5 zu beweisen, obwohl er

---

[1] Heath: *Euclid*, S. 117–124.

sie viel leichter hätte beweisen können, wenn er darauf gewartet hätte, daß das Postulat 5 auf der Bildfläche erscheint – z.B. der WWS-Teil des Satzes 26, der eine unmittelbare Konsequenz von Satz 32 ist.

Poseidonios

Der erste, von dem wir definitiv wissen, daß er sich mit dem Postulat 5 unwohl gefühlt hat, war der Philosoph, Wissenschaftler und Historiker Poseidonios[2] ca. 135–51 vor Christus), der vorschlug das Postulat 5 zu beweisen, indem man die Definition 23 folgendermaßen umformuliert:

> *Parallele* gerade Linien sind gerade Linien, die in der selben Ebene liegen und bei unendlicher Verlängerung in beide Richtungen stets die gleiche Distanz behalten.

Die definierende Eigenschaft heißt „Äquidistanz" und befindet sich sicherlich in guter Übereinstimmung mit unserem mentalen Bild von parallelen Geraden. Ich nehme sogar an, daß ein Laie, fragte man ihn danach, den Begriff „parallele" Geraden wohl eher mit Poseidonios' als mit Euklids Definition erklären würde.

Vielleicht sind Sie verdutzt, wenn ich davon spreche, das „Postulat 5 zu beweisen". In einem gegebenen geometrischen System beweist man selbstverständlich kein Postulat. Poseidonios' Plan bestand darin, die Euklidische Geometrie *neu zu organisieren*, und dabei die uns als „Postulat 5" bekannte Behauptung von der Liste der Axiome zu streichen und sie statt dessen unter den Sätzen einzuordnen, wohin sie scheinbar gehörte. In Poseidonios' beabsichtigtem System wäre der „Beweis von Postulat 5" der Beweis eines Satzes. Wenn ich jetzt oder in Zukunft vom „Beweis des Postulats 5" spreche, meine ich „Beweis der Aussage, die in Euklids System ‚Postulat 5' hieß".

Poseidonios änderte die Definition des Begriffes „parallel", weil ihm ein Beweis des Postulats 5 unter Verwendung von Euklids Definition irgendwie nicht gelang. Wie konnte das passieren? Laufen die zwei Definitionen denn nicht auf dasselbe hinaus?

Eine kurze Reflexion über diese Anomalie enthüllt, daß der Plan von Poseidonios, sofern man ihn nicht ändert, nicht aufgehen kann. Selbstverständlich *beabsichtigte* er, daß seine Definition seines Begriffs „parallel" „auf das selbe hinausläuft" wie Euklids, d.h. daß sie in genau denselben Situationen anwendbar ist. Ist z.B. AB eine gegebene gerade Linie, dann beabsichtigte er, daß jede gerade Linie, die „parallel" zu AB in seinem Sinne des Wortes (äquidistant zu AB) ist, auch „parallel" zu AB in Euklids Sinn (schneidet niemals AB) ist und umgekehrt. Es

[2] Poseidonios war das Haupt der stoischen Schule auf Rhodos und ein Lehrer Ciceros. Seine Werke haben nicht überlebt, aber einige ihrer Titel (die überlebt haben) deuten die Breite seiner Interessen an: *Abhandlung über Ethik*; *Abhandlung über Physik*; *Geschichte der Feldzüge Pompejis im Osten*; *Über das Universum*; *Einführung in die Rethorik*; *Über Gefühle*; *Gegen Zeno von Sidon* (über Geometrie).

scheint sicherlich unmöglich sich eine gerade Linie parallel zu AB im einen Sinne vorzustellen, die es im anderen nicht ist, hier geht es aber nicht um Vorstellbares, sondern um Logisches.

Um es deutlicher zu sagen, steht und fällt Poseidonios' Plan damit, ob die mathematische Welt die folgenden zwei Aussagen für sicher hält oder bezweifelt:

(1) Wenn zwei gerade Linien äquidistant sind, egal wie weit man sie verlängert, dann schneiden sie sich nicht.
(2) Wenn sich zwei gerade Linien niemals treffen, egal wie weit man sie verlängert, dann sind sie äquidistant.

Natürlich hat nie jemand (1) bezweifelt. Wenn zwei gerade Linien überall denselben (positiven) Abstand haben, dann kann der Abstand zwischen ihnen niemals Null werden. Aber was ist mit (2)? Gerade Linien können beliebig weit verlängert werden. Daher können wir sie nicht über ihre gesamte denkbare Länge untersuchen. Selbst wenn wir von einem bestimmten Paar gerader Linien wüßten, daß sie sich niemals treffen, egal wie weit man sie verlängert, und wenn wir fänden, daß sie auf dem winzigen uns zugänglichen Teil ihrer gesamten potenziellen Länge äquidistant sind, wie können wir dann sicher sein, daß der Abstand zwischen ihnen außerhalb unserer Reichweite nicht irgendwo fluktuiert? (Sollten Sie antworten: „Weil sie *gerade* sind!", dann erinnern Sie sich, daß „gerade Linie" ein primitiver Term ist und daß die einzigen Eigenschaften primitiver Terme, die wir benutzen dürfen, diejenigen sind, die in den Axiomen enthalten sind.) Ich betreibe hier keine Wortklauberei. In der Mathematik ist das Verlangen nach einem unterstützenden Argument *immer* legitim. Wir brauchen einen Beweis von (2).

Wir haben bereits einen, praktisch gesehen. Daß parallele Geraden (im Sinne von Euklid) äquidistant sind, ist eine einfache Konsequenz aus Satz 34. Aber der Beweis tut's in unserem Zusammenhang nicht, weil Satz 34 vom Postulat 5 abhängt, eben jenem Postulat, welches Poseidonios vom Dienstplan gestrichen hat!

Wir wissen heute, daß unter der Voraussetzung von Poseidonios' Begründung der Geometrie *kein* Beweis von (2) möglich ist. (2) muß *postuliert* werden, wie es Poseidonios stillschweigend tat, als er annahm, seine Definition des Begriffes „parallel" sei äquivalent mit Euklids. Und da seine neue Definition von „parallel" überflüssig würde, wenn wir (2) explizit postulieren würden, können wir ebensogut das alte Postulat behalte.

Das Resultat, nachdem sich der Staub gelegt hat, ist ein Plan zur Neuorganisation der Euklidischen Geometrie, der praktikabel, aber weniger dramatisch ist als Poseidonios' ursprünglicher Vorschlag. In diesem Plan ist Postulat 5 immer noch unter die Sätze gerückt, aber sein Platz, den Poseidonios leer gelassen hätte, wird nun von der Aussage (2) eingenommen, die ich von jetzt an das „Postulat von Poseidonios" nennen werde.

Beachten Sie, daß zur Durchführung dieses ganzen Schemas nur der Beweis des „neuen Satzes", also fünften Postulats erforderlich ist.

Neuorganisation nach Poseidonios (modifiziert)

Grundlagen	Beibehalten der primitiven Terme und Definitionen von Euklid (einschließlich der euklidischen Definition von „parallel“); Beibehalten der Axiome, Postulate 1–4 und 6–10 von Euklid; Ersetzen des Postulats 5 durch das Postulat von Poseidonios, welches (weil wir die euklidische Definition von „parallel“ beibehalten) jetzt lautet: „Parallele Linien sind äquidistant“.
Sätze	Beibehalten der Sätze, die ohne Postulat 5 bewiesen werden, einschließlich der Originalbeweise; Aufstellen und Beweisen eines neuen Satzes, dessen Aussage die des 5. euklidischen Postulats ist; Beibehalten der euklidischen Sätze, die *mit* dem 5. Postulat bewiesen werden, einschließlich der Originalbeweise, außer daß die Hinweise auf das 5. Postulat durch Hinweise auf den neuen Satz ersetzt werden.

Beweis des Postulats 5 nach Poseidonios

Keine der Arbeiten von Poseidonios ist erhalten geblieben, und über seine Absicht wissen wir nur durch Proklos (siehe Seite 90). Darüberhinaus haben wir seinen ursprünglichen Vorschlag abgeändert. Was nun folgt, ist also nicht seine tatsächliche Arbeit, sondern meine Art, die oben skizzierte Neuorganisation zu vervollständigen. Zuerst kommt ein Hilfssatz, daß ich „Satz P1“ nenne („P“ für „Poseidonios“), dann die eigentliche Herleitung des Postulates 5 („Satz P2“). In einem Geometriebuch von Poseidonios würden die beiden unmittelbar vor Satz 29 stehen.

Satz P1. *Durch einen gegebenen Punkt, der nicht auf einer geraden Linie (oder ihrer Verlängerung) liegt, kann nicht mehr als eine Parallele gezeichnet werden.*

Beweis.

1. Sei „P“ ein Punkt, der nicht auf der geraden Linie „AB“ oder ihrer Verlängerung liegt (siehe Abb. 102).	Voraussetzung
2. Angenommen, es gibt durch P zwei gerade Linien „Y“P„Z“ und „W“P„X“, die beide parallel zu AB sind. Sei z.B. auf der linken Seite von P die höhere der beiden WPX.	Annahme des Gegenteils

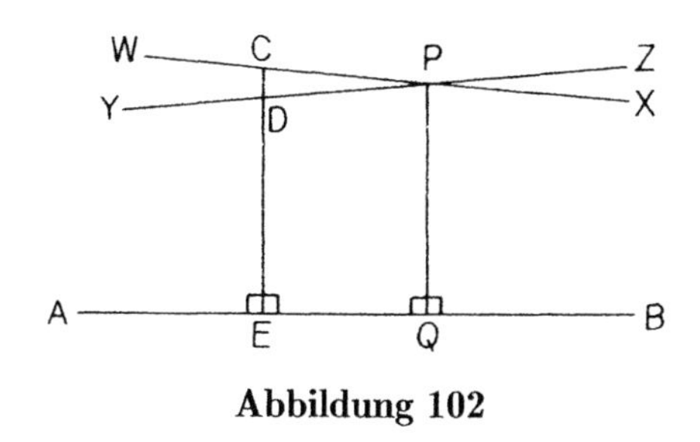

Abbildung 102

3.	Man wähle „C“ beliebig auf WP und zeichne C„E“ senkrecht zu AB (bzw. ihrer Verlängerung). Man zeichne P„Q“ senkrecht zu AB (bzw. ihrer Verlängerung).	Post. 10, Satz 12, (Post. 2)
4.	CE schneidet PY (bzw. deren Verlängerung) in einem Punkt „D“.	2., Post. 7 (Post. 2)
5.	$CE = PQ$.	Poseidonios' Postulat ($WP \| AB$
6.	$DE = PQ$.	Poseidonios' Postulat ($YP \| AB$)
7.	$CE = DE$.	5., 6., Ax. 1
8.	Aber $CE > DE$.	Ax. 5
9.	Widerspruch.	7. und 8.
10.	Daher kann durch P nicht mehr als eine Parallele gezeichnet werden.	2.–9., Logik

Satz P2. *Wenn eine gerade Linie beim Schnitt mit zwei geraden Linie bewirkt, daß innen auf derselben Seite entstehende Winkel zusammen kleiner als zwei rechte werden, dann treffen sich die zwei geraden Linien bei Verlängerung ins unendliche auf der Seite, auf der die Winkel liegen, die zusammen kleiner als zwei rechte sind.*

Beweis.

1.	Sei „EF“ eine gerade Linie, welche die zwei geraden Linien „AB“ und „CD“ schneidet, so daß (sagen wir) $\sphericalangle BEF + \sphericalangle EFD < 180°$ (siehe Abb. 103).	Voraussetzung

(Nach Satz 13 und den Axiomen gilt $\sphericalangle AEF + \sphericalangle EFC > 180°$, daher wäre Satz 17 verletzt, wenn AB und CD sich auf der linken Seite von EF schneiden würden. Daher genügt es zu zeigen, daß sich AB und CD schneiden – es folgt sofort, daß sie dies auf der rechten Seite tun.)

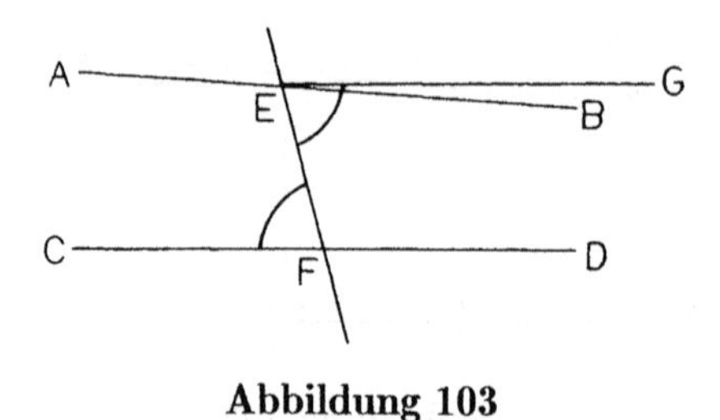

Abbildung 103

2. Man zeichne E„G“ durch E so, daß $\sphericalangle GEF = \sphericalangle EFC$.	Satz 23

(Die Schritte 3.–5. zeigen, daß EG oberhalb von EB liegt, wie gezeichnet.)

3. $\sphericalangle EFC + \sphericalangle EFD = 180°$.	Satz 13
4. $\sphericalangle BEF < \sphericalangle EFC$.	1., 3., Ax. 6 (Ist $a + b < c$ und $d + b = c$, dann ist $a < d$.)
5. $\sphericalangle BEF < \sphericalangle GEF$.	2., 4., Ax. 6 (Ist $a = b$ und $c < b$, dann ist $c < a$.)

(Darum sind AB und EG verschiedene Geraden durch E.)

6. $EG \parallel CD$.	2., Satz 27
7. $AB \nparallel CD$.	5., 6., Satz P1
8. AB und CD werden sich bei hinreichender Verlängerung treffen.	Def. v. „parallel“ (ursprüngliche Def. 23)

Metageometrie

Die Beweise des letzten Abschnittes ähneln denen des Kapitels 2, wir haben sie allerdings mit einer anderen Absicht aufgestellt. Was wir sicherstellen wollten, waren keine Tatsachen über gerade Linien in der Ebene, sondern vielmehr, daß das Postulat 5 von Euklid in Poseidonios' Umorganisation der Geometrie als Satz bewiesen werden kann – eine Tatsache über ein *gesamtes geometrisches System*. Heutige Mathematiker nennen solche Tatsachen „*meta*geometrisch“.

In der Geometrie untersuchen wir geometrische Figuren und berichten (in „Axiomen“ und „Sätzen“) über das, was wir sehen. Der Gegenstand unseres Studiums sind also *Figuren*, und das System, das wir aufstellen, ist eine Liste von Aussagen über diese Figuren. In der *Metageometrie* hingegen sind *geometrische*

Systeme selbst der Gegenstand unserer Untersuchungen, und dementsprechend sind unsere Berichte über das, was wir sehen („Metatheoreme"), Aussagen über *Aussagen.* Die Aussage „in gleichschenkligen Dreiecken sind die Winkel an der Grundseite gleich" ist z.B. eine Aussage über geometrische Figuren und Teil des Systems von Euklid – es handelt sich um Satz 5; die Aussage „Euklids Satz 5 kann ohne Posulat 5 bewiesen werden" ist ein Metatheorem, weil es nicht von geometrischen Figuren (direkt) sondern von dem logischen Verhältnis verschiedener Aussagen *über* geometrische Figuren im System von Euklid handelt.

In diesem Licht können die Beweise des letzten Abschnittes als Beweise der folgenden zwei Metatheoreme angesehen werden:

Metatheorem 1. *In Poseidonios' Neuorganisation ist es möglich zu beweisen, daß gilt:*

> *Durch einen gegebenen Punkt, der nicht auf einer gegebenen geraden Linie oder ihrer Verlängerung liegt, kann nicht mehr als eine parallele gerade Linie gezogen werden.*

Metatheorem 2. *In Poseidonios' Neuorganisation ist es möglich, das Postulat 5 zu beweisen.*

Die Methoden in der Metageometrie sind uns geläufig, aber der Standpunkt, von dem aus wir arbeiten, und damit die Bedeutung unserer Arbeit sind neu. Die Neubenennung unserer Resultate trägt dieser Tatsache Rechnung.

Bewertung der Neuorganisation von Poseidonios

Indem Poseidonios zeigte, daß das komplizierte Postulat 5 eine logische Konsequenz der anderen Axiome von Euklid ist, wollte er die euklidische Geometrie irgendwie „verbessern". In dem Gefühl, daß seine Definition des Begriffes „parallel" „äquivalent" zu Euklids ist, dachte er zu wissen, wie dies zu tun sei.

Wie wir gesehen haben, umfaßt seine Definition unglücklicherweise nicht nur Euklids Definition, sondern auch die stillschweigende Annahme, daß Euklids Parallelen äquidistant sind. Die Durchführung der Neuorganisation von Poseidonios besteht daher nicht darin, daß Postulat 5 aus den anderen Axiomen allein zu deduzieren, wie er gedacht hatte, sondern darin, es aus den anderen Axiomen *plus* seiner unbewußten Annahme (Postulat von Poseidonios) zu deduzieren. Das haben wir getan; aber wie nahe sind wir dabei der Erreichung des Ziels von Poseidonios gekommen? Ist die Neuorganisation der euklidischen Geometrie durch Poseidonios irgendwie „besser" als Euklids?

Auf den ersten Blick scheint sie das zu sein. Lesen wir das Postulat von Poseidonios und Euklids Postulat nebeneinander, so spricht uns ersteres als einfacher, als leichter zu verstehen an (es „klingt" mehr wie ein Axiom), und ein Neuling würde es schneller akzeptieren (es erscheint eher „selbstevident").

Erinnern wir uns an meinen früheren Einwand, dann sehen wir jedoch, daß Euklids Postulat trotz all seiner Komplexität möglicherweise das „evidentere“ ist. Eine gerade Linie kann unendlich verlängert werden, und wir haben lediglich Zugang zu einem begrenzten Abschnitt davon. Gegeben ein paar gerade Linien, die sich nicht schneiden; dann können wir unmöglich überprüfen, daß sie über ihre gesamte Länge äquidistant sind, wie es Poseidonios' Postulat feststellt, weil wir (selbst via Teleskop) nicht beliebig weit reisen können. Es ist denkbar (wenn auch zugegebenermaßen schwer vorstellbar), daß der Abstand zwischen den Linien irgendwo außerhalb unserer Reichweite fluktuieren könnte. Da dies für *jedes* Paar gerader Linien gilt, die sich nicht schneiden, können wir auch nicht ein einziges Beispiel von Poseidonios' Postulat verifizieren. Allerdings können wir *einige* Fälle von Euklids Postulat verifizieren. Gegeben zwei gerade Linien, die derart von einer dritten geschnitten werden, daß die inneren Winkel auf der selben Seite zusammen weniger als 180° ergeben. Dann stellt Euklids Postulat sicher, daß sich die zwei geraden Linien in einem Punkt treffen werden, der nur eine endliche Distanz entfernt ist; ist die Winkelsumme nicht zu nahe bei 180°, dann ist es uns möglich, zu diesem Punkt zu reisen und ihn selbst zu sehen.[3] Und haben wir das Postulat erst in all den Fällen verifiziert, in denen der Schnittpunkt erreichbar ist, dann werden wir es auch in den Fällen eher plausibel finden, in denen die Winkelsumme fast 180° beträgt und der Punkt praktisch unerreichbar weit entfernt liegt.

Bis jetzt haben wir die zwei Postulate in psychologischer Hinsicht verglichen. Aber in Gegenständen der Mathematik ist der entscheidende Faktor normalerweise ein logischer, also lassen Sie uns sehen, was die Logiker dazu zu sagen haben.

Moderne Logiker nennen zwei Aussagen, die in einem bestimmten Kontext aufgestellt werden, „logisch äquivalent“, falls im Rahmen dieses Kontextes jede aus der anderen herleitbar ist. D.h. sind die zwei Aussagen A und B, dann sind A und B *logisch äquivalent*, falls

(1) Kontext $+A \Rightarrow B$ und
(2) Kontext $+B \Rightarrow A$.

(Die Bedeutung des Doppelpfeils – lies: „impliziert“ – ist, daß die Aussage, auf die er weist, aus der Aussage vor ihm deduziert werden kann.) Die Logiker verwenden in dieser Situation das Wort „äquivalent“ (aus dem, lateinischen, „von gleichem Wert“), weil immer dann, wenn A wahr ist, auch B wahr ist – wegen (1) –, und immer, wenn B wahr ist, auch A wahr ist – wegen (2) –, so daß sie in dem gegebenen Kontext *gleichermaßen* wahr sind; die Wahrheit des einen ist an die Wahrheit des anderen *gekoppelt*, und Logiker interessieren sich für nichts anderes (von Berufs wegen!) als dafür, wie Aussagen *zusammenhängen*. Es spielt keine Rolle, ob A und B scheinbar sehr verschiedene Dinge aussagen. Die Logik ist blind für die

[3] Wir werden in Kürze feststellen, daß Poseidonios' Postulat und Euklids Postulat 5 nur verschiedene Formulierungen der selben Grundannahme darstellen. Einige Gelehrten sind der Meinung, daß Euklid sich der Formulierung, die später von Poseidonios verwendet wurde, bewußt war, die Formulierung, die er verwendete, jedoch gewählt hat, weil sie einen endlichen Charakter hat.

offenkundige Substanz, oder ihren Ton, oder ihre Komplexität oder ihre intuitive Wirkung oder irgendeine andere psychologische Eigenschaft. Die einzige signifikante Frage, die man bei der Herleitung einer Aussage stellen kann, lautet: „Folgt sie angesichts dessen, was wir schon haben?“ A und B haben denselben logischen Wert, weil die Antwort im gegebenen Kontext für A dieselbe wäre wie für B.

Der gegenwärtige Kontext ist der gemeinsame Teil der Grundlagen von Poseidonios und Euklid – Euklids primitive Terme, Definitionen definierter Terme, Axiome und Postulate mit Ausnahme der Nummer 5, sowie alle Sätze, die hieraus deduzierbar sind. Ich werde diesen Kontext „neutrale Geometrie“ nennen[4], da sie der unumstrittene Teil der euklidischen Geometrie ist. Die Aussagen, deren relativen logischen Wert wir gern festlegen würden, sind das Postulat von Poseidonios und Euklids Postulat 5. Sie sind logisch äquivalent, falls gilt:

(1) neutrale Geometrie + Postulat von Poseidonios $\Rightarrow$ Euklids Postulat 5 sowie
(2) neutrale Geometrie + Euklids Postulat 5 $\Rightarrow$ Postulat von Poseidonios.

Die Implikation (1) kennen wir bereits, denn dabei handelt es sich genau um das, was uns zwei Abschnitte früher beschäftigt hat ((1) ist Satz P2). Die Implikation (2) haben wir praktisch auch schon. Auf Seite 141 sagten wir, daß die Äquidistanz paralleler gerader Linien im euklidischen System eine einfache Folge des Satzes 34 ist, so daß die Überprüfung der Implikation (2) lediglich aus der Niederschrift dieser paar Schritte besteht, was ich Ihnen überlasse. Damit haben wir

Metatheorem 3. *Im Kontext der neutralen Geometrie sind das Postulat von Poseidonios und Euklids Postulat 5 logisch äquivalent.*

Hätte sich herausgestellt, daß die Implikation (2) falsch ist, dann hätte sich das Postulat von Poseidonios als logisch „vorhergehend“ (und „weiterreichend“) als das von Euklid erwiesen. Es hätte Euklids Postulat nach sich gezogen, aber nicht umgekehrt. In diesem Fall hätte der Ersatz des euklidischen Postulats durch das Postulat von Poseidonios durch die Vereinfachung der logischen Struktur der Grundlagen der euklidischen Geometrie einen erheblichen Wert gehabt, aber wie sich die Dinge nun entwickelt haben, würde ein Logiker sagen, daß es einfach keinen Grund gibt, Poseidonios' Reorganisation anzunehmen.

Wir haben drei Standpunkte betrachtet, von denen jeder, was das relative Verdienst des poseidonischen und euklidischen Systems betrifft, zu seinen eigenen Schlußfolgerungen kommt. Um es zusammenzufassen: Der erste Standpunkt – den ich ohne jedes Vorurteil den „naiven“ Standpunkt nennen werde – ist, daß das Postulat von Poseidonios besser ist, weil es kürzer und leichter verständlich ist (mehr so, wie es ein Axiom sein „sollte“); der zweite – den ich den „wissenschaftlichen“ Standpunkt nennen werde – lautet, daß das euklidische Postulat besser ist, weil es zumindest teilweise experimentell überprüfbar ist; und der dritte oder „logische“

[4] Der Ausdruck stammt wohl von Prenowitz und Jordan aus *Basics Concepts of Geometry* (Blaisdell 1965). Die meisten Bücher verwenden den 1832 von János Bolyai eingeführten Ausdruck „absolute Geometrie“. János Bolyai war einer der Begründer der nichteuklidischen Geometrie.

Standpunkt besteht darin, daß keins von beiden vorzuziehen ist, weil sie logisch äquivalent sind.

Die Wahl fällt nicht leicht. Hinter den verschiedenen Standpunkten verbergen sich verschiedene Meinungen – alle wohletabliert – in Bezug auf die eigentliche Natur des euklidischen Werks. Sind die *Elemente* (a) ein Lehrbuch oder (b) ein Kunstwerk? Sind sie (c) eine wissenschaftliche Beschreibung des Raumes? Oder aber (d) eine Übung in reiner Logik? Seit Beginn der Rezeption diese Buches durch die Gelehrten sind alle vier Aspekte mit unterschiedlicher Betonung präsent gewesen.

Es ist leicht zu sehen, wie die Überzeugung, die *Elemente* seien in erster Linie (a) oder (b), zum naiven Standpunkt führt, denn dann ist die Schwierigkeit mit dem Postulat 5 entweder eine pädagogische (es ist für den Anfänger schwierig zu verstehen) oder eine ästhetische (es ist ein Makel im wunderschönen euklidischen System), auf jeden Fall aber verbunden mit der *Unhandlichkeit* des Postulates 5. Das Postulat von Poseidonios ist dann eine Verbesserung. Ähnlich ist es, wenn man die *Elemente* in erster Linie als (c) betrachtet, was einen dazu führt, die vorliegende Kontroverse als eine über die *Verläßlichkeit wissenschftlicher Prinzipien* zu interpretieren und so die Balance zugunsten von Postulaten verschiebt, die experimentellen Tests zugänglich sind. Dies ist der wissenschaftliche Standpunkt, und er favorisiert das Postulat von Euklid. Die Betrachtung der *Elemente* als in erster Linie (d) schließlich übersetzt die Unzufriedenheit mit dem Postulat 5 in die Suche nach einer *logisch einfacheren Grundlage* der Geometrie. Dies ist der logische Standpunkt, gemäß welchem der Ersatz des Postulat 5 durch ein logisch äquivalentes Postulat (wie das Postulat von Poseidonios) überflüssig ist.

Seien Sie gewarnt, daß ich die verschiedenen Alternativen vereinfacht und schärfer gezeichnet habe, als sie wirklich sind. Der naive, wissenschaftliche und logische Standpunkt und die entsprechende Rezeption der *Elemente* sind nur *allgemeine Haltungen*, die ich vorgestellt habe, um Ihre Aufmerksamheit auf die verschiedenen Gegenstände zu lenken, die auftauchen, wenn wir darüber nachdenken, das Postulat 5 durch ein anderes Postulat (nicht notwendigerweise das von Poseidonios) zu ersetzen. Die tatsächlichen Sichtweisen lebender, denkender Menschen können nicht immer nahtlos in Kategorien eingeordnet werden. Irgendjemand könnte z.B. die *Elemente* hauptsächlich als Abhandlung über den pysikalischen Raum betrachten („wissenschaftlicher Standpunkt"), aber trotzdem das Postulat von Poseidonios bevorzugen, und zwar aus Gründen, die in meiner Einteilung mit den anderen Standpunkten verknüpft sind. Seine oder Ihre Argumentation könnte ungefähr folgendermaßen aussehen:

A. Prinzipen sollten so einfach wie möglich sein („naiver Standpunkt").
B. Da das Postulat von Poseidonios logisch äquivalent zum Postulat von Euklid ist („logischer Standpunkt"), wird ein Experiment, welches das eine belegt, gleichzeitig auch das andere belegen.
C. Daher ist der experimentelle Vorteil des Postulats von Euklid illusorisch.
D. Da die anderen Dinge übereinstimmen, ist das Postulat von Poseidonios besser, weil einfacher.

Und so weiter. Vielleicht haben Sie selbst auch eine Argumentationskette aufgestellt, die das eine oder andere Postulat stützt und sich von den bisherigen unterscheidet.

Diese Frage kann nur durch eine Festlegung beigelegt werden. Ich werde mich von jetzt ab in diesem Kapitel hauptsächlich mit der Haltung befassen, die ich den „logischen Standpunkt" genannt habe. Das tue ich nicht, weil ich irgendwelche vernichtenden Einwände gegen die anderen Standpunkte hätte, oder weil ich irgendwelche überwältigenden Argumente zu seiner Stützung in der Hinterhand hätte, sondern einfach deswegen, weil es der Standpunkt ist, der *die Kontroverse lebendig erhielt* und dabei schließlich zur nichteuklidischen Geometrie führte.

Überblick über spätere Ansätze

Zwischen dem ersten Jahrhundert vor Christus und dem frühen 19. Jahrhundert fühlten sich Scharen von Denkern durch das Postulat 5 gestört und setzten an, es zu beweisen. Diejenigen, die Erfolg hatten, machten stets Gebrauch von einer Zusatzannahme. Folglich reduzieren sich all die vielen Vorschläge auf ein und denselben allgemeinen Plan, den wir in der Analyse des Vorschlags von Poseidonios aufgedeckt haben:

(1) Man ersetze das Postulat 5 durch eine leichter akzeptable Annahme;
(2) man lasse den Rest der euklidischen Grundlagen (d.h. die Grundlagen der neutralen Geometrie) unverändert;
(3) man beweise Postulat 5.

Häufig, vor allem am Anfang, wurde das Ersatzpostulat unbewußt eingeführt, und eine Zeit lang dachten die Menschen (wie es Poseidonios passierte), daß das Postulat 5 aus den neutralen Grundlagen *allein* deduziert worden sein. Dies hätte bedeutet, daß das unruhestiftende Postulat 5 schlicht und einfach aus der Grundlage der euklidischen Geometrie hätte entfernt werden können, daß der Rest allein imstande gewesen wäre, den vollständigen Überbau von Sätzen zu stützen, und daß daher die euklidische Geometrie und die neutrale Geometrie dasselbe gewesen wären. Aber in jedem Falle wurde die versteckte Annahme schließlich von einem späteren Denker ausfindig gemacht.

Zu anderen Zeiten war sich der Mathematiker seines Ersatzpostulats wohl bewußt, fühlte aber, daß er eines gefunden hatte, mit welchem die mathematische Welt schließlich zufrieden sein könnte. Der englische Mathematiker John Wallis (1616–1703) schlug z.B. vor, das Postulat 5 durch folgendes zu ersetzen.

Wallis' Postulat. Es ist stets möglich, auf einer gegebenen endlichen geraden Linie ein Dreieck zu konstruieren, das einem gegebenen Dreieck ähnlich ist.[5]

[5] Wallis machte sogar die stärkere Annahme, daß „zu *jeder* Figur (...) eine ähnliche von willkürlicher Größe" existiert (Bonola, S. 17).

(„Ähnliche“ Dreiecke besitzen dieselben drei Winkel und daher dieselbe Gestalt.) Sie finden es vielleicht schwer vorstellbar, wie Wallis daraus das Postulat 5 deduziert haben könnte, da es so scheint, als bedeute es etwas ganz anderes; logisch gesehen ist es aber nicht viel weiter von Postulat 5 entfernt als das Postulat von Poseidonios. Wallis verteidigte sein Postulat mit der Begründung, daß was es für Dreiecke feststellt, fast genau das ist, was Postulat 3 bereits für Kreise festgestellt hat, nämlich die Existenz von Figuren, die dieselbe Gestalt, aber beliebige Größe haben.

Ein paar Mathematiker, vor allem während des 18. und frühen 19. Jahrhunderts, waren weniger leicht zufrieden zu stellen.

> Ich selbst bin in meinen Arbeiten darüber weit vorgerückt (...); allein der Weg den ich eingeschlagen habe, führt nicht so wol zu dem Ziele das man wünscht [nämlich, das Postulat 5 zu beweisen] (...), als vielmehr dahin, die Wahrheit der Geometrie zweifelhaft zu machen. Zwar bin ich auf manches gekommen, was bei den meisten schon für einen Beweis geltend würde, aber was in meinen Augen *sogut* wie NICHTS beweiset. z.B. wenn man beweisen könnte dass ein (...) Dreieck möglich sei, dessen Inhalt grösser wäre als eine jede gegebene Fläche so bin ich im Stande die ganze Geometrie völlig streng zu beweisen. Die meisten würden nun wol jenes als ein Axiom gelten lassen; ich nicht; es wäre ja wol möglich, dass so entfernt man auch die drei Endpunkte des Δ im Raume von einander annähme, doch der Inhalt immer unter (...) einer gegeben Grenze wäre.[6]

(Leute, die gerne Mathematiker vergleichen, ordnen häufig den deutschen Mathematiker, Physiker und Astronomen Gauß (1777–1855) zusammen mit Archimedes und Isaac Newton in ein Dreigestirn der größten Mathematiker aller Zeiten ein. Sie werden Gauß' Namen noch öfter sehen: einige Jahre nachdem er diesen Brief geschrieben hatte, wurde er einer der Erfinder der nichteuklidischen Geometrie. Gauß' lebenslanger Freund Wolfgang Bolyai (1775–1856) war ein ungarischer Mathematiker, dessen Sohn, János Bolyai (1802–1860), weiterer Erfinder der nichteuklidischen Geometrie wurde.) Das Ersatzpostulat von Gauß nenne ich selbstverständlich

Gauß' Postulat. Es ist möglich, ein Dreieck zu konstruieren, dessen Fläche größer ist als eine gegebene Fläche.

Psychologisch ist dies noch weiter von Postulat 5 entfernt, als es schon das Postulat von Wallis war, und diesmal ist auch die logische Distanz groß; erstaunlicherweise

[6] Brief von Gauß an Wolfgang Bolyai vom 16.12.1799; zitiert nach: Schmidt, Franz und Paul Stäckel: *Briefwechsel zwischen Carl Friedrich Gauss und Wolfgang Bolyai.* Leipzig: Teubner, 1899.

gelang es Gauß nichtsdestotrotz, das Postulat 5 daraus herzuleiten. Aber beachten Sie sein Mißfallen, *überhaupt* zu einem Ersatzpostulat Zuflucht nehmen zu müssen.

Hier sind einige der erwähnenswerteren Ersatzpostulate, die im Verlaufe der Jahre vorgeschlagen worden sind, zusammengestellt nach oberflächlicher Ähnlichkeit; den meisten folgt der Name der Mathematiker, die sie vorschlugen.

1A. Parallele gerade Linien sind äquidistant. (Poseidonios, erstes Jahrhundert vor Christus.)

1B. Alle Punkte, die von einer gegebenen Linie äquidistant sind und auf einer gegebenen Seite liegen, bilden eine gerade Linie. (Christoph Clavius, 1574.)

1C. In jedem Viereck, in dem zwei Seiten senkrecht zu einer dritten Seite stehen, (Abb. 104), gibt es mindestens einen Punkt (H in der Abbildung) auf der vierten Seite, so daß die Senkrechte von ihm zur gegenüberliegenden Seite gleich den zwei gleichen Seiten ist. (Giordano Vitale, 1680.)

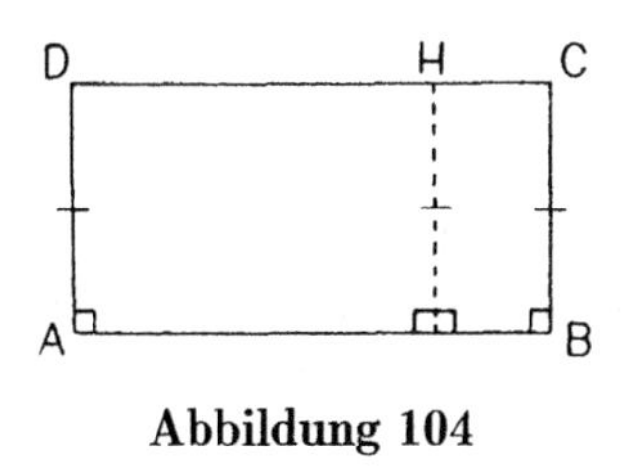

Abbildung 104

1D. Es gibt mindestens ein Paar äquidistanter Linien.

2. Der Abstand zwischen einem Paar paralleler unendlich langer gerader Linien (mag variieren, aber) bleibt unterhalb einer bestimmten festen Distanz. (Proklos, 5. Jahrhundert.)

3A. (Satz 30) Gerade Linien, die parallel zur selben geraden Linie sind, sind auch parallel zueinander.

3B. Schneidet eine gerade Linie eine von zwei parallelen geraden Linien, so schneidet sie, wenn man sie genügend verlängert, auch die andere (ebenfalls gegebenenfalls verlängert).

3C. Durch einen gegebenen Punkt, der nicht auf einer geraden Linie oder ihrer Verlängerung liegt, kann nicht mehr als eine dazu parallele gerade Linie gezeichnet werden. (Verbreitet von John Playfair, spätes 18. Jahrhundert.)

4A. Werden zwei gerade Linien (AB, CD in Abb. 105) von einer dritten (PQ) geschnitten, die senkrecht zu nur einer von ihnen (CD) ist, dann sind die Senkrechten von AB auf CD kleiner als PQ auf der Seite, auf welcher AB einen spitzen Winkel mit PQ bildet, und sie sind größer auf der Seite, auf der AB einen stumpfen Winkel bildet. (Nasir al-Din, 13. Jahrhundert.)

4B. Gerade Linien, die äquidistant sind, konvergieren in einer Richtung und divergieren in der anderen. (Pietro Antonio Cataldi, 1603.)

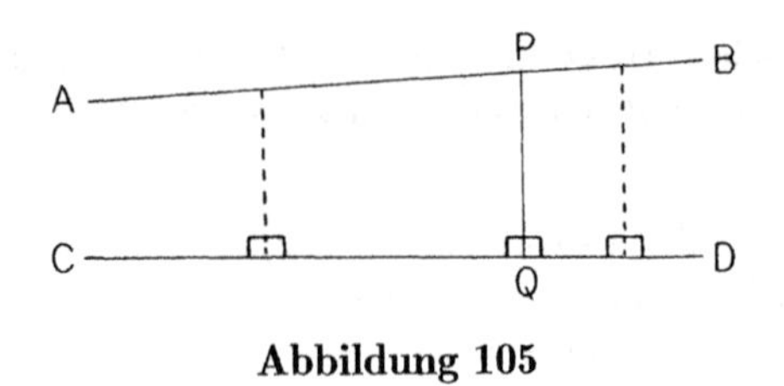

Abbildung 105

5A. Auf einer gegebenen geraden endlichen Linie kann man stets ein Dreieck konstruieren, das einem gegebenen Dreieck ähnlich ist. (John Wallis, 1663; Lazare-Nicholas-Marguerite Carnot, 1803; Adrien-Marie Legendre, 1824.)
5B. Es existiert ein Paar nichtkongruenter ähnlicher Dreiecke. (Gerolamo Saccheri, 1733.)
6A. In jedem Viereck, in dem zwei gleiche Seiten senkrecht zu einer dritten Seite sind (Abb. 104), sind die anderen beiden Winkel rechte. (Gerolamo Saccheri, 1733.)
6B. In jedem Viereck, das drei rechte Winkel besitzt, ist der vierte Winkel ebenfalls ein rechter. (Alexis-Claude Clairaut, 1741; Johann Heinrich Lambert, 1766.)
6C. Es existiert mindestens ein Rechteck. (Gerolamo Saccheri, 1733.)
7A. (Satz 32(b)) Die Winkelsumme im Dreieck beträgt 180°. (Gerolamo Saccheri, 1733; Adrien-Marie Legendre, frühes 19. Jahrhundert.)
7B. Es existiert mindestens ein Dreieck mit Winkelsumme 180°. (Dieselben.)
8. Es gibt keinen absoluten Längenmaßstab. (Johann Heinrich Lambert, 1766; Adrien-Marie Legendre, frühes 19. Jahrhundert.)
9A. Jede gerade Linie durch einen Punkt im Innern eines Winkels wird bei hinreichender Verlängerung mindestens eine der Seiten des Winkels (gegebenenfalls verlängert) treffen. (J. F. Lorenz, 1791.)
9B. Durch einen Punkt im Innern eines Winkels von weniger als 60° kann man stets eine gerade Linie zeichnen, die beide Seiten des Winkels (gegebenenfalls verlängert) trifft. (Adrien-Marie Legendre, frühes 19. Jahrhundert.)
10. Es ist möglich, ein Dreieck zu konstruieren, dessen Fläche größer ist als eine gegebenen Fläche. (Carl Friedrich Gauß, 1799.)
11. In der Ebene sind Translationen und Rotationen gerader Linien unabhängige Bewegungen. (Bernhard Friedrich Thibaut, 1809.)
12. Es ist immer möglich, durch drei gegebene Punkte, die nicht auf einer geraden Linie liegen, einen Kreis zu zeichnen (Adrien-Marie Legendre, Wolfgang Bolyai, frühes 19. Jahrhundert.)

Im Verlaufe der Jahre waren die Vertreter des naiven Standpunktes, für die die Hauptschwierigkeit mit dem Postulat 5 in seiner Unhandlichkeit bestand, relativ schnell zufriedenzustellen; wenn nicht durch das Postulat von Poseidonios – von dem sie vielleicht nichts gehört hatten –, dann von irgendeiner anderen prägnanten Alternative (z.B. dem „Postulat von Playfair“ 3C, das in Lehrbüchern weite

Verbreitung fand). Außerdem wuren Alternativen für das Postulat 5 entdeckt, die vollständig durch ein Experiment überprüfbar waren (z.B. das Saccheri-Legendre-Postulat 7B, das lediglich die Messung der Winkel eines *einzigen* Dreiecks involviert), so daß schließlich auch die Vertreter des wissenschaftlichen Standpunktes zufriedengestellt waren. Die Vertreter des logischen Standpunktes aber wurden jedesmal aufs neue enttäuscht.

Kehren wir zu Gauß zurück, der sein ureigenstes Postulat als „so gut wie nichts" ansah (Seite 150), obwohl das, was es für die Fläche von Dreiecken feststellt – daß sie beliebig groß gemacht werden kann –, nicht mehr ist als das, was Postulat 2 für Längen feststellt.

Ich denke, Gauß war sich im Klaren darüber, das sein Postulat logisch äquivalent zu Postulat 5 ist. Erinnern Sie sich, daß eine Aussage "A" logisch äquivalent zu Postulat 5 ist, wenn gilt:

(1) neutrale Geometrie + $A \Rightarrow$ Postulat 5 sowie
(2) neutrale Geometrie +Postulat 5$\Rightarrow A$,

wobei die „neutrale Geometrie" aus Euklids primitiven Termen, Definitionen der definierten Terme, den Axiomen, den Postulaten mit Ausnahme des Postulats 5 und allen daraus herleitbaren Sätzen besteht. Setzt man „A" als Gauß' Postulat, so hatte Gauß selbst (1) gezeigt, als er Postulat 5 bewies. Und wenn wir auch in Kapitel 2 nicht so weit gekommen sind, ist es doch wohl bekannt, daß man in der euklidischen Geometrie ein Dreieck konstruieren kann, dessen Fläche so groß ist, wie es einem gefällt, was nichts anderes als (2) (da neutrale Geometrie + Postulat 5 = euklidische Geometrie).

Vielleicht wundern Sie sich, warum Gauß, wenn er sich über die logische Äquivalenz schon im Klaren war, dies in seinem Brief an Wolfgang Bolyai nicht erwähnte. Das tat er nicht, weil er das Vokabular dafür nicht besaß. In der Mathematik dauert es lange, bis ein neues abstraktes Konzept auftaucht und ins Blickfeld rückt, und solange dies nicht geschehen ist, kann es nicht scharf definiert werden. Die „logische Äquivalenz geometrischer Postulate" ist ein Begriff, der erst lange nachdem Gauß seinen Brief geschrieben hat, präzise formuliert wurde, zu einer Zeit, als die Mathematiker durch die nichteuklidische Geometrie dazu aufgerüttelt wurden, die gesamte Geometrie abstrakter zu betrachten als je zuvor. Wenn ich Gauß und anderen Mathematikern des frühen 19. Jahrhunderts und vorher (vor allem Saccheri, Lambert, Legendre und Wolfgang Bolyai) den „logischen Standpunkt" zuschreibe, dann interpretiere ich ihre Arbeit mit modernen Ausdrücken, die sie niemals verwendet hätten. Nichtsdestotrotz wird ihr Eintreten für den logischen Standpunkt in ihrer fortwährenden Unzufriedenheit mit den Ersatzpostulaten und ihren hartnäckigen Bemühungen offenkundig, das fünfte Postulat zu beweisen, ohne auf eines davon zurückzugreifen.

Dieser andauernde Unwille von Gauß seinen geistigen Brüdern, ein Ersatzpostulat zu akzeptieren, deutet an, daß sie sich über eine überraschende Tatsache im Klaren waren (wenn wir auch nur erraten könne, wie klar), die ich bis jetzt nicht erwähnt habe, obwohl Sie vielleicht schon daran gedacht haben: nämlich, daß *jedes*

Ersatzpostulat (z.B. jedes von den auf den Seiten 151 bis 152 aufgelisteten) logisch äquivalent mit dem Postulat 5 ist! Heutzutage ist dies leicht einzusehen, und zwar im Wesentlichen mit der selben Argumentation, die wir schon zwei Absätze vorher verwendet haben. Denn wer immer ein Ersatzpostulat „A" vorschlägt, wird es natürlich dazu benutzen, das Postulat 5 zu beweisen – das ist die ganze Geschichte – und damit (1) sicherstellen. Aber das vorgeschlagene Postulat A wird sicherlich etwas sein, das in der euklidischen Geometrie (so wie ursprünglich aufgebaut) beweisbar ist, und damit taucht (2) ebenfalls auf! Daher kann *kein* Ersatzpostulat dem Postulat 5 logisch vorhergehen; sie sind *alle* logisch äquivalent dazu und daher vom logischen Standpunkt aus *alle* wertlos.

Plötzlich wird die Frustration von Gauß und den anderen Mathematikern, die sich den logischen Standpunkt zu eigen gemacht haben, verständlich. Sie sahen weder einen Weg, das Postulat 5 ohne Ersatzpostulat zu beweisen, noch konnte irgendein Ersatzpostulat – wie sie mehr oder minder unklar dachten –, selbst von enormem intuitivem Appeal, zum Beweis dienen, denn unabhängig davon, wie sehr es psychologisch vorzuziehen wäre, wäre es äquivalent zum Postulat 5 und daher ununterscheidbar davon dort, wo es zählte – logisch.

Beinahe

Der rote Faden wird im nächsten Kapitel wieder aufgenommen. Wenn Sie darauf brennen, sofort damit weiterzumachen, oder einfach nicht in der Stimmung für eine technische Diskussion sind, die etwas am Rande liegt, können Sie dies hier sowie den letzten Abschnitt dieses Kapitels überspringen. An späterer Stelle werden Sie kleinere Teile des vorliegenden Abschnittes lesen müssen, weil unsere Entwicklung der nichteuklidischen Geometrie davon abhängt; aber das können Sie hintanstellen; zu gegebener Zeit werde ich Sie zurückverweisen.

Im vorliegenden Abschnitt werde ich Zusammenhänge zwischen den Ersatzpostulaten auf den Seiten 151–152 aufzeigen, um Ihnen deutlich zu machen, wie außerordentlich nahe die Mathematiker um 1800 dem Ziel ihrer Bemühungen gekommen waren, zu zeigen, daß das Postulat 5 ohne Zusatzannahme bewiesen werden kann; außerdem möchte ich Ihnen etwas mehr Erfahrung mit der Art von Selbstverleugnung vermitteln, welche der Versuch der Vermeidung von Extraannahmen mit sich bringt.

Im Verlauf dessen werden wir zudem einen durchführbaren experimentellen Test des Postulats 5 entwickeln, den ich im nachfolgenden Abschnitt besprechen werde. Vielleicht möchten Sie den betreffenden Abschnitt lesen (er beginnt auf Seite 173), selbst wenn Sie den vorliegenden überspringen.

Vieles vom folgenden Text stammt im Wesentlichen aus einem Buch namens *Euclides ab Omni Naevo Vindicatus*[7] des Mathematikprofessors Gerolamo Saccheri

[7] „Euklid von jedem Fehler befreit"; Mailand, 1733; eine englische Übersetzung von George B. Halsted erschien 1986 in New York (Chelsea Publ.) unter dem Titel *Euclid freed of Every Flaw.*

(1667–1733) von der Universität Pavia, der damit den zur damaligen Zeit stichhaltigsten Versuch eines Beweises des Postulats 5 unternahm.

Mit Saccheri nehmen wir *ausschließlich* die neutrale Geometrie als Ausgangspunkt: Euklids primitive Terme, Definitionen definierter Terme, Axiome, Postulate mit Ausnahme des Postulats 5 sowie Sätze, die ohne Zuhilfenahme des Postulats 5 bewiesen werden können. Wir werden bemüht sein, keine weiteren Annahmen zu machen. Das wird zeitweise sehr schwierig sein; unbewußte Angewohnheiten haben das so an sich. (Ich habe früher an den Nägeln gekaut und erinnere mich noch sehr gut, wie heimtückisch diese Gewohnheit sich wieder einstellte, wenn meine Wachsamkeit z.B. beim Fernsehen oder Lesen nachließ.) Das Problem besteht eben darin, daß die von Postulat 5 abhängigen Sätze Tatsachen feststellen, die wir für *wahr* halten – großgeworden mit der euklidischen Geometrie, können wir uns nichts anderes vorstellen –, und wir neigen instinktiv dazu, diesen Glauben in unsere Untersuchungen einfließen zu lassen. Wenn wir unser Projekt ernsthaft verfolgen wollen, müssen wir zu der extremen Maßnahme des *vollständigen Ausschlusses* aller Einflüsterungen unserer Intuition und Vorstellungskraft greifen – einer erzwungenen Trennung mentaler Fähigkeiten, die verständlicherweise verwirrend und schwer beizubehalten ist, ähnlich wie simulierte Verrücktheit.

Ein zentraler Gegenstand von Saccheris Arbeiten ist ein spezielles Viereck, das heute seinen Namen trägt.

Definition. Ein *Saccheri-Viereck* ist ein Viereck, in dem zwei Seiten einander gleich sind und eine der beiden anderen Seiten als gemeinsame Senkrechte besitzen (siehe Abb. 106). Die gemeinsame Senkrechte heißt *Grundseite* (oder *Grundlinie*), die ihr gegenüberliegende Seite heißt *Oberseite*, und die der Oberseite anliegenden Winkel heißen *obere Winkel*.

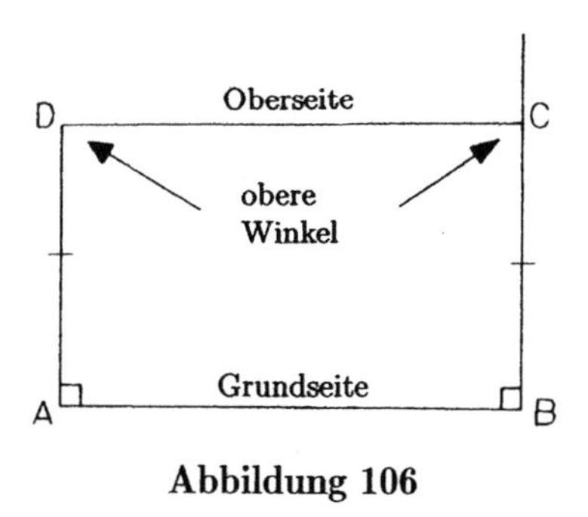

Abbildung 106

Die gemeinsame Senkrechte heißt immer „Grundseite", auch wenn sie in einer speziellen Zeichnung nicht unten liegen sollte; dasselbe gilt für die „Oberseite".

Sie sollten der Versuchung widerstehen, sich ein Saccheri-Viereck als Rechteck vorzustellen.

Definition. Ein *Rechteck* ist ein Viereck mit vier rechten Winkeln.

Es ist zwar richtig, daß in der euklidischen Geometrie alle Saccheri-Vierecke Rechtecke sind und umgekehrt (weshalb Sie den Ausdruck „Saccheri-Viereck" auch noch nie gehört haben), der Beweis dieser Tatsache ist aber im gegenwärtigen Kontext unbrauchbar, weil er vom Postulat 5 Gebrauch macht. Da sogar die einzige Konstruktion eines Rechtecks, die wir bisher gesehen haben (Satz 46), Gebrauch vom Postulat 5 macht, ist die Frage nach der Existenz von Rechtecken in der neutralen Geometrie bislang offen.

Auf der anderen Seite ist es keine Frage, daß Saccheri-Vierecke in der neutralen Geometrie existieren (siehe Abb. 106). Man wähle zwei beliebige Punkte A und B in der Ebene (Postulat 10), zeichne AB (Postulat 1), zeichne AD im rechten Winkel zu AB (Satz 11), zeichne eine Senkrechte durch B (Satz 11), verlängere sie, falls nötig (Postulat 2), und trage darauf $CB = DA$ ab (Satz 3); dann zeichne man DC (Postulat 1); $ABCD$ ist dann ein Saccheri-Viereck mit Grundseite AB, Oberseite DC und oberen Winkeln CDA und DCB.

Die meisten Aussagen, die man in der neutralen Geometrie über Saccheri-Vierecke machen kann, sind Folgerungen aus dem folgenden, sehr allgemeinen Satz, von dem wir im Weiteren häufigen Gebrauch machen werden.

Satz A. *Sind die Eckpunkte eines Vierecks aufeinanderfolgend mit A, B, C und D bezeichnet und sind die Winkel bei A und B rechte* (siehe Abb. 107)*, dann ist DA größer als, gleich oder kleiner als CB, je nachdem, ob $\sphericalangle CDA$ kleiner als, gleich oder größer als $\sphericalangle DCB$ ist.*

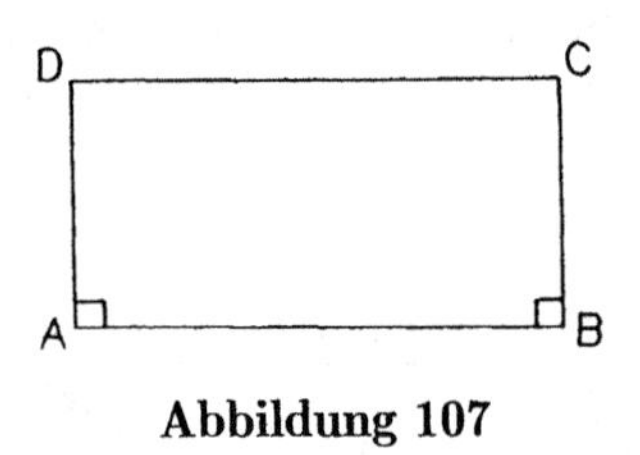

Abbildung 107

Beweis. Sechs Teilaussagen sind zu beweisen.

Fall 1. $DA = CB$. (Zu zeigen: $\sphericalangle CDA = \sphericalangle DCB$.) Diesen Fall überlasse ich Ihnen als Übungsaufgabe. Der Beweis ist leicht, wenn man Dreiecke verwendet. Aber eins noch: Sie brauchen mehr als zwei davon. Wenn Sie glauben, der Beweis sei Ihnen mit nur zwei Dreiecken gelungen, dann haben Sie etwas angenommen, von dem wir noch nicht wissen, ob es Teil der neutralen Geometrie ist.

Fall 2. $DA > CB$ (siehe Abb. 108). (Zu zeigen: $\sphericalangle CDA < \sphericalangle DCB$.)

1. Man wähle „E" auf DA, so daß $EA = CB$. Satz 3
2. Man zeichne EC. Post. 1

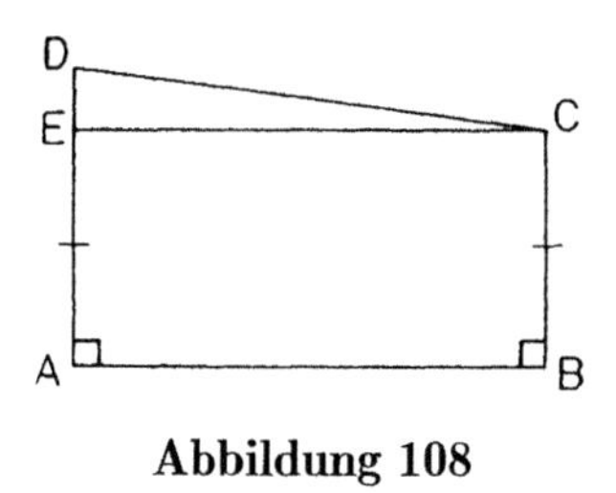

Abbildung 108

3. $\sphericalangle CDA < \sphericalangle CEA$.	Satz 16
4. $\sphericalangle CEA = \sphericalangle ECB$.	Fall 1 (angewandt auf $ABCE$)
5. $\sphericalangle ECB < \sphericalangle DCB$.	Ax. 5
6. $\sphericalangle CDA < \sphericalangle DCB$.	3.–5., Ax. 6 (Ist $a < b$, $b = c$ und $c < d$, so ist $a < d$.)

Fall 3 (gegeben $DA < CB$; man zeige $\sphericalangle CDA > \sphericalangle DCB$) geht genauso. Fall 4 (gegeben $\sphericalangle CDA = \sphericalangle DCB$; man zeige $DA = CB$), Fall 5 (gegeben $\sphericalangle CDA < \sphericalangle DCB$; man zeige $DA > CB$) und Fall 6 (gegeben $\sphericalangle CDA > \sphericalangle DCB$; man zeige $DA < CB$) sind die jeweiligen Umkehrungen von Fall 1, 2 und 3 und können leicht per Widerspruchsbeweis unter Verwendung der Fälle 1, 2 und 3 bearbeitet werden.

Korollar. *Die oberen Winkel eines Saccheri-Vierecks sind gleich, und die gerade Linie, welche die Mittelpunkte von Oberseite und Grundseite verbindet, ist senkrecht zu beiden.*

Beweis. Der erste Teil ist einfach Fall 1, der zweite eine leichte Übungsaufgabe.

Abb. 109 faßt unser bisheriges Wissen über Saccheri-Vierecke zusammen. Beachten Sie, daß wir eine Reihe von Dingen *nicht* bewiesen haben, die uns unsere eukli-

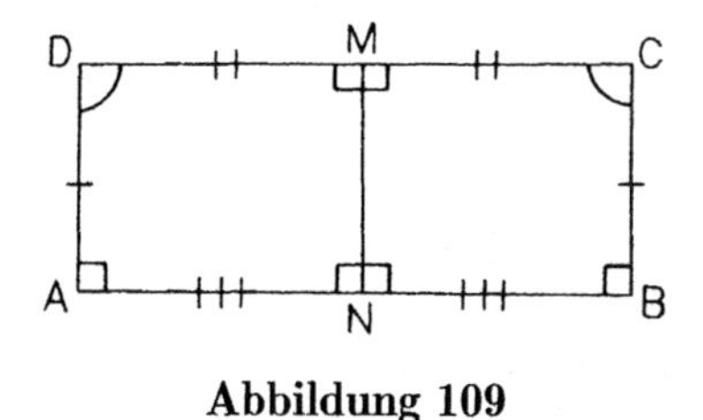

Abbildung 109

dische Intuition geradezu aufdrängt: daß die Oberseite gleich der Grundseite ist, daß die oberen Winkel rechte sind oder daß $MN = CB$ ist (zur Veranschaulichung dieser Aussagen habe ich die Abbildung in unüblicher Weise bezeichnet).

Es ist nämlich so, daß der Beweis *irgendeiner* dieser Aussagen auf einen Beweis des Postulats 5 hinausläuft! Saccheri wußte das und konzentrierte sich auf den Versuch, zu beweisen, daß die oberen Winkel rechte Winkel seien. Darin machte er beachtliche Fortschritte, aber bevor wir seine Ausführungen besprechen, lassen Sie uns zeigen, daß ein diesbezüglicher Erfolg uns tatsächlich die Möglichkeit eröffnen würde, Postulat 5 zu beweisen.

Wir wollen also zeigen, daß die Hypothese „die oberen Winkel eines Saccheri-Vierecks sind rechte Winkel" (was nichts anderes als das Ersatzpostulat 6A auf Seite 152 ist) im Kontext der neutralen Geometrie Postulat 5 impliziert. Dann ist die logische Äquivalenz von 6A mit Postulat 5 praktisch gezeigt, denn die umgekehrte Implikation – neutrale Geometrie + Postulat 5 $\Rightarrow$ 6A – ist eine Frage weniger Beweisschritte. Im Verlauf des Beweises werden wir außerdem noch zeigen, daß Ersatzpostulat 7A (Seite 152) logisch äquivalent mit Postulat 5 ist.

Wie Satz A wird auch der folgende Satz später mehrmals verwendet.

Satz B. *Werden von den Endpunkten einer gegebenen Seite eines Dreiecks* (Dreieck ABC und Seite BC in Abb. 110) *Senkrechte* (BF und CG) *auf die gerade Linie*

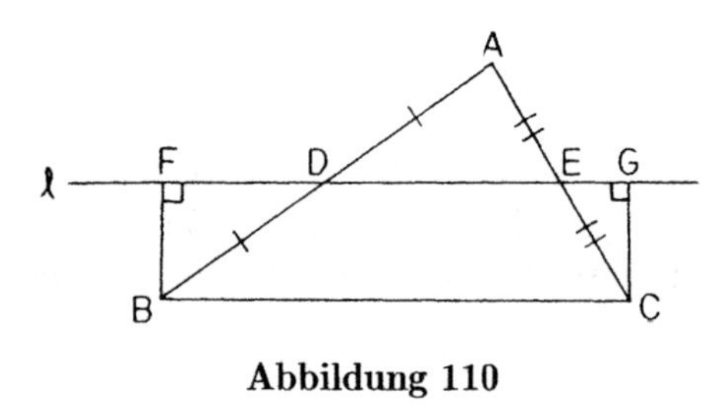

Abbildung 110

(l) *durch die Mittelpunkte* (D und E) *der beiden anderen Seiten gezeichnet, so daß ein Viereck* ($GFBC$) *entsteht, dann gilt:*

(1) *das Viereck ist ein Saccheri-Viereck, dessen Oberseite gleich der gegebenen Seite des Dreicks* (BC) *ist;*
(2) *seine Grundseite* (FG) *hat die doppelte Länge der geraden Linie* (DE), *welche die Mittelpunkte der beiden anderen Dreiecksseiten verbindet; und*
(3) *seine zwei oberen Winkel* ($\sphericalangle FBC$ und $\sphericalangle GCB$) *haben die gleiche Summe wie die drei inneren Winkel des Dreiecks.*

Beweis.

1. Sei „ABC" ein Dreieck, in dem zwei Seiten – sagen wir AB und AC – in den Punkten „D" bzw. „E" halbiert worden sind; DE sei gezeichnet und in beide Richtungen verlängert, und es seien gerade Linien B„F" und C„G" senkrecht dazu gezeichnet.	Voraussetzung
2. Man zeichne A„H" senkrecht zu der geraden Linie durch D und E.	Satz 12

(Drei Fälle sind zu berücksichtigen, je nachdem AH innerhalb, längs einer Seite oder außerhalb des Dreiecks ABC verläuft; mit anderen Worten, je nach der Lage des Punktes H relativ zu D und E.)

Fall 1. H liegt zwischen D und E.

3. Dann liegt F auf der H gegenüberliegenden Seite von D; ebenso liegt G auf der H gegenüberliegenden Seite von E, wie in Abb. 111 gezeichnet.	Übungsaufgabe

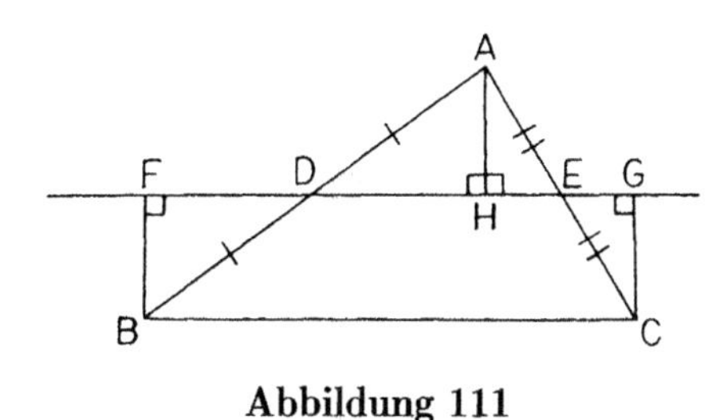

Abbildung 111

4. Die Dreiecke BFD und AHD sind kongruent.	1., Post. 4, Satz 15, WWS
5. $FB = AH$.	Def. v. „kongruent“
6. Die Dreiecke CGE und AHE sind kongruent.	1., Post. 4, Satz 15, WWS
7. $GC = AH$.	6., Def. v. „kongruent“
8. $FB = GC$.	5., 7., Ax. 1
9. Daher ist $GFBC$ ein Saccheri-Viererck mit Oberseite BC.	Def. v. „Saccheri-Viereck“

(Das ist die Schlußfolgerung (1) des Satzes.)

10. $FD = DH$.	4., Def. v. „kongruent“
11. $DH = DH$.	Ax. 4
12. $FH = 2 \cdot DH$.	10., 11., Ax. 2
13. Genauso folgt: $HG = 2 \cdot HE$.	Imitieren Sie 10.–12.
14. Daher ist $FG = 2 \cdot DE$.	12., 13., Ax. 2

(Das ist Schlußfolgerung (2).)

15. $\sphericalangle DBF = \sphericalangle DAH$.	4., Def. v. „kongruent“

16. $\sphericalangle DBF + \sphericalangle ABC = \sphericalangle DAH + \sphericalangle ABC$. — 15., Ax. 6 (Ist $a = b$, so ist $a + c = b + c$.)

17. $\sphericalangle ECG = \sphericalangle EAH$. — 6., Def. v. „kongruent“

18. $\sphericalangle ECG + \sphericalangle ACB = \sphericalangle EAH + \sphericalangle ACB$. — 17., Ax. 6 (siehe 16.)

19. Daher gilt: $\sphericalangle FBC + \sphericalangle GCB = \sphericalangle BAC + \sphericalangle ABC + \sphericalangle ACB$. — 16., 18., Ax. 2

(Damit haben wir Schlußfolgerung Nr. (3).)

Fall 2. H fällt mit D oder E zusammen. Sagen wir, H falle mit D zusammen.

20. Dann fällt auch F mit D zusammen, und G liegt auf der D gegenüberliegenden Seite von E, wie in Abb. 112 gezeichnet.

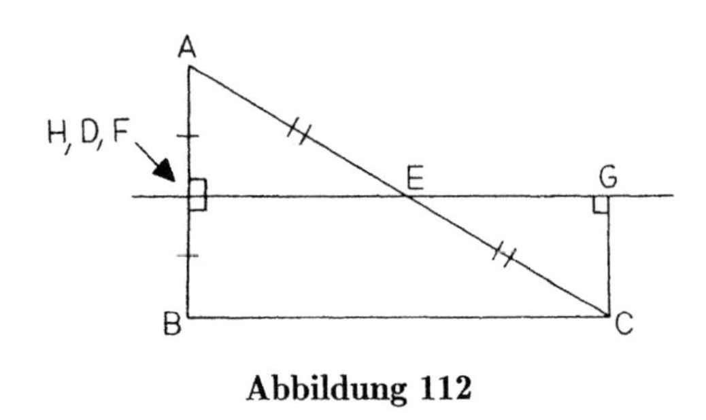

Abbildung 112

(Der Abschluß von Fall 2 ist eine Übungsaufgabe. Nehmen Sie sich in acht, nicht etwa anzunehmen, daß $\sphericalangle B$ ein rechter ist.)

Fall 3. H liegt auf der Verlängerung von ED oder DE. Sagen wir, H liege auf der Verlängerung von ED.

21. Dann liegt F auf der H gegenüberliegenden Seite von D, und G liegt auf der D gegenüberliegenden Seite von E, wie in Abb. 113 gezeichnet. — Übungsaufgabe

(In der Abbildung liegt F sogar zwischen D und E, aber es kann nur bewiesen werden, daß er irgendwo zwischen D und G liegt. Zum Glück ist es für den Beweis von Fall 3 unerheblich, ob F mit E zusammenfällt oder zwischen E und G liegt. Der Beweis folgt derselben allgemeinen Idee wie der von Fall 1, darum überlasse ich Ihnen die Einzelheiten.)

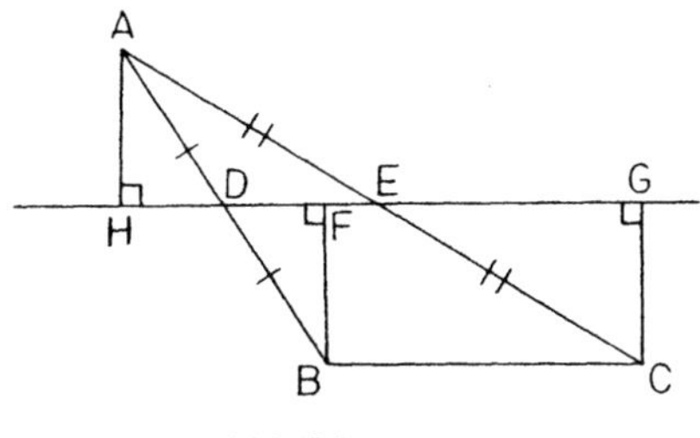

Abbildung 113

Metatheorem 4. *Wäre im Kontext der neutralen Geometrie bekannt, daß die oberen Winkel jedes Saccheri-Vierecks rechte sind, dann würde daraus folgen, daß die Winkelsumme jedes Dreiecks gleich* $180°$ *ist.*
(D.h. neutrale Geometrie + Ersatzpostulat 6A $\Rightarrow$ Ersatzpostulat 7A.)

Beweis.

1.	Die oberen Winkel jedes Saccheri-Vierecks seien rechte.	Voraussetzung
2.	Sei „ABC" irgendein Dreick.	Voraussetzung von Ersatzpostulat 7A

(Zu zeigen: Die Winkelsumme des Dreiecks ABC beträgt $180°$.)

3.	Man halbiere AB in „D" und AC in „E".	Satz 10
4.	Man zeichne DE und verlängere sie in beide Richtungen.	Post. 1, Post. 2
5.	Man zeichne B„F" und C„G" senkrecht zu DE.	Satz 12

(Das Resultat wird wie Abb. 111, Abb. 112 oder Abb. 113 aussehen, allerdings ohne AH. Jedenfalls gilt:)

6.	$GFBC$ ist ein Saccheri-Viereck mit Oberseite BC, und es gilt: $\sphericalangle FBC + \sphericalangle GCB =$ Winkelsumme von ΔABC.	
7.	Aber $\sphericalangle FBC + \sphericalangle GCB = 180°$.	1., Ax. 2
8.	Daher ist die Winkelsumme von $\Delta ABC = 180°$.	6., 7., Ax. 1

Metatheorem 5. *Wäre im Kontext der neutralen Geometrie bekannt, daß die Winkelsumme jedes Dreiecks* $180°$ *beträgt, dann würde daraus folgen, daß in jedem Dreieck jeder Außenwinkel gleich der Summe der beiden gegenüberliegenden Innenwinkel ist.*
(D.h., neutrale Geometrie + 7A $\Rightarrow$ Satz 32(a).)

Der Beweis ist eine Übungsaufgabe.

Geometrische Größen gehorchen denselben Gesetzen wie positive Zahlen. So lautet Axiom 6, und bisher ist jedes numerische Gesetz, das wir erwähnt haben, einfach zu verstehen gewesen. Das folgende ist nicht ganz so einfach[8]:

Sei $a > b$; es gibt eine positive ganze Zahl n derart, daß $a/2^n < b$.

Wir benötigen es für den Beweis von Metatheorem 6, daher dachte ich, es wäre gut, hier innezuhalten und es erst zu besprechen. (Der Beweis von Metatheorem 6 ist aber die einzige Stelle, an der wir ein kompliziertes numerisches Gesetz verwenden.) „$a/2^n$" bezeichnet das Ergebnis einer Folge von n Halbierungen der Ausgangszahl a. Halbiert man a, so erhält man $a/2$; halbiert man $a/2$, erhält man $a/4 = a/2^2$; eine dritte Halbierung ergibt $a/8 = a/2^3$, und so weiter. Das Gesetz stellt also einfach fest, daß die fortgesetzte Halbierung der größeren zweier positiver Zahlen (a) schließlich einmal ein Ergebnis liefert, das kleiner als die kleinere der beiden (b) ist. In Abb. 114 sind a und b Streckenlängen und $n = 3$. Im Beweis von Metatheorem 6 werden a und b Winkelmaße sein.

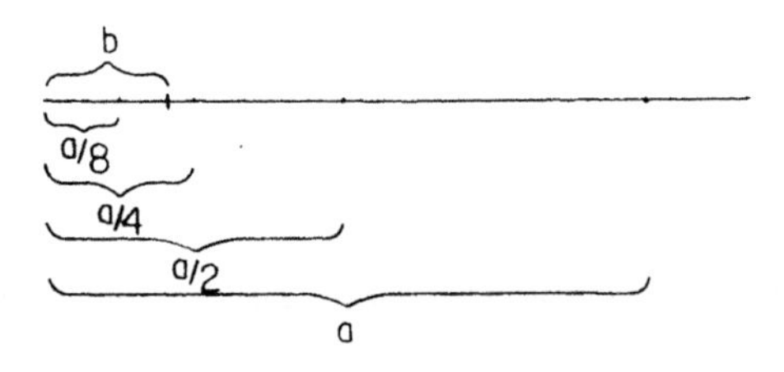

Abbildung 114

Beachten Sie, daß die Schlußfolgerung des Gesetzes auch dann wahr wäre, wenn die Voraussetzung ($a > b$) nicht zuträfe. Wäre $a < b$, so wäre $a/2^n < b$ für *jede* positive ganze Zahl n wahr, insbesondere für $n = 1$. Darum könnten wir das Gesetz gleich folgendermaßen verallgemeinern:

Zu je zwei Zahlen a und b gibt es eine positive ganze Zahl n derart, daß $a/2^n < b$.

Diese Verallgemeinerung werden wir für unseren Beweis brauchen.

Metatheorem 6. *Wäre im Kontext der neutralen Geometrie bekannt:*

in jedem Dreieck ist jeder Außenwinkel gleich der Summe der beiden innen gegenüberliegenden Winkel,

[8] Die Geometer ordnen dieses Axiom wie die Axiome 6 und 7 aus technischen Gründen unter die „Stetigkeitsaxiome" ein, auch wenn es mit Stetigkeit nichts zu tun zu haben scheint. Anders als die Axiome 6 und 7 wird es in den *Elementen* explizit aufgeführt, allerdings nicht im Buch I: Es ist Teil der Definition 4 zu Beginn von Buch V. Heutzutage ist es als „Archimedisches Axiom" geläufig, weil Archimedes ein paar Jahrzehnte nach Erscheinen der *Elemente* darauf hingewiesen hat, daß Euklid es mehr wie ein Axiom denn wie eine Definition handhabt.

dann würde daraus folgen:

> *durch einen gegebenen Punkt, der nicht auf (der Verlängerung) einer gegebenen geraden Linie liegt, kann man stets eine gerade Linie zeichnen, die mit der gegebenen geraden Linie einen Winkel bildet, der kleiner als ein gegebener Winkel ist.*

(Nennen wir den Teil, der mit „durch" beginnt, die „Eigenschaft des kleineren Winkels", kurz „E.k.W.". Dann besagt das Metatheorem: neutrale Geometrie + Satz 32(a) $\Rightarrow$ E.k.W.)

Beweis.

1. In jedem Dreieck ist jeder Außenwinkel gleich der Summe beider innen gegenüberliegenden Winkel.	Voraussetzung
2. Sei „P" ein gegebener Punkt, der nicht auf der gegebenen geraden Linie „l" oder ihrer Verlängerung liegt, und sei „ABC" ein gegebener Winkel (siehe Abb. 115).	Voraussetzung der E.k.W.

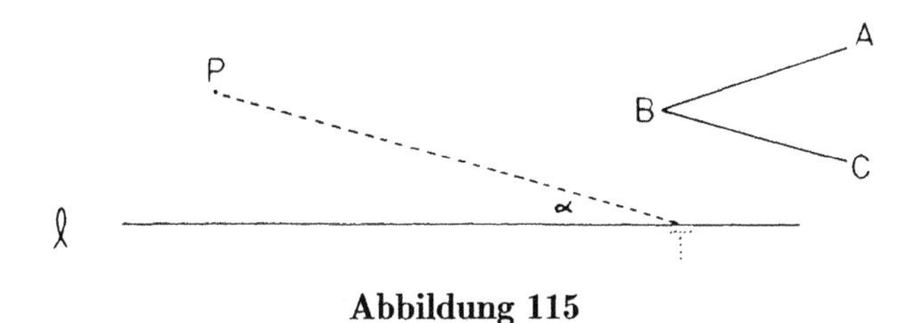

Abbildung 115

(Zu zeigen: es ist möglich, eine gerade Linie P„T" durch P zu zeichnen, so daß der Winkel zwischen ihr und l, „α", kleiner als $\sphericalangle ABC$ ist.)

3. Es gibt eine positive ganze Zahl n, so daß $90°/2^n < \sphericalangle ABC$.	Ax. 6 (Zu je zwei Zahlen a und b gibt es eine positive ganze Zahl n derart, daß $a/2^n < b$.)
4. Man zeichne P„Q" senkrecht zu l (bei Bedarf verlängert).	Satz 12 (Post. 2)
5. Auf l oder ggf. der Verlängerung von l trage man Q„T_1"$= PQ$ ab (siehe Abb. 116).	Satz 3 (Post. 2)
6. Man zeichne PT_1.	Post. 1
7. $\sphericalangle T_1PQ = \sphericalangle PT_1Q$.	Satz 5

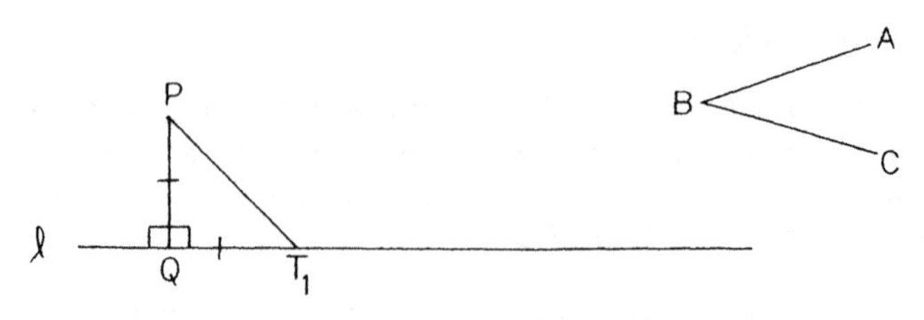

Abbildung 116

8. $\sphericalangle T_1PQ + \sphericalangle PT_1Q = 90°$.	1.
9. $\sphericalangle PT_1Q = 90°/2$.	7., 8., Ax. 6 (Ist $a = b$ und $a + b = c$, so ist $b = \frac{1}{2}c$.)
10. Auf der Verlängerung von QT_1 trage man T_1„T_2“$= PT_1$ ab und zeichne PT_2 (siehe Abb. 117).	Satz 3 (Post. 2), Post. 1

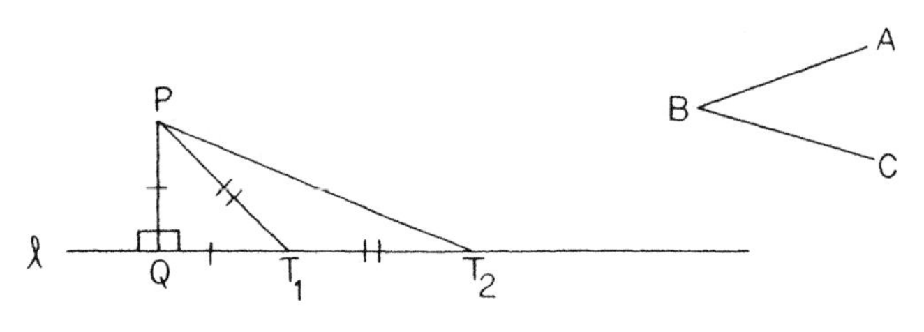

Abbildung 117

11. $\sphericalangle T_2PT_1 = \sphericalangle PT_2Q$.	Satz 5
12. $\sphericalangle T_2PT_1 + \sphericalangle PT_2Q = 90°/2$.	1., 9.
13. $\sphericalangle PT_2Q = 90°/2^2$.	11., 12., Ax. 6 (siehe 9.)
14. Durch Wiederholung dieser Prozedur, die wir jetzt zweimal durchgeführt haben, gelangen wir schließlich zu einem Punkt „T_n“ auf l derart, daß $\sphericalangle PT_nQ = 90°/2^n$.	5.–9., 10.–13.
15. $\sphericalangle PT_nQ < \sphericalangle ABC$.	3., 14., Ax. 6 (Ist $a < b$ und $c = a$, so ist $c < b$.)

Die letzten drei Metatheoreme besagen, daß im Kontext der neutralen Geometrie folgende Implikationen gelten:

(1) Ersatzpostulat 6A $\Rightarrow$ Ersatzpostulat 7A,
(2) Ersatzpostulat 7A $\Rightarrow$ Satz 32(a), und
(3) Satz 32(a) $\Rightarrow$ Eigenschaft des kleineren Winkels.

Zusammengenommen:

Korollar. *Neutrale Geometrie + 6A $\Rightarrow$ 7A, Satz 32(a) und E.k.W.*

Damit sind wir genügend vorbereitet, um das Resultat zu beweisen, auf das wir eigentlich zusteuern.

Metatheorem 7. *Wäre im Kontext der neutralen Geometrie bekannt, daß die oberen Winkel jedes Saccheri-Vierecks rechte sind, dann könnte man Postulat 5 beweisen.* (D.h. neutrale Geometrie + 6A $\Rightarrow$ Postulat 5.)

Beweis.

1. Die oberen Winkel jedes Saccheri-Vierecks sind rechte.	Voraussetzung
2. Sei „EF“ eine gerade Linie, welche die beiden geraden Linien „AB“ und „CD“ schneidet, wobei $\sphericalangle BEF + \sphericalangle EFD < 180°$ (siehe Abb. 118).	Voraussetzung von Postulat 5

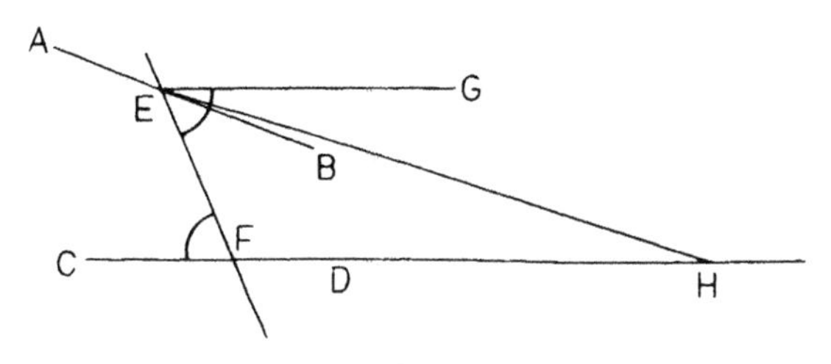

Abbildung 118

(Zu zeigen: AB und CD schneiden sich bei hinreichender Verlängerung rechts von EF.)

3. Durch E zeichne man E„G“, so daß $\sphericalangle GEF = \sphericalangle CFE$.	Satz 23
4. $\sphericalangle GEF > \sphericalangle BEF$, wie gezeichnet.	Übungsaufgabe
5. Man zeichne E„H“ von E nach CD (ggf. verlängert) derart, daß $\sphericalangle EHF < \sphericalangle GEB$.	obiges Korollar (E.k.W. angewandt auf den Punkt C, die gerade Linie CD und den gegebenen Winkel $\sphericalangle GEB$)

(Zu zeigen: AB tritt in $\sphericalangle FEH$ ein, wie gezeichnet. Dazu genügt es zu zeigen, daß $\sphericalangle GEH < \sphericalangle GEB$. Mit Postulat 2, Postulat 6(iii) und Postulat 1 folgt dann – siehe die entsprechende Diskussion im Anschluß an den Beweis von Satz 10, Seite 78 –, daß AB bei hinreichender Verlängerung CD (oder deren Verlängerung) zwischen F und H schneidet, womit wir fertig sind.)

6. $\sphericalangle CFE = \sphericalangle FEH + \sphericalangle EHF$.	1., obiges Korollar (Satz 32(a))
7. $\sphericalangle GEF = \sphericalangle FEH + \sphericalangle GEH$.	Ax. 4
8. $\sphericalangle CFE = \sphericalangle FEH + \sphericalangle GEH$.	3., 7., Ax. 1
9. $\sphericalangle EHF = \sphericalangle GEH$.	6., 8., Ax. 6 (Ist $a = b + c$ und $a = b + d$, so ist $c = d$.)
10. $\sphericalangle GEH < \sphericalangle GEB$.	5., 9., Ax. 6 (Ist $a < b$ und $a = c$, so ist $c < b$.)
11. Daher schneidet AB bei ausreichender Verlängerung die gerade Linie CD (oder ihre Verlängerung) zwischen F und H.	Post. 2, Post. 6, Post. 1

Korollar 1. *Im Kontext der neutralen Geometrie ist die Aussage, daß die oberen Winkel jedes Saccheri-Vierecks rechte sind* (6A), *logisch äquivalent mit Postulat* 5.

Beweis. Die Behauptung lautet:

Neutrale Geometrie + 6A $\Rightarrow$ Post. 5 sowie
neutrale Geometrie + Post. 5 $\Rightarrow$ 6A.

Das Metatheorem deckt die erste Implikation ab. Die Verifikation der zweiten ist eine Übungsaufgabe.

Korollar 2. *Im Kontext der neutralen Geometrie ist die Aussage, daß die Winkelsumme jedes Dreiecks* 180° *beträgt (7A), logisch äquivalent mit Postulat 5.*

Beweis. Die Implikation „neutrale Geometrie + 7A $\Rightarrow$ Post. 5“ folgt aus den Metatheoremen 5 und 6 und den Schritten 2.–11. des Beweises von Metatheorem 7 (welches zeigt: neutrale Geometrie + Satz 32(a) + E.k.W. $\Rightarrow$ Post. 5). Unser Beweis des Satzes 32(b) (Seite 106) zeigt: neutrale Geometrie +Post. 5 $\Rightarrow$ 7A.

Saccheri wollte das Postulat 5 aus der neutralen Geometrie *allein* herleiten. Dazu würde genügen zu zeigen, das wußte er, daß in der neutralen Geometrie die oberen Winkel eines Saccheri-Vierecks rechte sind – das genau ist Metatheorem 7. Saccheri schaffte es nicht, dies zu zeigen, wenngleich er an einem bestimmten

Punkt seines Buches, ausgelaugt von erfolglosen Anstrengungen, erklärte, die oberen Winkel eines Saccheri-Vierecks *müßten* rechte Winkel sein, denn andernfalls ergäben sich Konsequenzen, die „der Natur der geraden Linie zuwiderliefen". Es ist unwahrscheinlich, daß er damit zufrieden war, denn er unternahm einen zweiten Anlauf – ebenfalls erfolglos –, hielt aber die Publikation des Buches sein Leben lang zurück.

Die Anstrengungen Saccheris blieben – trotz seines letztlichen Scheiterns – nicht unbelohnt. Seine Untersuchungen enthüllten ein neues Ersatzpostulat von erstaunlicher Einfachheit: „Es gibt ein Saccheri-Viereck, dessen obere Winkel rechte sind" (im Wesentlichen 6C auf Seite 152), welches das Problem auf die Feststellung der Existenz einer *einzigen* geometrischen Figur reduziert.

Es ist schwer nachzuvollziehen, wie es möglich sein soll, daß diese neue Aussage logisch äquivalent mit der Aussage ist, die oberen Winkel *jedes* Saccheri-Vierecks seien rechte. Sie ist es aber trotzdem, wie ich jetzt zeigen will. Dazu bedarf es einer Reihe von Vorbereitungen.

Metatheorem[9] 8. *Wenn in der neutralen Geometrie bekannt wäre:*

> *ein gegebenes Paar gerader Linien besitzt zwei gemeinsame Senkrechte,*

dann würde folgen:

> *alle Senkrechten, die von der einen der gegebenen geraden Linien (egal, wie weit verlängert) auf die andere (ggf. verlängert) gezeichnet werden, sind gleich (und die geraden Linien daher äquidistant).*

Beweis.

1. Seien „l" und „m" zwei gerade Linien mit den gemeinsamen Senkrechten „PQ" und „ST", und sei „XY" irgendeine andere Senkrechte von l (ggf. verlängert) nach m (ggf. verlängert) (siehe Abb. 119).	Voraussetzung
2. $PQ = ST$.	Satz A (angewandt auf $QTSP$)

(Wir werden zeigen: $XY = ST$. Das reicht, denn XY als *irgendeine* andere Senkrechte repräsentiert *jede* andere Senkrechte.)

[9] Der Unterschied zwischen „Satz" und „Metatheorem" hängt hauptsächlich vom Betrachter ab. Bisher in diesem Abschnitt habe ich ein Resultat einen „Satz" genannt (Satz A, Seite 156; Satz B, Seite 158), wenn seine Voraussetzung in der neutralen Geometrie erfüllbar ist, hingegen ein „Metatheorem", wenn die Erfüllbarkeit der Voraussetzung noch nicht sichergestellt ist. Nun behauptet ein Satz nicht die Voraussetzung, sondern, daß aus ihr die Schlußfolgerung folgt, daher ist obige Einteilung nicht zwingend. Ich behalte sie trotzdem bei; dieser Satz ist also ein „Metatheorem", obwohl er wie ein „Satz" klingt.

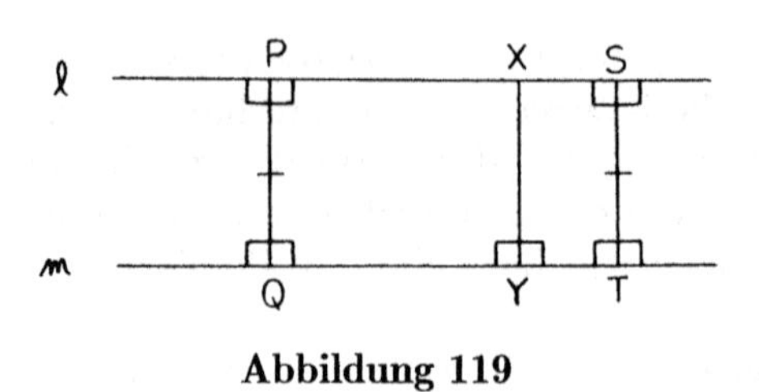

Abbildung 119

Fall 1. X liegt zwischen P und S.

3. Dann liegt Y zwischen Q und T.	Übungsaufgabe
4. Angenommen, $XY < ST$.	Annahme des Gegenteils
5. $\sphericalangle SXY > 90°$.	Satz A (angewandt auf $YTSX$)
6. $XY < PQ$.	2., 4., Ax. 6 (Ist $a = b$ und $c < b$, so ist $c < a$.)
7. $\sphericalangle PXY > 90°$.	Satz A (angewandt auf $QYXP$)
8. Daher ist $\sphericalangle PXY + \sphericalangle SXY > 180°$.	5., 7., Ax. 6 (Ist $a > b$ und $c > b$, so ist $a + c > 2b$.)
9. Aber $\sphericalangle PXY + \sphericalangle SXY = 180°$.	Satz 13
10. Widerspruch.	8. und 9.
11. Daher ist XY nicht kleiner als ST.	4.–10., Logik

(Aus einem ähnlichen Grund kann XY nicht größer als ST sein; also ist in Fall 1 $XY = ST$.)

Fall 2. X liegt nicht zwischen P und S, sagen wir, X liegt auf der P gegenüberliegenden Seite von S (siehe Abb. 120).

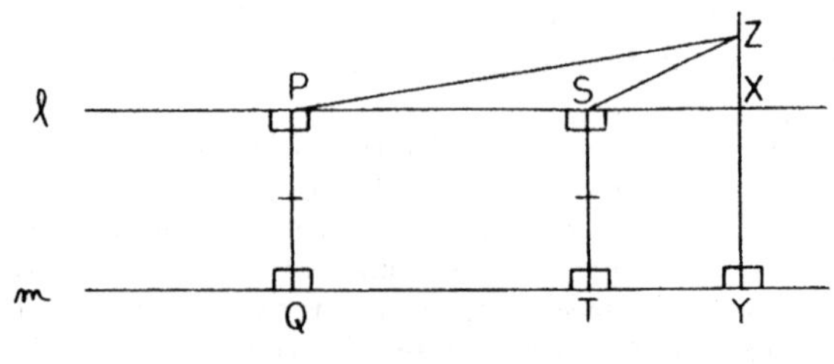

Abbildung 120

12. Dann liegt Y auf der Q gegenüberliegenden Seite von T.	Übungsaufgabe
13. Angenommen, $XY < ST$.	Annahme des Gegenteils
14. Man verlängere YX und trage darauf „Z“$Y = ST$ ab.	Post. 2, Satz 3
15. Man zeichne PZ und SZ.	Post. 1
16. $\sphericalangle ZST = \sphericalangle SZY$.	14., Satz A (angewandt auf $TYZS$)
17. $\sphericalangle SZY < \sphericalangle PZY$.	Ax. 5
18. $PQ = ZY$.	2., 14., Ax. 1
19. $\sphericalangle PZY = \sphericalangle ZPQ$.	Satz A (angewandt auf $QYZP$)
20. Daher ist $\sphericalangle ZST < \sphericalangle ZPQ$.	16., 17., 19., Ax. 6 (Ist $a = b$, $b < c$ und $c = d$, so ist $a < d$.)
21. $\sphericalangle ZSX > \sphericalangle ZPS$.	Satz 16
22. $\sphericalangle XST < \sphericalangle SPQ$.	20., 21., Ax. 6 (Ist $a < b$ und $c > d$, so ist $a - c < b - d$.)
23. $\sphericalangle SPQ = \sphericalangle PST$.	Post. 4
24. $\sphericalangle XST < \sphericalangle PST$.	22., 23., Ax. 6 (Ist $a < b$ und $b = c$, so ist $a < c$.)
25. Aber $\sphericalangle XST = \sphericalangle PST$.	Post. 4
26. Widerspruch.	24. und 25.
27. Also ist XY nicht kleiner als ST.	13.–26., Logik

(Aus ähnlichem Grund kann XY nicht größer als ST sein; in Fall 2 gilt also $XY = ST$.)

Satz C. *Ist die Grundseite eines Saccheri-Vierecks gleich der Grundseite eines zweiten Saccheri-Vierecks und sind die gleichen Seiten des ersteren gleich den gleichen Seiten des zweiteren, dann sind auch die Oberseiten und oberen Winkel beider Saccheri-Vierecke gleich.*

Der einfache Beweis ist eine Übungsaufgabe.

Metatheorem 9. *Wäre im Kontext der neutralen Geometrie bekannt:*

es gibt ein Saccheri-Viereck, dessen obere Winkel rechte sind,

so würde folgen:

die oberen Winkel jedes Saccheri-Vierecks sind rechte.

Beweis.

1. Sei „$ABCD$" ein Saccheri-Viereck, dessen obere Winkel als rechte bekannt seien, und sei „$WXYZ$" irgendein anderes Saccheri-Viereck (siehe Abb. 121).	Voraussetzung

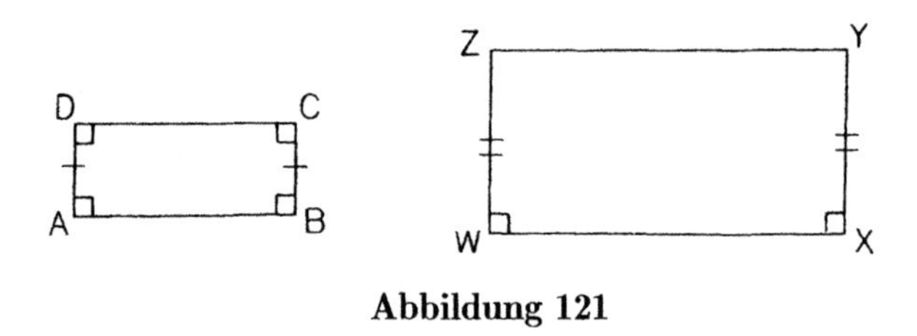

Abbildung 121

2. Man halbiere DC in „M" sowie AB in „N" und zeichne MN.	Satz 10, Post. 1
3. MN ist senkrecht sowohl zu DC als auch AB.	Korollar zu Satz A
4. $MN = CB$.	Metatheorem 8 (DC und AB sind die geraden Linien, DA und CB die gemeinsamen Senkrechten)

Fall 1. $MN < ZW$ (siehe Abb. 122).

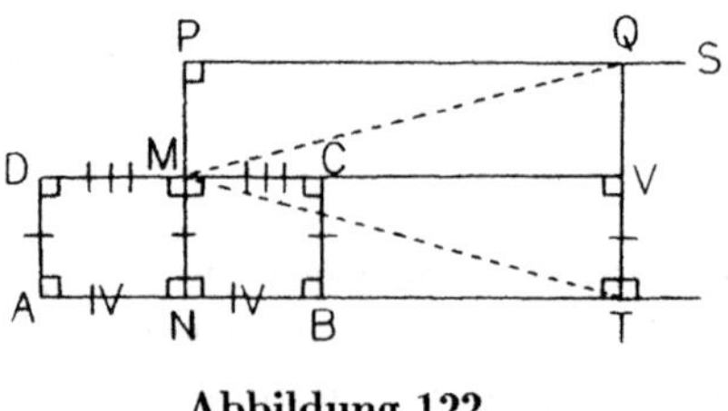

Abbildung 122

5. Man verlängere NM und trage darauf „P"$N = ZW$ ab.	Post. 2, Satz 3

6.	Durch P zeichne man P„S“ senkrecht zu PN.	Satz 11
7.	Auf PS (ggf. verlängert) trage man P„Q“$= WX$ ab.	(Post. 2) Satz 3
8.	Man verlängere AB und zeichne Q„T“ senkrecht dazu.	Post. 2, Satz 12

(In der Abbildung habe ich QT rechts von CB gezeichnet, der Beweis bleibt aber völlig richtig, wenn QT zwischen QT liegt oder der untere Teil von QT mit CB zusammenfällt.)

9.	Man zeichne MQ und MT.	Post. 1
10.	DC trifft bei Verlängerung QT in einem Punkt „V“[10].	Post. 2, Post. 6 (angewandt auf ΔQMT), Post. 1
11.	$VT = CB$.	Metatheorem 8 (siehe Schritt 4.)
12.	$\sphericalangle CVT = 90°$.	Satz A (angewandt auf $BTVC$)

(Wir werden zeigen, daß $QPNT$ ein umgedrehtes Saccheri-Viereck mit Oberseite NT ist, dessen obere Winkel NTQ und TNP gleich den oberen Winkeln von $WXYZ$ sind.)

13.	$PQ = NT$.	Metatheorem 8 (PN und QT sind die geraden Linien, VM und TM die gemeinsamen Senkrechten)
14.	$\sphericalangle PQT = 90°$.	Satz A (angewandt auf $PNTQ$)
15.	$PN = QT$.	Satz A (angewandt auf $NTQP$)
16.	$QPNT$ kann als Saccheri-Viereck mit Oberseite NT angesehen werden.	6., 14., 15., Def. v. „Saccheri-Viereck“
17.	Die oberen Winkel (NTQ und TNP) des Saccheri-Vierecks $QPNT$ sind gleich den oberen Winkeln (YZW und ZYX) des Saccheri-Vierecks $WXYZ$.	5., 7., Satz C
18.	Die oberen Winkel des Saccheri-Vierecks $WXYZ$ sind rechte.	8., 3., 17., Post. 4

(Die Beweise der Fälle 2 ($MN = ZW$) und 3 ($MN > ZW$) sind lediglich Variationen.)

Korollar 1. *Die Aussage*

es gibt ein Saccheri-Viereck, dessen obere Winkel rechte sind

ist logisch äquivalent mit der Aussage

die oberen Winkel jedes Saccheri-Vierecks sind rechte (Ersatzpostulat 6A).

Beweis. Neutrale Geometrie + erste Aussage ⇒ 6A wegen Metatheorem 9. Die Implikation „neutrale Geometrie + 6A ⇒ erste Aussage" ist offensichtlich, wenn man bedenkt, daß die Existenz von Saccheri-Vierecken in der neutralen Geometrie bekannt ist (siehe Seite 156).

Korollar 2. *Die Aussage*

es gibt ein Saccheri-Viereck, dessen obere Winkel rechte sind

ist logisch äquivalent mit Postulat 5.
Beweis. Man kombiniere Korollar 1 mit dem Korollar 1 zu Metatheorem 7.

Korollar 3. *Die Aussage*

es gibt ein Dreieck mit Winkelsumme 180° *(Ersatzpostulat 7B)*

ist logisch äquivalent mit Postulat 5.
Beweis. Zwei Dinge sind zu beweisen:

(1) Neutrale Geometrie + 7B ⇒ Post. 5, und
(2) neutrale Geometrie + Post. 5 ⇒ 7B.

In Anbetracht der Tatsache, daß Dreiecke in der euklidischen Geometrie existieren, haben wir (2) mit dem Beweis von Satz 32(b) bewiesen. Hier folgt jetzt der Beweis von (1).

1. Es gibt ein Dreieck „ABC" mit Winkelsumme 180° (siehe Abb. 123).	Voraussetzung
2. Man halbiere AB in „D" und AC in „E".	Satz 10

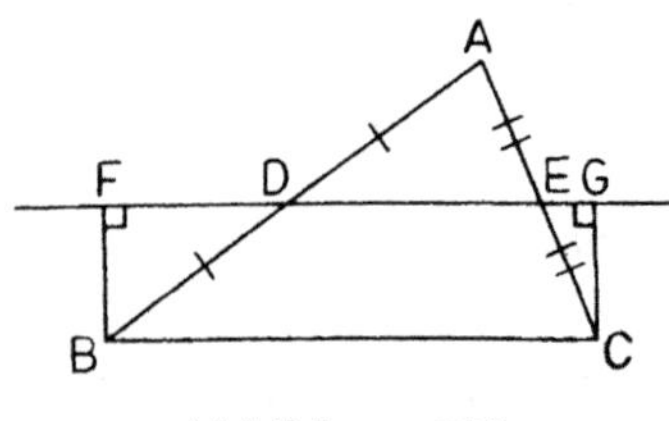

Abbildung 123

3. Man zeichne DE und verlängere sie in beide Richtungen.	Post. 1, Post. 2
4. Man zeichne B„F" und C„G" senkrecht zu DE.	Satz 12
5. $GFBC$ ist ein Saccheri-Viereck mit Oberseite BC, dessen obere Winkel, FBC und GCB, die gleiche Summe wie die drei inneren Winkel von ΔABC haben.	Satz B
6. $\sphericalangle FBC + \sphericalangle GCB = 180°$.	1., 5., Ax. 1
7. $\sphericalangle FBC = \sphericalangle GCB$.	Korollar zu Satz A
8. Die Winkel FBC und GCB sind rechte.	6., 7., Ax. 6 (Ist $a + b = c$ und $a = b$, so ist $a = \frac{1}{2}c$ und $b = \frac{1}{2}c$.)
9. Daher gibt es ein Saccheri-Viereck, dessen obere Winkel rechte sind.	5., 8.
10. Postulat 5 folgt.	Korollar 2 (siehe oben)

Eine experimentelle Überprüfung des Postulats 5

Jedes der letzten zwei Korollare kann als Grundlage für eine einfache wissenschaftliche Überprüfung des Postulats 5 dienen.

Korollar 2 könnte als das eher zu bevorzugende erscheinen, weil ein darauf beruhendes Experiment nur die Messung eines einzigen Winkels erforderlich macht (einen der beiden oberen Winkel des Saccheri-Vierecks). Ein paar Jahrzehnte nach der Veröffentlichung von Saccheris Buch jedoch bewies der deutsch-französische Mathematiker, Physiker und Philosoph Johann Heinrich Lambert (1728–1777), daß, wenn die Figuren größer werden, auch die mögliche Diskrepanz zwischen der tatsächlichen Größe ihrer Winkel und der von den Postulat-5-abhängigen Sätzen vorhergesagten Größe zunimmt. Je größer also die Figur, desto ernstlicher wird das Postulat 5 herausgefordert. Große Dreiecke sind leichter zu konstruieren als große Saccheri-Vierecke, daher beruhen tatsächlich durchgeführte Experimente normalerweise auf Korollar 3.

Im Jahre 1820 wurde Gauß Leiter eines Projekts zur Kartierung des Staates Hannover, in dem er lebte. (Die erforderlichen Mittel flossen im Namen des britischen Königs Georg III, berühmt durch die amerikanische Revolution – von 1815–1837 regierten die englischen Könige auch Hannover.) Das Projekt brachte die Vermessung großer Dreiecke mit sich, wobei als Eckpunkte solche Punkte wie Kirchturmspitzen und Berge dienten, die trotz der Krümmung der Erdoberfläche sichtbar waren. Um sicher zu gehen, daß die Dreiecke akkurat angeordnet waren, erfand Gauß das „Heliotrop", ein Gerät, dessen fein justierbarer Spiegel das Sonnenlicht in eine Richtung reflektierte, die der Betreiber sehr genau kontrollieren konnte. Jedes Dreieck wurde mehrfach ausgemessen und der Durchschnitt über die geringfügig variierenden Resultate gebildet.

Am Ende einer Arbeit aus dem Jahre 1827 über gekrümmte Flächen (*Disquisitiones generalis circa superficies curvas*)berichtet Gauß über das größte ebene Dreieck, das zur damaligen Zeit vermessen worden war, mit Eckpunkten auf den Bergspitzen Hohenhagen, Brocken und Inselsberg. (Abb. 124 zeigt eine moderne Karte von Deutschland, der das Gaußsche Dreieck überlagert ist. Die Seite BI ist 107 km lang!) Sein Resultat war, daß die Winkelsumme dieses Dreiecks im Rahmen des experimentellen Fehlers 180° betrug.

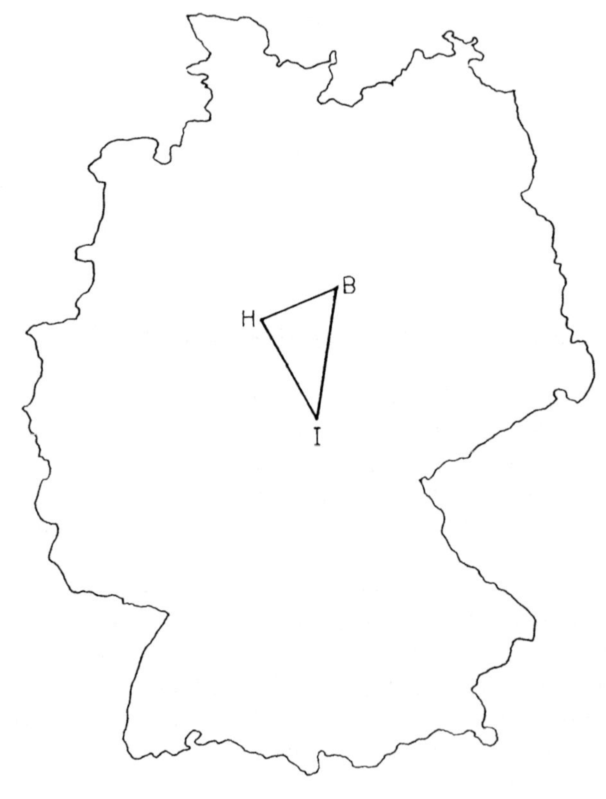

Abbildung 124

Der einzige von Gauß erwähnte Zweck der Angabe dieses Resultats bestand darin, das geradlinige Dreieck HBI, das in einer Ebene durch die drei Bergesgipfel liegt, mit dem entsprechenden krummlinigen Dreieck, das darunter auf die Erdoberfläche gezeichnet war, zu vergleichen.

Spätere Mathematiker haben vermutet, daß diese Messungen noch das zusätzliche Ziel verfolgten, zu untersuchen, ob das Dreieck HBI, das aus

> Lichtstrahlen bestand, eine Winkelsumme besaß, die vom euklidischen Wert von 180° abwich oder nicht.
>
> Die Arbeit über gekrümmte Flächen, die jedenfalls nur von euklidischer Geometrie handelt, bietet keinen Anhaltspunkt für solch eine Vermutung. Aber im Brief an Taurinus [datiert vom 8. November 1824] (...) z.B. gibt es einen Hinweis in dieser Richtung. Es ist nicht völlig aus der Luft gegriffen, daß Gauß mit Hilfe seines großen Dreiecks versucht haben könnte, die Abweichung von der euklidischen Geometrie im Raum des Universums empirisch herauszufinden (...) Aus seinen eigenen Bemerkungen wissen wir, daß er die Geometrie als empirische Wissenschaft im selben Sinne wie die Mechanik ansah.[11]

In jedem Falle liefert Gauß' Messung des riesigen Dreiecks Unterstützung für das fünfte Postulat, ob er das nun so sah oder nicht.

Bedeutet das, daß das fünfte Postulat letztlich bewiesen worden ist? Überhaupt nicht. Die Mathematik und die experimentellen Wissenschaften besitzen sehr unterschiedliche Normen.

Nehmen Sie als Beispiel den Begriff der Länge. In der Mathematik sind Längen fest und exakt. Wir klassifizieren sie sogar als rational oder irrational (Seite 4). Aber kein Meßgerät ist imstande, die Länge eines physikalischen Objekts auf mehr als einige Dezimalstellen genau zu bestimmen. Das Ergebnis einer Messung ist daher niemals eine genaue Zahl, sondern vielmehr ein *Bereich* von Zahlen, der aus unendlich vielen einzelnen Zahlen besteht, die mit den bestimmten Ziffern anfangen. (Dies wird durch die Tatsache verschleiert, daß wir, wenn dieser Bereich für praktische Zwecke klein genug ist, dazu tendieren, eine bequeme Zahl darin als die „genaue" Länge zu beschreiben.) Eine gemessene Länge ist daher *keine* Länge im mathematischen Sinne, und feine mathematische Unterscheidungen wie rational/irrational sind in den Experimentalwissenschaften bedeutungslos. (Selbst wenn wir die instrumentellen Beschränkungen ignorieren und die Mathematik mit der *theoretischen* Naturwissenschaft vergleichen, ist der mathematische Begriff der Länge immer noch ohne Gegenstück. Gemäß dem heutigen Stand der Theorie besteht jedes physikalische Objekt – selbst ein Lichtstrahl – aus unberechenbaren Teilchen und schwingenden Wellen, deren genaue Örter notwendigerweise unbestimmt sind, selbst unter der Hypothese idealer Meßinstrumente. Inbesondere ist es also nicht zulässig, davon zu sprechen, daß ein Objekt einen wohldefinierten „Anfang" oder ein „Ende" oder aber eine „Länge" im mathematischen Sinne besitzt.)

Die Messung von Gauß an dem riesigen Dreieck beweist das Postulat 5 nicht, weil sein Meßergebnis – daß die Winkelsumme innerhalb eines bestimmten experimentellen Fehlers in der Nähe von 180° liegt – nur bedeutet, daß der „wahre" Wert in einer kleinen aber von unendlich vielen Zahlen besetzten Umgebung lag, die zufällig die angenehm runde Zahl 180 enthielt. Ja, *keine* Messung an einem Dreieck könnte jemals das Postulat 5 beweisen, denn so sehr neue Techniken den

[11] Hall, Tord: *Carl Friedrich Gauss*. Cambridge, Mass.: MIT Press, 1970, S. 124.

Bereich des experimentellen Fehlers auch verkleinern mögen, ist es undenkbar, daß sie ihn vollständig eleminieren könnten.

Dieser Punkt ist wichtig, daher lassen Sie mich ihn noch einmal anders hervorheben. Ich stelle mir eine tadellos glatte, ebene Fläche vor. Unter Verwendung eines perfekten Lineals, eines exquisiten Zirkels und eines Bleistiftes von äußerster Schärfe zeichne ich ein rechtwinkliges Dreieck, ABC in Abbildung 125, und eine

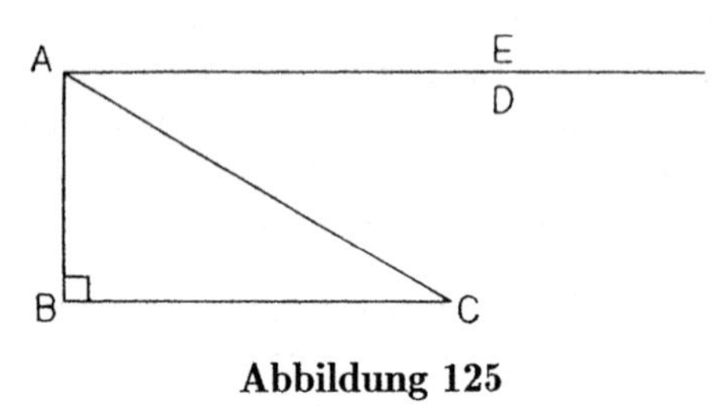

Abbildung 125

gerade Linie AD, so daß $\sphericalangle DAC = \sphericalangle ACB$. Die Winkelsumme des Dreiecks ABC ist dann gleich 180° oder eben nicht, jenachdem, ob $\sphericalangle DAB$ ein rechter Winkel ist oder nicht. Um zu sehen, ob $\sphericalangle DAB = 90°$, zeichne ich eine gerade Linie AE senkrecht zu AB. AE fällt scheinbar genau mit AD zusammen! Selbst durch ein starkes Mikroskop kann ich keine Abweichung zwischen AE und AD feststellen. Beweist dies nicht das Postulat 5?

Vielleicht für praktische Zwecke; ganz klar nein, was die Befriedigung der Mathematiker angeht. Betrachten Sie z.B. eine gerade Linie PQ (Abbildung 126). Man verlängere PQ, bis ihre Länge 10 Milliarden Lichtjahre beträgt. An ihrem

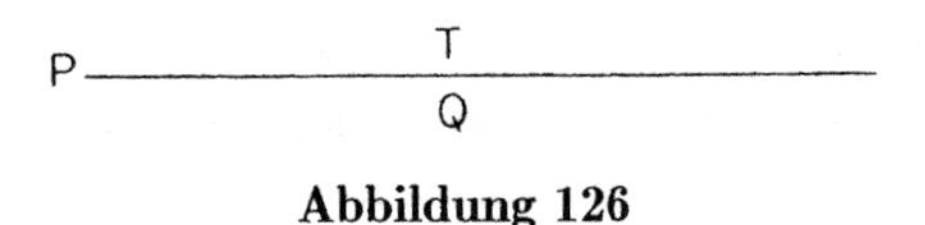

Abbildung 126

anderen Ende zeichne man eine Senkrechte, die 0,0000000001 cm lang ist (eine Länge, die erheblich kleiner ist als die Wellenlänge des sichtbaren Lichts). Von der Spitze dieser winzigen Senkrechten zeichne man eine gerade Linie zurück zu P. Auf dieser letzten geraden Linie wähle man einen Punkt T, so daß $PT = PQ$. Dann werden, ungeachtet der Feinheit der verwendeten Werkzeuge oder der Sorgfalt, mit der die Figur ausgeführt wurde, die geraden Linien PT und PQ ununterscheidbar sein (sogar über die gesamte Länge von 10 000 000 000 Lichtjahren), denn der Zwischenraum zwischen ihnen ist einfach zu klein, um sichtbar zu sein. Es ist also möglich, daß die geraden Linien AE und AD in Abbildung 125 tatsächlich verschieden sind und daher das Postulat 5 falsch ist. (Exaktheit ist eine Norm, die keinerlei Abschwächung zuläßt.)

Es ist eine Ironie, daß zwar keine Messung an einem Dreieck das Postulat 5 beweisen kann, daß es jedoch möglich ist, eine Messung zu erdenken, die das Gegenteil beweist. Nehmen wir z.B. an, daß irgendwann in der Zukunft mit Hilfe von Meßinstrumenten, die sehr viel empfindlicher sind als die, die wir heute besitzen, die Winkelsumme eines Dreiecks zu $179,9999999972^\circ$ bestimmt wird, mit einem experimentellen Fehler von $\pm 0,0000000001^\circ$; der wahre Wert läge dann innerhalb des Bereichs von $179,9999999971^\circ$ bis $179,9999999973^\circ$ und wäre damit definitiv kleiner als 180°.

Übungsaufgaben

1. Sei ABC (Abb. 127) ein rechtwinkliges Dreieck, in dem die dem rechten Winkel anliegenden Seiten 8 und 15 Meter lang sind. In der euklidischen

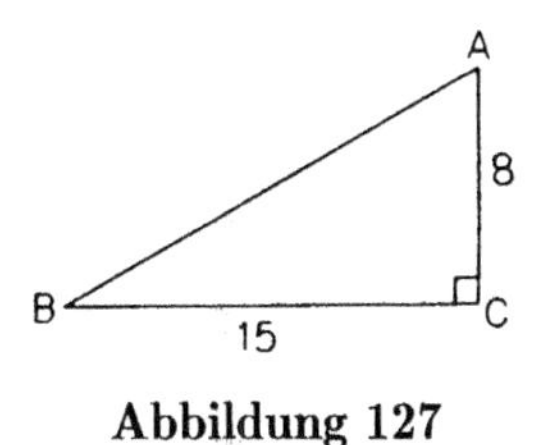

Abbildung 127

Geometrie hätten wir den Satz des Pythagoras (Satz 47) und wären deshalb in der Lage, AB genau zu berechnen:

$$\begin{aligned} AB^2 &= AC^2 + BC^2 \\ AB^2 &= 8^2 + 15^2 \\ AB^2 &= 64 + 225 \\ AB^2 &= 289 \\ AB &= 17. \end{aligned}$$

In der neutralen Geometrie ohne Postulat 5 können wir dies nicht genau so tun. Uns steht kein Satz des Pythagoras zur Verfügung, weil er von Postulat 5 abhängt (um genau zu sein, ist er logisch äquivalent mit Postulat 5). Wir können aber zumindest AB abschätzen. Zeigen Sie, indem Sie nur die neutrale Geometrie verwenden, daß AB länger als 15 m, aber kürzer als 23 m ist.

2. Die „Hypotenuse" in einem rechtwinkligen Dreieck ist die dem rechten Winkel gegenüberliegende Seite. Unter Verwendung nur der neutralen Geometrie zeigen Sie das Hypotenusen-Seiten-Theorem:

   Satz (HS). *Sind die Hypotenuse und eine weitere Seite eines rechtwinkligen Dreiecks gleich der Hypotenuse und einer Seite eines anderen rechtwinkligen Dreiecks, dann sind die Dreiecke kongruent* (siehe Abbildung 128).
   Hinweis: Nehmen Sie für einen einfachen Widerspruchsbeweis an, daß $\sphericalangle BAC \neq \sphericalangle EDF$. Für einen etwas interessanteren direkten Beweis verlängern Sie BC nach „G", so daß $CG > EF$.

3. Es gibt keinen Satz SSW, weil SSW im allgemeinen die Kongruenz nicht sicherstellt. (Aufgabe 2 war ein Spezialfall.) In der Abbildung 129 z.B., wo

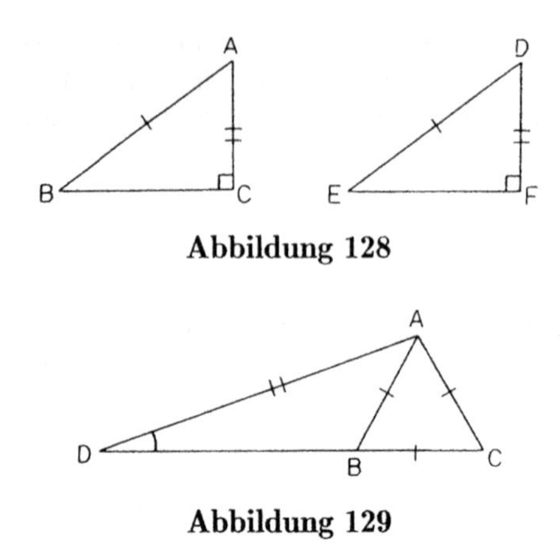

Abbildung 128

Abbildung 129

ΔABC gleichseitig ist, sind die Dreiecke ADB und ADC nicht kongruent, obwohl zwei Seiten und ein Winkel übereinstimmen: $AB = AC$, $AD = AD$, $\sphericalangle ADB = \sphericalangle ADC$. Mit einer Zusatzbedingung aber ist ein Satz möglich (ich werde ihn „SSW+"); und er ist wie alle anderen Kongruenzsätze Teil der neutralen Geometrie.

Satz (SSW+). *Sind zwei Seiten eines Dreiecks gleich den entsprechenden Seiten eines anderen Dreiecks und sind die Winkel, die einem Paar gleichen Seiten gegenüberliegen, gleich, dann sind, falls die dem anderen Paar gleicher Seiten gegenüberliegenden Winkel*

[1] *beide spitz oder*
[2] *beide stumpf sind oder*
[3] *einer von ihnen ein rechter ist,*
die Dreiecke kongruent (siehe Abbildung 130).

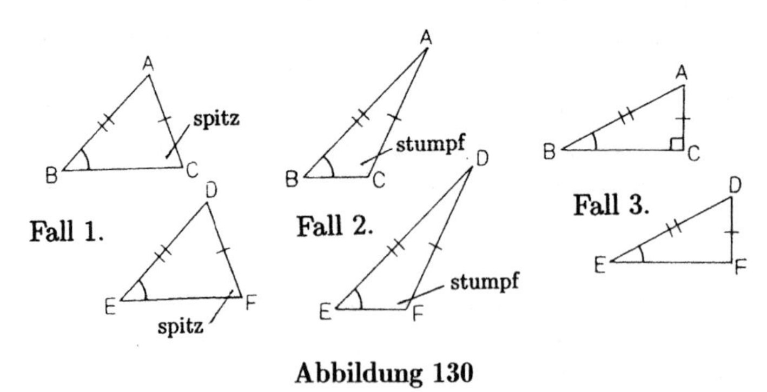

Abbildung 130

Beweisen Sie diesen Satz unter ausschließlicher Verwendung der neutralen Geometrie. Die drei Fälle sollten einzeln behandelt werden. In jedem Falle zielen Sie darauf ab, zu zeigen, daß $\sphericalangle BAC = \sphericalangle EDF$.

4. Hier folgt etwas, das wie ein unkomplizierter Beweis unter alleiniger Verwendung der neutralen Geometrie aussieht, daß die Winkelsumme jedes Dreiecks 180° beträgt. Wir sollten allerdings mißtrauisch sein. Daß die Winkelsumme jedes Dreiecks 180° beträgt, ist logisch äqivalent zum Postulat 5 (Korollar 2 zu Metatheorem 7, Seite 166), wodurch diese einfache Argumentation, wäre sie richtig, ein Beweis von Postulat 5 würde!

   Finden Sie die unbehauptete Annahme heraus und beweisen Sie, daß sie logisch äquivalent mit Postulat 5 ist.

   Nehmen wir den Standpunkt ein, wir wüßten nicht, *wie groß* die Winkelsumme eines Dreiecks ist. Wir nennen sie „x“. Sei „ABC“ irgendein Dreieck. Man wähle „D“ beliebig zwischen B und C und zeichne AD. Die Winkel seien wie in Abb. 131 bezeichnet. Nun gilt $\sphericalangle 1 + \sphericalangle 2 + \sphericalangle 3 = x$, denn „$x$“ bezeichnet

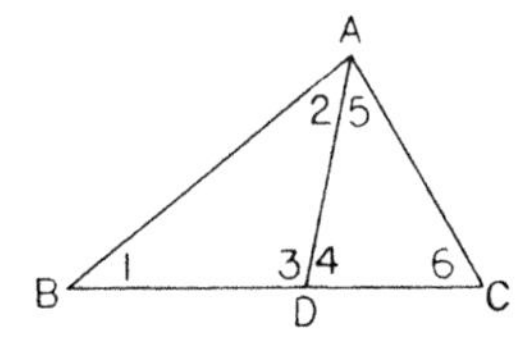

Abbildung 131

   die Winkelsumme eines Dreiecks. Genauso gilt $\sphericalangle 4 + \sphericalangle 5 + \sphericalangle 6 = x$. Addition dieser zwei Gleichungen ergibt $\sphericalangle 1 + \sphericalangle 2 + \sphericalangle 3 + \sphericalangle 4 + \sphericalangle 5 + \sphericalangle 6 = 2x$. Aber $\sphericalangle 1 + \sphericalangle 2 + \sphericalangle 5 + \sphericalangle 6$ ist ebenfalls die Winkelsumme eines Dreiecks, nämlich ΔABC, so daß $\sphericalangle 1 + \sphericalangle 2 + \sphericalangle 5 + \sphericalangle 6 = x$. Subtraktion dieser Gleichung von der vorherigen liefert $\sphericalangle 3 + \sphericalangle 4 = x$. Aber $\sphericalangle 3 + \sphericalangle 4 = 180°$ nach Satz 13, und daher $x = 180°$. Die Winkelsumme eines Dreiecks beträgt also 180°.

5. Beweisen Sie, daß das Postulat von Playfair (3C auf Seite 151) logisch äquivalent mit Postulat 5 ist.

   Bemerkung: Da das Postulat von Poseidonios nicht explizit im Beweis von Satz P2 (Seite 143) verwendet wurde, kann der Beweis als Beweis der folgenden Folgerung angesehen werden:

   Neutrale Geometrie + Postulat von Playfair $\Rightarrow$ Postulat 5.

   (In der Aufmachung als „Satz P1“ *wurde* das Postulat von Playfair im Beweis verwendet, nämlich in Schritt 7).
   Es bleibt also nur noch zu zeigen:

   Neutrale Geometrie + Postulat 5 $\Rightarrow$ Postulat von Playfair.

6. Zeigen Sie, daß das Postulat von Lorenz (9A aus Seite 152) logisch äquivalent mit dem Postulat von Playfair (und damit nach Übungsaufgabe 5 mit Postulat 5) ist.

5 Kann es eine nichteuklidische Geometrie geben?

In der zweite Hälfte des 18. Jahrhunderts war das Problem des Beweises von Postulat 5 mittels neutraler Geometrie in mathematischen Kreisen berühmt-berüchtigt geworden. Der Enzyklopädist Jean le Rond d'Alembert nannte es 1759 „le scandale des éléments de géométrie".

Es war nur mehr eine Frage der Zeit, bis die enorme Schwierigkeit dieses Problems irgendjemanden zu der Schlußfolgerung veranlassen würde, seine Lösung sei unmöglich. Der erste, der dies in einer gedruckten Schrift getan hat, war augenscheinlich G. S. Klügel (1739–1812), ein Doktorand an der Universität Göttingen, der diese Auffassung mit der Unterstützung seines Lehrers A. G. Kästner in seiner 1763 erschienenen Dissertation *Conatuum praecipuorum theoriam parallelarum demonstrandi recensio* (Überblick über die bekanntesten Versuche, die Theorie der Parallelen zu beweisen) vertrat. In dieser Arbeit untersuchte Klügel 28 Beweisversuche für das Postulat 5 (einschließlich Saccheris), befand sie alle für lückenhaft und äußerte die Meinung, das Postulat 5 sei unbeweisbar und werde ausschließlich durch das Urteil unserer Sinne unterstützt.

Das war natürlich nur Klügels Meinung; er konnte nicht *beweisen*, daß das Postulat 5 unbeweisbar ist. Nichtsdestotrotz wurde diese Idee von anderen ernst genommen, und es stellte sich heraus, daß genau die Anziehungskraft dieser unbewiesenen Idee die schließliche Entdeckung der nichteuklidischen Geometrie unausweichlich machte. Es ist (logisch) nur ein winziger Schritt von der spekulativen Idee, daß

(1) neutrale Geometrie allein das Postulat 5 nicht impliziert

zur spekulativen Idee, daß

(2) eine neue, zu Euklid konträre Geometrie logisch möglich ist.

Urteilen Sie nicht zu hart über sich, wenn Sie die Verbindung zwischen (1) und (2) nicht sehen oder von dem, was Sie sehen, verwirrt sind. Die *psychologische* Distanz zwischen den beiden Behauptungen ist enorm. Erst *fünfzig* Jahre später tat der erste Mathematiker den Schritt von (1) nach (2)!

Dieses Kapitel handelt von dem Übergang von (1) nach (2) und der Bedeutung von (2).

Wie beginnen mit der Annahme, daß die Behauptung (1) stimmt. Klügel selbst zog diese Schlußfolgerung auf der Basis seines Überblicks über die Beweisversuche zu Postulat 5, und ich denke, Sie werden zustimmen, daß die Behauptung (1) zumindest plausibel ist, nachdem Sie unseren eigenen Überblick in Kapitel 4 gelesen haben.

Die Behauptung (1) kann bewiesen werden; wir werden einen solchen Beweis in Kapitel 7 kennenlernen. Das jetzt zu tun, würde allerdings eine unnötige Komplikation bedeuten. Als die ersten Männer den Übergang von (1) nach (2) machten, hatten sie auch noch keinen Beweis der Behauptung (1) gesehen.[1] Im nächsten Abschnitt werden wir selbst den Übergang von (1) nach (2) unternehmen. Ist erst einmal ein gewisser Hintergrund aus der modernen Logik skizziert, dann handelt es sich nur um wenige Schritte. Da diese wenigen Schritte allerdings enorm schwer fallen, sobald wir uns klar machen, wohin sie uns führen, werden wir sie ohne jede Rücksicht auf die Bedeutung der Aussage (2) unternehmen.

Haben wir (2) erst einmal aus logischen Gründen akzeptiert, weden wir im Rest des Kapitels nach einem Standpunkt suchen, von dem aus wir den nicht vorstellbaren Stand der Dinge, dem wir uns gegenüber sehen, zumindest provisorisch akzeptieren können.

Nichteuklidische Geometrie ist logisch möglich

Dem Studium eines beliebigen axiomatischen Systems liegt implizit die Annahme zu Grunde, daß seine Axiome *widerspruchsfrei* sind, d.h. daß es unmöglich ist, aus ihnen einen Widerspruch herzuleiten.[2] Widerspruchsfreiheit nehmen wir z.B. immer dann an, wenn wir einen Widerspruchsbeweis führen: allein der Glaube, daß ohne unsere Annahme des Gegenteils kein Widerspruch möglich wäre, ermöglicht es uns, dieser allein die Verantwortung für unseren Widerspruch zuzuschreiben. Die Bedeutung der Widerspruchsfreiheit ist allerdings nicht darauf beschränkt, daß eine einzelne Beweismethode davon abhängt. Ohne Widerspruchsfreiheit der Axiome ist es unmöglich, einen einzigen signifikanten Satz – mit welcher Methode auch immer – herzuleiten, denn die Existenz von Widersprüchen verletzt eine der grundlegenden logischen Regeln (das Gesetz vom ausgeschlossenen Widerspruch, Seite 18) und unterläuft damit die logischen Operationen selbst.[3]

Somit setzt die logische Möglichkeit eines axiomatischen Systems die Widerspruchsfreiheit der Axiome voraus.

Nun ist es einmal so, daß die logische Möglichkeit eines axiomatischen Systems sonst überhaupt nichts voraussetzt. Logik befaßt sich mit den *Relationen*

---

[1] Da vereinfache ich zu sehr. Sie hatten noch keinen *geometrischen* Beweis von (1) gesehen, einen solchen, wie wir ihn in Kapitel 7 untersuchen werden. Sie konnten aber die Wahrheit der Aussage (1) aus der Darstellung der neutralen Geometrie und des Postulates 5 innerhalb des Systems der reellen Zahlen erschließen.

[2] Wir haben alle schon immer angenommen, daß die euklidische Geometrie und damit die neutrale Geometrie widerspruchsfrei sind. Diese Annahme weden wir auch weiterhin machen. Wir werden sie in Kapitel 7 untersuchen.

[3] Schon für den gesunden Menschenverstand ist es offensichtlich, daß eine inkonsistente Grundlage ungenügend ist. Das technische Studium der Logik verdeutlicht diesen Gegenstand überaus eindrucksvoll: Operiert man mit logischen Methoden auf inkonsistenten Prämissen, dann kann man beweisen, daß *jede* Behauptung sowohl *wahr* als auch *falsch* ist, und das gesamte System löst sich in eine Wolke von Widersprüchen auf. Siehe hierzu jedes elementare Lehrbuch der Logik.

zwischen Behauptungen – sind sie verträglich? Folgt diese aus jener? –, aber *nicht* mit ihrem Gehalt. Die Behauptungen, die im Rahmen einer Deduktion auftauchen, können uns als falsch erscheinen, sogar als sinnlos –

> Alle purpurroten Flamingos haben sieben Zehen an jedem Fuß; der gegenwärtige Gouverneur von Massachusetts ist ein purpurroter Flamingo; daher hat der gegenwärtige Gouverneur von Massachusetts sieben Zehen an jedem Fuß.

–, aber die Argumentation bleibt nichtsdestotrotz logisch, solange ihre *Form* gültig ist. Der *Wert* einer Deduktion ist schlicht und ergreifend keine Angelegenheit der Logik. Wir sehen also, daß die Logik, sofern sie nicht von Beginn an durch Widersprüchlichkeit blockiert wird, frei auf *jeder* Sammlung von Prämissen operieren und diese zu einem axiomatischen System entwickeln kann.

Die Grundlagen der „neuen Geometrie", welche die Unbeweisbarkeit des Postulats 5 nach sich zieht, besteht aus den Grundlagen der neutralen Geometrie und der Negation des Postulats 5 (welche ich mit „∼Postulat 5" bezeichne). Eben haben wir gesehen, daß die logische Möglichkeit eines axiomatischen Systems ausschließlich auf der Konsistenz seiner Grundlagen ruht; um sicherzustellen, daß die neue Geometrie logisch möglich ist – das heißt, daß die Behauptung (2) gilt –, müssen wir nur zeigen, daß aus

Neutrale Grundlagen { Euklids primitive Terme und Definitionen definierter Terme, Euklids Axiome, Postulate 1–4, Postulate 6–10 sowie

∼ Postulat 5

kein Widerspruch ableitbar ist.

Bevor wir das tun, lassen Sie mich innehalten und einige Bemerkungen dazu machen.

Erstens: Der Gehalt von ∼Postulat 5 ist natürlich, daß Postulat 5 falsch ist; für den Augenblick tun wir uns allerdings selbst einen Gefallen, wenn wir nicht darüber nachdenken, was das bedeuten könnte (wenn wir uns insbesondere nicht bildlich vorstellen, wie das wohl aussehen würde!).

Zweitens: Wenn Sie sich dem Postulat 5 zu sehr verpflichtet fühlen, fragen Sie sich vielleicht, wie wir darauf hoffen können, die Widerspruchsfreiheit der Grundlagen der neuen Geometrie zu beweisen, wenn diese doch einen Bestandteil enthalten, der so offensichtlich (jedenfalls für Sie) falsch ist. Sollten Sie so denken, dann erinnern Sie sich bitte daran, daß Widerspruchsfreiheit eine *innere* Eigenschaft einer Menge von Prämissen ist – sie ist keine Frage ihrer Wahrheit (Verhältnis zur Welt), sondern ihrer Verträglichkeit (ihres gegenseitigen Verhältnisses), und wahre und falsche Prämissen können verträglich sein, wenn sie und ihre Nachkommen es schaffen, einen logischen Frontalzusammenstoß zu vermeiden.

Schließlich möchte ich noch den grundsätzlichen Unterschied zwischen dem, was wir jetzt tun, und dem, was wir in Kapitel 4 getan haben, hervorheben, damit

Sie nicht durch oberflächliche Ähnlichkeit auf eine falsche Fährte geführt werden. In Kapitel 4 gingen wir von der euklidischen Geometrie aus, deren Grundlagen aus

den neutralen Grundlagen + Postulat 5

bestanden, und ersetzten Postulat 5 durch verschiedenen Behauptungen (wie z.B. das Postulat von Poseidonios), die sich später als *logisch äquivalent* zum Postulat 5 herausstellten. Damit war in jedem einzelnen Falle das System, das wir untersuchten, immer noch die euklidische Geometrie, wenn auch auf unterschiedlichen Grundlagen aufgebaut. Was wir jetzt tun ist davon vollständig verschieden. In den Grundlagen, die wir nun betrachten –

die neutralen Grundlagen + $\sim$ Postulat 5

–, wurde das euklidische Postulat durch sein *genaues Gegenteil* ersetzt.

Zurück zum Beweis, daß die Behauptung (1) die Behauptung (2) impliziert. Ein paar Absätze früher haben wir festgestellt, daß wir nur zeigen müssen, daß keine Widersprüche aus

> Euklids primitiven Termen und Definitionen der definierten Terme, Euklids Axiomen, den Postulaten 1–4, Postulaten 6–10 und $\sim$Postulat 5

deduziert werden können. Das kann man sofort sehen. Wäre ein Widerspruch aus diesen Prämissen ableitbar, dann könnte genau diese Ableitung aus einer anderen Blickrichtung als Widerspruchsbeweis des Postulats 5 angesehen werden!

Das sollte ich noch etwas ausführen. Unsere Voraussetzung ist die Behauptung (1), gemäß derer keine Ableitung des Postulat 5 in der neutralen Geometrie möglich ist. Dann gibt es insbesondere keinen *Widerspruchsbeweis* des Postulats 5 in der neutralen Geometrie. Ein solcher Beweis sähe schematisch folgendermaßen aus:

> *Schema I.* Man beginne mit Euklids primitiven Termen, Definitionen der definierten Terme, den Axiomen, den Postulaten 1–4 und Postulaten 6–10; man nehme an, das Postulat 5 sei falsch; man deduziere einen Widerspruch.

Dies ist also unmöglich.

Unsere gewünschte Schlußfolgerung ist die Behauptung (2), die wir auf die Feststellung reduziert haben, daß die folgende Deduktion unmöglich ist:

> *Schema II.* Man beginne mit Euklids primitiven Termen, Definitionen der definierten Terme, den Axiomen, den Postulaten 1–4 und Postulaten 6–10 und $\sim$Postulat 5; man deduziere einen Widerspruch.

Der einzige Unterschied zwischen diesen zweien liegt darin, daß im Schema I ∼Postulat 5 nur provisorisch angenommen wurde. Dies läuft auf einen Unterschied in der Absicht hinaus. Unternimmt einer den ernsthaften Versuch, das Schema I durchzuführen, dann versucht er, das Postulat 5 zu beweisen, während jemand, der mit Schema II arbeitet, zu zeigen versucht, daß die vorgeschlagene neue Geometrie nicht widerspruchsfrei ist.

Unterschiede in der Zielrichtung liegen natürlich außerhalb des Gegenstandsbereichs der Logik. Logisch gesehen sind die zwei Schemata identisch. Die Unmöglichkeit des Schemas I, die vorausgesetzt war, fällt damit mit der Unmöglichkeit des Schemas II zusammen, was zu zeigen war.

Die Begründer der nichteuklidischen Geometrie

> [Es] liegt (...) darin einige Wahrheit, daß manche Dinge gleichsam eine Epoche haben, wo sie dann an mehreren Orten aufgefunden werden; gleichwie im Frühjahr die Veilchen mehrwärts ans Licht hervorkommen (...)[4]

Für die Entdeckung der neuen Geometrie gebührt denjenigen Denkern Ehre, die zumindest an die Möglichkeit der Behauptung (1) glaubten und, ohne Kenntnis der Arbeit anderer, zu der Feststellung gelangten, daß sie die Behauptung (2) nach sich zieht. Unter diesem Aspekt hat es den Anschein, als sei die nichteuklidische Geometrie nicht weniger als viermal innerhalb einer zwanzigjährigen Zeitspanne entdeckt worden. Mehrfache unabhängige Entdeckungen sind nichts ungewöhnliches in der Geschichte der Wissenschaft und Mathematik, besonders zu Zeiten, in denen eine Anzahl von Personen dasselbe Problem bearbeitet und untereinander wenig komuniziert haben.

Gauß scheint der erste gewesen zu sein der, um 1813, ein klares Bild von einer konsistenten Geometrie gewann, in welcher Postulat 5 durch seine Negation ersetzt ist. Er kam darauf nach über zwanzig Jahren sporadischer Versuche, das Postulat 5 zu beweisen (siehe Gauß' Brief auf Seite 150). Während der nachfolgenden Jahre untersuchte er die neue Geometrie – er war es auch, der sie schließlich „nichteuklidisch" nannte – und entdeckte eine Reihe ihrer Sätze.

Gegen Ende des Jahres 1818 oder zu Beginn des Jahres 1819 erhielt Gauß dann eine Mitteilung von einem Professor der Jurisprudenz mit Namen Ferdinand Schweikart (1780–1859), die darauf hindeutet, daß Schweikart unabhängig von Gauß zu im wesentlichen denselben Schlußfolgerungen gekommen war.

Hätten Gauß oder Schweikart ihre Entdeckungen veröffentlicht, so würden heute vielleicht nur zwei Begründer der nichteuklidischen Geometrie registriert. Dies ist besonders wahrscheinlich im Fall von Gauß, der internationale Reputation besaß. Aber keiner von beiden tat dies. Soweit mir bekannt, sind die Gründe für Schweikarts Zurückhaltung unbekannt, aus Gauß' Briefen aber entnehmen wir,

[4] Brief von Wolfgang Bolyai an seinen Sohn János, zitiert nach Bonola, S. 103.

daß sein Grund die Furcht vor dem „Geschrei“[5] war, das, wie er erwartete, wegen des unvermeidlichen Mißverständnisses seiner Entdeckung einsetzen würde, sowie „eine große Antipathie dagegen, in irgendeine Art von Auseinandersetzung hineingezogen zu werden“.[6]

Zu Beginn des Jahres 1831 begann Gauß aufzuzeichnen, was er über die nichteuklidische Geometrie gelernt hatte, obwohl er immer noch „nicht erlaube, daß es während meiner Lebenszeit veröffentlicht wird“[7],

> Von meinen eigenen Meditationen, die zum Theil schon gegen 40 Jahre alt sind, wovon ich aber nie etwas aufgeschrieben habe, und daher manches 3 oder 4mal von neuem auszusinnen genöthigt gewesen bin, habe ich vor einigen Wochen doch einiges aufzuschreiben angefangen. Ich wünschte doch, dass es nicht mit mir unterginge.[8]

Aber weniger als ein Jahr später erhielt Gauß von Wolfgang Bolyai eine Kopie einer Abhandlung über nichteuklidische Geometrie, die bald von Wolfgang's Sohn János Bolyai (1802–1860) veröffentlicht werden sollte. Gauß, der so die Zukunft der nichteuklidischen Geometrie gesichert wußte, brach darauf hin sein eigenes Projekt offensichtlich erleichtert ab.

> Sehr bin ich (...) überrascht, dass diese Bemühung mir nun erspart werden kann und höchst erfreulich ist es mir, dass gerade der Sohn meines alten Freundes es ist, der mir auf eine so merkwürdige Art zuvorgekommen ist.[9]

János Bolyais *Wissenschaft vom absoluten Raum*[10] wurde später in diesem Jahr (1832) als Anhang zu einem mathematischen Buch seines Vaters veröffentlicht.

Der vierte Begründer der nichteuklidischen Geometrie war Nicolai Ivanovich Lobachevsky (1793–1856), Mathematikprofessor an der Universität von Kazan in Rußland. Er veröffentlichte zwar schon vor János Bolyai im Jahre 1830 einen Artikel über nichteuklidische Geometrie (*Über die Prinzipien der Geometrie*), aber sein Trachten richtete sich noch bis 1823 auf den Beweis des Postulats 5, bis zu einer Zeit, als die Grundidee einer nichteuklidischen Geometrie sich bereits in János Bolyais Besitz befand. Lobachevskys frühe Arbeiten über nichteuklidische Geometrie waren in russisch geschrieben; seine Arbeit wurde erst später in Mittel-

---

[5] Brief von Gauß an F. W. Bessel vom 27.1.1829; zitiert nach: *Carl Friedrich Gauss – Friedrich Wilhelm Bessel. Briefwechsel.* Nachdruck der Ausgabe Leipzig, 1880. Hildesheim: Georg Olms Verlag, 1975, S. 490.

[6] Brief an H. C. Schumacher.

[7] Brief an Wolfgang Bolyai vom 6.3.1832.

[8] Brief von Gauß an H. C. Schumacher vom 17.5.1831; zitiert nach: *Carl Friedrich Gauss – H. C. Schumacher. Briefwechsel I.* Nachdruck der Ausgabe von C. A. F. Peters, Altona, 1860. Hildesheim: Georg Olms Verlag, 1975, S. 261.

[9] Brief von Gauß an Wolfgang Bolyai vom 6.3.1832; zitiert nach Schmidt/Stöckel, a.a.O., S. 109.

[10] Bolyai, János: *The science of absolute space*; in: Bonola.

und Westeuropa bekannt (die Bolyais waren Ungarn, Gauß war Deutscher), als er begann, Berichte auf französisch (1837) und deutsch (1840) zu veröffentlichen.

Beginnend mit einer epochalen Arbeit, die Georg F. B. Riemann (1826–1866) im Jahre 1854 an der Universität Göttingen einreichte, bemerkten die Mathematiker, daß der Ersatz des Postulates 5 durch seine Negation nicht die *einzige* Art war, wie man an der euklidischen Geometrie herumbasteln konnte, und innerhalb weniger Jahre tauchten andere konsistente nichteuklidische Geometrien auf. Wir nehmen sie nicht in dieses Buch auf, aber im Hinblick auf ihre Existenz ist die nichteuklidische Geometrie von Gauß, Schweikart, János Bolyai und Lobachevsky streng genommen nur die *erste* nichteuklidische Geometrie. Sie ist heutzutage unter dem Namen „hyperbolische Geometrie“ bekannt, ein Name, der von dem Mathematiker Felix Klein (1849–1925) im Jahre 1871 vorgeschlagen wurde. Im Griechischen bedeutet das Wort *hyperbole* „Überschuß“, und in der Geometrie von Gauß, Schweikart, János Bolyai und Lobachevsky besitzt die Anzahl der Parallelen zu einer gegebenen geraden Linie durch einen gegebenen Punkt einen *Überschuß* gegenüber der entsprechenden Anzahl in der euklidischen Geometrie.

Nichteuklidische Geometrie ist psychologisch unmöglich

Das Postulat 5 ist logisch äquivalent mit dem Postulat von Playfair:

> Durch einen Punkt, der nicht auf einer gegebenen geraden Linie oder ihrer Verlängerung liegt, kann nicht mehr als eine parallele gerade Linie gezeichnet werden.

(Dies ist das Ersatzpostulat 3C von Seite 151. Falls Sie die Übungsaufgabe 5 auf Seite 179 versucht haben, haben Sie vielleicht bereits einen Beweis, daß das Postulat 5 und das Postulat von Playfair logisch äquivalent sind.[11] Falls nicht, finden Sie einen Beweis in der Fußnote.) Daher ist $\sim$Postulat 5 logisch äquivalent mit $\sim$Postulat von Playfair (die Negation des Postulats von Playfair). Nun ist die Bedeutung des Postulats von Playfair die, daß für *jede* Kombination eines Punktes und einer geraden Linie – wobei der Punkt nicht auf der geraden Linie oder ihrer Verlängerung liegt – nicht mehr als eine Parallele gezeichnet werden kann, seine Negation wird daher die Existenz einer Ausnahme sicherstellen:

$\sim$Postulat von Playfair. Es gibt mindestens einen Punkt P und mindestens eine gerade Linie AB derart, daß gilt:

(1) P liegt nicht auf AB oder ihrer Verlängerung, und
(2) durch P gibt es mindestens zwei parallele gerade Linien zu AB.

[11] Wir müssen nur das Folgende zeigen (siehe Kapitel 4, Übungsaufgabe 5): neutrale Geometrie + Postulat 5 $\Rightarrow$ Postulat von Playfair. Unsere Voraussetzung ist also neutrale Geometrie + Postulat 5. Dann haben wir aber den Satz 30 („Gerade Linien, die zur selben geraden Linie parallel sind, sind auch parallel zueinander“), woraus unmittelbar folgt, daß es keine zwei verschiedenen geraden Linien geben kann, die parallel zu derselben geraden Linie sind und durch denselben Punkt gehen.

In der hyperbolischen Geometrie ist es üblich, diese Version von ~Postulat 5 statt ~Postulat 5 selbst zu verwenden.

An dieser Stelle haben Sie möglicherweise das Gefühl, daß Sie etwas nicht ganz verstehen.

„Entschuldigen Sie", höre ich einen imaginären Leser sagen, „ich dachte, ich hätte Sie sagen gehört, daß wir in der hyperbolischen Geometrie Euklids primitive Terme, seine Definitionen der definierten Terme, seine Axiome und die Postulate mit Ausnahme der Nummer 5 annehmen – "

Das ist richtig. Wir gehen von der neutralen Geometrie aus.

„– und daß wir das Postulat 5 durch ~Postulat von Playfair ersetzen."

Genau. ~Postulat von Playfair besagt dasselbe wie ~ Postulat 5 mit anderen Worten.

„Aber wie kann es denn zwei Parallelen zur selben geraden Linie durch denselben Punkt geben? Sehen Sie mal [zeichnet Abbildung 132]. Hier liegt Punkt P,

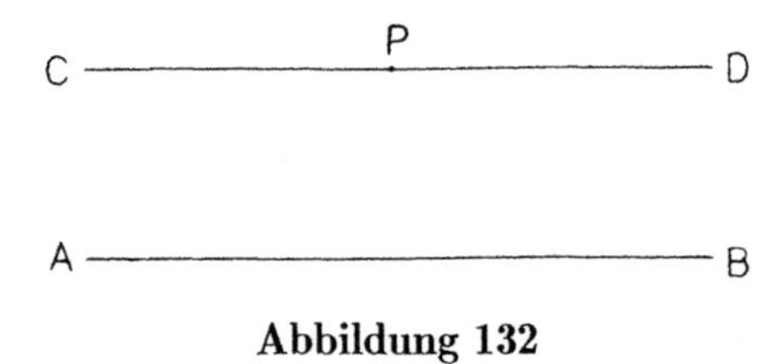

Abbildung 132

hier liegt die gerade Linie AB. Ich kann eine Parallele, sagen wir CD durch P zeichnen – "

Genau, wegen Euklids Satz 31, der Teil der neutralen Geometrie ist.

„Aber wie kann ich jetzt eine andere zeichnen? Meinen Sie, daß die zwei Parallelen genau aufeinander liegen?"

Nein, es sind zwei verschiedene gerade Linien, die mit Ausnahme des Punktes P keine gemeinsamen Punkte besitzen.

„Oh, jetzt habe ich verstanden! Die andere Parallele zeigt aus der Seite heraus, in die dritte Dimension!"

Nein. Es *gibt* eine dreidimensionale hyperbolische Geometrie, genauso wie es eine dreidimensionale euklidische Geometrie gibt. Aber in diesem Buch beschäftigen wir uns nur mit *ebener* Geometrie. Die andere Parallele liegt in derselben Ebene wie CD und AB.

„Aber dann sähe es aus wie dieses hier [zeichnet Abbildung 133]!"

Vielleicht ist der Winkel DPF nicht ganz so groß wie Sie ihn gezeichnet haben, aber im Grunde ist das die Idee, ja.

[Stille. Dann:] „Moment. Parallele sind gerade Linien, die sich nie treffen."

Stimmt. Das ist die Definition 23.

„Egal, *wie weit* sie verlängert werden."

Richtig. In beiden Richtungen.

„Dann *kann* EF nicht parallel zu AB sein!"

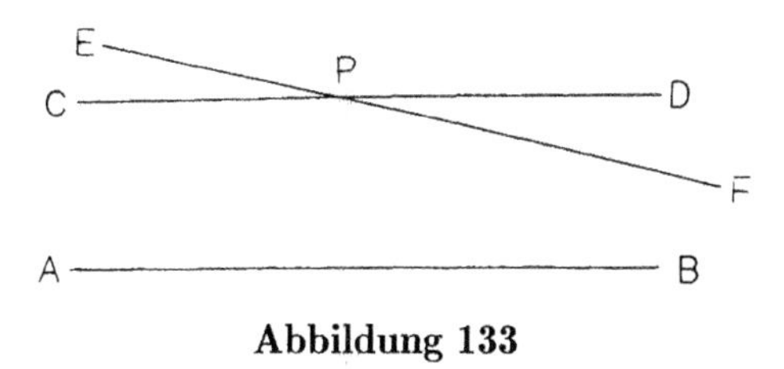

Abbildung 133

Warum nicht?

[Mißtrauisches Schweigen.]

Dies ist kein Trick, wirklich nicht. Mir erscheint das Bild auch seltsam, oder sagen wir mal, es scheint dem zu widersprechen, was wir darüber äußern. Aber reden wir einmal darüber, warum Sie *abgesehen* von der Offensichtlichkeit der Zeichnung denken, daß EF bei Verlängerung die gerade Linie AB schneidet. Können Sie das *beweisen*?

„Haben wir nicht einen Satz, der besagt, daß gerade Linien, die parallel zur selben geraden Linie sind, auch parallel zueinander sein müssen? Sind CD und EF *beide* parallel zuAB, dann sind sie auch parallel zueinander, das sind sie aber nicht, weil sie sich in P treffen."

Wir *hatten* diesen Satz, aber jetzt nicht mehr. Das war Satz 30. Wir haben ihn mit Postulat 5 bewiesen. Um genau zu sein, ist er sogar logisch äquivalent mit Postulat 5.

„... Untersuchen wir doch mal ein paar Winkel. Zeichnen wir einmal [Abbildung 134] die Senkrechte von P auf AB. Nennen wir den Fußpunkt Q. Dann ist der Winkel DPQ ein rechter Winkel."

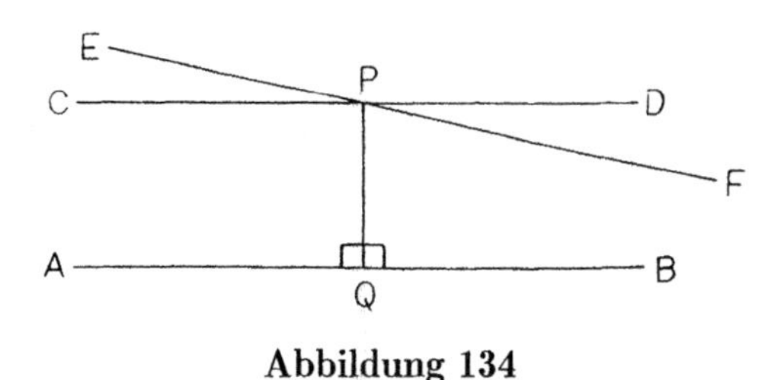

Abbildung 134

Ja, das ist er, wenn CD mit der im Beweis von Satz 31 benutzten Methode gezeichnet wird. Angenommen, das sei so.

„Okay, dann ist also DPQ ein rechter Winkel. Und FPQ ist nach Axiom 5 kleiner, also – "

Darf ich mal unterbrechen? Wollten Sie vielleicht gerade sagen, daß die Winkel FPQ und PQB zusammen weniger als 180° ergeben, und daß sich deswegen EF und AB treffen?

[Seufzend] „– nach Postulat 5. Ja, das wollte ich sagen. Wir haben Postulat 5 nicht mehr."

[Selbstgefällig:] Genau.

[Einige Zeit vergeht. Weitere Beweise werden vorgeschlagen. Mit unverhohlenem Vergnügen zeigt Trudeau, wie jeder Vorschlag auf eine Behauptung hinausläuft, die logisch äquivalent mit Postulat 5 ist. Am Ende fällt sein Gegenüber in erschöpftes Schweigen.]

[Beschwichtigend:] Ich weiß, ich weiß! Es ist *so* offensichtlich in der Zeichnung, daß EF AB trifft, daß Sie gar nicht anders können, als es für leicht beweisbar zu halten. Sie sind nicht närrisch, nur weil sie das versucht haben, und es tut mir leid, wenn ich mich dazu hinreißen lassen haben sollte, Ihnen diesen Eindruck zu verschaffen. Im Gegenteil, Sie befinden sich in bester Gesellschaft. Ist Ihnen klar, daß Sie mit genau dem Problem gekämpft haben, das einige der besten Köpfe der Welt zweitausend Jahre lang herausgefordert hat? Sie haben versucht zu beweisen, daß CD die einzige Parallele ist, und das ist genau das, was das Postulat von Playfair besagt. Sie haben versucht, das Postulat 5 zu beweisen!

[Plötzlich erschöpft] „Mein Gott, das habe ich."

Aber in diesem Kapitel waren wir übereingekommen, anzunehmen, daß das Postulat 5 unbeweisbar ist.

„Ja. Aber ... "

Aber?

„Okay, vielleicht kann ich also nicht beweisen, daß EF AB schneidet. Wenn dieses den Mathematikern in zweitausend Jahren nicht gelungen ist – und ich sehe jetzt ein, daß ich *genau dasselbe* wie sie versucht habe –, dann ist es nicht wahrscheinlich, daß es mir in einer Stunde gelingt. Aber deswegen glaube ich noch nicht eine Minute daran, daß EF AB etwa nicht schneidet. EF muß AB schneiden. Es handelt sich um gerade Linien. Es *kann nicht* anders sein."

Wollen Sie damit sagen, daß $\sim$Postulat von Playfair der „Natur einer geraden Linie zuwiderläuft"?

„Ja, ich glaube schon."

Saccheri sagte in einer ähnlichen Situation einmal genau dasselbe (Seite 167).

„Naja, Sie sagten ja, ich befände mich in guter Gesellschaft."

Formale axiomatische Systeme

Bevor Sie diesen Abschnitt lesen, ist es vielleicht sinnvoll, wenn Sie unsere Diskussion eines materialen axiomatischen Systems auf den Seiten 7–8 und 16–18 noch einmal Revue passieren lassen.

Wir haben dort bemerkt, daß die primitiven Terme in einem materialen axiomatischen System nicht wirklich definiert werden; daß die an Stelle solcher Definitionen gegebenen Erklärungen in der tatsächlichen Entwicklung des Systems nicht verwendet werden und daß die einzigen Eigenschaften der primitiven Terme, die verwendet werden, in den Axiomen enthalten sind.

Später wurde dies in unserem Studium der euklidischen Geometrie bestätigt. Weder die Erklärung des primitiven Terms „Punkt" – „das, was keine Teile hat"

– noch diejenige des primitiven Terms „gerade Linie“ – „breitenlose Länge, die gleichmäßig zu den Punkten auf ihr liegt“ – noch die irgendeines anderen primitiven Terms wurde jemals als Grund für einen Beweisschritt eines Satzes gebraucht.

Das bedeutet nicht, daß die Erklärungen der primitiven Terme uns nutzlos waren. Im Gegenteil, sie halfen uns, uns bildlich vorzustellen, wovon Geometrie handelt, Bilder zu zeichnen, intuitiv zu erfassen, was bewiesen werden kann, und ganz allgemein *Bedeutung* in dem euklidischen System zu sehen. Aber diese Beiträge beziehen sich auf *unser* Verhältnis *zur* euklidischen Geometrie, noch dazu nur auf die imaginativen und emotionalen Aspekte davon. In der formalen Ausführung der euklidischen Geometrie spielten die Erklärungen der primitiven Terme keine Rolle, und das tun sie auch nicht bei der Behauptung seiner objektiven Existenz als ein Artefakt, das rein logisch untersucht werden kann.

Erklärungen primitiver Terme erinnern mich an die Reiseführer, die Touristen lesen, wenn sie um die große Pyramide herumspazieren. Indem sie den Plan und die Bauweise des Bauwerkes aufzeigen und indem sie über seinen Zweck und seine Errichtung spekulieren, mildern sie seine Fremdheit, erleichtern sie das Verhältnis zwischen ihm und dem Betrachter und machen so das Nachdenken über seine abstrakte Größe zu einer bedeutungsvolleren Erfahrung. Aber auch wenn es keine Reiseführer gäbe, würde das Bauwerk immer noch dastehen und könnte wahrgenommen werden.

Während des 19. Jahrhunderts wurden die Mathematiker im Verständnis ihres Faches von einer *ganzen Reihe* unerwarteter Entwicklungen erschüttert, von denen die Entdeckung der nichteuklidischen Geometrie nur die frappierendste war. Während des Kampfes um die Erfassung der Bedeutung dieser Vielzahl beunruhigender Ereignisse gelangten sie erstmals an den Punkt, die fundamentale Bedeutung dessen, was wir eben diskutiert haben, für die Mathematik richtig zu würdigen, etwas, worüber sie sich unausgesprochen schon immer im Klaren waren: nämlich, daß die Existenz eines axiomatischen Systems, betrachtet man sie einmal abseits seiner verschiedenen Interpretationen, nicht von der Erklärung seiner primitiven Terme abhängt. Kühn machten sie diese Erkenntnis zum Angelpunkt einer radikalen neuen Einstellung gegenüber mathematischen Systemen (vergleichen Sie „Schema eines materialischen axiomatischen Systems“, Seite 7).

Schema eines formalen axiomatischen Systems[12]

1. Bestimmte undefinierte technische Termini werden eingeführt. Diese Termini, die sogenannten *primitiven Terme*, sind die Grundbegriffe des Systems.
2. Eine Liste unbegründeter Behauptungen über die primitiven Terme wird vorgestellt und akzeptiert. Diese Grundaussagen heißen *Axiome*.
3. Alle anderen technischen Termini (die *definierten Terme*) werden mit Hilfe früher eingeführter Terme definiert.

[12] nach Eves, S. 338.

4. Alle anderen Behauptungen des Systems werden logisch aus früher akzeptierten bzw. bewiesenen Behauptungen deduziert. Diese abgeleiteten Behauptungen heißen *Sätze*.

Die Abweichungen von dem früher eingeführten Schema liegen in den Punkten 1 und 2. Während es Bedingung für ein materiales axiomatisches System war, daß Erklärungen der primitiven Terme vorliegen, und daß die Akzeptabilität der Axiome im Lichte dieser Information beurteilt wird – Bedingungen, die von den natürlichen menschlichen Wünschen vorgeschrieben wurden –, ist das neue Schema strikt auf das beschränkt, was das logische Funktionieren des Systems ermöglicht. Punkt 1: Es muß primitive Terme geben. Sie können nicht innerhalb des Systems definiert werden, daher besitzen sie innerhalb des Systems überhaupt keine Bedeutung. Es handelt sich um nicht mehr als Namen für die verschiedenen Typen von Objekten, von denen das System handelt. Punkt 2: Es muß Axiome geben. Da sie die primitiven Terme involvieren, besitzen sie ebenso keine Bedeutung und sind deshalb weder wahr noch falsch. Die Akzeptanz, die wir ihnen gewähren, ist nicht mehr als unsere Übereinkunft, ihre Konsequenzen auszuarbeiten.

Ein formales axiomatisches System ist wie ein materiales axiomatisches System, das man durch eine Röntgenbrille betrachtet. Bedeutung und Wahrheit sind verschwunden und haben nur das logische Skelett übriggelassen.

Früher nahm man an, die Quintessenz eines mathematischen Systems liege in der *Verbindung* seines logischen Skelettes und der Bedeutung, die man ihm zuschrieb; die moderne Auffassung ist, daß ein mathematisches System im Grunde *nur* ein logisches Skelett ist, dem man eine Bedeutung zuschreiben kann oder nicht. Der Unterschied ist philosophisch sehr subtil, daher ist es ein Glück, daß wir uns damit nicht allzusehr beschäftigen müssen.

Wie ich im Gespräch des letzten Abschnitts herauszustellen versuchte, dreht sich die Verwirrung der meisten Menschen, wenn sie das erste Mal mit hyperbolischer Geometrie zusammentreffen, um die Tatsache, daß sie sie schlicht und ergreifend unvorstellbar finden. Wenn die Durchschnittsperson bei der Betrachtung der Abbildung 134 auch nur *anfängt*, die Möglichkeit in Betracht zu ziehen, daß CD und

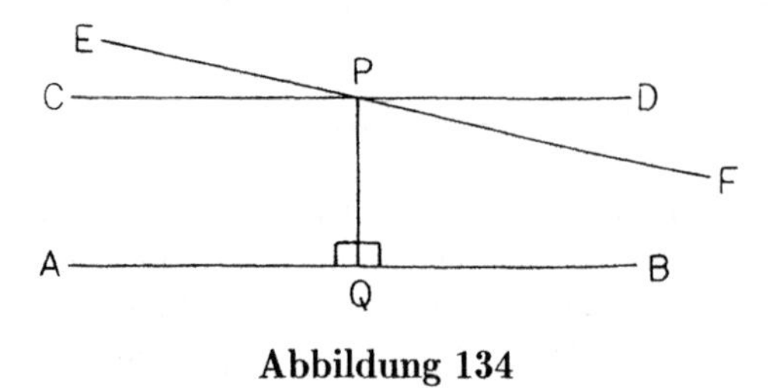

Abbildung 134

EF beide parallel zu AB sein könnten, brechen Intuition und Vorstellungskraft dieser Personen in ein solches Pandämonium von Einwänden aus, daß der Gedanke verloren ist, bevor er vollends ausgeformt wurde.

Der Trick besteht darin, diese Teile des Geistes dadurch einzuschläfern, daß man die hyperbolische Geometrie als ein formales axiomatisches System betrachtet. Wir machen uns diesen Standpunkt hiermit bis auf weiteres zu eigen. Neutrale Geometrie – welche ein Teil der hyperbolischen Geometrie ist – so zu betrachten, heißt nicht, die Bedeutung, die wir ihr zuschreiben, zu verleugnen, sondern schlicht sie zu ignorieren; den Rest der hyperbolischen Geometrie so zu betrachten, heißt nur, anzuerkennen, daß wir keine andere Wahl haben, daß sie anfänglich unvorstellbar *ist.* Wenn wir aber den Mangel der hyperbolischen Geometrie an intuitiver Anziehungskraft von vornherein zugestehen, wenn wir uns auf den Standpunkt stellen, daß sie als formales axiomatisches System keinen Sinn zu haben *braucht,* dann können wir hoffen, genug Ruhe und Frieden zu erhalten, um einige ihrer Sätze beweisen zu können. Die Erstellung einer logischen Landkarte wird die Fremdartigkeit der neuen Geometrie verringern und uns auf dem Weg hin zu einer schließlichen Vereinbarkeit mit unserer Intuition und Vorstellungskraft ein weites Stück voranbringen.

Ein einfaches Beispiel eines formalen axiomatischen Systems

> Ja, jetzt erinnere ich mich wieder, gestern abend verbrachten wir damit, über nichts Besonderes zu schwatzen.[13]

Vielleicht verstehen Sie abstrakt, was ein formales axiomatisches System ist, haben aber möglicherweise kein Gefühl dafür, wie es wäre, mit einem zu arbeiten. Und bevor Sie das nicht haben, wird der Teil Ihres Verstandes, den wir ruhigstellen wollen, nicht verstummen. Darum das folgende Beispiel.

Abbildung 135

[13] Beckett, Samuel: *Warten auf Godot,* 2. Akt.

Die mömpfelnden Strunze[14]

Primitive Terme: *mömpfeln*, *Strunz*
Axiome:

MS1 Sind A und B zwei verschiedene Strunze, dann gilt: A mömpfelt B oder B mömpfelt A (wobei die Möglichkeit, daß beides eintritt, nicht ausgeschlossen wird).

MS2 Kein Strunz mömpfelt sich selbst.

MS3 Sind A, B und C Strunze derart, daß gilt: A mömpfelt B und B mömpfelt C, dann gilt auch: A mömpfelt C.

MS4 Es gibt genau vier Strunze.

In Bezug auf formale axiomatische Systeme sagte der englische Philosoph, Mathematiker und Sozialreformer Bertrand Russell (1872–1970) einmal: „Mathematik ist das Fach, in dem wir nie wissen, worüber wir reden, noch, ob das, was wir sagen, wahr ist.“ Wir wissen nicht, worüber wir reden, weil die primitiven Terme bedeutungslos sind und alle anderen Terme sich auf sie beziehen. Und wir wissen nicht, ob das, was wir sagen, wahr ist, weil wir noch nicht einmal wissen, was es bedeutet.

Nichtsdestoweniger können wir Sätze beweisen. Und da mömpfeln augenscheinlich irgendeine Art von Relation zwischen den Strunzen ist (was auch immer die sein mögen), können wir die Sätze sogar illustrieren, wenn auch sehr abstrakt. Schließlich, wenn unsere Abbildungen mehr und mehr Information enthalten und wir allmählich dazu imstande sind, neue Sätze vorauszusehen, ahnen wir vielleicht, daß es auch wieder kein so großes Handicap ist, nicht zu wissen, worüber wir reden.

Satz MS1. *Wenn ein Strunz ein anderes mömpfelt, wird es nicht auch von diesem anderen gemömpfelt.*

Beweis.

1. Angenommen, Strunz „A“ mömpfelt Strunz „B“.	Voraussetzung
2. Angenommen, A wird auch von B gemömpfelt, d.h. also B mömpfelt A.	Annahme des Gegenteils
3. Dann mömpfelt A A.	1., 2., Ax. MS3 (A, B, A die drei Strunze)
4. Aber A mömpfelt nicht A.	Ax. MS2.
5. Widerspruch.	3. und 4.
6. Daher mömpfelt B nicht A.	2.–5., Logik

[14] Nach Eves, S. 340, Aufgabe 3.

Damit ist die in Axiom MS1 offengelassene Möglichkeit letzten Endes doch nicht vorhanden.

Korollar. *Sind zwei Strunze gegeben, dann mömpfelt entweder das erste das zweite, oder das zweite mömpfelt das erste, aber nicht beides.*

Beweis. Kombinieren Sie Axiom MS1 und Satz MS1.

Satz MS2. *Angenommen, A mömpfelt B, und C ist verschieden von A. Dann gilt: A mömpfelt C oder C mömpfelt B (möglicherweise beides).*

Beweis. (Der Satz kann folgendermaßen umformuliert werden: Angenommen, A mömpfelt B, und C ist verschieden von A, *und* A mömpfelt nicht C. Dann gilt: C mömpfelt B. Diese Version werden wir beweisen.)

1. C mömpfelt A oder A mömpfelt C, aber nicht beides.	Voraussetzung (C verschieden von A), Korollar.
2. A mömpfelt nicht C.	Voraussetzung
3. C mömpfelt A.	1., 2.
4. A mömpfelt B.	Voraussetzung
5. C mömpfelt B.	3., 4., Ax. MS3 (C, A, B die drei Strunze)

Satz MS3. *Es gibt mindestens ein Strunz, das jedes andere Strunz mömpfelt.*

Beweis.

1. Seien „W", „X", „Y" und „Z" die vier verschiedenen Strunze.	Ax. MS4
2. Entweder mömpfelt W X, oder X mömpfelt W, aber nicht beides; sagen wir: W mömpfelt X.	Korollar
3. Ebenso können wir annehmen, daß Y Z mömpfelt (Abb. 136).	Korollar

Abbildung 136

4. W mömpfelt Y oder Y mömpfelt X oder beides.	2., 1. ($Y \neq W$), Satz MS2 (W, X, Y die drei Strunze)

(Es gibt also drei Fälle zu betrachten.)

Fall 1. W mömpfelt Y, aber Y mömpfelt nicht X (Abb. 137).

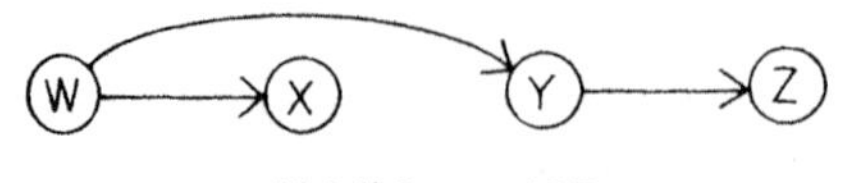

Abbildung 137

5. Dann gilt: W mömpfelt Z.	Voraussetzung von Fall 1 (W mömpfelt Y), 3., Ax. MS3 (W, Y, Z die drei Strunze)
6. W mömpfelt jedes andere Strunz.	2., Voraussetzung von Fall 1, 5.

Fall 2. Y mömpfelt X, aber W mömpfelt nicht Y (Abb. 138).

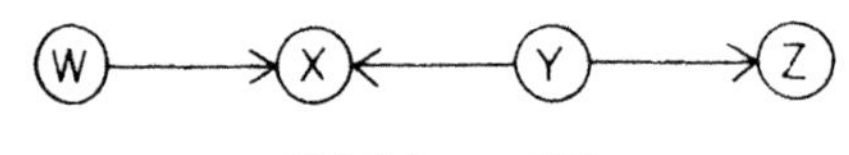

Abbildung 138

7. W mömpfelt Y oder Y mömpfelt W, aber nicht beides.	Korollar
8. W mömpfelt nicht Y.	Voraussetzung von Fall 2
9. Y mömpfelt W.	7., 8.
10. Y mömpfelt jedes andere Strunz.	9., Voraussetzung von Fall 2, 3.

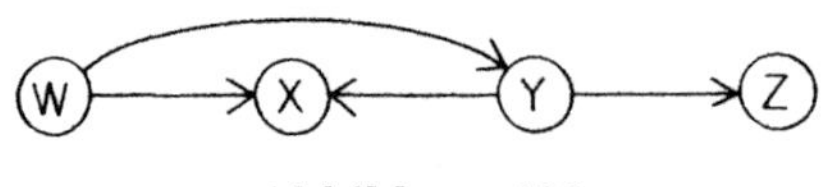

Abbildung 139

Fall 3. W mömpfelt Y und Y mömpfelt X (Abb. 139).

11. W mömpfelt Z.	Voraussetzung von Fall 3 (W mömpfelt Y), 3., Ax. MS3 (W, Y, Z die drei Strunze)
12. W mömpfelt jedes andere Strunz.	2., Voraussetzung von Fall 3, 11.

Definition MS1. Ein Strunz, das jedes andere Strunz mömpfelt, heißt *schiebig.*

Satz MS4. *Es gibt ein und nur ein schiebiges Strunz.*

Beweis.

1. Es gibt mindestens ein schiebiges Strunz; nennen wir es „P“.	Satz MS3, Def. v. „schiebig“
2. Angenommen, es gibt noch ein schiebiges Strunz „Q“.	Annahme des Gegenteils
3. P mömpfelt Q.	1., Def. v. „schiebig“
4. Q mömpfelt nicht P.	Satz MS1
5. Aber Q muß P mömpfeln.	2., Def. v. „schiebig“
6. Widerspruch.	4. und 5.
7. Daher ist P das einzige schiebige Strunz.	2.–6., Logik

Abb. 140 faßt zusammen, was wir bisher wissen. Wir stellen Strunze durch Kreise und mömpfeln durch Pfeile dar; es gibt genau vier Strunze (Ax. MS4); das eindeutig bestimmte schiebige Strunz (Satz MS4) mömpfelt alle anderen (Def. MS1); kein Strunz mömpfelt das schiebige Strunz (Satz MS1); und schließlich gibt es genau ein Mömpfelverhältnis (einen Pfeil) zwischen je zwei der äußeren Strunze (Kor. zu Satz MS1).

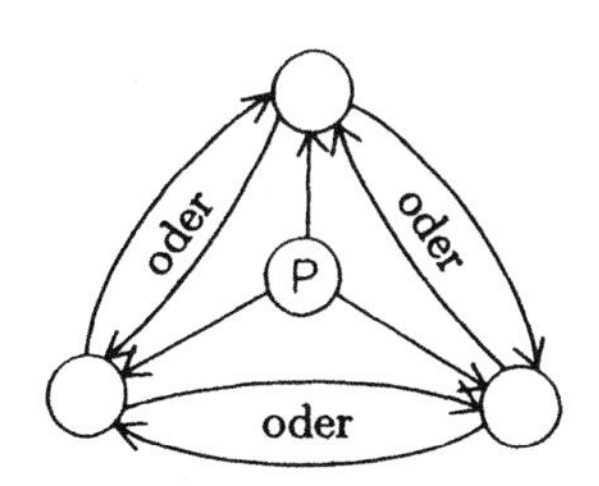

Abbildung 140

Die Abbildung läßt viele weitere Sätze ahnen. Z.B. scheint jede mögliche Anordnung von Pfeilen auf der Peripherie (wie in Abb. 141) ein Strunz zu ergeben (ein „rücksichtsvolles“ Strunz?), das von allen anderen gemömpfelt wird und selbst nicht mömpfelt; in Analogie zum schiebigen Strunz erwarten wir, daß es eindeutig bestimmt ist. Wenn man das beweisen kann, sind wir bald soweit, alle vier Strunze individuell zu beschreiben.

Aber genug davon; ich glaube, wir sind weit genug gekommen, damit Sie erkennen, daß formale axiomatische Systeme, so dunkel sie auch sind, immer noch

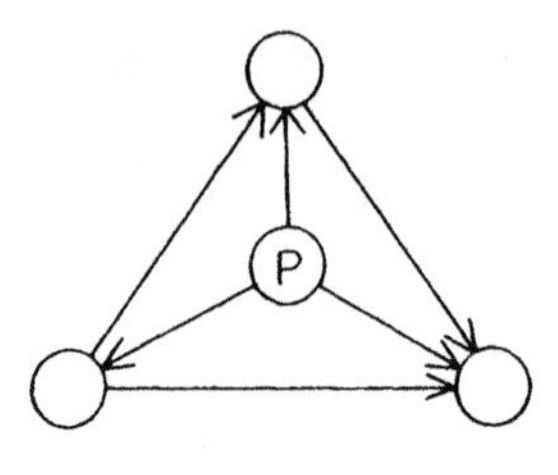

Abbildung 141

Dinge enthalten, die man verstehen kann. Es stimmt schon, wir wissen nicht, was ein Strunz ist, was es heißt zu mömpfeln, oder was die Axiome oder sogar unsere ureigensten Sätze bedeuten. Aber ungeachtet dieser offensichtlichen Schwierigkeiten ist es uns gelungen, eine erkennbar mathematische Entdeckung zu machen. Wir haben diese bedeutungsleeren Sätze *bewiesen*!

Wie man es schafft, daß einen die Bilder nicht verwirren

Na, was denken Sie?

„Wozu sollen bedeutungslose Sätze gut sein?"

Na ja, sie herzuleiten kann Spaß machen. Aber ich nehme an, Sie meinen etwas Anwendungsbezogeneres. Um das zu erklären, muß ich etwas ausholen.

In einem formalen axiomatischen System erhalten die primitiven Terme keinerlei Bedeutung. Das sieht aus wie eine Schwäche. In der Tat ist es aber eine Stärke, denn so sind wir frei, ihnen eine Bedeutung *zuzuschreiben* – d.h., sie zu interpretieren – in der Weise, daß die Axiome zu wahren Behauptungen werden. Dann werden die Sätze auch zu wahren Behauptungen, und was vorher bedeutungslos war, verwandelt sich in echtes Wissen.

„Wollen Sie damit sagen, die mömpfelnden Strunze können in ‚echtes Wissen' umgewandelt werden?"

Ja, wenn auch nicht in sehr interessantes. Die mömpfelnden Strunze sind ein zu einfaches Bespiel; es ist ungefähr auf demselben Level wie der Schildkröten–Club aus Kapitel 1. Aber es ist definitiv möglich, die Wörter „Strunz" und „mömpfeln" derart zu interpretieren, daß die Axiome und damit die Sätze wahr werden. Später möchten Sie sich vielleicht selbst hinsetzen und über eine solche Interpretation nachdenken; das ist nicht besonders schwierig.

„Aber warum interpretiert man die primitiven Terme nicht gleich zu Anfang? Was ist so besonderes daran, dies aufzuschieben, bis wir Sätze bewiesen haben?"

Sie fragen, welchen Vorteil ein formales axiomatisches System gegenüber einem materialen axiomatischen System besitzt.

Ein Vorteil besteht darin, daß man sich selbst bei uninterpretierten Termen nicht so leicht mit ungültigen Beweisen hereinlegt. Erinnern Sie sich daran, wie Sie im Geometrieunterricht der Schule zum ersten Mal lernten, einfache Sätze zu beweisen, und wie schwierig das da war, keine offensichtlich „wahren“ Dinge zu benutzen, die Sie bisher noch nicht bewiesen hatten? Selbst erfahrene Mathematiker begehen diesen Irrtum, wenn die primitiven Terme vorher erläutert worden sind. Je geringer das Material, mit dem unsere Vorstellungskraft arbeitet, desto geringer die Warscheinlichkeit, daß wir versehentlich etwas für wahr halten, das wir logisch eigentlich nicht wissen.

Das Hauptargument dafür, ein mathematisches System „formal“ zu entwickeln – d.h. mit uninterpretierten Termen –, besteht aber darin, daß formale axiomatische Systeme manchmal in mehr als einer Weise interpretiert werden können. In der Geschichte der Mathematik ist dies mehrfach vorgekommen. So gibt es z.B. ein formales axiomatisches System mit Namen „Gruppentheorie“, das in der einen Interpretation etwas über die Lösbarkeit algebraischer Gleichungen aussagt, in einer zweiten eine Methode zur Klassifikation von Kristallen wird, in einer dritten das Verhalten von Elementarteilchen beschreibt, und das noch eine Anzahl anderer Interpretationen besitzt.

Mehrfachinterpretationen werden durch unsere Fähigkeit ermöglicht, dieselbe logische Struktur in verschiedenen konkreten Situationen wiederzuerkennen. Wenn wir ein axiomatisches System formal untersucht haben, dann ist die Wahrscheinlichkeit dafür, daß wir mehrfache Interpretationen finden, stark erhöht, denn dann haben wir mindestens klare Begriffe von seiner logischen Struktur. Ist hingegen unsere Erfahrung mit einem solchen System auf eine spezielle Interpretation beschränkt, können wir es nicht neu interpretieren, solange wir nicht die heikle und ermüdende Aufgabe durchgeführt haben, das Wesentliche von einem Haufen von Zufälligkeiten zu trennen.

„Können die mömpfelnden Strunze auf mehr als eine Weise interpretiert werden?“

Oh ja. Wenn Sie erst einmal eine Interpretation gefunden haben, fallen Ihnen bald mehrere andere ein. Sie sind aber alle ziemlich langweilig, das System ist zu simpel.

Sagen Sie, was halten Sie davon, wenn wir uns wieder der hyperbolischen Geometrie zuwenden? Der einzige Grund, warum wir über formale axiomatische Systeme gesprochen haben, ist der, daß wir die hyperbolische Geometrie als ein solches betrachten wollen.

„Okay.“

In einem unserer früheren Gespräche haben wir folgendes Bild gezeichnet [Abbildung 142], um die Situation zu illustrieren, die gemäß dem ~Postulat von Playfair irgendwo in der Ebene stattfindet. EF ist von CD verschieden und parallel zu AB. Sieht es irgendwie weniger Einspruch herausfordernd aus als vorher?

„Na ja ... es sieht immer noch so aus, als wenn EF AB treffen wird.“

[zeichnet Abbildung 143] Und jetzt?

„Jetzt ist EF nicht mehr gerade. – Ah, jetzt verstehe ich. Wenn die hyperbolische Geometrie ein formales axiomatisches System ist, dann ist ‚gerade Linie‘ ein undefinierter Term. Wir wissen eigentlich nicht, was eine ‚gerade Linie‘ tun wird, wenn wir sie verlängern.“

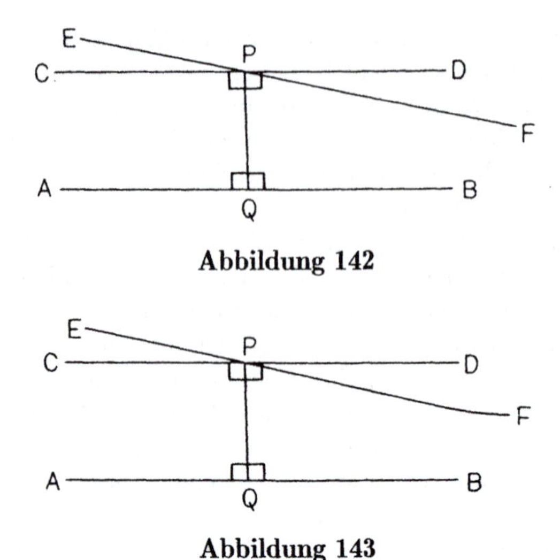

Abbildung 142

Abbildung 143

Wir wissen, daß EF die Linie AB nicht treffen wird, also habe ich die Zeichnung so gestaltet, daß sie diese Tatsache widerspiegelt.

„Also sind in der hyperbolischen Geometrie die geraden Linien gekrümmt?!"

Wenn Sie mit „gekrümmt" die euklidische Bedeutung meinen, dann können das nicht irgendwie zwei gekrümmte Linien sein, denn dann [zeichnet Abbildung 144] wäre es für zwei verschiedene „gerade Linien" – d.h. also euklidisch gekrümmte

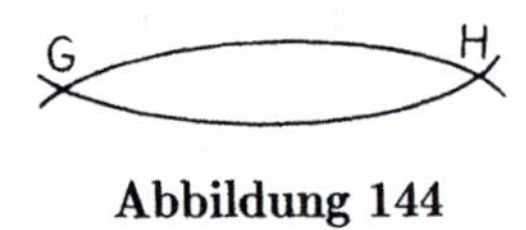

Abbildung 144

Linien – möglich, dieselben zwei Punkte zu verbinden, im Widerspruch zu Postulat 1. Beachten Sie bitte, daß mit Ausnahme des Postulates 5 die gesamte Grundlage der euklidischen Geometrie auch Grundlage der hyperbolischen Geometrie ist.

Wenn Sie andererseits mit „gekrümmt" die hyperbolische Bedeutung meinen – was streng genommen die einzig legitime Bedeutung ist, wenn wir hyperbolische Geometrie betreiben –, dann können hyperbolische gerade Linien unmöglich gekrümmt sein. Denn was meinen wir mit „gekrümmte" Linie? Ich nehme an, Sie werden zustimmen, daß wir damit eine „Linie" (was immer das sei) meinen, die *nicht* eine „gerade Linie" ist (was immer *das* sei). Wenngleich „Linie" und „gerade Linie" undefinierte primitive Terme sind, ist es aus rein logischen Gründen doch klar, daß dasselbe Ding nicht gleichzeitig eine „gerade Linie" und eine „gekrümmte Linie" sein kann.

Nein, als ich die Abbildung 143 gezeichnet habe, meinte ich nicht, daß gerade Linien sich krümmen. Ich weiß nicht, was gerade Linien tun. „Gerade Linie" ist einfach ein Geräusch, das wir von uns geben, oder ein Satz, den wir schreiben, um damit einen Typ von Objekten zu bezeichnen, mit denen die hyperbolische Geometrie sich befaßt. Alles, was wir über „gerade Linien“ wissen, ist, daß sie in Relation zu denjenigen Objekten stehen, die durch die anderen primitiven Terme bezeichnet werden, und zwar auf die in den Postulaten spezifizierte Art und Weise.

Was ich meinte, als ich Abbildung 143 gezeichnet habe, ist, daß sie ebenso gut ist wie Abbildung 142, ja sogar besser, wenn Sie sich damit besser fühlen.

Erinnern Sie sich an unsere Bemerkungen über die Rolle von Zeichnungen in der Geometrie? Sie sind visuelle Hilfen, die wir benutzen, um die Voraussetzungen und Beweise zu organisieren. Wenn wir Glück haben, legen sie sogar neue beweisbare Dinge nahe. Aber das ist alles. Sie sind unsere Diener, nicht unsere Herren, und ganz sicher nicht Gegenstand unserer Untersuchungen. In der ebenen Geometrie kann man das leicht aus dem Auge verlieren, weil die traditionellen Abbildungen so eng mit Euklids Erklärungen der primitiven Terme korrespondieren.

Schüler finden den Übergang von der zwei- zur dreidimensionalen euklidischen Geometrie oft schwierig, weil in der letzteren die Zeichnungen weniger deutlich sind und daher zum Verständnis einen größeren Beitrag des Betrachters erforderlich machen. Dies bespielsweise [zeichnet Abbildung 145] ist die übliche Art,

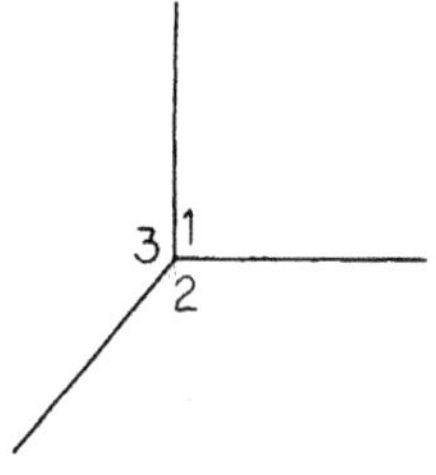

Abbildung 145

drei gegenseitig aufeinander senkrecht stehende Linien zu repräsentieren, wie in der Ecke eines Zimmers. Der Winkel 1 sieht auch aus wie ein rechter, aber damit ein Anfänger auch „sieht“ daß die Winkel 2 und 3 ebenso rechte Winkel sind, muß er eine bewußte Anstrengung unternehmen. Eine Zeit lang muß er sich ständig daran erinnern, daß die alten Konventionen nicht länger anwendbar sind, weil die Abbildungen nun versuchen, eine zusätzliche Dimension unterzubringen.

Wenn eine Zeichnung in der hyperbolischen Geometrie – wobei ich betone, daß sie für uns eine *ebene* Geometrie ist – eine zusätzliche Parallele unterzubringen versucht, dann ist die Schwierigkeit, die wir dabei erfahren, analog dazu. Es ist unmöglich, eine Zeichnung zu entwickeln, die vollständig befriedigend ist. Wir müssen uns für irgendetwas in der Art von Abbildung 142 oder 143 entscheiden, welches die zwei Typen von Zeichnungen sind, die tatsächlich verwendet werden. Ein Großteil der anfänglichen Seltsamkeit dieser Zeichnungen rührt von unserer Neigung her, den Konventionen euklidischer Zeichnungen verhaftet zu sein, aber selbst nachdem wir uns davon befreit haben, müssen wir uns immer noch anstrengen, um zu „sehen“, was sie darstellen. Bei Abbildung 142 müssen wir uns fortwährend sagen, daß die gerade Linie EF die gerade Linie AB nicht treffen wird. Bei Abbildung 143 müssen wir uns daran erinnern, daß EF genauso „gerade“ wie die anderen Linien ist. Ich persönlich ziehe die erste Art von Abbildungen vor; dort sehen die geraden Linien alle gleich aus und sind „gerade“ im üblichen Sinne. Und irgendwie hinterläßt der Satz „EF wird AB nicht treffen“ mit Blick auf Abbildung 142 bei mir ein weniger schlechtes Gefühl als der Satz „EF ist eine gerade Linie“ mit Blick auf Abbildung 143.

„Und keiner hat bisher eine bessere Art gefunden, die hyperbolische Geometrie zu illustrieren?“

Man kann sehr gute Zeichnungen auf der Oberfläche einer ungebogenen Trompete ohne Ventile machen. Der italienische Mathematiker Eugenio Beltrami (1835–1900) hat das im Jahre 1868 entdeckt. Und noch vor Ende des Jahrhunderts wurden andere Möglichkeiten entwickelt – praktische, die man auf einem flachen Blatt Papier ausführen kann. Aber sie laufen alle auf *Interpretationen* der hyperbolischen Geometrie hinaus, etwas, womit ich mich noch nicht beschäftigen möchte, bevor die Geometrie entwickelt ist. Wenn ich sie jetzt für Sie interpretieren würde, dann sähen Sie unsere Sätze im Kontext der jeweils gegebenen konkreten Interpretation, und die wichtigste Lektion der nichteuklidischen Geometrie wäre verloren – nämlich, daß die Mathematik im Kern *vollständig* abstrakt ist und daher von *Nichts Besonderem* handelt.

„Unsere Zeichnungen werden also wie Abbildung 142 oder 143 sein?“

Wie Abbildung 142, wobei wir den Typ der Abbildung 143 in der Hinterhand behalten. Ja, unsere Illustrationen werden auf genau der Abbildung basieren, die Sie ganz am Anfang auf Seite 189 gezeichnet haben, und die seitdem zentraler Bestandteil unserer Diskussion war. Wie sieht sie jetzt aus?

„Immer noch ganz schön seltsam. Was ich also tun muß – nicht wahr? – ist, zu *ignorieren*, daß sie nahelegt, EFund AB würden sich treffen. Zur Zeit scheint mir, daß das nicht sehr leicht sein wird, aber ich glaube, ich kann damit fertig werden.“

Es wird mit zunehmender Erfahrung leichter werden. Und nach einer Weile werden Sie merken, wie *begrenzt* die Unzuverlässigkeit der Abbildung ist. Die meisten Dinge, die sie nahe legt, sind wahr und können bewiesen werden. Aber können Sie für den Moment wenigstens erkennen, daß die Abbildung 142 ein brauchbares Werkzeug ist, die hyperbolische Geometrie mathematisch zu untersuchen?

„Ich sehe, daß es darstellt, was das Postulat sagt. “

Das ist alles, was Sie tun sollen. Gut. Ich denke, dann können wir jetzt beginnen.

Übungsaufgabe

Überlegen Sie sich eine Interpretation der mömpfelnden Strunze. D.h., überlegen Sie sich vier Objekte (die „Strunze“) und eine Relation zwischen ihnen („mömpfeln“) derart, daß die Axiome SF1–SF4 (Seite 194) wahr werden.

6 Hyperbolische Geometrie

In elementaren Lehrbüchern (wie diesem hier) beruht die Entwicklung der hyperbolischen Geometrie häufig auf einer stärkeren Version vom ~Postulat von Playfair:

Postulat H. Ist P ein Punkt und AB eine gerade Linie, die einschließlich ihrer Verlängerung nicht durch P geht, dann gibt es gerade Linien YPZ und WPX durch P derart, daß gilt:

(1) YPX ist keine einzelne gerade Linie,
(2) YPZ und WPX sind beide parallel zu AB, und
(3) keine gerade Linie durch P, die in $\sphericalangle YPX$ eintritt, ist parallel zu AB. (Siehe Abb. 146.)

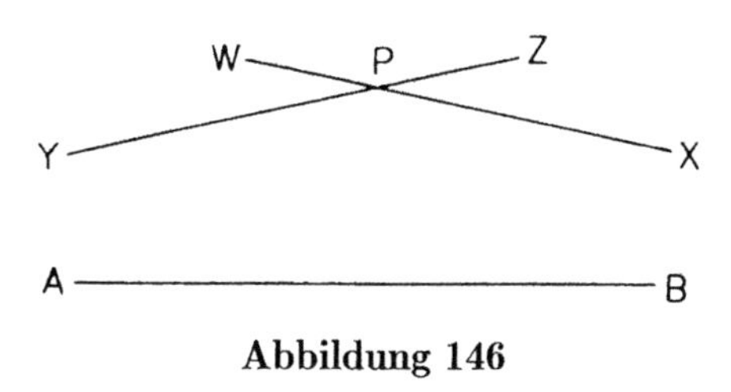

Abbildung 146

Punkt (1) ist nur eine andere Art zu sagen, daß YPZ und WPX zwei verschiedene gerade Linien sind.

Postulat H umfaßt ~Postulat von Playfair sowie zwei weitere Dinge.

Erstens besagt es, daß das mehr-als-eine-Parallele-Phänomen universell ist, daß es nämlich an *jedem* Punkt der Ebene und für *jede* gerade Linie AB, die nicht durch P geht, auftritt. ~Postulat von Playfair garantierte lediglich, daß dieses Phänomen mindestens einmal auftritt, an einem speziellen Punkt und für eine spezielle Gerade.

Zweitens sind die beiden in Postulat H erwähnten Parallelen als die in der jeweiligen Richtung *tiefsten* spezifiziert (eine gerade Linie durch P, die tiefer läge als eine von diesen beiden, wäre nach Punkt (3) nicht parallel zu AB). Weitere Eigenschaften werden von den beiden Parallelen im ~Postulat von Playfair nicht verlangt. (Oben in der Abb. 142 haben wir eine der Parallelen im rechten Winkel zur Senkrechten von P auf AB gezeichnet, aber das war unsere eigene Wahl. ~Postulat von Playfair stellt lediglich fest, daß es zwei (oder mehr) Parallelen gibt.)

Diese beiden zusätzlichen Dinge können unter Benutzung des ~Postulats von Playfair und der übrigen Axiome der hyperbolischen Geometrie (d.h. also der neutralen Geometrie) bewiesen werden. In Wirklichkeit ist das Postulat H daher ein Amalgam aus dem ~Postulat von Playfair und zwei *Sätzen.* Die Beweise dieser Sätze sind allerdings nicht ganz leicht. Indem man mit Postulat H beginnt, vermeidet man diese Beweise und erspart so dem Anfänger eine entmutigende erste Begegnung mit der Hyperbolischen Geometrie.

Wir werden hier die erste Zusatztatsache beweisen – das wird in Anbetracht unserer in Kapitel 4 geleisteten Arbeit einfach für uns sein –, und danach werde ich ein plausibles Argument für die zweite präsentieren. Sollten Sie hingegen den vorletzten Abschnitt von Kapitel 4 übersprungen haben, nachdem ich Ihnen dies auf Seite 154 anheimgestellt hatte, möchten Sie jetzt vielleicht auch den Beweis der ersten Zusatztatsache überspringen, weil er von den früheren Resultaten abhängt. (In diesem Falle lesen Sie nach dem Ende des Beweises von Metatheorem 10 weiter.) Und wenn Sie es nicht erwarten können, mit der Hyperbolischen Geometrie weiterzumachen, möchten Sie vielleicht auch das Plausibilitätsargument für die zweite Zusatztatsache überspringen. (In diesem Falle beginnen Sie mit dem nächsten Abschnitt auf Seite 207.)

Metatheorem 10. *Wenn im Kontext der neutralen Geometrie bekannt wäre:*

> zu mindestens einem Punkt und mindestens einer geraden Linie, die (auch verlängert) nicht durch diesen Punkt geht, gibt es durch diesen Punkt mindestens zwei Parallelen zu der geraden Linie,

dann würde folgen:

> zu jedem Punkt und jeder geraden Linie, die (auch verlängert) nicht durch diesen Punkt geht, gibt es durch diesen Punkt mindestens zwei Parallelen zu der geraden Linie.

(Mit anderen Worten: Neutrale Geometrie + ~Postulat von Playfair $\Rightarrow$ das mehr-als-eine-Parallele-Phänomen ist universell.)

Beweis. (Im ersten Teil werden frühere Resultate kombiniert, um zu zeigen, daß gilt: neutrale Geometrie + ~Postulat von Playfair $\Rightarrow$ kein Dreieck hat Winkelsumme 180°.)

1. Im Kontext der neutralen Geometrie ist das Postulat von Playfair logisch äquivalent mit Postulat 5.	Seite 187
2. Im Kontext der neutralen Geometrie ist das Postulat logisch äquivalent mit der Existenz eines Dreiecks mit Winkelsumme 180°.	Kor. 3 zu Metath. 9 (Seite 172)
3. Darum ist im Kontext der neutralen Geometrie das Postulat von Playfair äquivalent mit der Existenz eines Dreiecks mit Winkelsumme 180°.	1., 2., Logik

4.	Darum ist im Kontext der neutralen Geometrie das $\sim$Postulat von Playfair äquivalent mit der *Nicht*existenz eines Dreiecks mit Winkelsumme 180°.	3., Logik
5.	Der gegenwärtige Kontext besteht aber aus der neutralen Geometrie und dem $\sim$Postulat von Playfair.	Voraussetzung
6.	Daher hat kein Dreieck Winkelsumme 180°.	4.,5.

(Nun begeben wir uns mit einem Widerspruchsbeweis an unsere gewünschte Schlußfolgerung.)

7.	Angenommen, es gibt einen Punkt „P" und eine gerade Linie „AB", die (auch verlängert) nicht durch P geht, derart, daß es durch P nicht mehr als eine Parallele zu AB gibt (siehe Abb. 147).	Annahme des Gegenteils

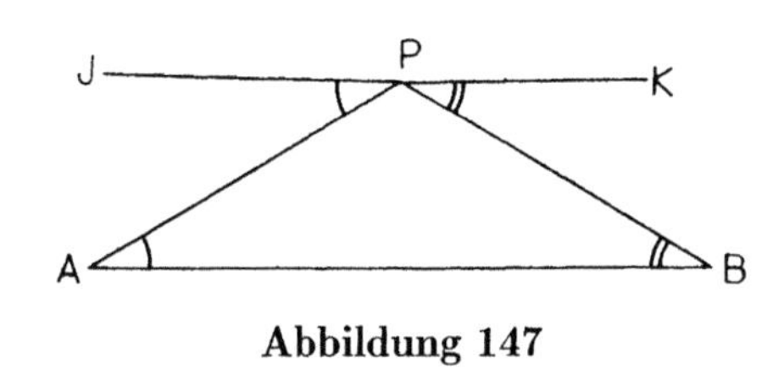

Abbildung 147

8.	Man zeichne PA und PB.	Post. 1
9.	Durch P zeichne man „J"P so, daß $\sphericalangle JPA = \sphericalangle PAB$.	Satz 23
10.	JP ist parallel zu AB.	Satz 27/28
11.	Durch P zeichne man P„K" so, daß $\sphericalangle KPB = \sphericalangle PBA$.	Satz 23
12.	PK ist parallel zu AB.	Satz 27/28
13.	Aber durch P gibt es nicht mehr als eine Parallele zu AB.	7.
14.	Darum ist JPK eine einzige gerade Linie.	10., 12., 13.
15.	$\sphericalangle JPA + \sphericalangle APB + \sphericalangle KPB = 180^\circ$.	Satz 13
16.	$\sphericalangle PAB + \sphericalangle APB + \sphericalangle PBA = 180^\circ$.	9., 11., 15., Ax. 6 (Ist $a = b$, $c = d$ und $a + e + c = f$, dann ist $b + e + d = f$.)
17.	Widerspruch.	6. und 16.

18. Daher gibt es zu jedem Punkt und jeder geraden Linie, die (selbst verlängert) nicht durch diesen Punkt geht, mindestens zwei Parallelen durch diesen Punkt zu der geraden Linie. — 7.–17., Logik

So viel zur ersten Zusatztatsache im Postulat H.

Für die zweite Zusatztatsache läßt sich sehr überzeugend eintreten, wenn wir die Idee einer sich bewegenden geraden Linie einführen.

Hier ist noch einmal (Abb. 148) unsere ursprüngliche Zeichnung zum ∼Postulat von Playfair, nur daß jetzt P und AB *jeden* beliebigen Punkt der Ebene darstellen, gemäß dem eben Bewiesenen.

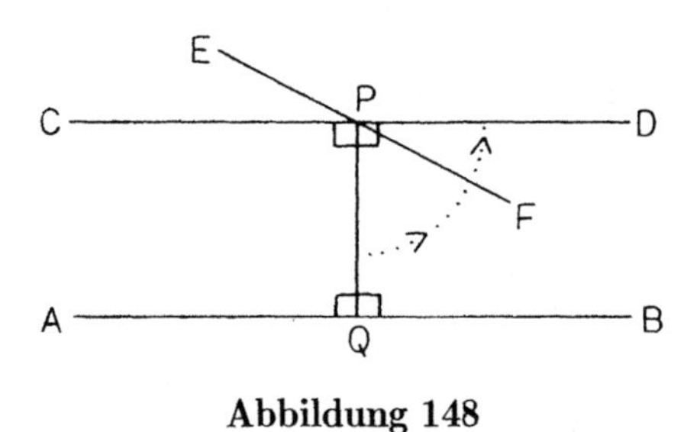

Abbildung 148

Stellen Sie sich eine gerade Linie vor, die ursprünglich mit PQ zusammenfiel und die jetzt gegen den Uhrzeigersinn um P rotiert, bis sie die von PD eingenommene Position erreicht. Eine Zeit lang wird sie nichtparallel zu AB bleiben; dann wird sie parallel zu AB, wie bei PF und PD. Beachten Sie, daß die rotierende Linie, ist sie erst einmal parallel zu AB, während ihrer Vierteldrehung fortwährend parallel zu AB bleibt. Denn angenommen, nach einer Position, sagen wir PF (Abb. 149), in der die Linie parallel zu AB war, nähme sie später eine Position PG ein,

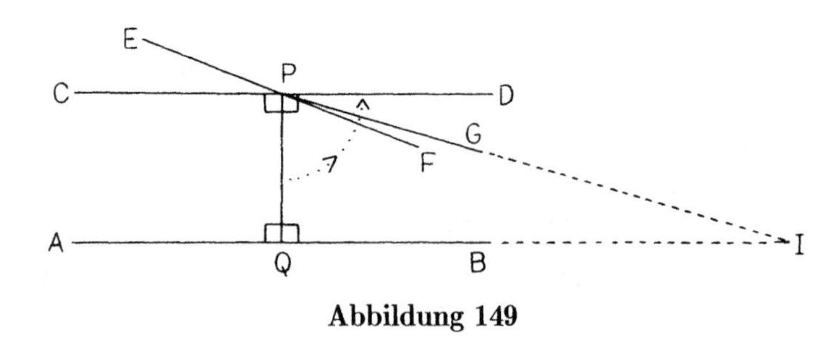

Abbildung 149

in der sie nicht mehr parallel zu AB ist (so daß ihre Verlängerung die verlängerte Linie AB in I schnitte), so würde die gerade Linie PF von einem Punkt auf dem Dreieck (PQI) zu einem Punkt im Innern bei Verlängerung dieses Dreieck nach

Postulat 6(iii) ein zweites Mal schneiden; und der Schnittpunkt könnte nach Postulat 1 nicht auf PQ oder PI liegen; also müßte PF bei Verlängerung die gerade Linie QI schneiden, im Widerspruch zur Parallelität von PF und AB.

Da die Augenblicke, in denen die rotierende gerade Linie *nicht* parallel zu AB ist, alle *vor* den Augenblicken liegen, in denen sie parallel *ist*, muß es einen einzigen, scharf bestimmten Augenblick des *Übergangs* geben, der ein letzter Augenblick der Nichtparallelität oder ein erster der Parallelität sein kann. Mit anderen Worten: während ihrer Vierteldrehung muß die gerade Linie entweder eine *letzte* Position einnehmen, in der sie nicht parallel zu AB ist, oder eine *erste*, in der sie schon parallel zu AB ist.

Aber eine letzte Position der Nichtparallelität zu AB kann es nicht geben, denn nach einer solchen Position – sagen wir PJ in Abb. 150 – kann man immer

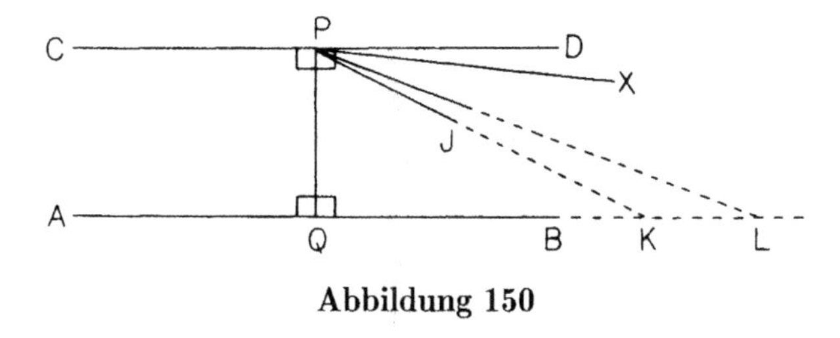

Abbildung 150

eine spätere Position der Nichtparallelität finden: man wähle einfach einen Punkt L auf QK nach den Postulaten 2 und 10 und zeichne PL gemäß Postulat 1.

Daher gibt es eine erste Position parallel zu AB, die im Postulat H „WPX“ heißt. Die gleiche Begründung liefert auf der anderen Seite die Linie „YPZ“ aus Postulat H als erste Position parallel zu AB einer im Uhrzeigersinn von PQ nach PC rotierenden geraden Linie.

All dies ist nicht mehr als eine Plausibilitätsbetrachtung, denn es hängt von einem nichtgeometrischen Begriff, der Bewegung, ab. Diese Schwierigkeit kann umgangen und das Argument in einen formalen Beweis umgewandelt werden, aber um den Preis technischer Schwierigkeiten, in die ich lieber nicht kommen möchte.

Hyperbolische Geometrie (Teil 1)

In der hyperbolischen Geometrie sind die Grundbegriffe dieselben wie in der euklidischen Geometrie: *Punkt, Linie, gerade Linie, Fläche* und *ebene Fläche (Ebene)*. Wir übernehmen außerdem unsere gesamte Liste definierter Begriffe, die wir im weiteren Verlauf noch etwas ergänzen werden. Die Axiome (im weiteren Sinne) sind die Axiome 1–6, Postulate 1–4 sowie 6–10 (alle genau wie in der Euklidischen Geometrie) und Postulat H (S. 203). Da wir dementsprechend alle Sätze der neutralen Geometrie zur Verfügung haben – d.h. die „Sätze ohne Postulat 5“ auf den Seiten 118–119 zusammen mit den Sätzen A, B und C aus Kapitel 4 (machen Sie sich keine Sorgen, wenn Sie sie überschlagen haben) –, beginnen wir unsere Untersuchung der hyperbolischen Geometrie an dem bereits etwas fortgeschrittenen Punkt, wo sie von der euklidischen Geometrie abzuweichen beginnt.

In diesem Abschnitt werden wir uns auf hyperbolische Parallelen konzentrieren. Im nächsten Abschnitt werden wir dann versuchen, dies mit dem zu vereinbaren, was wir mit dem „gesunden Menschenverstand" gesehen haben. Die formale Entwicklung der hyperbolischen Geometrie werden wir im nachfolgenden Abschnitt wieder aufnehmen.

Im Folgenden beschäftigen wir uns ausschließlich mit den Punkten und Geraden einer einzigen Ebene.

Satz H1. *In der in Postulat H beschriebenen Situation ist jede gerade Linie durch P, die in $\sphericalangle ZPX$ eintritt, parallel zu AB.* (Siehe Abb. 151.)

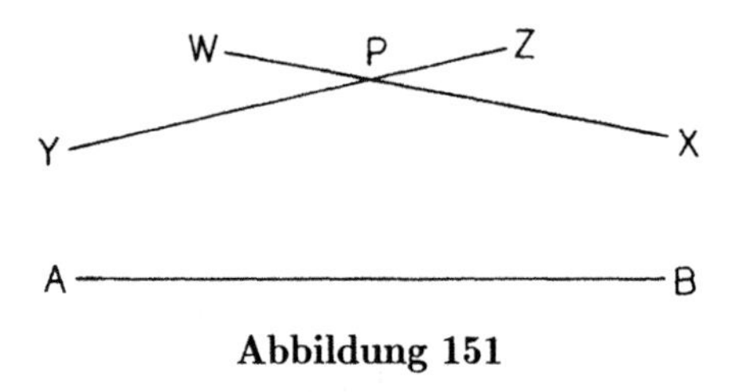

Abbildung 151

Beweis.

1. Die gerade Linie „PC" trete in $\sphericalangle ZPX$ ein.	Voraussetzung
2. Angenommen, PC ist nicht parallel zu AB (Abb. 152).	Annahme des Gegenteils

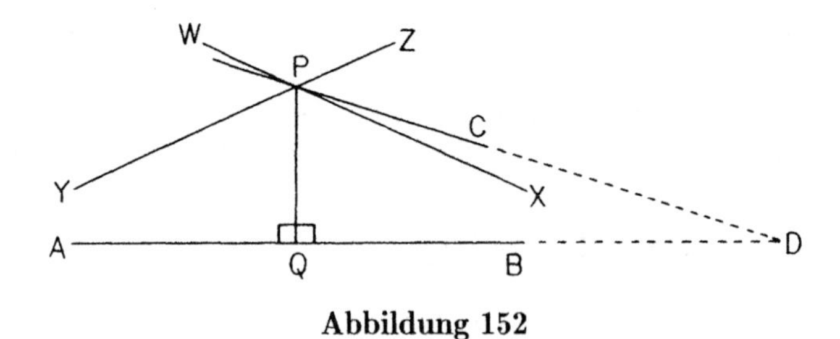

Abbildung 152

3. Dann schneidet PC (genügend verlängert) die (ggf. genügend verlängerte) gerade Linie AB in einem Punkt „D".	Post. 2, 2., Def. v. „parallel"
4. Man zeichne P„Q" orthogonal zu AB (ggf. genügend verlängert).	Satz 12 (Post. 2)
5. PX schneidet bei genügender Verlängerung QD.	Post. 2, Post. 6(iii), Post. 1

6. Aber PX schneidet QD nicht, wie weit auch immer verlängert.	Post. H(2), Def. v. „parallel"
7. Widerspruch.	5. und 6.
8. Daher ist PC parallel zu AB.	2.–7., Logik

Somit fallen die Geraden durch P in zwei Kategorien. Die eine enthält diejenigen unendlich vielen Geraden, die in $\sphericalangle YPX$ eintreten; diese schneiden (bei Verlängerung) AB (ggf. verlängert). Die andere besteht aus YPZ, WPX und den unendlich vielen Geraden, die in $\sphericalangle ZPX$ eintreten; diese schneiden AB niemals, egal wie weit man beide verlängert – sie sind parallel zu AB. Innerhalb der zweiten Kategorie haben YPZ und WPX einen besonderen Status, da sie die Einteilung begrenzen.

Definition H1. In der in Postulat H beschriebenen Situation heißen die Geraden YPZ und WPX die *asymptotischen Parallelen* (oder *a-Parallelen*) *durch P zu AB*, und die Geraden durch P, die in $\sphericalangle ZPX$ eintreten, heißen die *divergenten Parallelen* (oder *d-Parallelen*) *durch P zu AB*.[1] (Siehe Abb. 153.)

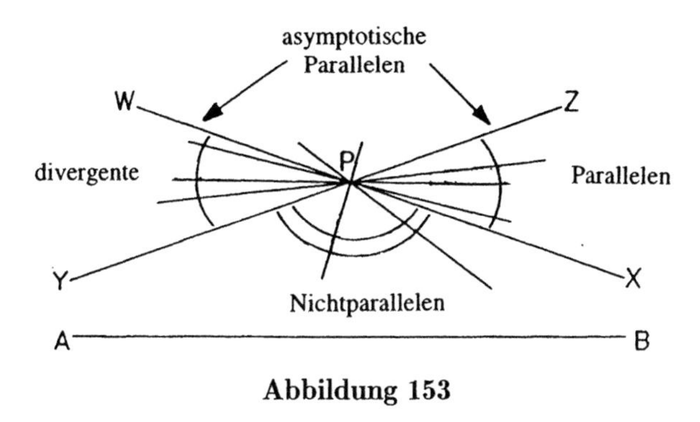

Abbildung 153

Die Adjektive „asymptotisch" und „divergent" werden später erklärt. Bis dahin müssen Sie sich nur merken, daß die a-Parallelen die zwei sind, die am dichtesten bei AB liegen, und daß die d-Parallelen alle anderen sind.

In der Abb. 152 sieht es so aus, als seien die Winkel YPQ und XPQ gleich und spitz. Der nächste Satz zeigt, daß unserer Zeichnungen wenigstens hierin vertrauenswürdig sind.

Satz H2. *Die asymptotischen Parallelen zu einer Geraden durch einen Punkt bilden gleiche und spitze Winkel mit der Senkrechten von dem Punkt auf die Gerade.*

[1] Die Terminologie in der hyperbolischen Geometrie ist hier noch nicht ganz einheitlich. Was wir „asymptotische Parallelen" und „divergente Parallelen" nennen, heißt in anderen Büchern anders.

Beweis.

1. Sei „P“ ein Punkt und „AB“ eine gerade Linie, die (selbst, wenn man sie verlängert) nicht durch P geht, und seien „Y“P sowie P„X“ die a-Parallelen durch P zu AB. — Annahme
2. Man zeichne P„Q“ senkrecht zu AB (ggf. genügend verlängert). (Siehe Abb. 154.) — Satz 12 (Post. 2)

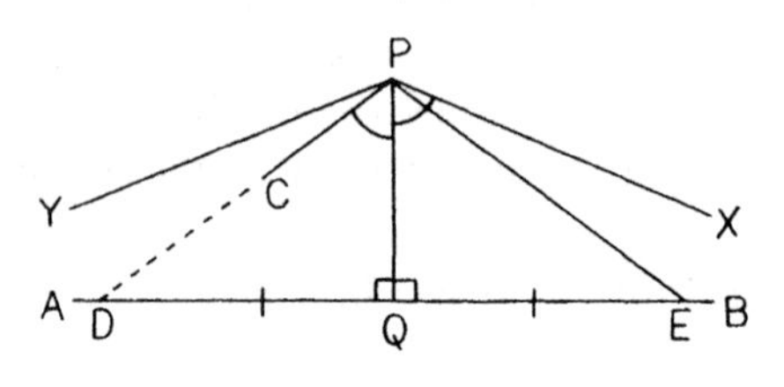

Abbildung 154

(Wir zeigen zuerst, daß $\sphericalangle YPQ = \sphericalangle XPQ$.)

3. Angenommen, $\sphericalangle YPQ \neq \sphericalangle XPQ$, sagen wir: $\sphericalangle YPQ > \sphericalangle XPQ$. — Annahme des Gegenteils

(Die Argumentation ist ähnlich, wenn $\sphericalangle XPQ$ größer ist.)

4. Man zeichne P„C“ so, daß $\sphericalangle CPQ = \sphericalangle XPQ$. — Satz 23
5. $\sphericalangle YPQ > \sphericalangle CPQ$ — 3., 4. Ax. 6 (Ist $a > b$ und $b > c$, so ist $a > c$.)
6. PC tritt in $\sphericalangle YPQ$ ein. — 5.

(Schritt 6 ist der entscheidende Beweisschritt. YP und PX sind nach Schritt 1 die a-Parallelen zu AB durch P, und wegen Schritt 6 wissen wir nun, daß PC in den Winkel $\sphericalangle YPX$ eintritt. Darum:)

7. PC ist nicht parallel zu AB. — Post. H (3)
8. Man verlängere PC, bis sie die (ggf. verlängerte) gerade Linie AB im Punkt „D“ schneidet. — Post. 2

(Jetzt haben wir ein Dreieck und befinden uns auf bekanntem Terrain.)

9. Auf QB (ggf. verlängert) trage man Q„E“ $= DQ$ ab. — (Post. 2) Satz 3
10. Man zeichne PE. — Post. 1
11. Die Dreiecke PDQ und PEQ sind kongruent. — SWS
12. $\sphericalangle CPQ = \sphericalangle EPQ$. — Def. v. „kongruent“

13. $\sphericalangle XPQ = \sphericalangle EPQ$. — 4., 12., Ax. 1
14. Aber $\sphericalangle XPQ > \sphericalangle EPQ$. — Ax. 5
15. Widerspruch. — 13. und 14.
16. Daher ist $\sphericalangle YPQ = \sphericalangle XPQ$. — 3.–15., Logik

(Jetzt werden wir zeigen, daß die gleichen Winkel weder rechte noch stumpfe Winkel sind.)

17. Angenommen, die gleichen Winkel YPQ und XPQ sind rechte Winkel (siehe Abb. 155). — Annahme des Gegenteils

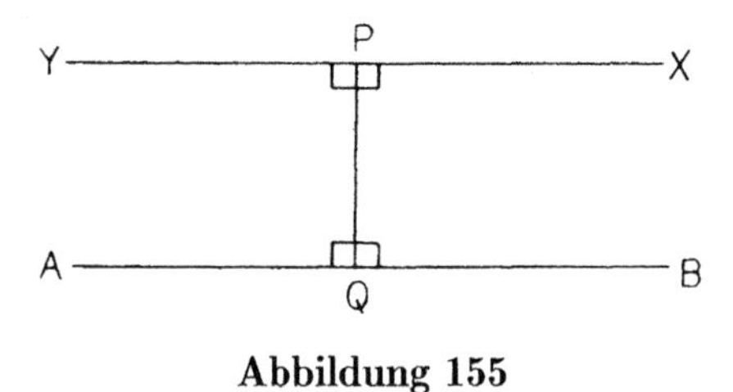

Abbildung 155

18. Dann ist YPX eine einzige gerade Linie. — Satz 14

(An dieser Stelle benutzen wir zum erstenmal den Satz 14. Schlagen Sie die Aussage dieses Satzes auf Seite 84 nach. PQ ist die „gerade Linie", P ist der „Punkt auf ihr", und YP und PX sind die „zwei geraden Linien, die nicht auf derselben Seite liegen" und die Nebenwinkel $\sphericalangle YPQ$ und $\sphericalangle XPQ$ bilden, welche zusammen 180° ergeben.)

19. Aber YPQ ist nicht eine einzige gerade Linie. — Post. H (1)
20. Widerspruch. — 18. und 19.
21. Daher sind die Winkel YPQ und XPQ keine rechten Winkel. — 17.–20., Logik
22. Angenommen nun, die gleichen Winkel YPQ und XPQ sind stumpf (siehe Abb. 156). — Annahme des Gegenteils

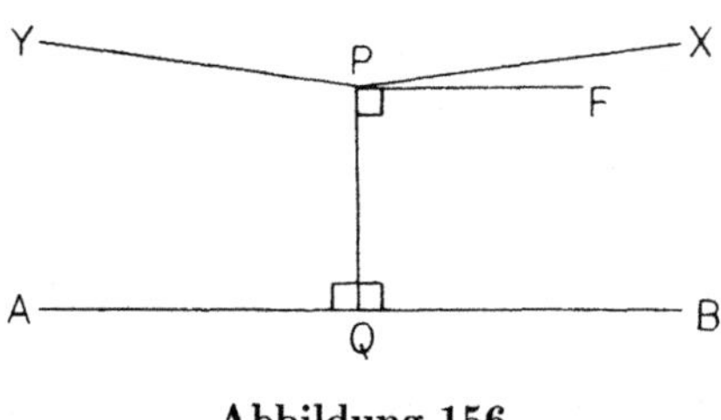

Abbildung 156

23. Man zeichne durch P die gerade Linie P„F" im rechten Winkel zu PQ. — Satz 11

24. $\sphericalangle XPQ > \sphericalangle FPQ$.	22., 23., Def. v. „stumpf“
25. PF tritt in $\sphericalangle XPQ$ ein.	24.
26. Darum ist PF nicht parallel zu AB.	Post. H (3)
27. Aber PF ist parallel zu AB.	Satz 27/28

(Ungeachtet der seltsamen Eigenschaften hyperbolischer Parallelen stehen uns die Sätze 27 und 28 noch zur Verfügung, denn sie sind Teil der neutralen Geometrie. Es ist die *Umkehrung* – Satz 29 –, die uns nicht länger zur Verfügung steht.)

28. Widerspruch.	26. und 27.
29. Darum sind die Winkel YPQ und XPQ nicht stumpf.	22.–28., Logik
30. Daher sind die gleichen Winkel YPQ und XPQ spitz.	21., 29., Ax. 6 (Ist $a = b$, so gilt entweder $a = c$ und $b = c$, oder es gilt $a > c$ und $b > c$, oder es gilt $a < c$ und $b < c$.)

Unter Verwendung des Satzes H2 können wir den beiden a-Parallelen zu AB durch P Namen geben. Die Parallele WPX in Abb. 157 nennen wir die „rechte“ a-

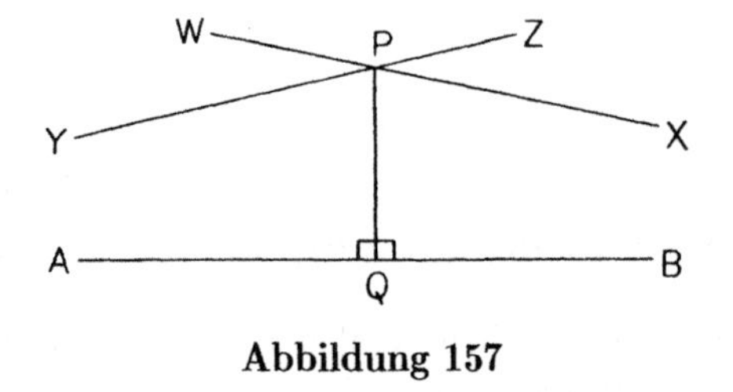

Abbildung 157

Parallele zu AB durch P, weil der spitze Winkel, den sie mit PQ bildet, auf der *rechten* Seite von PQ liegt; YPZ heißt „linke“ a-Parallele zu AB durch P, weil der zugehörige spitze Winkel auf der linken Seite liegt. Diese Namensgebung ist informell und zweideutig – wenn Sie das Buch auf den Kopf stellten, läge $\sphericalangle XPQ$ auf Ihrer linken und $\sphericalangle YPQ$ auf Ihrer rechten Seite –, aber praktisch, darum vereinbaren wir einfach, daß wir, wenn wir sie verwenden, richtigherum auf die Abbildungen schauen.

Außerdem betrachten wir jede a-Parallele als in eine bestimmte Richtung „weisend“, die wir dann die „Richtung der Parallelität“ nennen werden. Die Richtung der Parallelität der Geraden WPX ist die Richtung von W nach X, diejenige der Geraden YPZ ist die Richtung von Z nach Y.

Die nächsten drei Sätze könnten schwierig werden, denn sie behaupten Dinge, bei denen Sie sich möglicherweise gar nicht klar machen, daß wir sie noch nicht wissen. Sie können die Beweise überspringen, wenn Sie wollen; aber die dabeistehende Diskussion über den Inhalt der Sätze, warum sie beweisen werden müssen, wie man sie beweist und welche Konsequenzen sie haben, wird etwas Licht auf das Wesen hyperbolischer Parallelen werfen.

Gegeben seien ein Punkt P und eine gerade Linie, die auch bei Verlängerung nicht durch P geht. Zeichnen wir durch P nur die rechte a-Parallele zu AB – PX in Abb. 158 – und betrachten wir einen Punkt R auf PX, der verschieden von P

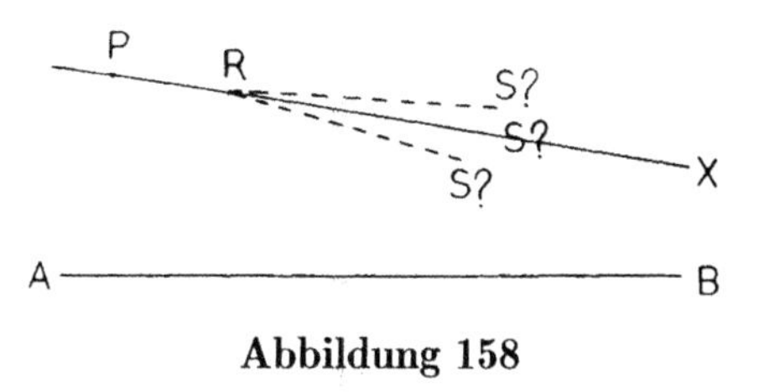

Abbildung 158

ist. Dann geht AB auch nicht durch R, daher kann Postulat H auf R (und AB) angewandt werden, weshalb es also eine rechte a-Parallele R„S“ *zu* AB *durch* R gibt. (Natürlich gibt es nach Postulat H auch die linke a-Parallele zu AB durch R, aber die interessiert uns hier nicht.) Die Frage ist: Was ist das Verhältnis zwischen RS und PX? Liegen sie aufeinander? Wenn nicht, welche von beiden liegt oberhalb der anderen?

Vielleicht finden Sie meine Frage etwas seltsam. Sie sind die euklidische Geometrie gewöhnt, in der der Begriff der Parallelität ungeteilt ist – da es zu einer gegebenen geraden Linie nur eine Parallele durch einen gegebenen Punkt gibt, gibt es auch nur eine Sorte von Parallelität. Wäre PX in Abb. 159 die eindeutig

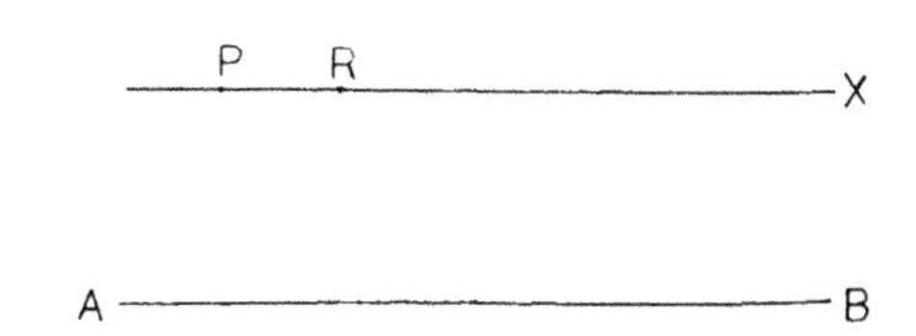

Abbildung 159. Die Situation in der euklidischen Geometrie.

bestimmte euklidische Parallele zu AB durch P, dann würde unmittelbar folgen, daß sie auch die eindeutig bestimmte Parallele zu AB durch R ist.

Aber in der hyperbolischen Geometrie müssen wir zwischen a-Parallelität und d-Parallelität unterscheiden, und dabei bezieht sich diese Unterscheidung auf *spezielle* Punkte – beachten Sie die wiederholt auftauchende Formulierung „durch P“ in der Definition H1. Es ist nicht zulässig, jedenfalls soweit wir bisher wissen, einfach von einer geraden Linie zu sagen, sie sei „a-parallel“ oder „d-parallel“ zu einer anderen, ohne einen Punkt zu erwähnen, denn ob eine gerade Linie a-

parallel oder d-parallel zur anderen ist oder nicht, scheint in der Definition H1 davon abzuhängen, welchen Punkt wir im Sinn haben. Es ist nicht unmöglich, daß die gerade Linie a-parallel durch einen Punkt, aber d-parallel durch einen anderen Punkt ist.

Betrachten Sie noch einmal Abb. 158; dort wissen wir zweierlei über PX: sie ist parallel zu AB, und sie ist diejenige Parallele zu AB durch P, die in dieser Richtung am nächsten an AB liegt (in unserer Zeichnung nach rechts). Die Eigenschaft, parallel zu AB zu sein, ist eine Eigenschaft der geraden Linie *als ganzer* – sie ist genauso parallel zu AB, wenn wir uns auf R beziehen, wie wenn wir uns auf P beziehen –, also macht es keine Schwierigkeiten, zu R überzugehen und zu sagen, RX sei parallel zu AB. Es macht allerdings *sehr wohl* Schwierigkeiten, die *asymptotische Natur* der Parallelität von PX bei P auf R zu übertragen. Zugegebenermaßen ist es schon natürlich zu erwarten, daß PX auch die nächste Parallele zu AB durch R ist, wenn sie es durch P ist; aber wir müssen uns vor dieser Annahme hüten, bevor sie bewiesen ist, sofern ein Beweis überhaupt möglich ist. Es könnte sein, daß PX drüben bei R bloß eine der unendlich vielen d-Parallelen ist, und daß die nächste Parallele zu AB, RS unterhalb von PX verläuft. (Die dritte in Abb. 158 illustrierte Möglichkeit – RS oberhalb von PX – ist keine echte Möglichkeit, denn nach Postulat H(3) ist keine gerade Linie durch R, die unterhalb der rechten a-Parallelen RS verläuft, parallel zu AB.)

Es stellt sich heraus, daß unsere ungeleitete Annahme, RS und PX deckten sich, letztlich wahr ist, wie wir in Kürze beweisen werden. Selbstverständlich ist alles, was wir über rechte a-Parallelen gesagt haben auch für linke a-Parallelen wahr, daher bleibt die Richtung im Satz unspezifiziert.

Satz H3. *Ist eine gerade Linie die asymptotische Parallele durch einen gegebenen Punkt in einer gegebenen Richtung zu einer gegebenen geraden Linie, dann ist sie die asymptotische Parallele durch* jeden *ihrer Punkte in derselben gegebenen Richtung zu der gegebenen geraden Linie.*

In Abb. 160 habe ich rechts als Richtung gewählt. PX ist die rechte a-Parallel zu AB durch P, und der Satz besagt, daß PX (oder auch RX) ebenso die rech-

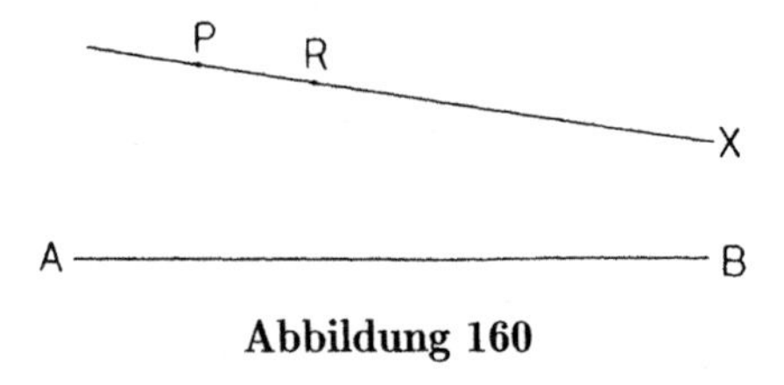

Abbildung 160

te a-Parallel zu AB durch R ist. Bevor wir dies beweisen, sollten wir darüber nachdenken, wie das zu bewerkstelligen ist.

Die Behauptung, PX sei die rechte a-Parallele zu AB *durch* R, bedeutet:

(1) PX ist parallel zu AB (was wir schon wissen), und
(2) PX ist die zu AB nächstgelegene Parallele durch R nach rechts.

(2) ist alles, was wir beweisen müssen. Lassen Sie uns die Aussage etwas präziser formulieren.

Postultat H sagt uns, daß es durch R sowohl eine linke als auch eine rechte a-Parallel zu AB gibt. Stellen Sie sich die linke eingezeichnet vor (VR in Abb. 161).

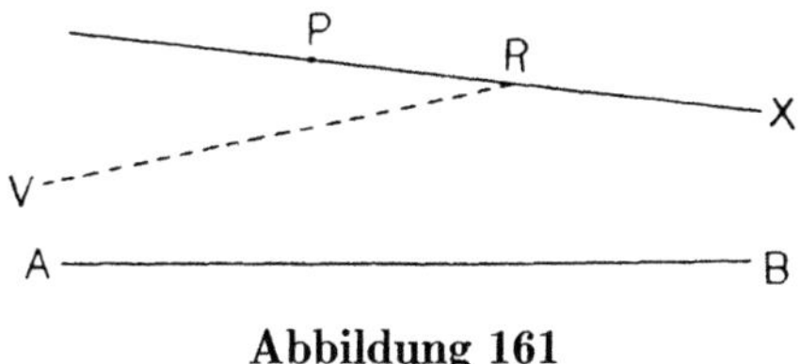

Abbildung 161

Mit (2) meinen wir dann – wie ich dem Postulat H entnehme –:

(2′) Keine gerade Linie durch R, die in $\sphericalangle VRX$ eintritt, ist parallel zu AB.

Das müssen wir beweisen.

Dazu werden wir PQ senkrecht zu AB zeichnen; RQ (siehe Abb. 162) teilt dann $\sphericalangle VRX$ in zwei Teile. Keine gerade Linie durch R kann parallel zu AB sein,

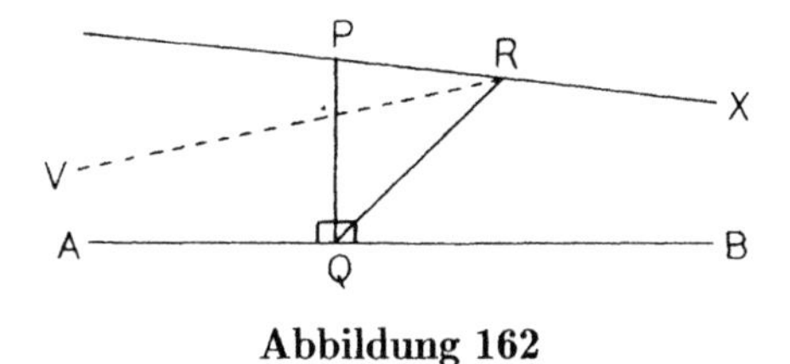

Abbildung 162

wenn sie in den linken Teil $\sphericalangle VRQ$ eintritt, weil RQ AB schneidet und weil wir wissen, daß VR die linke a-Parallele ist. Um (2′) zu beweisen, müssen wir also nur zeigen:

(2″) Keine gerade Linie durch R, die in $\sphericalangle XRQ$ eintritt, ist parallel zu AB.

Der ganze Beweis läuft also darauf hinaus, (2″) zu zeigen. Und da (2″) selbst die gerade Linie VR nicht erwähnt, müssen wir VR nicht einmal zeichnen. Statt dessen können wir auf die obige Diskussion verweisen, die wir für den künftigen Gebrauch in folgendem allgemeinen Prinzp zusammenfassen wollen.

Lemma. *Gegeben eine gerade Linie (GI), die zwei parallele gerade Lineine (CD und EF) trifft. Um zu zeigen, daß CD die rechte (bzw. linke) a-Parallele durch G zu EF ist, genügt es, folgendes zu zeigen:*

(*) *keine gerade Linie durch G, die in ∢DGI (bzw. ∢CGI) eintritt, ist parallel zu EF* (siehe Abb. 163).

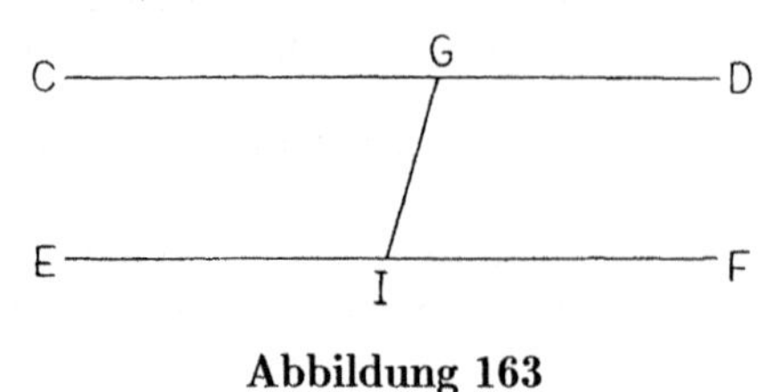

Abbildung 163

In unserer Diskussion war GI die Linie RQ, CD war PX, EF war AB, und die Richtung war rechts.

Beweis von Satz H3.

1. Sei „PX“ a-parallel durch P zu „AB“, und sei „R“ ein Punkt auf PX verschieden von P (siehe Abb. 164).	Voraussetzung

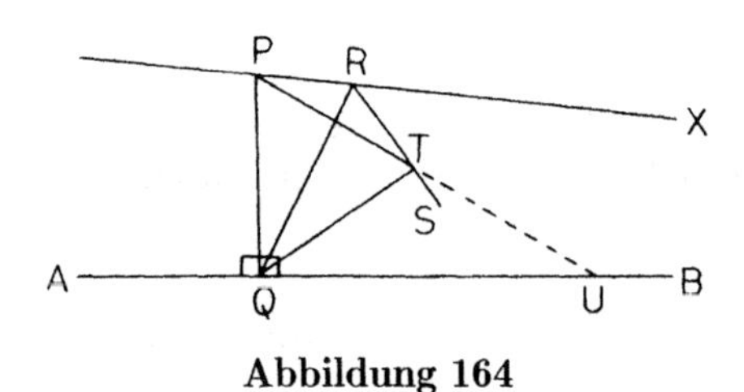

Abbildung 164

(R kann von P aus gesehen entweder in Richtung der asymptotischen Parallelität – in unserer Zeichnung rechts von P – oder in der anderen Richtung liegen, darum müssen zwei Fälle betrachtet werden.)

Fall 1. R liegt von P aus in Richtung der asymptotischen Parallelität.

2. Man zeichne P„Q“ senkrecht zu AB (welche man ggf. verlängert), und man zeichne RQ.	Satz 12 (Post. 2), Post. 1
3. Die geraden Linien, welche RQ schneidet – PX und AB –, sind parallel.	1., Post. H(2)
4. Um zu zeigen, daß PX a-parallel zu AB durch R in der gegebenen Richtung ist, genügt es also zu zeigen: (*) Keine gerade Linie durch R, die in ∢XRQ eintritt, ist parallel zu AB.	Lemma auf Seite 215
5. Angenommen, es gibt eine gerade Linie R„S“ durch R, die in ∢XRQ eintritt, aber nicht parallel zu AB ist.	Annahme des Gegenteils

(Wegen Schritt 4 können wir uns darauf beschränken, (*) zu zeigen, dessen Form einen Widerspruchsbeweis als natürlich erscheinen läßt.)

6.	Man wähle einen Punkt „T" zwischen R und S.	Post. 10(ii)
7.	Man zeichne PT.	Post. 1
8.	PT ist nicht parallel zu AB.	1., Post. H(3)
9.	Man verlängere PT, bis sie AB (ggf. verlängert) in einem Punkt „U" schneidet.	Post. 2
10.	Man zeichne TQ.	Post. 1
11.	RS schneidet bei Verlängerung ΔTQU ein zweites Mal, sagen wir im Punkt „V".	Post. 2, Post. 6(iii)
12.	V liegt nicht auf TQ oder TU.	Post. 1
13.	Daher liegt V auf QU (und damit auf AB).	11.,12.
14.	Darum ist RS nicht parallel zu AB.	11., 13.
15.	Widerspruch.	5. und 14.
16.	Also ist keine gerade Linie durch R, die in $\sphericalangle XRQ$ eintritt, parallel zu AB.	5.–15., Logik
17.	Also ist PX a-parallel zu AB durch R in der gegebenen Richtung.	4., 16.

Fall 2. R liegt von P aus in der anderen Richtung. (Den Beweis des Falles 2 überlasse ich Ihnen als Übungsaufgabe. Er läuft genauso wie der Beweis von Fall 1, außer daß T auf der verlängerten geraden Linie SR gewählt wird (siehe Abb. 165).

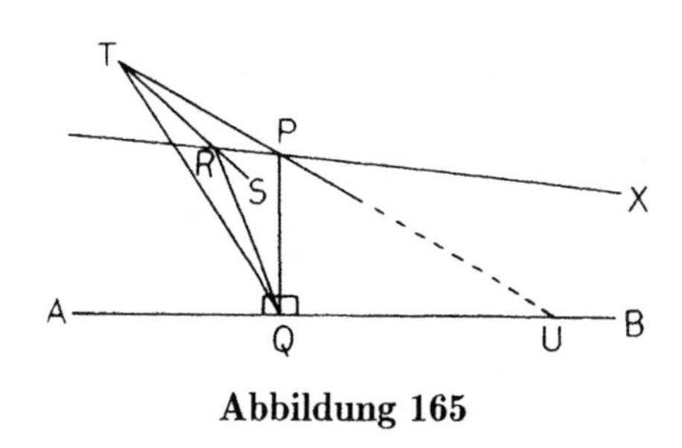

Abbildung 165

Korollar. *Ist eine gerade Linie eine divergente Parallele durch einen gegebenen Punkt zu einer gegebenen Geraden, dann ist sie divergente Parallele durch* jeden *ihrer Punkte zu der gegebenen Geraden.*

Beweis. Sei, sagen wir, „GI“ d-parallel durch „P“ zu „AB“, und sei „J“ irgendein Punkt auf GI verschieden von P (siehe Abb. 166). betrachtet, parallel zu AB. Ob eine gerade Linie parallel zu einer Nach Satz H1 ist GI, als gerade Linie durch P

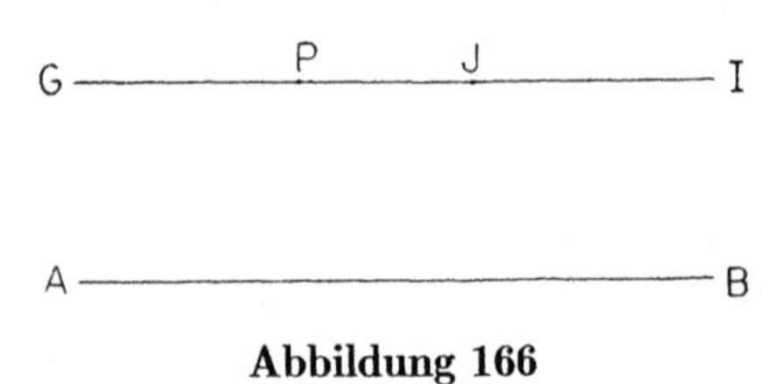

Abbildung 166

anderen ist, ist aber unabhängig davon, welchen Punkt wir im Auge haben, daher ist GI immer noch parallel zu AB, wenn wir unsere Aufmerksamkeit auf J richten.

Es bleibt uns also nur zu zeigen, daß GI durch J d-parallel und nicht a-parallel zu AB ist. Hier kommt der Satz ins Spiel: er sagt, daß GI auch a-prallel zu AB durch P wäre, wenn sie a-parallel zu AB durch J wäre. Aber GI ist nicht a-parallel zu AB durch P.

Satz H3 befreit uns von der Notwendigkeit, einen bestimmten Punkt anzugeben, wenn wir davon sprechen, daß eine bestimmte gerade Linie a-parallel zu einer anderen ist, denn sie ist a-parallel zu der anderen durch *jeden* ihrer Punkte. Genauso befreit uns der Satz auch von der Notwendigkeit, einen bestimmten Punkt anzugeben, wenn wir davon sprechen, eine gerade Linie sei d-parallel zu einer anderen. Eine gerade Linie ist entweder a-parallel oder d-parallel *als ganze*. Daher werden Satz H3 und das Korollar unserer gesamten Diskussion hyperbolischer Geraden zugrundeliegen, auch wenn wir dies nur selten explizit erwähnen werden.

Eine andere Frage: Wenn eine gerade Linie a-parallel zu einer zweiten ist, ist dann die zweite auch a-parallel zur ersten? Wieder verleitet uns unsere euklidische Erfahrung zu der unbewußten Annahme, die Antwort sei ja, obwohl sie nach allem, was wir bisher bewiesen haben, auch nein lauten könnte.

Angenommen, in Abb. 167 ist PX die rechte a-Parallele zu QY. Dann ist PX insbesondere parallel zu QY, was ja bedeutet, daß sie sich nie treffen, wie weit man sie auch verlängert – also ist QY parallel zu PX; bis hierher ist alles klar.

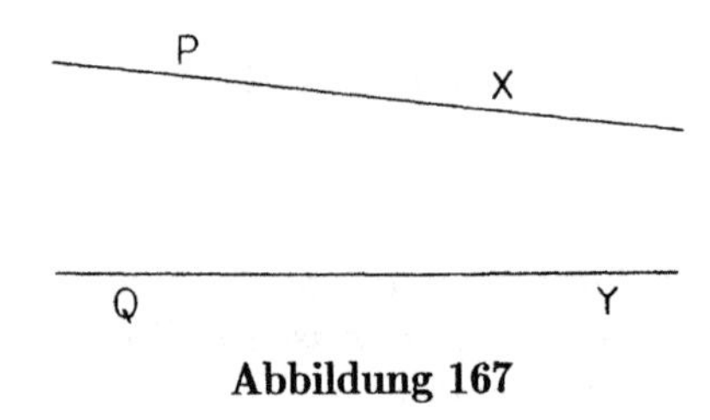

Abbildung 167

Aber *wie* ist QY parallel zu PX? Ist sie wirklich a-parallel oder könnte sie auch d-parallel sein? Und falls sie a-parallel ist, in welche Richtung?

Die zweite Frage ist schnell beantwortet. *Wäre* QY a-parallel zu PX, dann wäre sie die rechte a-Parallele, d.h. die Richtung der Parallelität wäre von Q nach Y. Und zwar aus folgendem Grund (siehe Abb. 168). PX war als rechte a-Parallele

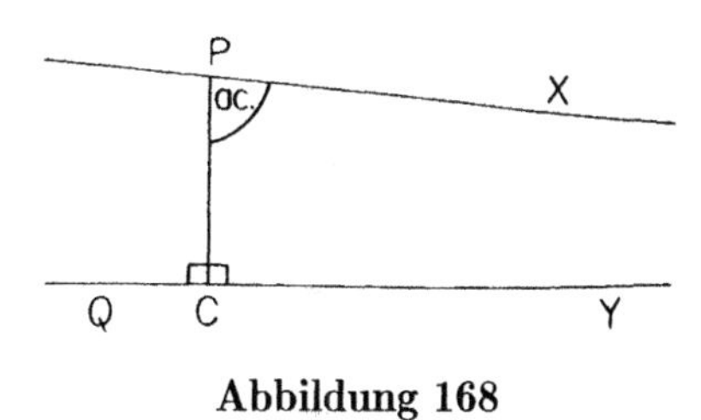

Abbildung 168

zu QY vorausgesetzt, daher wissen wir, daß der spitze Winkel, den PX mit der Senkrechten PC bildet, auf der rechten Seite von PC liegt. Man zeichne CR senkrecht zu PX (siehe Abb. 169). Läge R links von P, dann wäre der spitze

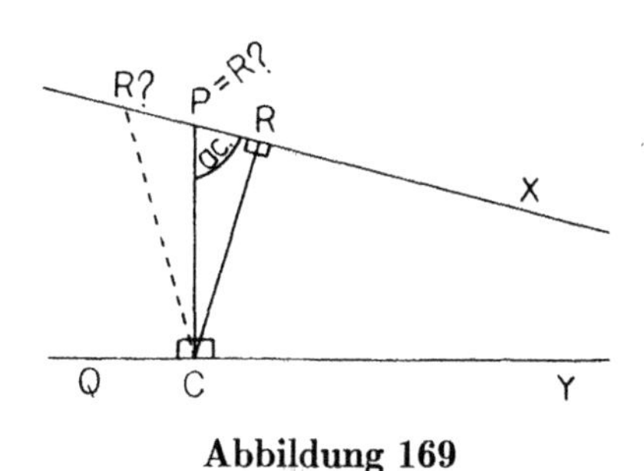

Abbildung 169

Winkel XPC größer als der rechte Winkel XRC nach Satz 16 – Widerspruch; und wäre R identisch mit P, dann wäre der spitze Winkel XPC gleich dem rechten Winkel XRC nach Axiom 4 – wiederum ein Widerspruch. Also muß R rechts von P liegen, wodurch $\sphericalangle YCR$ nach Axiom 5 spitz wird. Also liegt der spitze Winkel, den QY mit der Senkrechten CR bildet, auf der *rechten* Seite von CR, und genau das meinen wir, wenn wir sagen, QY sei die „rechte“ a-Parallele oder die „Richtung der Parallelität“ gehe von Q nach Y.

Bleibt die erste Frage. Ist QY wirklich a-parallel, oder könnte sie auch d-parallel sein? Oben in Abb. 167 wußten wir, daß PX aufhören wird, parallel zu QY zu sein, wenn man sie auch nur ein wenig um P im Uhrzeigersinn dreht; aber heißt das auch, daß QY aufhören wird, parallel zu PX zu sein, wenn man sie entgegen dem Uhrzeigersinn dreht?

Es ist in der Tat so. (Die naive Vorstellung gewinnt wieder einmal.) Der Beweis dessen ist jedoch erstaunlich kompliziert. Er stammt von Lobachevsky und ist in hundertfünfzig Jahren nicht verbessert worden.

Satz H4. *Ist eine gerade Linie in einer gegebenen Richtung asymptotisch parallel zu einer zweiten geraden Linie, dann ist diese zweite auch asymptotisch parallel zur ersten in derselben Richtung.*

Beweis.

1. Sei „PX“ eine a-Parallele zu „QY“. — Voraussetzung

(In der Zeichnung ist die Richtung der Parallelität rechts. Siehe Abb. 170.)

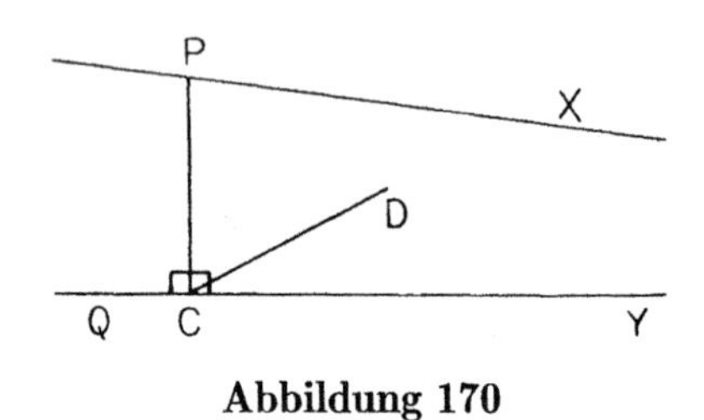

Abbildung 170

2. Man zeichne P„C“ senkrecht zu QY (ggf. verlängert). — Satz 12 (Post. 2)
3. Die geraden Linien, die von PC geschnitten werden – PX und QY – sind parallel. — 1., Post. H (2)
4. Um zu zeigen, daß QY a-Paralle zu PX in der gegebenen Richtung ist, genügt es zu zeigen: — Lemma S. 215
   (*) keine gerade Linie durch C, die in $\sphericalangle YCP$ eintritt, ist parallel zu PX.
5. Angenommen, es gibt eine gerade Linie CD durch C, die in $\sphericalangle YCP$ eintritt und parallel zu PX ist. — Annahme des Gegenteils

(Genau wie im Beweis von Satz H3 wenden wir unsere Aufmerksamkeit dem Beweis von (*) zu. Wir werden unseren Widerspruch bekommen, indem wir beweisen, daß CD bei Verlängerung die gerade Linie PX (ggf. auch verlängert) schneiden wird. Der Beweis ist insofern bemerkenswert, als er explizite Anweisungen enthält, wie der Schnittpunkt mit Zirkel und Lineal zu konstruieren ist. Damit der Hauptgedankengang leichter zu verfolgen ist, habe ich Ihnen die Überprüfung einiger kleiner Details – zu deren Beweis nur Sätze der neutralen Geometrie erforderlich sind – als Übungsaufgaben überlassen.)

6. Man zeichne P„E“ senkrecht zu CD (ggf. verlängert). (Siehe Abb. 171.) — Übungsaufgabe
7. E liegt auf derselben Seite von C wie D. — Übungsaufgabe

(Sollte – Fall 1 – E auf der anderen Seite von PX liegen, dann schneidet CD die (ggf. verlängerte) gerade Linie PX gemäß Postulat 7 (ii), und wir haben unseren

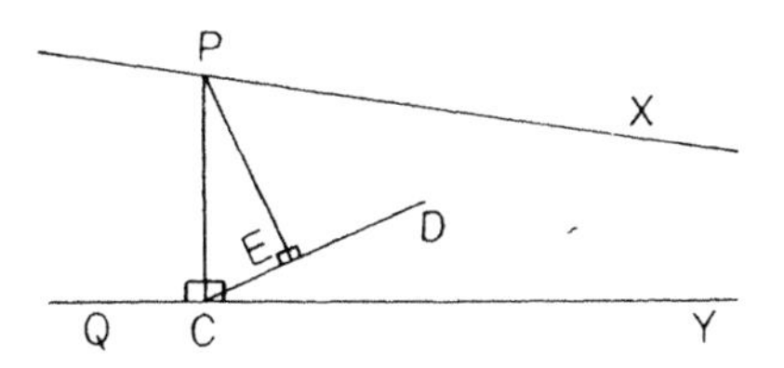

Abbildung 171

Widerspruch; daher nehmen wir an – Fall 2 –, daß C und E auf derselben Seite von PX liegen, wie gezeichnet.)

8. $PC > PE$.	Übungsaufgabe
9. $\sphericalangle XPE < \sphericalangle XPC$.	7., Voraussetzung von Fall 2, Ax. 5
10. Durch P zeichne man P„F“ so, daß $\sphericalangle FPC = \sphericalangle XPE$.	Satz 23
11. $\sphericalangle FPC < \sphericalangle XPC$.	9., 10., Ax. 6 (Ist $a < b$ und $c = a$, dann ist $c < b$)
12. PF tritt in $\sphericalangle XPC$ ein, wie in Abb. 172 dargestellt.	11.

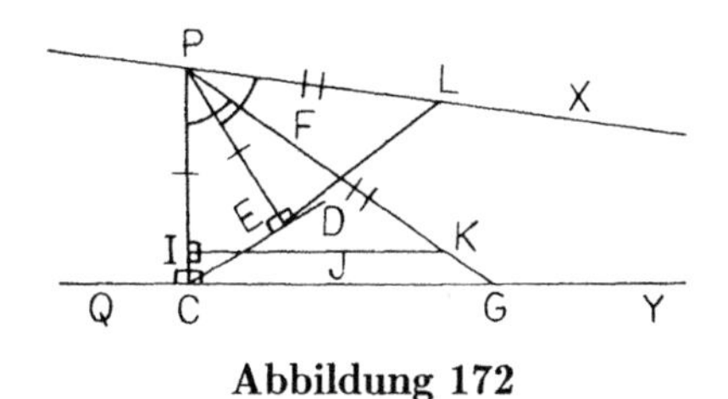

Abbildung 172

13. PF ist nicht parallel zu QY.	1., Post. H (3)
14. Man verlängere PF bis zum Schnittpunkt „G“ mit der (ggf. verlängerten) geraden Linie QY.	Post. 2
15. Auf PC trage man P„I“$= PE$ ab.	8., Satz 3
16. Man zeichne I„J“ im rechten Winkel zu PC.	Satz 11
17. IJ trifft bei Verlängerung PG im Punkt „K“.	Übungsaufgabe
18. Auf PX (ggf. verlängert) trage man P„L“$= PK$ ab.	(Post. 2) Satz 2
19. Man zeichne EL.	Post. 1
20. Die Dreiecke PIK und PEL sind kongruent.	15., 10., 18., SWS
21. $\sphericalangle PEL = 90°$.	Def. v. „kongruent“

22. Aber $\sphericalangle PED = 90°$.	6.
23. Daher ist $\sphericalangle PEL = \sphericalangle PED$.	21., 22., Ax. 1
24. Daher liegt L auf der Verlängerung von CD.	Übungsaufgabe

(Schritt 24 ist intuitiv klar. Die formale Überprüfung besteht aber aus mehreren Schritten, daher ist es eine Übungsaufgabe.)

25. Daher schneidet CD (ggf. verlängert) PX (ggf. verlängert).	24.
26. Widerspruch.	5. und 25.
27. Daher ist keine gerade Linie durch C, die in $\sphericalangle YCP$ eintritt, parallel zu PX.	5.–26., Logik
28. Daher ist QY a-parallel zu PX in der gegebenen Richtung.	4., 27.

Korollar. *Ist eine gerade Linie divergent parallel zu einer zweiten geraden Linie, dann ist auch die zweite divergent parallel zur ersten.*

(Der Beweis ist eine Übungsaufgabe. Bedenken Sie, daß Korollare leicht zu beweisen sein sollen!)

Nun, da wir wissen, daß a-Parallelität eine *gegenseitige* (Satz H4) Relation zwischen geraden Linien *als Ganzen* (Satz H3) ist, können wir folgende nützliche Konvention in unsere Zeichnungen einführen. Sind zwei gerade Linien a-parallel, dann umfassen wir sie mit einer geschweiften Klammer in Richtung der Parallelität. Nichtparallelen und d-Parallelen bleiben unmarkiert.

Der Gewinn an Klarheit und Ausdruckskraft, den unsere Zeichnungen durch dieses unaufdringliche Hilfsmittel erhalten, ist beträchtlich. Die geschweiften Klammern erinnern uns fortgesetzt daran, daß, entgegen dem Anschein, die asymptotischen Parallelen sich niemals treffen. Und obwohl wir die anderen Sorten gerader Linien nicht extra markieren, werden wir doch oft in der Lage sein, ein Paar von ihnen als d-parallel oder nichtparallel zu identifizieren, und zwar aufgrund ihrer Lage relativ zu bekannten a-Parallelen. Abb. 173 enthält z.B. dieselbe Information wie Abb. 153.

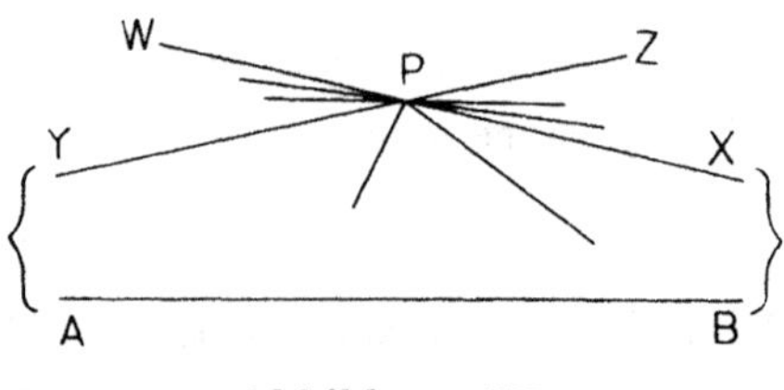

Abbildung 173

In den Sätzen H3 und H4 haben wir gesehen, wie sich zwei Eigenschaften euklidischer Parallelen auf hyperbolische a-Parallelen übertragen. Der nächste Satz handelt von einem hyperbolischen Analogon einer anderen euklidischen Eigenschaft: „Gerade Linien, die zur selben geraden Linie parallel sind, sind auch zueinander parallel." Dies ist Euklids Satz 30, logisch äquivalent mit Postulat 5 (es handelt sich um das Ersatzpostulat 3A auf Seite 151), und daher im vorliegenden Kontext falsch, wie man aus Abb. 173 direkt ablesen kann: zwei beliebige gerade Linien durch P, die nicht in $\sphericalangle YPX$ eintreten, sind parallel zu AB, aber sicherlich nicht parallel zueinander. Kein hyperbolischer Satz wäre möglich, selbst wenn wir uns auf a-Parallele beschränkten: YZ und WX sind a-parallel zu AB, schneiden sich aber in P. Wenn wir aber darauf bestehen, daß die geraden Linien, anders als YZ und WX, die a-parallel zu AB in entgegengesetzten Richtungen sind, a-parallel zu einer dritten geraden Linie in *derselben* Richtung sind, dann ist schließlich ein Satz möglich. Sein Beweis geht auf Gauß zurück.

Satz H5. *Sind zwei gerade Linien asymptotisch parallel zu ein und derselben geraden Linie in derselben Richtung, dann sind sie gegenseitig asymptotisch parallel in eben dieser Richtung.*

Beweis.

1. Seien „PX" und „QY" a-parallel zu „RZ" in derselben Richtung. — Voraussetzung

(Das bedeutet, daß wir in unserer Zeichnung zwei geschweifte Klammern zeichnen können, von denen die eine PX und RZ, die andere QY und RZ umfaßt. Zu zeigen ist, daß wir berechtigt sind, eine dritte geschweifte Klammer einzuzeichnen, die PX und QY umfaßt. Dazu sind zwei Fälle zu betrachten – siehe Abb. 174 –, je nachdem, ob RZ zwischen PX und QY liegt oder nicht. Ich werde einen davon

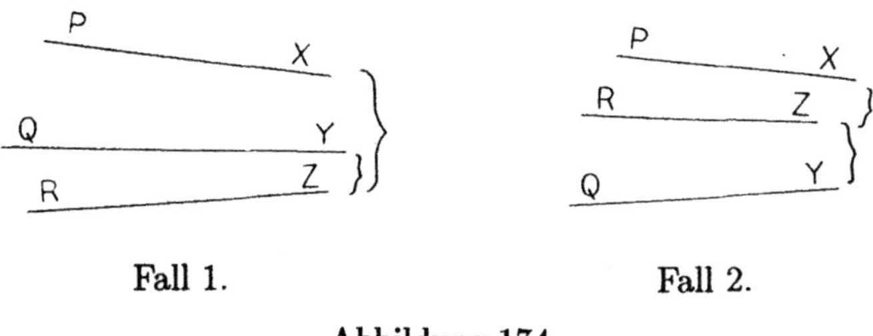

Fall 1. **Fall 2.**

Abbildung 174

beweisen und Ihnen den anderen überlassen, wenn Sie es versuchen möchten – dafür benötigen Sie dieselben Ideen.)

Fall 1. RZ liegt nicht zwischen PX und QY; sagen wir, QY liegt zwischen PX und RZ (siehe Abb. 175).

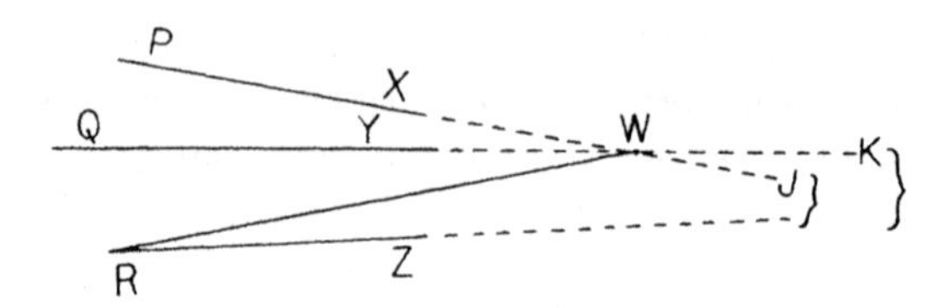

Abbildung 175

(Der Beweis wäre derselbe, wenn PX in der Mitte läge. Unsere erste Aufgabe – Schritte 2–9 – besteht darin, *ohne* den verbotenen Satz 30 zu zeigen, daß PX und QY parallel sind; dann können wir eine dritte Linie einzeichnen, die beide schneidet, und das Lemma auf Seite 215 verwenden, um zu zeigen, daß sie sogar a-parallel in der gegebenen Richtung sind.)

2.	Angenommen, PX und QY sind nicht parallel.	Annahme des Gegenteils
3.	Dann treffen sich PX und QY bei hinreichender Verlängerung in einem Punkt „W“.	Def. v. „parallel“, Post. 2
4.	Man verlängere PX über W hinaus nach „J“, QY über PJ hinaus nach „K“ und zeichne RW.	Post. 2, Post. 1
5.	Da QYK a-parallel zu RZ in der gegebenen Richtung ist,	1.
6.	ist QYK insbesondere die a-Parallele zu PZ in der gegebenen Richtung *durch* W.	Satz H3
7.	Daher ist PXJ nicht parallel zu RZ.	Post. H (3)
8.	Widerspruch.	1. und 7.
9.	Daher sind PX und QY parallel.	2.–8., Logik
10.	Man zeichne PR (siehe Abb. 176).	Post. 1

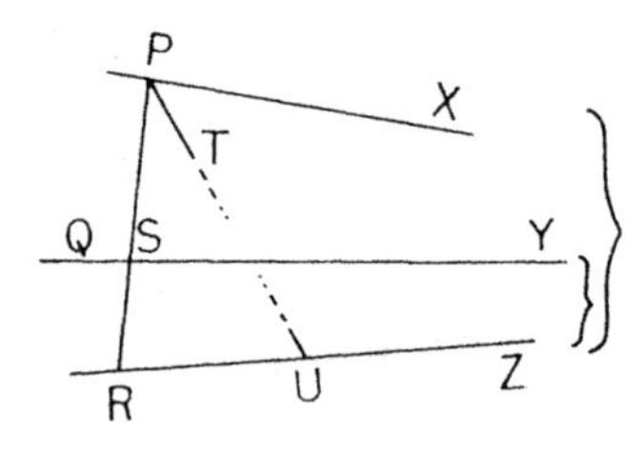

Abbildung 176

11.	PR schneidet QY (hinreichend verlängert) in einem Punkt „S“.	Post. 7 (ii) (Post. 2)

12.	Um zu zeigen, daß PX und QY *gegenseitig* a-parallel in der gegebenen RIchtung sind, genügt es zu zeigen, daß PX a-parallel zu QY in der gegebenen Richtung ist.	Satz H4.
13.	Um zu zeigen, daß PX a-parallel zu QY in der gegebenen Richtung ist, genügt es zu zeigen: (*) keine gerade Linie durch P, die in $\sphericalangle XPR$ eintritt, ist parallel zu QY.	9., Lemma auf Seite 215
14.	Angenommen, es gibt eine gerade Linie P„T“ durch P, die in $\sphericalangle XPR$ eintritt und parallel zu QY ist.	Annahme des Gegenteils
15.	PX ist a-parallel zu RZ in der gegebenen Richtung.	1.
16.	Daher ist PT nicht parallel zu RZ.	Post. H (3)
17.	Man verlängere PT bis zum Schnittpunkt „U“ mit RZ (ggf. verlängert).	Post. 2
18.	PTU schneidet QY (ggf. verlängert).	Post. 7 (ii)
19.	Widerspruch.	14. und 18.
20.	Daher ist keine gerade Linie durch P, die in $\sphericalangle XPR$ eintritt, parallel zu QY.	14.–19.
21.	Daher ist PX a-parallel zu QY in der gegebenen Richtung.	13., 20.

Die letzten drei Sätze stellen Tatsachen fest, von denen wir mehr oder weniger erwartet haben, daß sie wahr sind; vielleicht fanden Sie die Beweise darum langweilig – oder sogar entmutigend, wenn Sie die Sätze unbewußt angenommen hatten und feststellen mußten, daß Sie hart arbeiten müssen, um eine Position zu erringen, die Sie bereits eingenommen glaubten. Aber von jetzt an wird's leichter gehen.

Unsere Zeichnungen erwecken den Eindruck, daß a-Parallele sich in der Richtung der Parallelität einander nähern. Abb. 176 zeigt zum Beispiel, wie sich PX und RZ einander nach rechts annähern. Wir können beweisen, daß das tatsächlich passiert – auch in dieser Hinsicht ist auf unsere Zeichnungen Verlaß. Der Beweis ist leicht; man zieht dabei Nutzen aus Satz A, der verwendet werden darf, weil er Teil der neutralen Geometrie ist. Wenn Sie Satz A in Kapitel 4 übersprungen haben, sollten Sie jetzt auf Seite 156 nachschlagen und ihn lesen. Sie brauchen nichts von dem Text drumherum zu lesen, nur Satz A und was da von seinem Beweis steht.

Satz H6. *Asymptotische Parallelen nähern sich einander in der Richtung der Parallelität.*

(Daß zwei a-Parallelen sich in der Richtung der Parallelität „einander nähern“, bedeutet, daß die Senkrechten, die von jeder von ihnen auf der anderen errichtet werden, in dieser Richtung immer kürzer werden. In Abb. 177 ist D irgendein

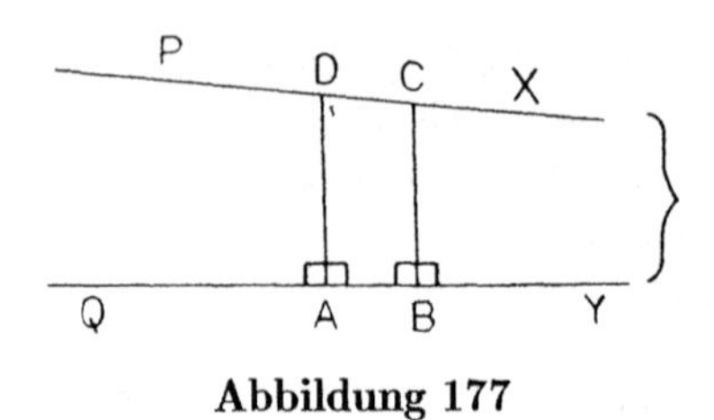

Abbildung 177

Punkt auf PX, C irgendein Punkt, der von D aus in Richtung der Parallelität liegt, und die Senkrechten DA und CB sind eingezeichnet. In Abb. 178 sind D

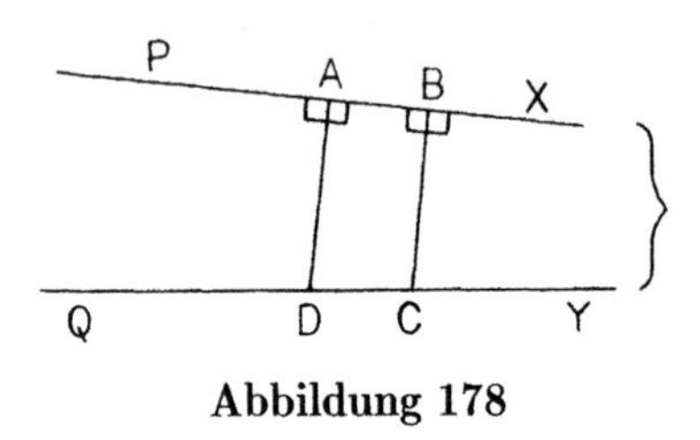

Abbildung 178

und C stattdessen auf QY gewählt und die Senkrechten auf PX errichtet worden. Wir müssen zeigen, daß in jedem der beiden Fälle CB kürzer als DA ist. Die Beweise der beiden Fälle sind aber gleich, daher ist es ausreichend zu zeigen, daß CB in Abb. 177 kürzer ist.)

Beweis.

1. Seien „PX“ und „QY“ a-Parallele, sei „D“ irgendein Punkt auf PX, „C“ irgendein Punkt auf PX, der von D aus in der Richtung der Parallelität liegt, und seien D„A“ und C„B“ Senkrechte auf QY (siehe Abb. 179). — Voraussetzung

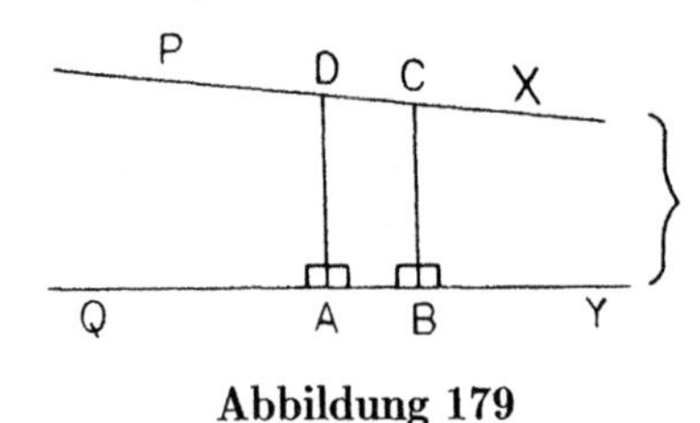

Abbildung 179

(Zu zeigen: $DA > CB$.)

2. $\sphericalangle CDA < 90°$. — Satz H2

(Satz H2 bezieht sich eigentlich auf *zwei* a-Parallele durch D zu QY und besagt, daß die Winkel, die sie mit DA bilden, gleich und spitz sind. Im vorliegenden Falle ist nur eine der a-Parallelen gezeichnet, und es könnte so scheinen, als sei der Satz nicht anwendbar, weil wir nur einen der Winkel haben. Aber Satz H2 besagt auch hier immer noch *etwas*: dieser eine Winkel ist spitz. Beachten Sie übrigens, daß wir außerdem implizit den Satz H3 verwenden: wir wissen, daß PX a-parallel zu QY *durch* D ist, weil sie a-parallel zu QY durch *jeden* ihrer Punkte ist. Mit derselben Begründung erhalten wir den nächsten Schritt.)

3. $\sphericalangle XCB < 90°$.	Satz H2
4. Aber $\sphericalangle DCB + \sphericalangle XCB = 180°$,	Satz 13
5. so daß $\sphericalangle DCB > 90°$	3., 4., Ax. 6 (Ist $a < b$ und $c + a = 2b$, so ist $c > b$.)
6. und $\sphericalangle CDA < \sphericalangle DCB$.	2., 5., Ax. 6 (Ist $a < b$ und $c > b$, so ist $a < c$.)
7. Daher ist $DA > CB$.	Satz A

Wir können noch mehr sagen. Im nächsten Satz werden wir zeigen, daß a-Parallele sich einander nicht nur nähern, sondern daß sie, wenn man sie in Richtung der Parallelität verlängert, einander *beliebig nahe kommen*! In Abb. 180 kann ich die

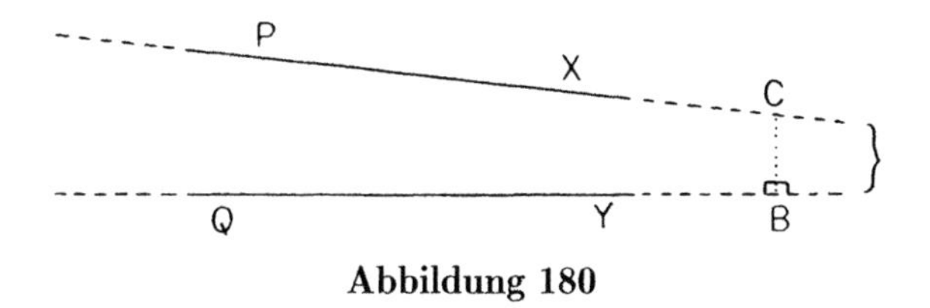

Abbildung 180

Länge der Strecke CB so nahe an 0 rücken lassen, wie ich will, indem ich einfach C weit genug nach rechts rücke. (Natürlich kann ich diese Länge nicht *gleich* 0 werden lassen, weil PX und QY parallel sind.)

Daher heißen asymptotische Parallele „asymptotisch". In der Algebra ist eine „Asymptote" an einen Graphen einer Gleichung eine gerade Linie, welcher sich der Graph beliebig annähert, ohne sie zu berühren. Abb. 181 zeigt den Graphen von $y = 1/2^x$. Außerdem sind ein paar Zahlenpaare aufgelistet, die ich zum Zeichnen des Graphen verwendet habe. (Trauen Sie meinem Wort, wenn Sie feststellen sollten, daß sich Ihre Algebrakenntnisse über die Jahre verflüchtigt haben.) Nur ein Teil des Graphen ist gezeigt; er geht nach rechts immer weiter und kommt dabei der x-Achse immer näher, ohne sie zu berühren. Wir wissen, daß er die x-Achse nie treffen wird, weil – egal wie groß wir x auch wählen – $1/2^x$ zwar winzig klein,

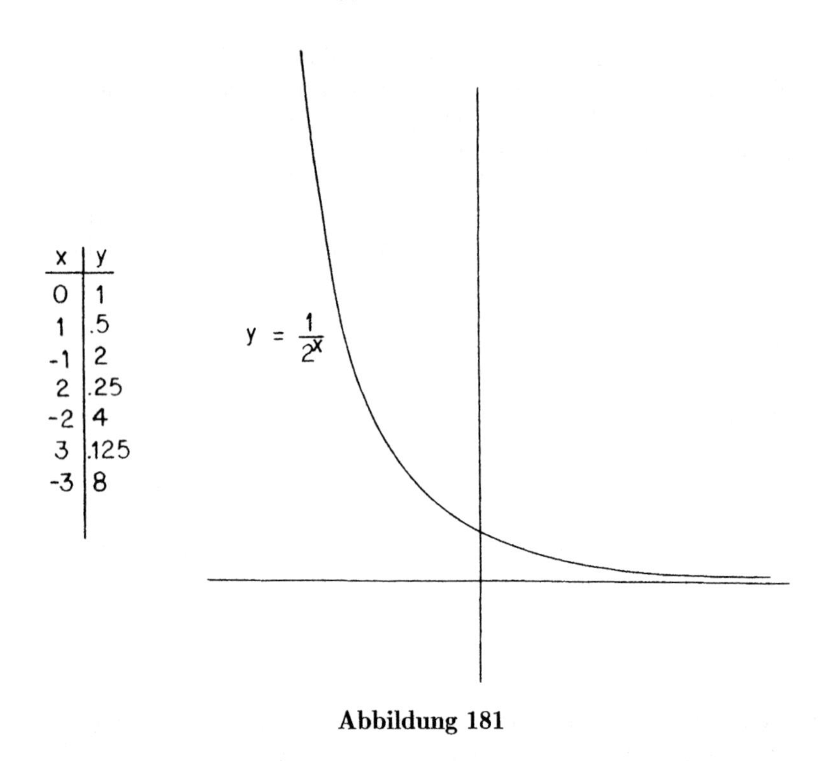

Abbildung 181

aber niemals 0 wird. (Ihre Intuition ruft vielleicht aus, daß sich Graph und x-Achse „im Unendlichen" schneiden, aber das ist gleichbedeutend damit, daß sie sich *nie* treffen.) Die Relation zwischen PX und QY in Abb. 180 ist ganz analog. Es gibt allerdings einen Unterschied: der Graph von $y = 1/2^x$ wird nach rechts zwar gerader und gerader, wird aber nie ganz gerade; PX und QY hingegen sind durchweg gerade Linien.

Die Analogie geht noch weiter. Der Graph geht auch nach links weiter und entfernt sich dabei immer mehr von der x-Achse; und in Abb. 180 kann ich die Länge von CB so groß machen wie ich will, indem ich C weit genug nach links rücke. Zusammengefaßt also: zu jeder beliebigen Länge – klein, groß oder mittel, solange sie nur nicht 0 ist – kann ich einen speziellen Ort für C wählen, so daß CB diese Länge annimmt.

Satz H7. *Gegeben ein beliebiges Paar asymptotischer Parallelen und eine (begrenzte) gerade Linie. Dann gibt es auf jeder der (ggf. verlängerten) Parallelen einen Punkt derart, daß die Senkrechte von diesem Punkt auf die andere Parallele (ggf. verlängert) gleich der gegebenen geraden Linie ist.* (Siehe Abb. 182.)

Bevor wir mit dem Beweis beginnen, sollte ich Ihnen noch von einer Schwierigkeit berichten.

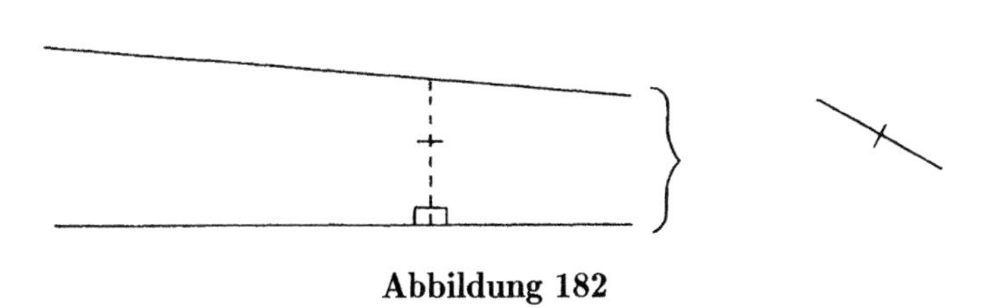

Abbildung 182

Alle Dinge, die wir unseren Zeichnungen jemals *hinzugefügt* haben, die nicht am Anfang gegeben waren – Verlängerungen gerader Linien, gleichseitige Dreiecke, Senkrechte, Kopien von Winkeln usw. – waren Dinge, von denen wir wußten, wie man sie mit Zirkel und Lineal konstruiert. Die Logik hat das nicht verlangt – alles, was die Logik verlangt, ist, daß wir von einem Ding *sicher wissen, daß es existiert*, bevor wir ihm einen Namen geben oder es einer Zeichnung hinzufügen. Herauszufinden, wie dieses Ding mit Zirkel und Lineal konstruiert werden kann, war *Euklids* Art, dies sicher zu wissen; aber das ist nicht die einzige Möglichkeit. Gibt es einen guten Grund, der Führung Euklids in diesem Punkt nicht weiter zu folgen, so kann uns nichts daran hindern.

Wir haben einen guten Grund. Im kommenden Beweis werden wir der in Abb. 183 gezeigten Situation begegnen. Wir werden dann die linke a-Parallele zu

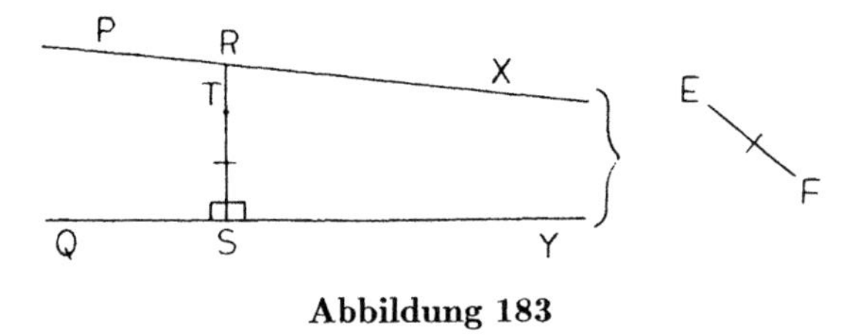

Abbildung 183

QY durch T zu zeichnen wünschen. Es *gibt* eine Zirkel-und-Lineal-Methode dafür – entdeckt von János Bolyai –, aber der Beweis der Richtigkeit dieser Methode ist zu kompliziert für dieses Buch. Was werden wir also tun? Wir zeichnen die linke a-Parallele trotzdem! Wir wissen sicher, daß sie existiert, und zwar nach Postulat H (welches wir als unsere Begründung angeben werden). Wir werden sie so zeichnen – TZ in Abb. 184 –, daß sie unser Wissen widerspiegelt: sie geht nach links, nähert

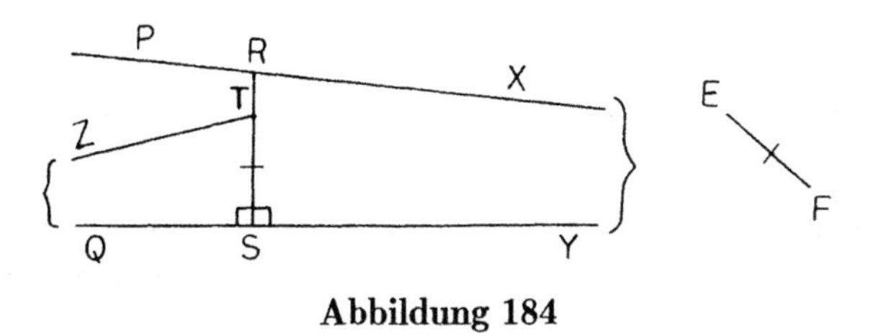

Abbildung 184

sich QY an, ohne sie je zu treffen, und der Winkel ZTS ist spitz. Geometrische Diagramme sind nur visuelle Zusammenfassungen dessen, was wir wissen, daher macht es nichts, wenn wir $\sphericalangle ZTS$ eine Haaresbreite zu klein oder groß gezeichnet haben.

Beweis von Satz H7.

1. Seien „PX" und „QY" die a-Parallelen, und sei „EF" die (begrenzte) gerade Linie.	Voraussetzung
2. Man wähle „R" beliebig auf PX und zeichne R„S" senkrecht zu QY (ggf. verlängert).	Post. 10, Satz 12 (Post. 2)

(Drei Fälle sind zu betrachten, je nachdem, ob RS gleich, größer oder kleiner als EF ist. Falls – Fall 1 – RS gleich EF ist, sind wir fertig, daher machen wir mit Fall 2 weiter.)

Fall 2. $RS > EF$ (siehe Abb. 183).

3. Auf RS trage man „T"$S = EF$ ab.	Satz 3
4. Man zeichne ZT a-parallel zu QY in der entgegengesetzten Richtung zur Richtung der Parallelität von PX und QY.	Post. H

(Jetzt haben wir die Situation von Abb. 184. Die Schritte 5–16 werden zeigen, daß ZT nicht parallel zu PX ist.)

5. Man zeichne T„W" a-parallel zu QY in derselben Richtung, in der PX und QY a-parallel sind.	Post. H
6. Dann sind TW und PX in derselben Richtung a-parallel.	Satz H5
7. Man verlängere ZT bis „U" (Abb. 185).	Post. 2

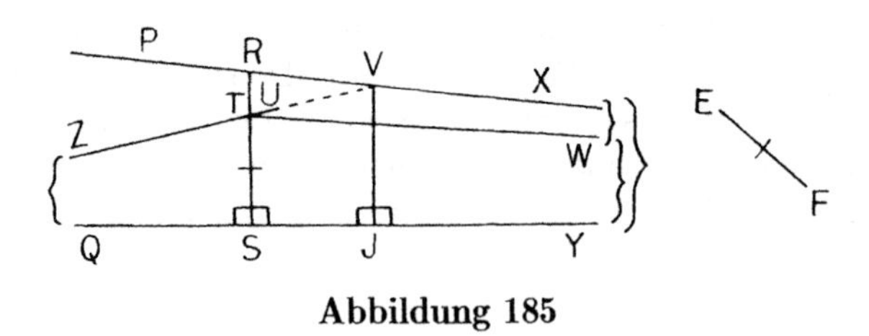

Abbildung 185

8. $\sphericalangle ZTS < 90°$.	Satz H2
9. $\sphericalangle RTU = \sphericalangle ZTS$.	Satz 15
10. $\sphericalangle RTU < 90°$.	8., 9., Ax. 6 (Ist $a < b$ und $c = a$, so ist $c < b$.)

11. $\sphericalangle WTS < 90°$.	Satz H2
12. $\sphericalangle RTW + \sphericalangle WTS = 180°$.	Satz 13
13. $\sphericalangle RTW > 90°$.	11., 12., Ax. 6 (Ist $a < b$ und $c + a = 2b$, so ist $c > b$.)
14. $\sphericalangle RTU < \sphericalangle RTW$.	10., 13., Ax. 6 (Ist $a < b$ und $c > b$, so ist $a < c$.)
15. Daher tritt ZTU in $\sphericalangle RTW$ ein, wie gezeichnet.	14.
16. Also ist ZTU nicht parallel zu PX.	6., 15., Post. H (3)
17. Man verlängere ZTU bis zum Schnittpunkt „V“ mit PX (ggf. verlängert).	Post. 2
18. Man zeichne V„J“ senkrecht zu QY (verlängert, falls nötig).	Satz 12 (Post. 2)

(Wir suchen nach einem Punkt auf PX, so daß die Senkrechte von diesem Punkt auf QY gleich EF ist. An diesem Punkt hilft die Zeichnung – die verrückte hyperbolische Zeichnung – tatsächlich einmal. Richten Sie Ihre Aufmerksamkeit auf den Teil, den ich in Abb. 186 herausgezeichnet habe. Wir wissen, daß ZV und

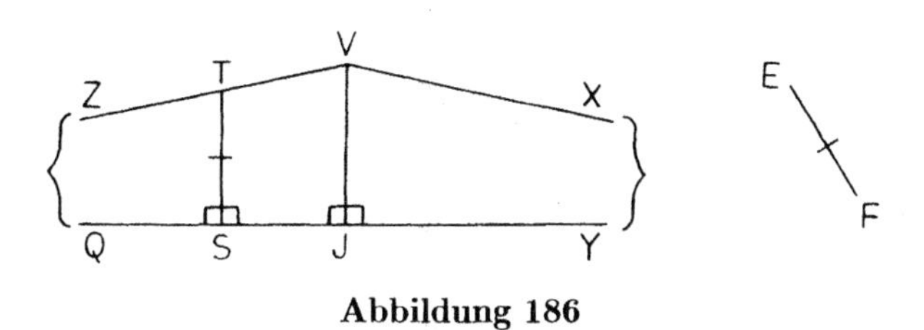

Abbildung 186

VX die linke und rechte a-Parallele zu QY durch V sind und daß die Winkel, die sie mit VJ bilden, gleich sind. Beachten Sie: wären wir am Punkt V und suchten einen Punkt *auf* ZV, von dem aus die Senkrechte gleich EF ist, dann müßten wir nur nach links bis T laufen. Das symmetrische Argument mit ZV und VX läßt annehmen, daß wir einen ähnlichen Punkt auf VX finden, wenn wir genausoweit nach rechts laufen!)

19. Auf VX oder ihrer Verlängerung trage man V„K“$= TV$ ab (siehe Abb. 187).	Satz 3 (Post. 2)
20. Man zeichne K„M“ senkrecht zu QY (verlängert, falls erforderlich).	Satz 12 (Post. 2)
21. Man zeichne TJ und KJ.	Post. 1
22. $\sphericalangle TVJ = \sphericalangle KVJ$.	Satz H2
23. Die Dreiecke TVJ und KVJ sind kongruent.	SWS

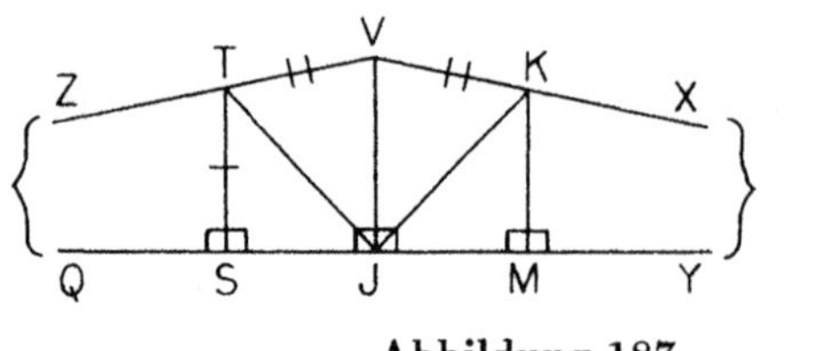

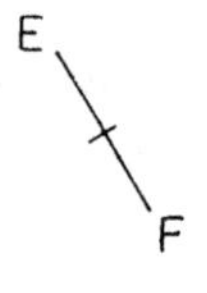

Abbildung 187

24. $TJ = KJ$ und $\sphericalangle VJT = \sphericalangle VJK$.	Def. v. „kongruent"
25. $\sphericalangle TJS = \sphericalangle KJM$.	18., 24., Ax. 3
26. Die Dreiecke TSJ und KMJ sind kongruent.	WWS
27. $TS = KM$.	26., Def. v. „kongruent"
28. $KM = EF$.	3., 27., Ax. 1

(Fall 3 – $RS < EF$ – geht ähnlich. Ich überlasse ihn Ihnen als Übung, falls Sie Lust haben. Abb. 188 ist analog zur Abb. 185 aus Fall 2.)

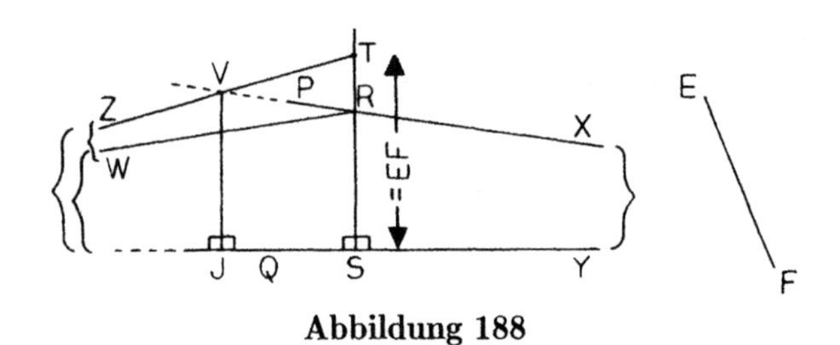

Abbildung 188

Der nächste Satz ist das hyperbolische Analogon zu Euklids Satz 29. Satz 29 war der erste Satz, den Euklid mit Hilfe des Postulats 5 bewies (er ist tatsächlich logisch äquivalent mit Postulat 5), und er befaßt sich mit dem, was Euklid „eine gerade Linie im Schnitt mit zwei geraden Linien" nannte, wovon Abb. 189 einen Ausschnitt zeigt. Wir beginnen, indem wir der entsprechenden hyperbolischen Figur einen kürzeren Namen geben.

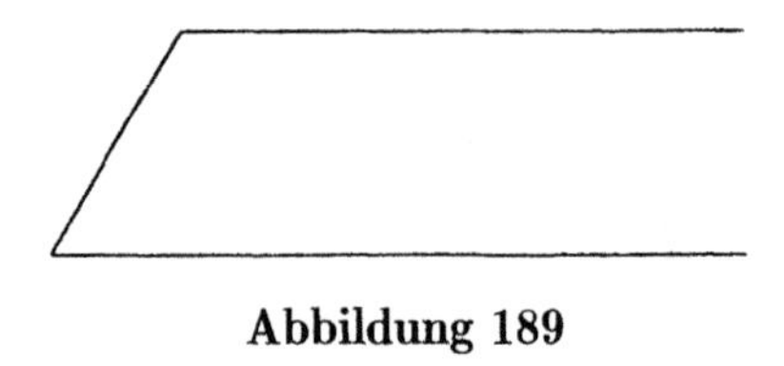

Abbildung 189

Definition H2. Werden von den Endpunkten einer gegebenen begrenzten geraden Linie (Strecke) in derselben Richtung zwei gerade Linien gezeichnet, die in der von

AB wegweisenden Richtung asymptotisch parallel sind, dann heißt die entstehende Figur ein *Zweieck*[2]; die gegebene Strecke heißt seine *Grundseite* oder *Grundlinie*.

$XABY$ (Abb. 190) ist also ein Zweieck. Es hat natürlich nur zwei Winkel – es hat, wie der Name sagt, nur zwei Ecken –, denn AX und BY treffen sich nicht, egal

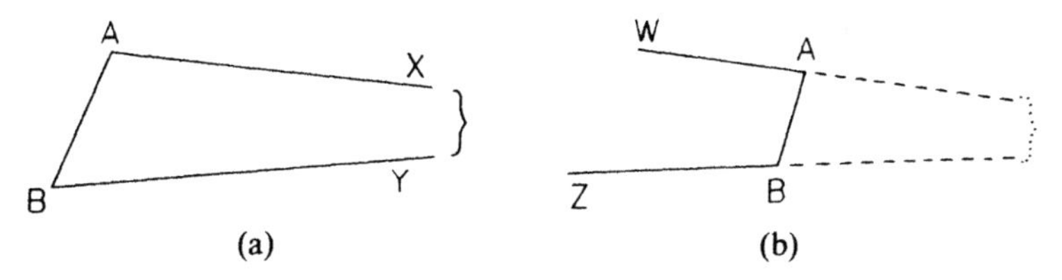

Abbildung 190. (a) Ein Zweieck. (b) Kein Zweieck.

wie weit man sie verlängert. AB ist die Grundlinie. $WABZ$ in Abb. 190 ist *kein* Zweieck, denn die Richtung der Parallelität ist die Richtung auf AB zu und nicht davon weg, wie es sein müßte.

Die Verlängerung der Transversalen von Euklid in Abb. 189 verschafft uns $\sphericalangle 1$ in Abb. 191, den er einen „Außenwinkel" nannte. In Satz 29 bewies er, daß er gleich dem „gegenüberliegenden Innenwinkel" $\sphericalangle 2$ ist.

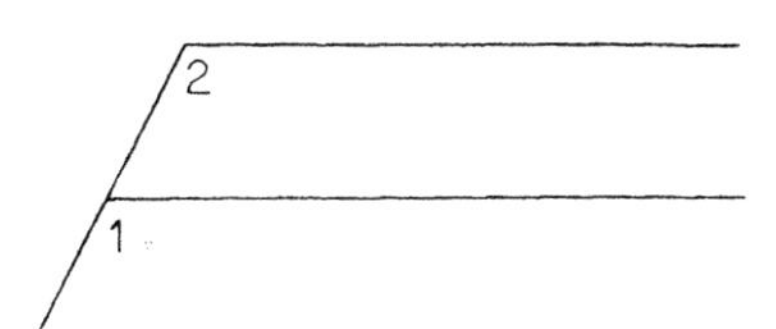

Abbildung 191

Verlängern wir AB in Abb. 190 nach C (Abb. 192), so werden wir analog den Winkel YBC einen „Außenwinkel" und $\sphericalangle XAB$ den korrespondierenden „gegenüberliegenden Innenwinkel" nennen. (Wenn wir stattdessen AB über A hinaus

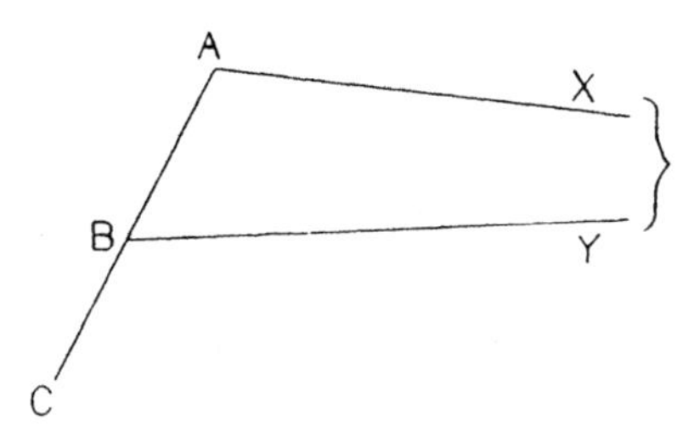

Abbildung 192

[2] In anderen Büchern wird ein Zweieck auch anders bezeichnet. Siehe die Anmerkung zu Definition H1.

verlängern würden, so würden wir den entstehenden Winkel ebenfalls „äußeren“ Winkel nennen, in welchem Falle der „gegenüberliegende Innenwinkel“ $\sphericalangle ABY$ wäre.) Ist einer der beiden Winkel des Zweiecks $XABY$ ein rechter, dann wissen wir nach Satz H2 bereits, daß der Außenwinkel *größer* als der gegenüberliegende Innenwinkel ist – siehe Abb. 193(a) und 193(b). Satz 8 erweitert unser Wissen dahingehend, daß der Außenwinkel *immer* der größere ist, ob das Zweieck nun einen rechten Winkel besitzt oder nicht.

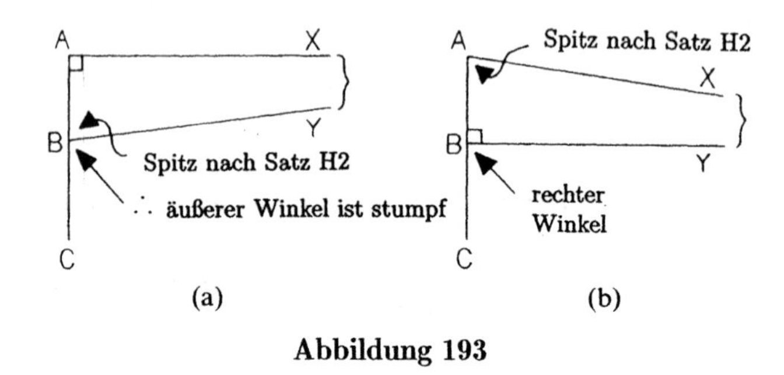

Abbildung 193

Satz H8. *Ein Außenwinkel eines Zweiecks ist größer als der innen gegenüberliegende Winkel.*

Beweis.

1. Sei „$XABY$“ ein Zweieck mit Grundlinie AB, die nach „C“ verlängert sei (siehe Abb. 194). — Voraussetzung

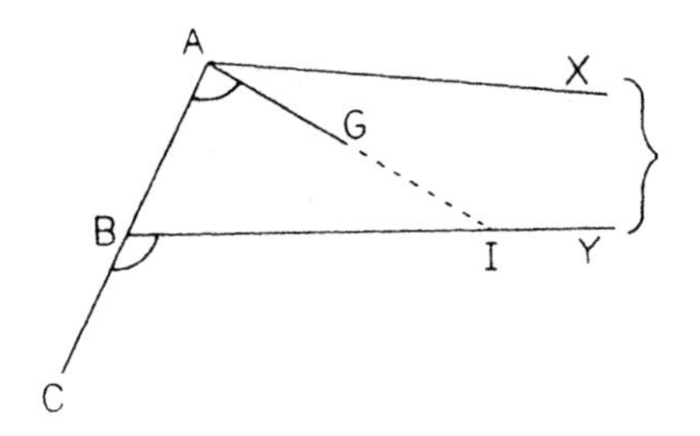

Abbildung 194

2. AX und BY sind a-parallel in der von AB wegweisenden Richtung. — Def. v. „Zweieck“

(Wir müssen zeigen, daß $\sphericalangle YBC$ größer als $\sphericalangle XAB$ ist. Wir werden dies tun, indem wir zuerst zeigen, daß $\sphericalangle YBC$ nicht kleiner als $\sphericalangle XAB$ ist, und zweitens, daß $\sphericalangle YBC$ auch nicht gleich $\sphericalangle XAB$ ist.)

3. Angenommen, $\sphericalangle YBC < \sphericalangle XAB$.	Annahme des Gegenteils
4. Durch A zeichne man A„G“ derart, daß $\sphericalangle GAB = \sphericalangle YBC$.	Satz 23
5. $\sphericalangle GAB < \sphericalangle XAB$.	3., 4., Ax. 6 (Ist $a < b$ und $c = a$, so ist $c < b$.)
6. AG tritt in $\sphericalangle XAB$ ein, wie gezeichnet.	5.
7. AG ist nicht parallel zu BY.	2., 6., Post. H (3)
8. Man verlängere AG bis zum Schnittpunkt „I“ mit BY (ggf. verlängert).	Post. 2
9. $\sphericalangle YBC > \sphericalangle GAB$.	Satz 16 (ΔABI)
10. Widerspruch.	4. und 9.
11. Daher ist $\sphericalangle YBC \not< \sphericalangle XAB$.	3.–10., Logik

(Jetzt werden wir zeigen, daß, wenn $\sphericalangle YBC$ gleich $\sphericalangle XAB$ wäre, es möglich wäre, eine gerade Linie zu konstruieren, die senkrecht zu AB *und* BY wäre, im Widerspruch zu Satz H2. In diesem Teil des Beweises wird vorausgesetzt, daß $\sphericalangle YBC$ kein rechter ist. Wäre er das, wie in Abb. 193(b), dann ergäbe sich die Folgerung $\sphericalangle YBC > \sphericalangle XAB$ *direkt* aus Satz H2.)

12. Angenommen, $\sphericalangle YBC = \sphericalangle XAB$.	Annahme des Gegenteils
13. Man halbiere AB in „M“; man zeichne M„J“ senkrecht zu BY (wenn nötig, verlängert); man verlängere XA und trage darauf „K“$A = BJ$ ab; man zeichne KM (siehe Abb. 195).	Satz 10, Satz 12, Post. 2, Satz 3, Post. 1

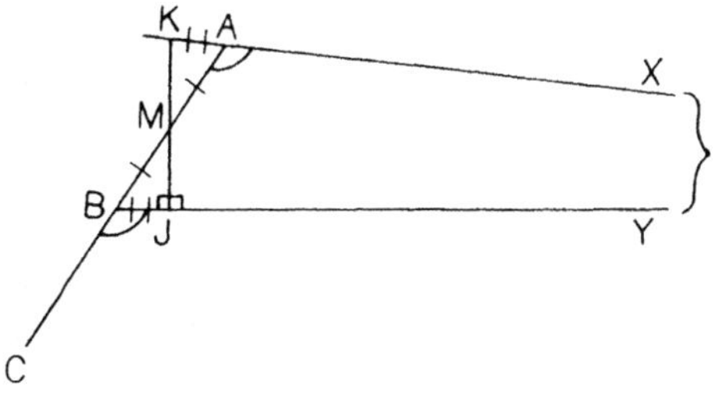

Abbildung 195

(Beachten Sie, daß wir nicht wissen, ob KMJ eine einzige gerade Linie ist oder nicht. Die Schritte 14.–21. zeigen, daß sie es ist.)

14. $\sphericalangle MBJ + \sphericalangle YBC = \sphericalangle KAM + \sphericalangle XAB$.	Satz 13. Ax. 1
15. $\sphericalangle MBJ = \sphericalangle KAM$.	12., 14., Ax. 3

16. Die Dreiecke MBJ und MAK sind kongruent.	SWS
17. $\sphericalangle BMJ = \sphericalangle KMA$.	Def. v. „kongruent“
18. $\sphericalangle BMJ + \sphericalangle AMJ = \sphericalangle KMA + \sphericalangle AMJ$.	17., Ax. 6 (Ist $a = b$, dann ist $a + c = b + c$.)
19. Aber $\sphericalangle BMJ + \sphericalangle AMJ = 180°$.	Satz 13
20. Daher ist $\sphericalangle KMA + \sphericalangle AMJ = 180°$,	18., 19., Ax. 1
21. weshalb KMJ eine einzige gerade Linie ist.	Satz 14
22. Genauso gilt: $\sphericalangle XKJ = 90°$.	16., Def. v. „kongruent“
23. Aber KX ist a-parallel zu BY durch K	2., Satz H3
24. und KJ ist senkrecht zu BY,	21., 13.
25. und daher ist $\sphericalangle XKJ$ spitz.	Satz H2
26. Widerspruch.	22. und 25.
27. Daher ist $\sphericalangle YBC \neq \sphericalangle XAB$.	12.–26., Logik
28. Also ist $\sphericalangle YBC > \sphericalangle XAB$.	11., 27., Ax. 6 (Ist $a \nless b$ und $a \neq b$, so ist $a > b$.)

Beachten Sie, daß es in unseren Zeichnungen von Zweiecken auch so *aussieht*, als wäre Satz H8 wahr – auch in dieser Hinsicht können wir unseren Zeichnungen trauen.

Anders als Satz 29 von Euklid sind die Sätze 27/28 Teil der neutralen Geometrie und daher nach wie vor gültig. Ihre Voraussetzung ist, daß eine gerade Linie beim Schnitt mit zwei geraden Linien jede der acht Winkelrelationen (S. 102) hervorruft; ihre Schlußfolgerung, daß die zwei geraden Linien parallel sind. Ehemals in der euklidischen Geometrie war diese Schlußfolgerung vollkommen eindeutig. Jetzt nicht mehr: „Gut“, können wir sagen, „die beiden geraden Linien sind parallel. Aber *wie* sind sie parallel?“ Satz H9 gibt die Antwort.

Satz H9. *Wenn eine gerade Linie beim Schnitt mit zwei geraden Linien jede der acht Winkelrelationen bewirkt, dann sind die beiden geraden Linien divergent parallel.*

Beweis.

1. Seien „AB“ und „CD“ die zwei geraden Linien, und sei „EF“ die gerade Linie, die sie schneidet – in E bzw. F –, so daß jede der acht Winkelrelationen auftritt (siehe Abb. 196).	Voraussetzung

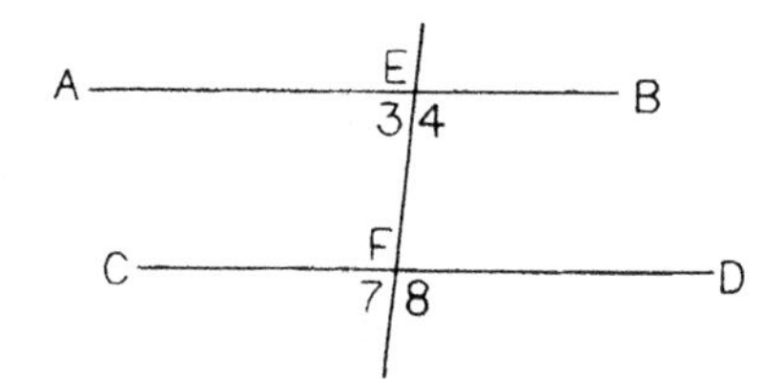

Abbildung 196

2. Dann gilt: $AB \parallel CD$.	Satz 27/28
3. Außerdem ist $\sphericalangle 7 = \sphericalangle 3$ und $\sphericalangle 8 = \sphericalangle 4$.	1., Lemma S. 102
4. Angenommen, AB und CD sind a-parallel nach rechts.	Annahme des Gegenteils
5. Dann ist $BEFD$ ein Zweieck	Def. v. „Zweieck"
6. und daher $\sphericalangle 8 > \sphericalangle 4$.	Satz H8
7. Widerspruch.	3. und 6.
8. Also sind AB und CD nicht a-parallel nach rechts.	4.–7., Logik
9. Angenommen, AB und CD sind a-parallel nach links.	Annahme des Gegenteils
10. Dann ist $AEFC$ ein Zweieck	Def. v. „Zweieck"
11. und daher $\sphericalangle 7 > \sphericalangle 3$.	Satz H8
12. Widerspruch.	3. und 11.
13. Also sind AB und CD auch nicht nach links a-parallel.	9.–12., Logik
14. Daher sind AB und CD d-parallel.	2., 8., 13.

Satz H10 (WG). *Sind ein Winkel und die Grundseite eines Zweiecks gleich einem entsprechenden Winkel und der Grundseite eines anderen Zweiecks, dann ist auch das andere Paar von Winkeln gleich.* („WG" – für „Winkel-Grundseite" – ist der Spitzname des Satzes, nicht zu verwechseln mit irgendeiner *geraden Linie WG*. Siehe Abb. 197.)

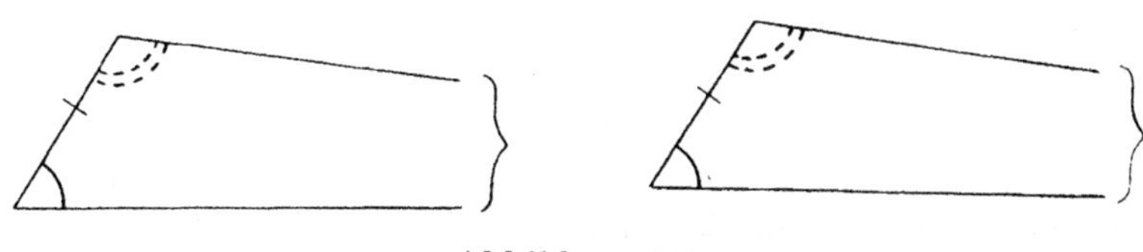

Abbildung 197

Beweis.

1.	Seien „$XABY$“ und „$WCDZ$“ die zwei Zweiecke mit $AB = CD$ und, sagen wir, $\sphericalangle ABY = \sphericalangle CDZ$ (siehe Abb. 198).	Voraussetzung

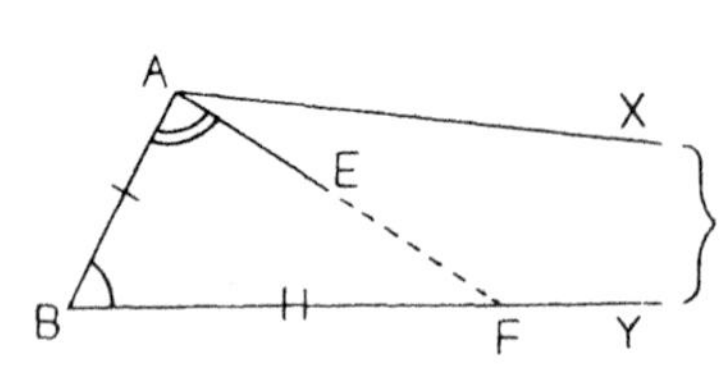

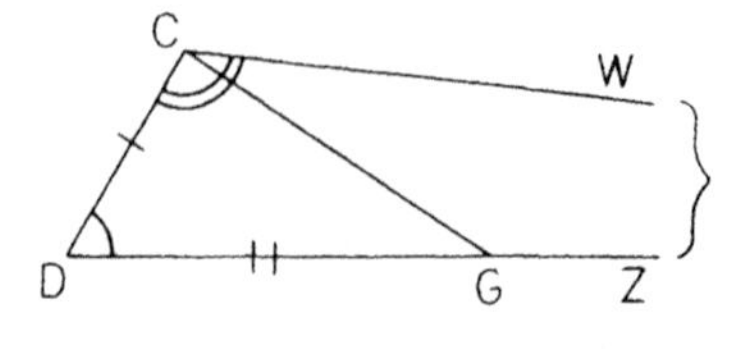

Abbildung 198

(Zu zeigen: $\sphericalangle XAB = \sphericalangle WCD$.)

2.	Angenommen, $\sphericalangle XAB \neq \sphericalangle WCD$, sagen wir $\sphericalangle XAB > \sphericalangle WCD$.	Annahme des Gegenteils

(Die Argumentation läuft ganz ähnlich, wenn $\sphericalangle WCD$ der größere ist.)

3.	Durch A zeichne man A„E“, so daß $\sphericalangle EAB = \sphericalangle WCD$.	Satz 23
4.	$\sphericalangle EAB < \sphericalangle XAB$ (so daß also AE in $\sphericalangle XAB$ eintritt, wie gezeichnet).	2., 3., Ax. 6 (Ist $a > b$ und $c = b$, so ist $c < a$.)
5.	AE ist nicht parallel zu BY.	4., Post. H3
6.	Man verlängere AE bis zum Schnittpunkt „F“ mit der (ggf. auch verlängerten) geraden Linie BY.	Post. 2
7.	Auf DZ (bei Bedarf verlängert) trage man D„G“$= BF$ ab und zeichne CG.	(Post. 2) Satz 3, Post. 1
8.	Die Dreiecke ABF und CDG sind kongruent.	SWS
9.	$\sphericalangle EAB = \sphericalangle GCD$.	Def. v. „kongruent“
10.	Daher ist $\sphericalangle WCD = \sphericalangle GCD$.	3., 9., Ax. 1
11.	Aber $\sphericalangle WCD > \sphericalangle GCD$.	Ax. 5
12.	Widerspruch.	10. und 11.
13.	Darum ist $\sphericalangle XAB = \sphericalangle WCD$.	2.–12., Logik

Damit die Argumentation leichter nachvollziehbar ist, wurden die Zweiecke in Abb. 198 gleich orientiert und die gleichen Winkel in dieselbe Ecke gesteckt. Aus dem Beweis wird aber klar, daß der Satz H10 unabhängig von der relativen Orientierung der Zweiecke und der Lage der gleichen Winkel anwendbar ist. In Abb. 199 z.B. können wir mit Satz H10 schließen, daß $\sphericalangle A = \sphericalangle C$ und daher $\sphericalangle A = \sphericalangle E$. Eine ähnliche Bemerkung gilt für den nächsten Satz.

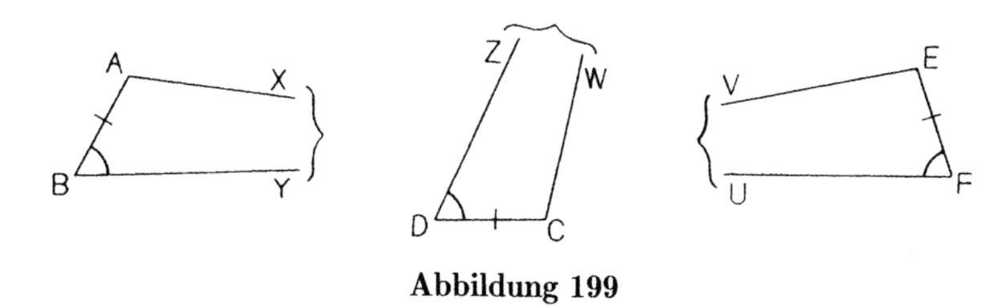

Abbildung 199

Satz H11 (WW). *Sind die zwei Winkel eines Zweiecks gleich entsprechenden Winkeln eines anderen Zweiecks, dann sind die Grundseiten gleich.* (Siehe Abb. 200.)

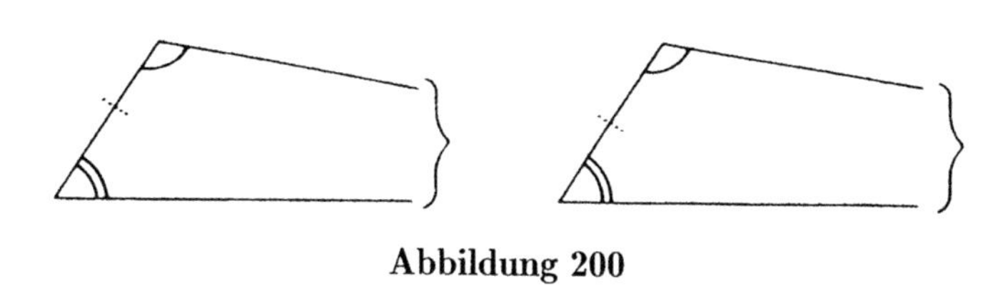

Abbildung 200

Beweis.

1. Seien „$XABY$“ und „$WCDZ$“ zwei Zweiecke mit, sagen wir, $\sphericalangle XAB = \sphericalangle WCD$ und $\sphericalangle ABY = \sphericalangle CDZ$ (siehe Abb. 201). — Voraussetzung

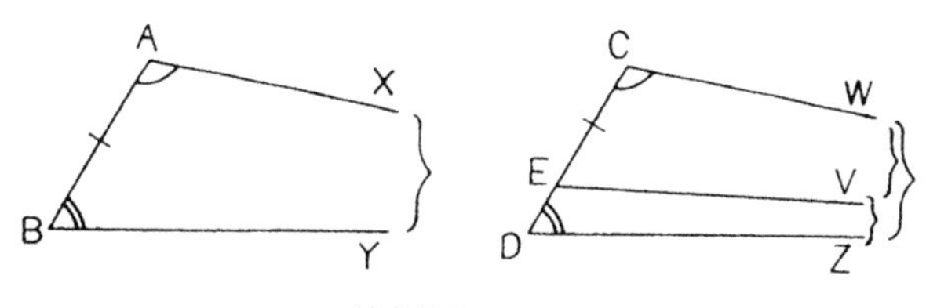

Abbildung 201

(Zu zeigen: $AB = CD$.)

2. Angenommen, $AB \neq CD$, sagen wir, $AB < CD$. — Annahme des Gegenteils

(Der Beweisgang wäre ganz ähnlich, wenn AB größer als CD wäre.)

3. Auf CD trage man C„E“$= AB$ ab. — Satz 3
4. Durch E zeichne man E„V“ a-parallel zu DZ in derselben Richtung, in der CW und DZ a-parallel sind. — Post. H

5. Dann ist EV auch a-parallel zu CW in dieser Richtung.	Satz H5
6. $WCEV$ ist ein Zweieck.	5., Def. v. „Zweieck“
7. $\sphericalangle ABY = \sphericalangle CEV$.	WG (Satz H10)
8. $\sphericalangle CDZ = \sphericalangle CEV$.	1., 7., Ax. 1
9. Aber $VEDZ$ ist ebenfalls ein Zweieck,	4., Def. v. „Zweieck“
10. weshalb $\sphericalangle CEV > \sphericalangle CDZ$.	Satz H8
11. Widerspruch.	8. und 10.
12. Daher ist $AB = CD$.	2.–11., Logik

In Satz H11 begegnen wir zum ersten Mal der kuriosen Tatsache, daß in der hyperbolischen Geometrie eine Länge durch Winkel allein bestimmt werden kann. Wir werden diesem Phänomen nochmals begegnen.

Lobachevsky nannte den Winkel $\sphericalangle XPQ$ in Abb. 202 den „Parallelwinkel“ und bezeichnete ihn mit dem Symbol $\pi(l)$ – lies: „pi von l“ –, wobei l die Länge von PQ ist. (In diesem Zusammenhang steht der griechisch-russische Buchstabe „π“, der unserem „p“ entspricht, für „Parallelität“ und hat nichts mit der *Zahl* $\pi = 3,14159\ldots$ zu tun.) Nach Satz H2 ist $\pi(l) = \sphericalangle XPQ = \sphericalangle YPQ < 90°$.

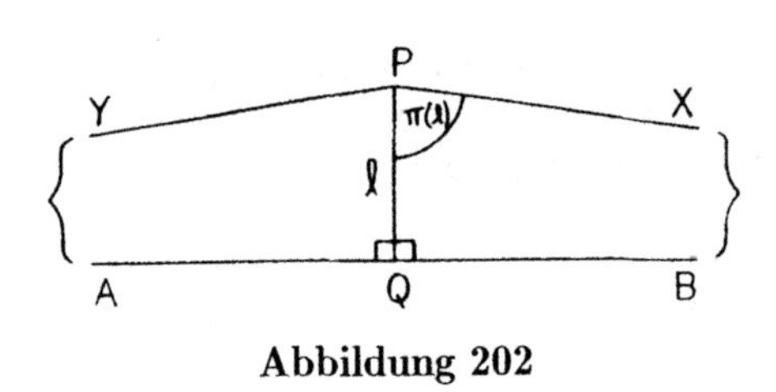

Abbildung 202

Die Schreibweise des Symbols $\pi(l)$ legt die Vermutung nahe, daß die bezeichnete Winkelgröße nicht von dem speziellen Punkt P oder der geraden Linie AB, sondern nur vom Abstand l zwischen beiden abhängt. Das ist richtig. Denn sind R und EF in Abb. 203 ein weiterer Punkt und eine weitere gerade Linie, die denselben Abstand l haben – d.h., die Senkrechte RS hat dieselbe Länge l –, dann gilt $\sphericalangle VRS = \sphericalangle XPQ$ wegen WG (Satz H10).

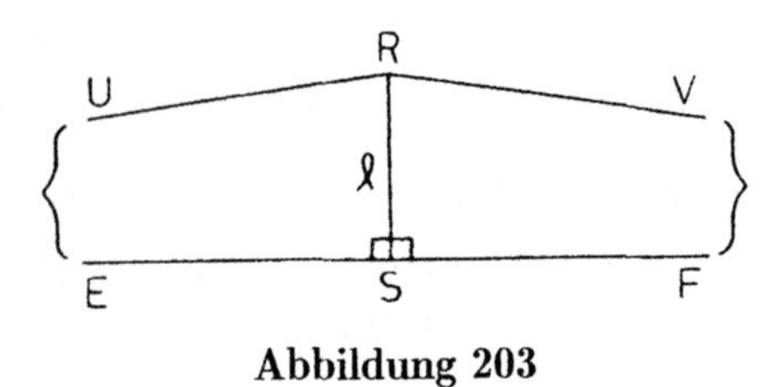

Abbildung 203

Die Winkelgrößen sind hingegen verschieden, wenn die *Abstände* verschieden sind. Sei in Abb. 204 $l_1 \neq l_2$ gegeben; beweisen Sie, daß $\pi(l_1) \neq \pi(l_2)$. Nehmen Sie dazu im Gegenteil an, daß $\pi(l_1) = \pi(l_2)$; dann ist $l_1 = l_2$ nach WW (Satz H11), ein Widerspruch.

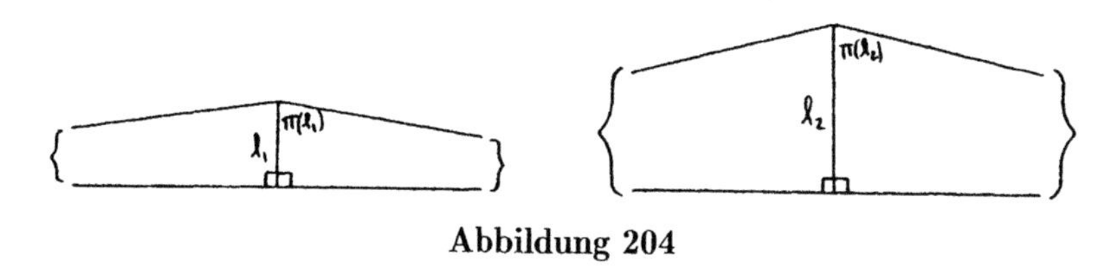

Abbildung 204

Es gibt somit eine Eins-zu-Eins-Entsprechung zwischen den Abständen l und den dazugehörigen Winkelgrößen $\pi(l)$.

Vereinbarkeit mit dem gesunden Menschenverstand

Bei der Entwicklung der Eigenschaften hyperbolischer Parallelen haben wir uns, soweit wir bisher gekommen sind, bis zu einem gewissen Grade an ihr seltsames Verhalten „gewöhnt", und bis zu einem erheblichen Grade haben wir das *Ausmaß* ihrer Abweichung vom Pfad des „gesunden Menschenverstandes" kennengelernt. Jetzt ist es an der Zeit, unseren gesunden Menschenverstand zu reaktivieren und zu sehen, ob es nicht möglich ist, Maßnahmen zu treffen, um ihn mit der neuen Geometrie in Einklang zu bringen.

Abb. 205 zeigt die typische hyperbolische Situation. YPZ und WPX sind die a-Parallelen zu AB durch P, und die Senkrechte CPD zu PQ ist nur eine der unendlich vielen d-Parallelen zu AB durch P. Aber der gesunde Menschenverstand sagt uns, daß CPD die *einzige* Parallele zu AB durch P ist. Ist es möglich, diese beiden Positionen miteinander zu vereinbaren?

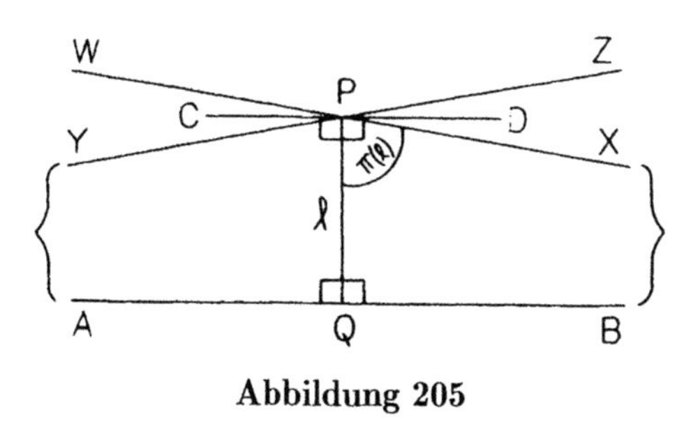

Abbildung 205

Was wäre, wenn der Parallelwinkel $\pi(l)$ einem rechten Winkel sehr nahe käme? So nahe, daß es selbst in einer mit größter Genauigkeit angefertigten Zeichnung so aussähe, als ginge PX durch D? Nehmen wir einmal an, $\pi(l)$ betrüge $89,9999999995°$. Dann wären $\sphericalangle DPX$ und $\sphericalangle ZPD$ beide gleich $0,0000000005°$, der Winkel ZPX betrüge also $0,000000001^\circ$ – ein Milliardstel eines Grades. Eine genaue Zeichnung sähe dann wie Abb. 206 aus, und man müßte PD und PX um eine astronomische Distanz verlängern, damit der Zwischenraum zwischen ihnen auch nur sichtbar würde.

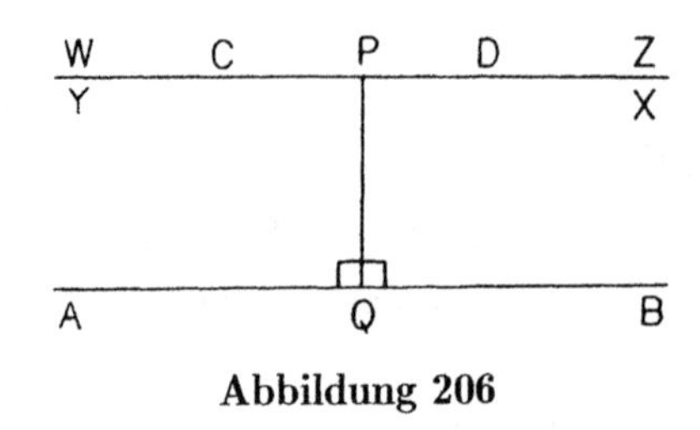

Abbildung 206

Was ich Ihnen nahebringen möchte, ist, daß *die hyperbolische Geometrie tatsächlich wahr sein könnte* und daß wir dies vielleicht nur deshalb noch nicht bemerkt haben, weil $\sphericalangle ZPX$ so klein ist. Unter diesem Gesichtspunkt ist das Postulat H intuitiv ebenso akzeptabel wie die Idee, daß Wasser aus unsichtbaren Molekülen zusammengesetzt ist oder daß die scheinbar flache Oberfläche eines Teiches in Wirklichkeit gekrümmt ist.

Aber *kann* der Winkel ZPX so klein sein? Erlaubt es die hyperbolische Geometrie dem Winkel $\pi(l)$, nahezu ein rechter zu sein? Satz H8 legt die Antwort nahe: Ja, wenn l klein genug ist. Folgendermaßen läßt sich begründen, daß dies plausibel ist. Man zeichne in Abb. 207 vom Punkt Q eine gerade Linie senkrecht zu

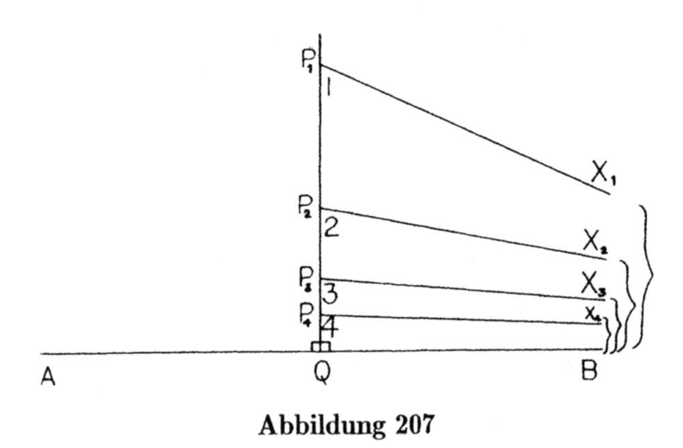

Abbildung 207

AB; P_1 sei ein Punkt darauf. Man wende wieder und wieder Satz 10 an, um eine Folge von Punkten P_2, P_3, P_4 usw. derart zu erhalten, daß P_2 auf halbem Wege zwischen P_1 und Q, P_3 auf halbem Wege zwischen P_2 und Q, P_4 auf halbem Wege zwischen P_3 und Q liegt usw. Dann wende man Postulat H wieder und wieder an, um lauter rechte a-Parallelen P_1X_1, P_2X_2, P_3X_3 usw. zu AB zu zeichnen. Jeder der entsprechenden Parallelwinkel (in der Abbildung numeriert) ist nach Satz H2 kleiner als ein rechter Winkel. Aber nach Satz H5, wieder und wieder angewandt, ist jede der geraden Linien P_1X_1, P_2X_2, P_3X_3 usw. eine rechte a-Parallele zur geraden Linie unmittelbar darunter, so daß wir einen Stapel von Zweiecken erhalten; Satz H8 kann auf jedes angewandt werden, woraus wir eine Ungleichungskette

$$\sphericalangle 1 < \sphericalangle 2, \sphericalangle 2 < \sphericalangle 3, \sphericalangle 3 < \sphericalangle 4 \text{ usw.}$$

erhalten. Die Winkel werden immer größer.

Es tritt also folgendes Phänomen auf: je näher ein Punkt P bei AB liegt (denken Sie an P_1, P_2, P_3 usw. als mögliche Örter für P), umso näher ist der entsprechende Winkel XPQ an 90°. Es sieht also so aus, als könnten wir $\sphericalangle XPQ = \pi(l)$ so nahe an 90° bringen, wie wir wollen, indem wir P einfach nahe genug bei Q wählen. Insbesondere scheint es, daß ein hinreichend nahe an Q gelegener Punkt P einen Parallelwinkel $\pi(l)$ von mindestens $89{,}9999999995°$ bewirkt, welchen wir oben schon erwähnt hatten[3], und die unendlich vielen Parallelen durch dieses P scheinen wie in Abb. 206 zu verschmelzen.

Hyperbolische Parallelen sehen also aus wie euklidische, vorausgesetzt, daß PQ kurz ist. Schön, aber wie kurz ist „kurz"? Im Maßstab des Universums sind zwei Millionen Lichtjahre (etwa $18{,}922 \times 10^{18}$km) „kurz". Was wäre, wenn $\sphericalangle XPQ$ gleich $89{,}9999999995°$ oder mehr wäre, falls PQ zwei Millionen Lichtjahre lang ist?[4] Liegt Q auf der Erdoberfläche, so wäre P dann weiter entfernt als die Andromeda-Galaxie (!), bevor $\sphericalangle XPQ$ merklich unterhalb eines rechten Winkels läge, und jede Anwendung des Postulats H in menschlichem Maßstab sähe bei genauer Zeichnung aus wie Abb. 206.

Der Schlüssel dazu, das Postulat H vorstellbar zu machen, liegt also in der Annahme, daß das Universum konstruiert ist, wie eben beschrieben. Unter dieser

---

[3] Obwohl unsere Argumentation diese Schlußfolgerung nahelegt, beweist sie sie nicht wirklich, denn nach allem, was wir wissen, könnte die wachsende Folge

$$\sphericalangle 1 < \sphericalangle 2 < \sphericalangle 3 < \sphericalangle 4 < \cdots$$

Werte wie

$$82° < 82{,}9° < 82{,}99° < 82{,}999° < \cdots$$

haben, die alle unterhalb eines bestimmten Wertes – in diesem Fall 83° – bleiben, der kleiner als 90° ist. Unsere Schlußfolgerung *kann* aber bewiesen werden und *ist* richtig.

[4] Im anderen Extrem könnte „kurz" bedeuten: „zwei winzige Bruchteile eines Millimeters", in welchem Falle $\sphericalangle XPQ$ in Zeichnungen in der Größe wie im vorliegenden Buch deutlich weniger als ein rechter Winkel wäre. Ist „a" irgendein fester spitzer Winkel – und für unsere Zwecke reicht es, daß a einen Wert hat, der mit existierenden Meßgeräten von 90° unterschieden werden kann, z.B. $a = 89°$ –, so gibt es sogar eine unendliche Anzahl denkbarer hyperbolischer Geometrien, entsprechend den verschiedenen Werten, die die Länge von PQ annehmen muß, damit $\sphericalangle XPQ = a$ wird. Es ist z.B. denkbar, daß $\sphericalangle XPQ = 89°$ wird, wenn PQ lediglich einen Meter lang ist. Solch eine hyperbolische Geometrie kann unmöglich die richtige sein, denn die Landvermesser hätten eine solch drastische Abweichung von der euklidischen Geometrie schon vor ewigen Zeiten festgestellt. Es ist aber ebensogut denkbar (das will ich sagen), daß $\sphericalangle XPQ$ den Wert 89° oder irgendeinen andern Wert merklich unterhalb von 90° erst annimmt, wenn PQ so lang ist, daß es außerhalb der Reichweite menschlicher Erfahrung liegt; und *diese* Art hyperbolischer Geometrie könnte, nach allem, was wir wissen, zutreffen.

Annahme würden wir das Postulat H für wahr – und Euklids Postulat 5 für falsch – halten, aber so, daß es menschlicher Erfahrung nicht widerspricht.

Der gesunde Menschenverstand würde es gelassen aufnehmen, daß das Postulat 5 verworfen wird, denn die Wahrheit von Postulat H wäre *abstrakt.* Auf der einen Seite wäre die Genauigkeit von Abbildungen wie Abb. 205, die das hyperbolische Verhalten von Parallelen auffällig zeigen, nur abstrakt faßbar, weil die intergalaktischen Distanzen, die sie darstellen, den Rahmen menschlicher Aktivität vollkommen sprengen; auf der anderen Seite zieht die Wahrheit des Postulats H in Anbetracht von Zeichnungen in menschlicher Größenordnung wie Abb. 206 die gleichfalls abstrakte Idee nach sich, daß die scheinbar eindeutig bestimmte Parallele durch P „in Wirklichkeit" ein Büschel unendlich vieler Parallelen innnerhalb eines nicht wahrnehmbaren Winkels ist. Astronomische Abstände und unsichtbare Winkel liegen außerhalb des normalen Bereichs des gesunden Menschenverstandes, daher ist er ihnen gegenüber unbefangen.[5]

Beachten Sie, daß wir die eine hyperbolische Eigenart – Satz H8 – verwendet haben, um den intuitiven Schock einer anderen – Postulat H – abzumildern. Das ist kein Zufall. Jedes angebliche Paradoxon in der hyperbolischen Geometrie wird durch ein komplementäres ausgeglichen.

Hyperbolische Geometrie (Teil 2)

In diesem Abschnitt nehmen wir die formale Entwicklung der hyperbolischen Geometrie wieder auf und werden sie soweit vorantreiben, wie wir es mit der euklidischen Geometrie getan haben. Wenn Sie den vorletzten Abschnitt von Kapitel 4 übersprungen haben, dann sollten Sie jetzt bei der Definition des Begriffes „Saccheri-Viereck" auf Seite 155 starten, bis zum dritten Satz nach dem Beweis des Korollars zu Satz A lesen und dann zur Aussage und dem Beweis des Satzes B springen. Satz A, sein Korollar und Satz B sind samt und sonders Teil der neutralen Geometrie.

Satz H12. *Die Grundseite und die Oberseite eines Saccheri-Vierecks sind divergent parallel, genauso die zwei übrigen Seiten.*

Beweis.

1. Sei „$ABCD$" ein Saccheri-Viereck mit Oberseite DC (siehe Abb. 208). — Voraussetzung

[5] In ähnlicher Weise kann der gesunde Menschenverstand die mögliche Wahrheit der Einsteinschen speziellen Relativitätstheorie akzeptieren, weil ihre Effekte (das Schrumpfen bewegter Maßstäbe, die Verlangsamung bewegter Uhren) nur unter Umständen feststellbar ist, die außerhalb des täglichen Lebens liegen. Wenn Sie sich viel mit Physik beschäftigt haben, haben Sie vielleicht bemerkt, daß das Verhältnis, welches die hyperbolische Geometrie zur euklidischen Geometrie in meinem hypothetischen Universum hat, dem Verhältnis der Einsteinschen Mechanik zur Newtonschen Mechanik ähnelt.

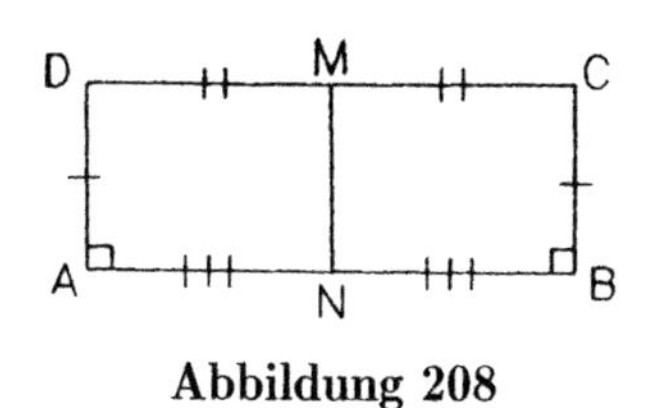

Abbildung 208

2. Man halbiere DC in „M“, AB in „N“ und zeichne MN.	Satz 10, Post. 1
3. Da $\sphericalangle DMN$ und $\sphericalangle MNB$ beide rechte sind,	Korollar zu Satz A
4. gilt: $\sphericalangle DMN = \sphericalangle MNB$.	Post. 4
5. Daher sind DC und AB d-parallel.	Satz H9 (MN im Schnitt mit DC und AB)
6. Da außerdem $\sphericalangle DAB$ und $\sphericalangle CBA$ rechte sind,	Def. v. „Saccheri-Viereck“
7. gilt genauso: $\sphericalangle DAB + \sphericalangle CBA = 180°$,	Ax. 2
8. so daß DA und CB ebenfalls d-parallel sind.	Satz H9 (AB im Schnitt mit DA und CB)

Wir werden Satz H12 zur Verifikation des Diagramms im folgenden Beweis verwenden.

Satz H13. *Die oberen Winkel eines Saccheri-Vierecks sind spitz.*

Beweis.

1. Sei „$ABCD$“ ein Saccheri-Viereck mit Oberseite DC (siehe Abb. 209).	Voraussetzung

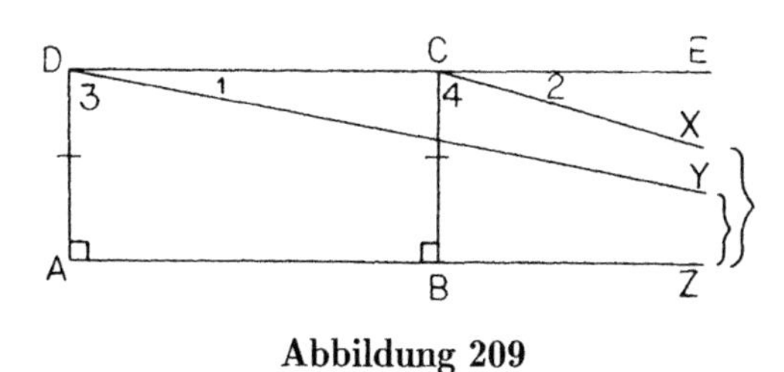

Abbildung 209

2. Man verlängere DC nach „E“ und AB nach „Z“.	Post. 2
3. Durch D und C zeichne man D„Y“ und C„X“ a-parallel zu ABZ in der Richtung von Z.	Post. H

(Der Beweis wird davon abhängen, daß DY und CX wie gezeichnet unterhalb von DCE verlaufen. Unsere erste Aufgabe besteht also darin, das Diagramm zu verifizieren.)

4.	DCE ist d-parallel zu ABZ durch D.	Satz H12
5.	Insbesondere ist also DCE d-parallel zu ABZ durch D.	Korollar zu Satz H13
6.	Aber DY ist a-parallel zu ABZ durch D.	3.
7.	Daher tritt DY in $\sphericalangle EDA$ ein, wie gezeichnet.	Def. v. „a-parallel“, „d-parallel“
8.	Genauso tritt CX in $\sphericalangle ECB$ ein.	man wende 4.–7. entsprechend an

(Nun werden wir zeigen, daß $\sphericalangle DCB$ kleiner als $\sphericalangle ECB$ ist. Da ihre Summe 180° beträgt, bedeutet dies, daß $\sphericalangle DCB$ spitz ist.)

9.	CX und DY sind a-parallel zueinander in derselben Richtung, in der sie a-parallel zu ABZ sind.	Satz H5
10.	Daher ist $ACDY$ ein Zweieck,	Def. v. „Zweieck“
11.	und $\sphericalangle 1 < \sphericalangle 2$.	Satz H8
12.	$YDAZ$ und $XCBZ$ sind Zweiecke	Def. v. „Zweieck“
13.	mit $\sphericalangle DAZ = \sphericalangle CBZ$ und $DA = CB$,	Def. v. „Saccheri-Viereck“
14.	so daß $\sphericalangle 3 = \sphericalangle 4$.	WS
15.	Daher ist $\sphericalangle CDA < \sphericalangle ECB$.	11., 14., Ax. 6 (Ist $a < b$ und $c = d$, dann ist $a + c < b + d$.)
16.	Aber $\sphericalangle CDA = \sphericalangle DCB$,	Korollar zu Satz A
17.	so daß $\sphericalangle DCB < \sphericalangle ECB$.	15., 16., Ax. 6 (Ist $a < b$ und $a = c$, so ist $c < b$.)
18.	Wegen $\sphericalangle DCB + \sphericalangle ECB = 180°$	Satz 13
19.	ist $\sphericalangle DCB < 90°$ und	17., 18., Ax. 6 (Ist $a < b$ und $a + b = c$, so ist $a < \frac{1}{2}c$.)
20.	$\sphericalangle CDA < 90°$.	16., 19., Ax. 6 (Ist $a = b$ und $b < c$, so ist $a < c$.)

Satz H14. *Die Winkelsumme jedes Dreiecks ist kleiner als* 180°.

Beweis.

1. Sei „ABC" ein beliebiges Dreieck (siehe Abb. 210).	Voraussetzung

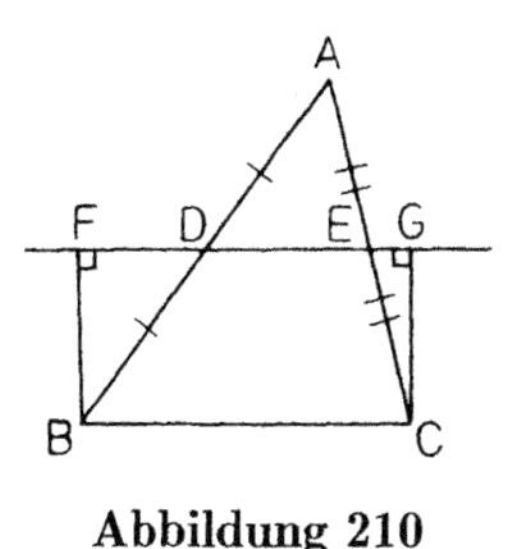

Abbildung 210

2. Man halbiere AB in „D" und AC in „E".	Satz 10
3. Man zeichne DE und verlängere sie in beide Richtungen.	Post. 1, Post. 2
4. Man zeichne B„F" und C„G" senkrecht zur verlängerten geraden Linie DE.	Satz 12
5. Dann ist $GFBC$ ein Saccheri-Viereck mit Oberseite BC, und es gilt: $\sphericalangle FBC + \sphericalangle GCB =$ Winkelsumme von ΔABC.	Satz B
6. Wegen $\sphericalangle FBC < 90°$ und $\sphericalangle GCB < 90°$	Satz H13
7. ist $\sphericalangle FBC + \sphericalangle GCB < 180°$.	6., Ax. 6 (Ist $a < b$ und $c < b$, dann ist $a + c < 2b$.)
8. Daher ist die Winkelsumme des Dreiecks ABC kleiner als $180°$.	5., 7., Ax. 6 (Ist $a = b$ und $a < c$, so ist $b < c$.)

Korollar. *Die Winkelsumme jedes Vierecks ist kleiner als* $360°$.

(Ein „Viereck ist jede Figur mit vier Ecken und vier Seiten. Der einfache Beweis ist eine Übungsaufgabe.)

Die meisten Schüler denken, nachdem sie SWS,WSW, WWS und SSS gesehen haben, daß es auch einen Satz WWW geben müsse. Natürlich gibt es ihn nicht – in der euklidischen Geometrie. Hier schon.

Satz H15 (WWW). *Sind die drei Winkel eines Dreiecks gleich den drei Winkeln eines anderen Dreiecks, dann sind die Dreiecke kongruent.*

Beweis.

1. Seien „ABC“ und „DEF“ zwei Dreiecke, und es gelte: $\sphericalangle ABC = \sphericalangle DEF$, $\sphericalangle ACB = \sphericalangle DFE$ sowie $\sphericalangle BAC = \sphericalangle EDF$ (siehe Abb. 211).	Voraussetzung

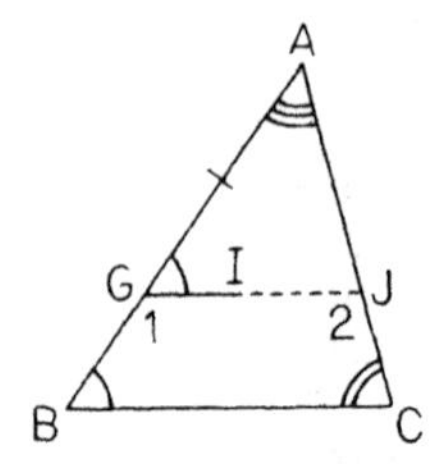

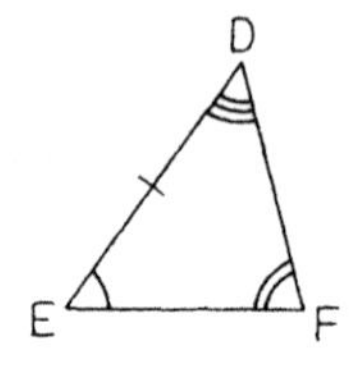

Abbildung 211

(Die Idee besteht darin zu zeigen, daß zumindest ein Paar korrespondierender Seiten gleich sind, und dann WSW oder WWS anzuwenden.)

2. Angenommen, $AB \neq DE$, sagen wir $AB > DE$.	Annahme des Gegenteils

(Die Argumentation verliefe ganz genauso, wenn wir stattdessen annähmen, DE wäre größer.)

3. Auf AB trage man A„G“$= DE$ ab.	Satz 3
4. Durch G zeichne man G„I“, so daß $\sphericalangle AGI = \sphericalangle ABC$.	Satz 23
5. GI schneidet bei Verlängerung das Dreieck ABC genau ein weiteres Mal in einem Punkt „J“.	Post. 2, Post. 6 (iii)

(Die Schritte 6–9 verifizieren, daß J zwischen A und C liegt, wie gezeichnet.)

6. J liegt nicht auf AB.	Post. 1

(Die Argumentation hinter Schritt 6 ist folgende: würde die Verlängerung von GI umschwenken und AB schneiden, dann würden die Punkte G und J von zwei verschiedenen geraden Linien verbunden, was Postulat 1 verletzte.)

7. GJ ist parallel zu BC,	4., Satz 27/28
8. daher liegt J nicht auf BC.	7., Def. v. „parallel“
9. Also liegt J auf AC zwischen A und C.	6., 8.
10. $\sphericalangle AGI = \sphericalangle DEF$.	4., 1., Ax. 1
11. Die Dreiecke AGJ und DEF sind kongruent.	WSW

(Der Widerspruch kommt aus einer unerwarteten Richtung. Wir werden zeigen, daß die Winkelsumme des Vierecks $BCJG$ 360° beträgt!)

12. $\sphericalangle AGI + \sphericalangle 1 = 180°$.	Satz 13
13. $\sphericalangle ABC + \sphericalangle 1 = 180°$.	4., 12., Ax. 6 (Ist $a = b$ und $a + c = d$, so ist $b + c = d$.)
14. $\sphericalangle AJI = \sphericalangle DFE$.	Def. v. „kongruent“
15. $\sphericalangle AJI = \sphericalangle ACB$.	14., 1., Ax. 1
16. $\sphericalangle AJI + \sphericalangle 2 = 180°$.	Satz 13
17. $\sphericalangle ACB + \sphericalangle 2 = 180°$.	15., 16., Ax. 6 (siehe Schritt 13.)
18. Daher beträgt die Winkelsumme im Viereck $BCJG$ 360°.	13., 17., Ax. 2
19. Aber die Winkelsumme des Vierecks $BCJG$ ist kleiner als 360°.	Korollar zu Satz H14
20. Widerspruch.	18. und 19.
21. Daher ist $AB = DE$ (siehe Abb. 212).	2.–20., Logik

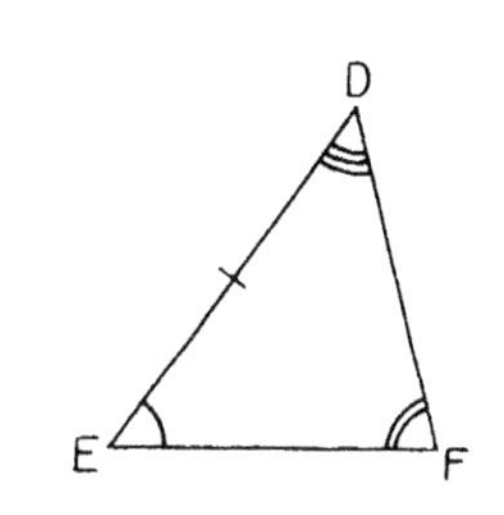

Abbildung 212

22. Daher sind die Dreiecke ABC und DEF kongruent.	1., 21., WSW (oder WWS)

Unsere letzten formalen Sätze sind Satz H16, H17 und H18. Satz H16 wird für den Beweis von Satz H17 benötigt, der wiederum die Grundlage von Satz H18 bildet. Satz H18 schließlich wird erklären, warum divergente Parallelen „divergent“ heißen.

Satz H16. *Ist $XABY$ ein Zweieck und $WCDZ$ eine Figur, die aus drei geraden Linien besteht, so daß $CD = AB$, $\sphericalangle WCD = \sphericalangle XAB$ und $\sphericalangle CDZ = \sphericalangle ABY$, dann ist auch $WCDZ$ ein Zweieck.* (Siehe Abb. 213.)

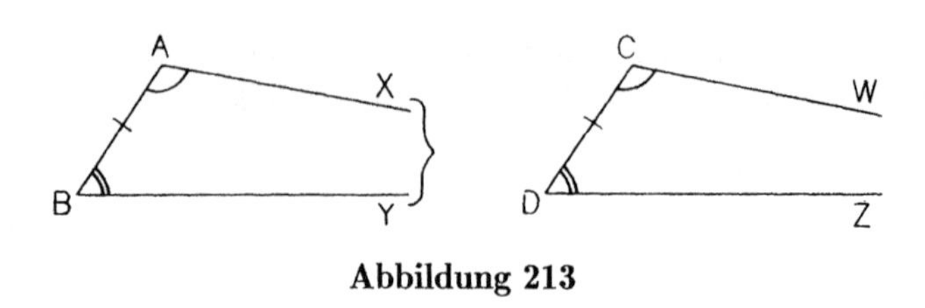

Abbildung 213

Beweis.

1. $XABY$ ist ein Zweieck, und $WCDZ$ ist eine Figur, die aus drei geraden Linien besteht, so daß $CD = AB$, $\sphericalangle WCD = \sphericalangle XAB$ und $\sphericalangle CDZ = \sphericalangle ABY$.	Voraussetzung

(Zu zeigen: $WCDZ$ ist ebenfalls ein Zweieck, d.h. CW und DZ sind a-Parallele in der von CD wegweisenden Richtung.)

2. Angenommen, CW und DZ sind nicht a-parallel in der von CD wegweisenden Richtung.	Annahme des Gegenteils
3. Durch C zeichne man C„V“, so daß CV und DZ a-parallel in der von CD wegzeigenden Richtung sind. Sagen wir, CV trete in $\sphericalangle WCD$ ein.	Post. H

(Die Argumentation wäre gleich, wenn CW in $\sphericalangle VCD$ einträte. Siehe Abb. 214.)

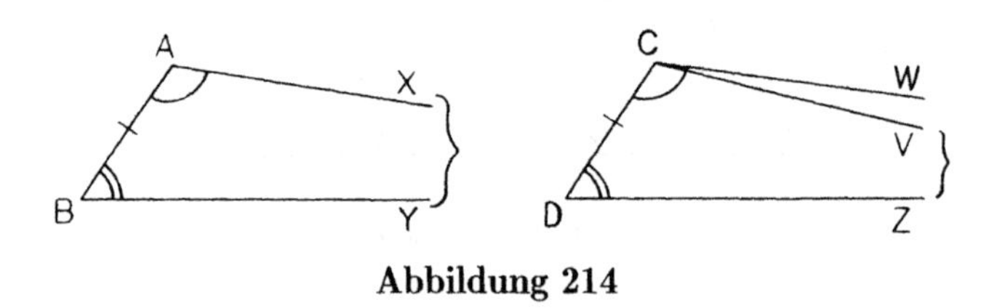

Abbildung 214

4. $VCDZ$ ist ein Zweieck.	Def. v. „Zweieck“
5. $\sphericalangle VCD = \sphericalangle XAB$.	WG
6. Daher ist $\sphericalangle WCD = \sphericalangle VCD$.	1., 5., Ax. 1
7. Aber $\sphericalangle WCD > \sphericalangle VCD$.	Ax. 5
8. Widerspruch.	6. und 7.
9. Daher sind CW und DZ in der von CD wegzeigenden Richtung a-parallel.	2.–8., Logik
10. Daher ist $WCDZ$ ein Zweieck.	Def. v. „Zweieck“

Wenn zwei gerade Linien eine gemeinsame Senkrechte besitzen, wie in Abb. 215, dann sind sie nach Satz H9 d-parallel. (So haben wir Satz H12 bewiesen.) Der nächste Satz besagt das Umgekehrte: Sind zwei gerade Linien d-parallel, dann besitzen sie eine gemeinsame Senkrechte. Der Satz besagt zusätzlich, daß diese gemeinsame Senkrechte „eindeutig bestimmt" ist, d.h. daß es nur eine davon gibt. Der ziemlich verzwickte Beweis stammt von Hilbert.

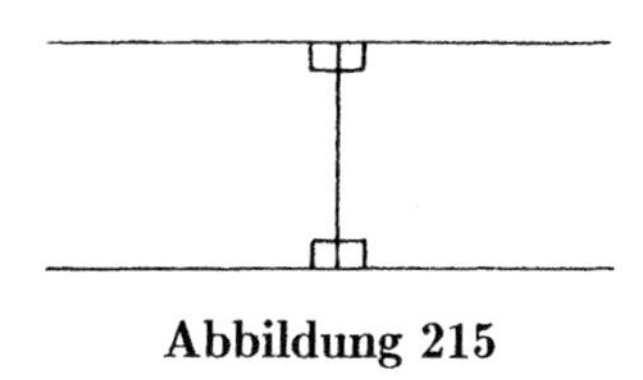

Abbildung 215

Satz H17. *Zwei divergente Parallelen besitzen eine eindeutig bestimmte gemeinsame Senkrechte.*

Beweis.

1.	Seien „AB" und „CD" d-Parallele (siehe Abb. 216).	Voraussetzung

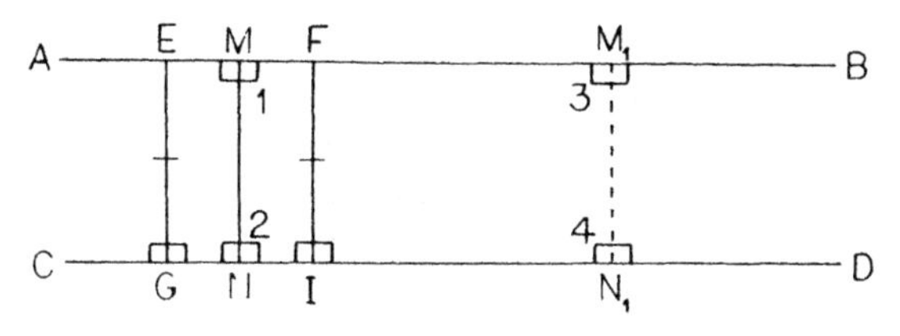

Abbildung 216

2.	Man wähle zwei beliebige Punkte „E" und „F" auf AB und zeichne E„G" und F„I" senkrecht zu CD (oder der Verlängerung von CD).	Post. 10, Satz 12 (Post. 2)

Fall 1. $EG = FI$.

3.	Dann ist $GIFE$ ein Saccheri-Viereck mit Oberseite EF.	Def. v. „Saccheri-Viereck"
4.	Man halbiere EF in „M", GI in „N" und zeichne MN.	Satz 10, Post. 1
5.	MN ist eine gemeinsame Senkrechte von AB und CD.	Korollar zu Satz A
6.	Angenommen, AB und CD besitzen eine weitere gemeinsame Senkrechte „M_1N_1".	Annahme des Gegenteils

7. Da $\sphericalangle 1 = 90°$, $\sphericalangle 2 = 90°$, $\sphericalangle 3 = 90°$ und $\sphericalangle 4 = 90°$,	5., 6.
8. beträgt die Winkelsumme im Viereck NN_1M_1M 360°.	7., Ax. 2
9. Aber die Winkelsumme von NN_1M_1M ist kleiner als 360°.	Korollar zu Satz H14
10. Widerspruch.	8. und 9.
11. Also ist MN die einzige gemeinsame Senkrechte von AB und CD.	6.–10., Logik

(Es ist natürlich äußerst unwahrscheinlich, daß $EG = FI$ ist – E und F wurden beliebig gewählt. Die eigentliche Arbeit steckt denn auch erst in Fall 2.)

Fall 2. $EG \neq FI$, sagen wir $EG > FI$. (Siehe Abb. 217.)

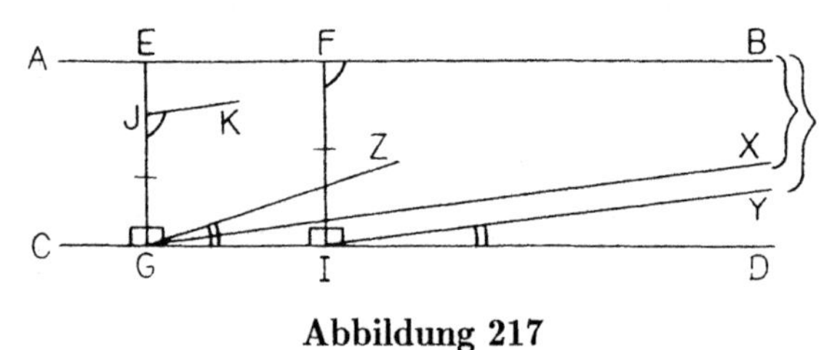

Abbildung 217

(Wäre FI länger, liefe die Argumentation ganz genauso. Fall 1 hat gezeigt, wie leicht es ist, eine gemeinsame Senkrechte zu erhalten und zu beweisen, daß sie eindeutig bestimmt ist, wenn man erst einmal zwei Senkrechte gleicher Länge hat. Unsere Strategie wird daher sein, zwei solche Senkrechte aufzufinden.)

12. Auf EG trage man „J“$G = FI$ ab.	Satz 3
13. Man zeichne J„K“, so daß $\sphericalangle KJG = \sphericalangle BFI$.	Satz 23

(Um unsere Strategie verfolgen zu können, müssen wir zeigen, daß JK bei Verlängerung AB (ggf. auch verlängert) schneidet. Das wird lange dauern – 17 Schritte!)

14. Man zeichne G„X“ und I„Y“ a-parallel zu AB in Richtung B.	Post. H

(GX liegt oberhalb von CD, wie gezeichnet, denn GX ist a-parallel zu AB durch G, und CD ist d-parallel zu AB durch G. Aus einem ähnlichen Grund ist auch IY korrekt gezeichnet.)

15. Man zeichne G„Z“, so daß $\sphericalangle ZGD = \sphericalangle YID$.	Satz 23

(Die Schritte 16.–20. zeigen, daß GZ oberhalb von GY liegt, wie gezeichnet.)

16. GX und IY sind zueinander a-parallel, und zwar in derselben Richtung, in der sie a-parallel zu AB sind.	Satz H15

17. Darum ist $XGIY$ ein Zweieck.	Def. v. „Zweieck“
18. $\sphericalangle YID > \sphericalangle XGD$.	Satz H8
19. $\sphericalangle ZGD > \sphericalangle XGD$.	15., 18., Ax. 6 (Ist $a = b$ und $b > c$, so ist $a > c$.)
20. GZ tritt in $\sphericalangle EGX$ ein, wie gezeichnet.	19.
21. Daher ist GZ nicht parallel zu AB.	14., Post. H(3)
22. Man verlängere GZ bis zum Schnittpunkt „L“ mit AB (ggf. verlängert).	Post. 2

(Unser unmittelbares Ziel war, wie Sie sich erinnern, zu zeigen, daß JK bei Verlängerung AB schneidet. Wir haben gerade gezeigt, daß JK von einem Dreieck, ΔEGL, umschlossen ist. Die Verlängerung von JK kann die Seite EG kein zweites Mal schneiden; wenn wir also zeigen können, daß sie GL nicht treffen kann, dürfen wir daraus schließen, daß sie EL und damit AB schneidet. Um zu zeigen, daß JK bei Verlängerung nicht GL schneidet, werden wir zeigen, daß $KJGL$ ein Zweieck ist. Das ist die Stelle, an der Satz H16 ins Spiel kommt.)

23. $\sphericalangle JGD = \sphericalangle FID$.	2., Post. 4
24. $\sphericalangle JGL = \sphericalangle FIY$.	23., 15., Ax. 3
25. $KJGL$ ist eine Figur, die aus drei geraden Linien besteht, derart, daß $\sphericalangle KJG$, JG und $\sphericalangle JGL$ gleich den entsprechenden Größen $\sphericalangle BFI$, FI und $\sphericalangle FIY$ des Zweiecks $BFIY$ sind.	13., 12., 24.
26. Daher ist auch $KJGL$ ein Zweieck.	Satz H16
27. Daher sind JK und GL a-parallel.	Def. v. „Zweieck“
28. JK schneidet bei Verlängerung genau ein weiteres Mal das Dreieck EGL, und zwar in einem Punkt „P“.	Post. 2, Post. 6(iii)
29. P liegt nicht auch GL oder EG.	27., Post. 1
30. Darum liegt P auf EL, wie gezeichnet (siehe Abb. 218).	28., 29.

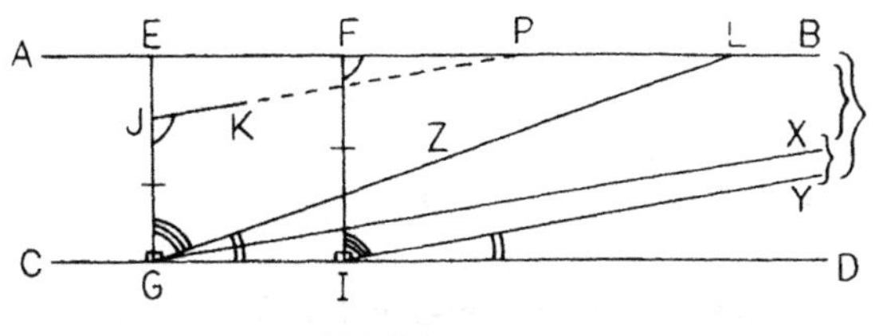

Abbildung 218

(Nachdem wir jetzt endlich JK bis zum Schnittpunkt mit AB verlängert haben, werden wir uns an die Konstruktion unserer gleichen Senkrechten begeben.)

31.	Man zeichne P„Q“ senkrecht zu CD (ggf. verlängert).	Satz 12 (Post. 2)
32.	Auf FB (bei Bedarf verlängert) trage man F„R“$= JP$ ab; auf ID (bei Bedarf verlängert) trage man I„S“$= GQ$ ab; man zeichne RS, PG und RI (siehe Abb. 219).	(Post. 2) Satz 3, Post. 1

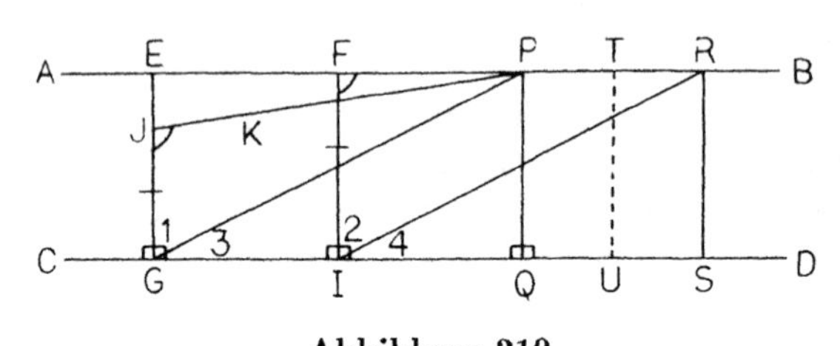

Abbildung 219

33.	Die Dreiecke JGP und FIR sind kongruent.	SWS
34.	$PG = RI$ und $\sphericalangle 1 = \sphericalangle 2$.	Def. v. „kongruent“
35.	$\sphericalangle 3 = \sphericalangle 4$.	23., 34., Ax. 3
36.	Die Dreiecke PGQ und RIS sind kongruent.	SWS
37.	RS ist senkrecht zu CD, und $PQ = RS$.	36., Def. v. „kongruent“

(Jetzt sind wir im Wesentlichen fertig, denn jetzt können wir mit PQ und RS so argumentieren, wie wir es mit EG und FI in Fall 1 getan haben.)

38.	Man halbiere PR in „T“, QS in „U“ und zeichne TU.	Satz 10, Post. 1
39.	TU ist senkrecht zu AB und CD, und sie ist die einzige gemeinsame Senkrechte, die AB und CD besitzen.	Man imitiere den Beweis von Fall 1

Satz H18. *Divergente Parallele entfernen sich voneinander auf jeder Seite der gemeinsamen Senkrechten.*

(Mit einem Wort: Divergente Parallele divergieren. Genauer betrachtet, besagt der Satz, daß die gemeinsame Senkrechte die nächste Annäherung der beiden d-Parallelen darstellt; und je weiter entfernt von der gemeinsamen Senkrechten ein Punkt auf einer der beiden d-Parallelen gewählt wird, desto länger ist die Senkrechte von dort zur anderen d-Parallele. In Abb. 220 ist G irgendein Punkt auf AB links von der gemeinsamen Senkrechten MN, und I ist irgendein Punkt links von G; P ist irgendein Punkt rechts von MN, und Q ist irgendein Punkt

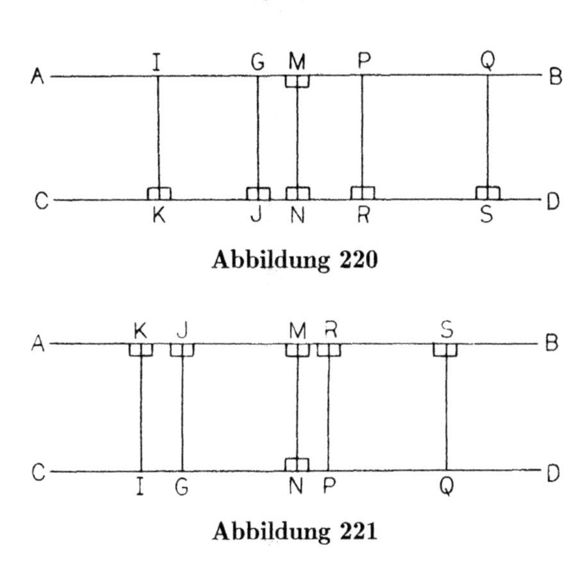

Abbildung 220

Abbildung 221

rechts von P; Senkrechte sind von diesen Punkten auf CD gezeichnet worden. In Abb. 221 wurden G, I, P und Q stattdessen auf CD gewählt, und von dort wurden Senkrechte auf AB gezeichnet. Wir müssen zeigen, daß in jeder Figur gilt: $IK > GJ > MN$ und $MN < PR < QS$. Aus Symmetriegründen reicht es zu zeigen, daß $MN < PR < QS$ in Abb. 220 gilt – die anderen drei Beweise gehen analog.)

Beweis. (Übungsaufgabe! Ich dachte mir, Sie hätten vielleicht Spaß daran, unseren letzten Satz selbst zu beweisen.)

Ausblick

So könnten wir jetzt weitermachen, beliebig lange. Es gibt hunderte von Sätzen in der hyperbolischen Geometrie, und dauernd kommen neue hinzu. Aber irgendwo müssen wir abbrechen.

Aber bevor wir den Gegenstand ganz verlassen, würde ich gern noch auf einige interessante Eigenschaften der hyperbolischen Landschaft hinweisen, die von unserem jetzigen Standpunkt aus erkennbar sind.

Erstens: Es ist an der Zeit, unsere Art gerade Linien zu zeichnen, erneut zu betrachten.

Lange Zeit sahen unsere Zeichnungen nur in einer Hinsicht „falsch“ aus – sie legten nahe, daß parallele Linien sich schneiden müßten, wenn man sie noch ein Stück verlängert (Abb. 222). Aber wir haben gelernt, diesen Eindruck zu ignorieren, bestärkt durch die Tatsache, daß die Zeichnungen in jeder anderen Hinsicht „richtig“ aussahen – in der Tat war wegen Satz H12 jedes neue Faktum, das wir

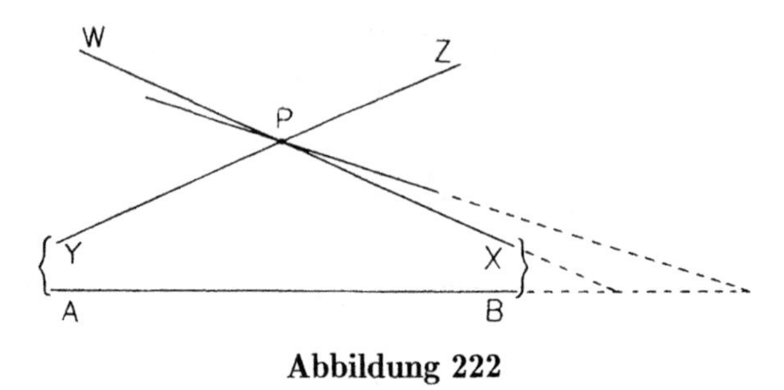

Abbildung 222

lernten, zumindest konsistent mit unseren Zeichnungen, wie oft explizit gezeigt wurde.

Beginnend mit Satz H13 jedoch – „die oberen Winkel eines Saccheri-Vierecks sind spitz“ – sahen unsere Zeichnungen auch in anderer Hinsicht „falsch“ aus – Winkel. Abb. 223 ist unser Standardbild eines Saccheri-Vierecks, das all unser

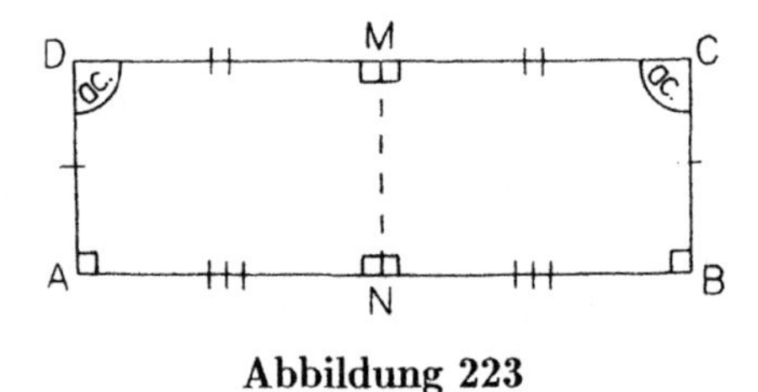

Abbildung 223

Wissen andeutet. Die rechten Winkel sehen wirklich wie rechte aus, aber die spitzen auch! Natürlich könnten wir auch diesen Eindruck einfach ignorieren oder uns vorstellen, die Winkel C und D seien um einen nicht wahrnehmbaren Betrag kleiner als rechte Winkel. Was uns aber die Sätze H17 und H18 mitgeteilt haben, ist nicht so leicht beiseitezuschieben.

Schon seit langer Zeit wußten wir, daß *einige* Paare von d-Parallelen eine gemeinsame Senkrechte besitzen. CD und AB in Abb. 224 z.B. besitzen eine. Neu

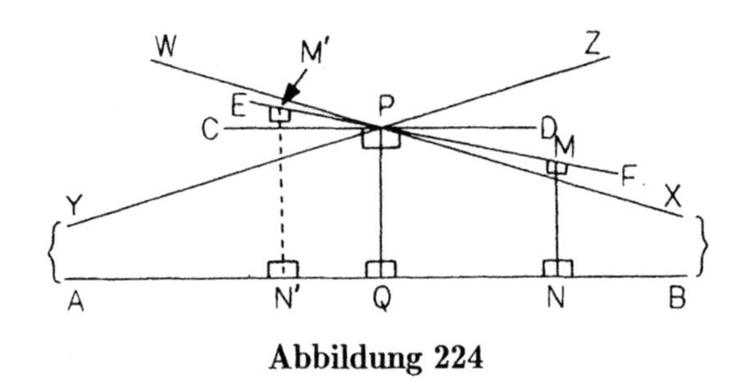

Abbildung 224

ist – das ist Satz H17 –, daß *jedes* Paar eine besitzt. Insbesondere besitzen also EF und AB eine gemeinsame Senkrechte. PQ ist es nicht – $\sphericalangle FPQ$ ist wegen Axiom

5 spitz –, also muß sie rechts oder links von P liegen. Wenn die gemeinsame Senkrechte von EF und AB links läge – $M'N'$ in Abb. 224 –, dann hätte daß Viereck $N'QPM'$ eine Winkelsumme größer $360°$, ein Widerspruch; also muß die gemeinsame Senkrechte rechts von P liegen, wo ich sie auch skizziert habe (MN). Aber jetzt sehen die Winkel bei M nicht mehr wie rechte aus. Außerdem hat es den Anschein, als käme EF auf der rechten Seite immer näher an AB heran, während wir doch wissen (Satz H18), daß sie sich entfernt – unsere Zeichnungen verzerren auch die Längen!

Wir Menschen besitzen eine große Kapazität, uns an Unannehmlichkeiten zu gewöhnen, aber ich persönlich habe meine Grenze erreicht. Abb. 224 enthält mindestens drei verschiedene falsche Eindrücke. Geometrische Abbildungen sollten unsere Diener, nicht unsere Herren sein.

Wenn wir mit der hyperbolischen Geometrie weitermachen wollten, würden wir anfangen, so denke ich, einige unserer geraden Linien gekrümmt zu zeichnen. Dann müßten wir natürlich einen neuen falschen Eindruck ignorieren – derlei gekrümmte Linien würden *gerade* Linien darstellen –, aber das wäre der *einzige* Eindruck, den wir ignorieren müßten. Zeichnet man Abb. 224 in diesem neuen Stil, so ergibt sich Abb. 225, in der die Eigenschaften der Parallelität, der Winkel und der Längen allesamt akkurat wiedergegeben sind.

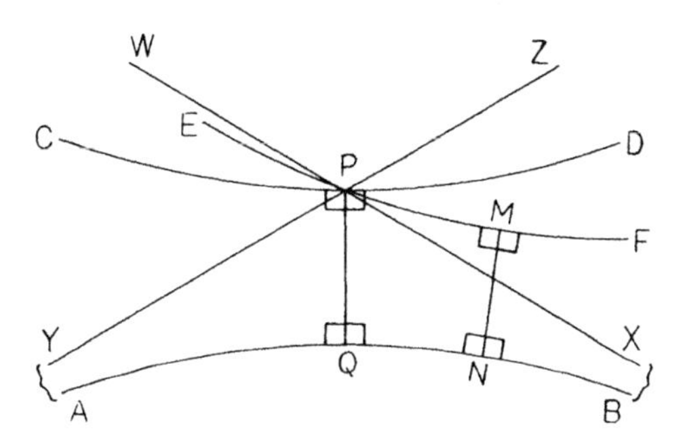

Abbildung 225

Zweitens: Der Satz des Pythagoras, der Höhepunkt unseres Studiums der euklidischen Geometrie, ist in der hyperbolischen Geometrie falsch.

Das ist keine allzugroße Überraschung, denn wir haben den Satz des Pythagoras (Satz 47) unter Zuhilfenahme des Postulats 5 bewiesen. Mit Satz H13 sind wir aber nun weit genug in die hyperbolische Geometrie eingedrungen, um zu verstehen, *warum* der Satz des Pythagoras falsch ist.

Abb. 226 ist eine Neuausgabe von Abb. 223 im „neuen Stil“ – ein Saccheri-Viereck, in dem unser gesamtes Wissen über Saccheri-Vierecke einschließlich Satz H13 angezeigt ist. Es sieht so aus, als wäre DC länger als AB, oder? DC *ist* länger! Und ich überlasse es Ihnen als Übungsaufgabe, zu beweisen, daß die Oberseite eines Saccheri-Vierecks stets länger als die Grundseite ist.

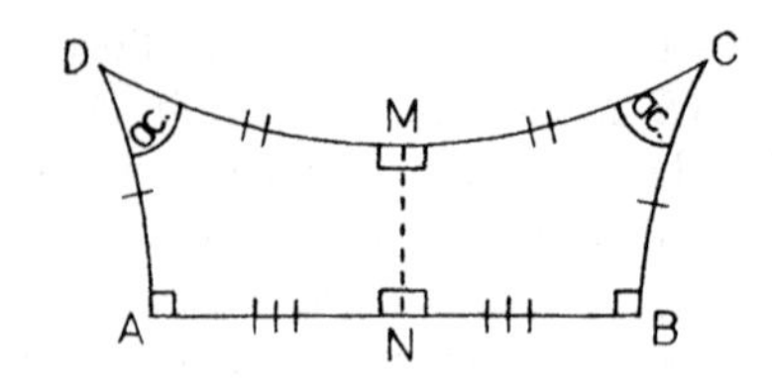

Abbildung 226

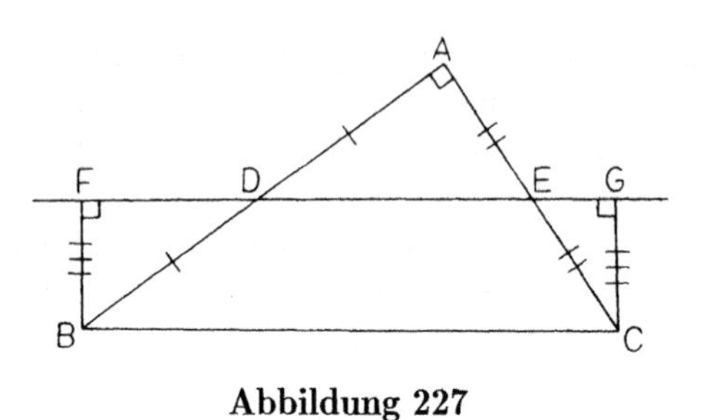

Abbildung 227

In Abb. 227 sehen wir ein rechtwinkliges Dreieck ΔABC, über dem nach Satz B ein Saccheri-Viereck errichtet worden ist. Wäre der Satz des Pythagoras wahr (Annahme des Gegenteils), dann könnten wir ihn auf beide rechtwinkligen Dreiecke ΔABC und ΔADE anwenden, und wir erhielten:

$$BC^2 = AB^2 + AC^2 \tag{6.1}$$

sowie

$$DE^2 = AD^2 + AE^2. \tag{6.2}$$

Nun ist $AD = \frac{1}{2}AB$ und $AE = \frac{1}{2}AC$, so daß Gleichung (6.1) folgendermaßen umgeschrieben werden kann:

$$DE^2 = (\frac{1}{2}AB)^2 + (\frac{1}{2}AC)^2 \tag{6.3}$$

$$DE^2 = \frac{1}{4}AB^2 + \frac{1}{4}AC^2 \tag{6.4}$$

$$DE^2 = \frac{1}{4}(AB^2 + AC^2). \tag{6.5}$$

Aber $\frac{1}{4}(AB^2 + AC^2) = \frac{1}{4}BC^2$ wegen Gleichung (6.1), so daß gilt:

$$DE^2 = \frac{1}{4}BC^2 \text{ bzw.} \tag{6.6}$$

$$DE = \frac{1}{2}BC. \tag{6.7}$$

Der Haken ist jetzt, daß DE auch gleich $\frac{1}{2}FG$ ist (nach Satz B), weshalb die Oberseite BC gleich der Grundseite FG sein muß; Widerspruch.

Drittens: Maßstabsgetreue Modelle sind in der hyperbolischen Geometrie unmöglich.

Mit einem „maßstabsgetreuen" Modell eines Objektes – z.B. eines Hauses – meinen wir ein Modell von „derselben Gestalt", aber anderer Größe; und wenn wir sagen, daß Modell habe „dieselbe Gestalt" wie das Original, dann meinen wir, daß einander entsprechende Winkel gleich sind und einander entsprechende Seiten immer im selben Verhältnis stehen.

Unsere gesamte Arbeit bezog sich auf die ebene Geometrie, also bleiben wir auch jetzt im Zweidimensionalen. In Abb. 228 ist ΔABC ein gleichschenkliges

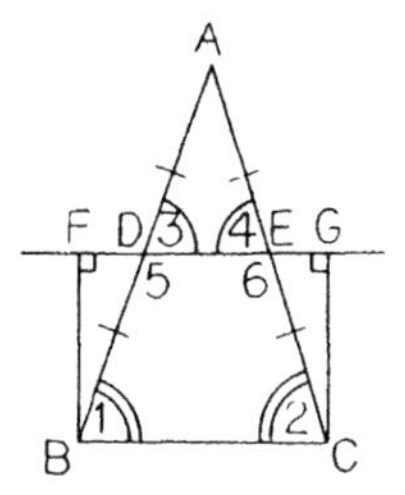

Abbildung 228

Dreieck, über dem ein Saccheri-Viereck errichtet wurde (Satz B). Sowohl in der euklidischen als auch in der hyperbolischen Geometrie gilt: $\sphericalangle 1 = \sphericalangle 2$, $\sphericalangle 3 = \sphericalangle 4$ (beides wegen Satz 5) sowie $AD/AB = AE/AC = \frac{1}{2}$ (denn D und E halbieren AB und AC). Ich habe das in der Abbildung angedeutet. Wäre zusätzlich $\sphericalangle 3 = \sphericalangle 1$, dann wären alle Winkel von ΔADE gleich den entsprechenden Winkeln von ΔABC; wäre das dritte Seitenverhältnis DE/BC auch gleich $\frac{1}{2}$, so wären alle Verhältnisse entsprechender Seiten von ΔADE und ΔABC gleich. Ob also ΔADE ein maßstabsgetreues Modell von ΔABC ist oder nicht, hängt von der Wahrheit bzw. Falschheit der beiden Gleichungen

$$\sphericalangle 3 = \sphericalangle 1 \qquad \text{und} \qquad \frac{DE}{BC} = \frac{1}{2} \qquad \text{ab.}$$

In der euklidischen Geometrie beweist man leicht, daß beide Gleichungen wahr sind, so daß ΔADE also ein maßstabsgetreues Modell von ΔABC *ist.*

In der hyperbolischen Geometrie aber ist keine der beiden Gleichungen richtig, so daß ΔADE *kein* maßstabsgetreues Modell von ΔABC ist. Es ist völlig klar, daß $\sphericalangle 3 \neq \sphericalangle 1$ ist; wäre $\sphericalangle 3$ gleich $\sphericalangle 1$, dann wären die Dreiecke nach WWW (Satz H15) kongruent, was sie nicht sind. $\sphericalangle 3$ ist *größer* als $\sphericalangle 1$, um genau zu sein: es ist $\sphericalangle 5 = \sphericalangle 6$, wodurch $\sphericalangle 5 + \sphericalangle 1$ die halbe Winkelsumme des Vierecks $BCED$ ist; daher ist $\sphericalangle 5 + \sphericalangle 1 < 180°$ nach dem Korollar zu Satz H14; aber $\sphericalangle 5 + \sphericalangle 3 = 180°$, so daß $\sphericalangle 3 > \sphericalangle 1$.

Die andere Gleichung ($DE/BC = \frac{1}{2}$) ist in der hyperbolischen Geometrie auch falsch. Sie ist äquivalent mit der Gleichung (6.6) in unserer Diskussion des Satzes des Pythagoras und führt zum selben Widerspruch.

Hier ein weiteres Beispiel (Abb. 229(a) und 229(b)). In jeder Geometrie ist die Photographie (direkt von oben) eines gleichseitigen Dreiecks (ΔABC) ein kleineres gleichseitiges Dreieck (ΔDEF). Daher sind in jeder Geometrie die Verhältnisse einander entsprechender Seiten gleich: $DE/AB = DF/AC = EF/BC$.

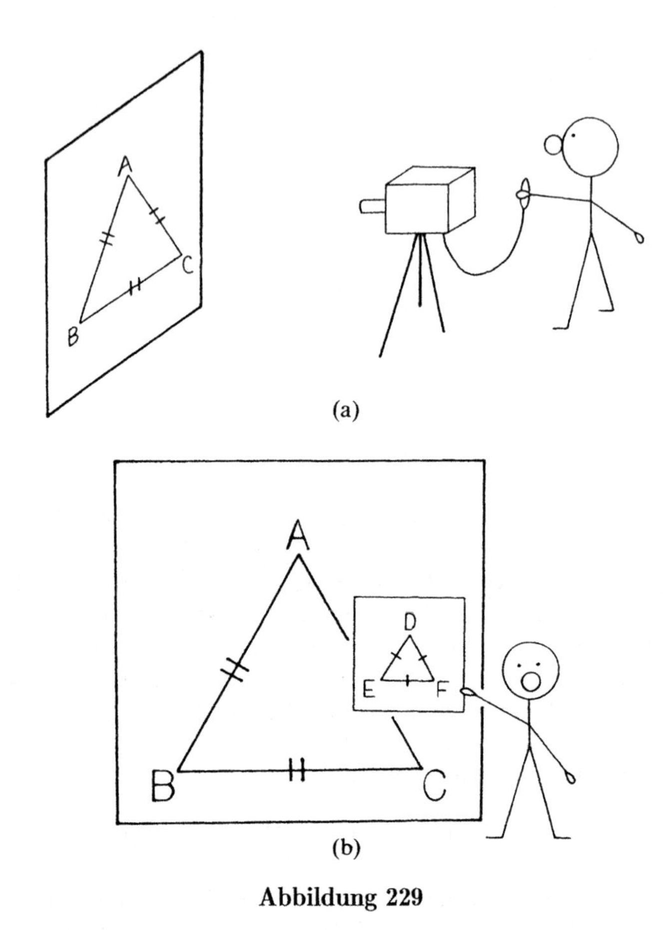

Abbildung 229

Wäre das Universum jetzt euklidisch, dann wären die Winkel D, E, F gleich den Winkeln A, B, C, und ΔDEF wäre ein maßstabsgetreues Modell von ΔABC. Wäre das Universum hingegen hyperbolisch, dann hätten wir Satz H15 (WWW), nach dem die korrespondierenden Winkel nicht gleich sein *könnten* (wären sie es doch, dann wären die Dreiecke DEF und ABC kongruent; Widerspruch). In einem hyperbolischen Universum hätten die Ecken von ΔDEF also eine andere Gestalt als die Ecken von ΔABC, und die einzige Möglichkeit für den Photographen, eine perfekte Übereinstimmung zu erhalten, bestünde darin, sein Photo auf die Größe des Originals zu vergrößern!

Viertens: je größer die Fläche eines hyperbolischen Dreiecks ist, desto kleiner ist seine Winkelsumme:

Darauf sind wir in unserer Diskussion der Abb. 228 schon einmal eingegangen. Um dieses Phänomen allgemein zu beschreiben, ist es nützlich, den Begriff des „Defektes" einzuführen.

Definition H3. Der *Defekt* eines Dreiecks ist der Betrag, um den seine Winkelsumme kleiner als 180° ist.

Handelt es sich also um das Dreieck ΔABC aus Abb. 230 und bezeichnen wir seinen Defekt mit d, dann gilt die Formel

$$d = 180° - \sphericalangle A - \sphericalangle B - \sphericalangle C.$$

Der Term „Defekt" ist natürlich eine despektierliche Bezeichnung, die von den fanatischen Euklidikern stammt. In der euklidischen Geometrie wäre $\sphericalangle A + \sphericalangle B +$

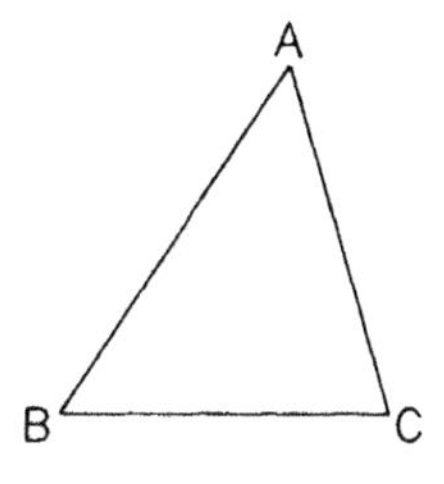

Abbildung 230

$\sphericalangle C$ gleich 180° (Satz 32), dementsprechend wäre d gleich 0° – euklidische Dreiecke „haben keinen Defekt". In der hyperbolischen Geometrie hingegen ist $\sphericalangle A + \sphericalangle B + \sphericalangle C < 180°$ nach Satz H14, daher $d > 0°$, und hyperbolische Dreiecke „haben einen Defekt".

Spricht man vom Defekt eines Dreiecks, so spricht man von seiner Winkelsumme, betrachtet aus einem anderen Blickwinkel. Ein Dreieck mit Winkelsumme 177° hat einen Defekt von 3°; eines mit Winkelsumme 179,8° hat einen Defekt von 0,2°. Der Vorteil der Defekte liegt in ihrer „Additivität", welche die Winkelsummen nicht aufweisen. Um zu sehen, was ich meine, wählen Sie einen beliebigen Punkt „D" auf BC und zeichnen AD (Abb. 231). Dadurch wird ΔABC in zwei kleinere Dreiecke unterteilt. Nehmen wir die Defekte der kleineren Dreiecke und addieren sie –

$$\begin{aligned}
\text{Defekt von } & \Delta ABD + \text{Defekt von } \Delta ADC \\
= \; & 180° - \sphericalangle 1 - \sphericalangle 2 - \sphericalangle 3 + 180° - \sphericalangle 4 - \sphericalangle 5 - \sphericalangle 6 \\
= \; & 180° - \sphericalangle 1 - \sphericalangle 2 - (\sphericalangle 3 + \sphericalangle 4) + 180° - \sphericalangle 5 - \sphericalangle 6 \\
= \; & 180° - \sphericalangle 1 - \sphericalangle 2 - 180° + 180° - \sphericalangle 5 - \sphericalangle 6 \\
= \; & 180° - \sphericalangle 1 - (\sphericalangle 2 + \sphericalangle 5) - \sphericalangle 6 \\
= \; & 180° - \sphericalangle 1 - \sphericalangle BAC - \sphericalangle 6
\end{aligned}$$

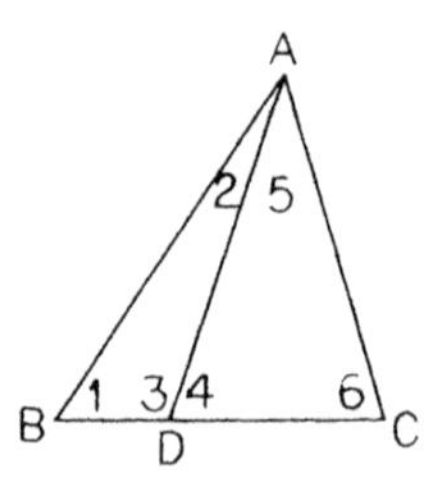

Abbildung 231

–, so erhalten wir den Defekt von ΔABC! Man kann zeigen, daß dies immer so ist, egal wie groß die Anzahl der Dreiecke ist, in die wir das ursprüngliche Dreieck zerlegen, und wie wir die Unterteilung vornehmen. In Abb. 232 zum Beispiel, in

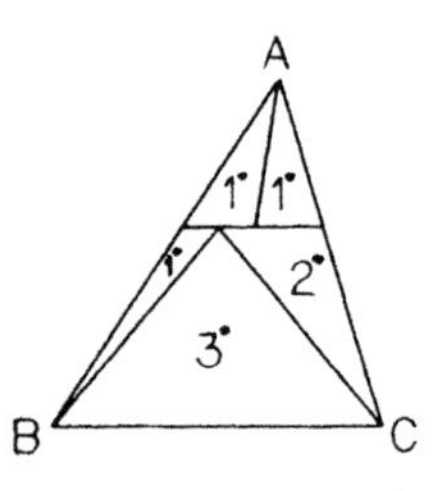

Abbildung 232

welcher die Zahlen innerhalb der kleinen Dreiecke deren Defekte angeben, können wir diese Defekte addieren und schließen, daß ΔABC einen Defekt von 8° (bei einer Winkelsumme von 172°) besitzt. Beachten Sie, daß die Winkelsummen selbst *nicht* in dieser Weise additiv sind – die Summe der Winkelsummen der kleinen Dreiecke ergibt $179° + 179° + 179° + 178° + 177° = 892°$, weit entfernt von 172°, der Winkelsumme des Dreiecks ABC.

Die Additivität der Defekte ist natürlich der Grund dafür, daß Dreiecke mit größeren Flächen kleinere Winkelsummen haben. Leider sind wir nicht in der Lage, auch nur eine Skizze eines vollständigen Beweises dafür zu geben, aber in einem Spezialfall können wir die Argumentation verfolgen. Angenommen, ΔABC und ΔDEF in Abb. 233 haben verschiedenen Flächeninhalt, wobei der von ΔABC der größere sei. Wenn wir zusätzlich noch eine kongruente Kopie von ΔDEF *innerhalb* von ΔABC finden können ($\Delta D'E'F'$ in Abb. 234) – das ist der Spezialfall –, dann können wir zusätzliche gerade Linien einzeichnen und damit ΔABC vollständig in kleinere Dreiecke zerlegen, von denen eines $\Delta D'E'F'$ ist. Da, wie wir gesehen haben, der Defekt von ΔABC dann die Summe der Defekte der kleinen Dreiecke ist, ist der Defekt von ΔABC größer als der von $\Delta D'E'F'$ allein. Damit hat ΔABC einen größeren Defekt als ΔDEF und also eine kleinere Winkelsumme.

Dieses Argument funktioniert allerdings nicht, wenn ΔDEF die falsche Gestalt hat, wie in Abb. 235.

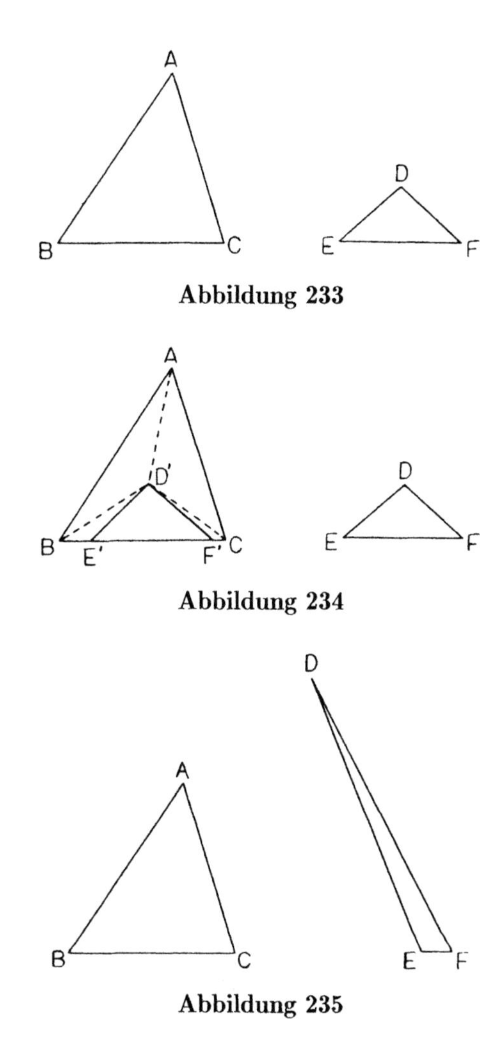

Abbildung 233

Abbildung 234

Abbildung 235

Die Schlußfolgerung ist noch immer wahr, aber die Begründung ist lang und schwierig.

Aus der Tatsache, daß Dreiecke mit größerer Fläche eine kleinere Winkelsumme haben, läßt sich eine interessante Verallgemeinerung von Satz H15 (WWW) ableiten:

Haben die Winkel eines Dreiecks dieselbe Summe wie die Winkel eines anderen Dreiecks, dann haben die beiden Dreiecke den gleichen Flächeninhalt.

In der Voraussetzung müssen die Winkel nicht mehr paarweise gleich sein, sondern nur noch dieselbe Summe haben. Die Schlußfolgerung ist dementsprechend abgeschwächt: wir können nicht mehr schließen, daß die Dreiecke kongruent sind, sondern nur, daß sie denselben Flächeninhalt haben. Vielleicht versuchen Sie den

Beweis in einer Übungsaufgabe. (Vergessen Sie dabei nicht, als bekannt anzunehmen, daß Dreiecke mit größerem Flächeninhalt eine kleinere Winkelsumme haben.)

Schließlich: In der hyperbolischen Geometrie gibt es eine obere Schranke für den Flächeninhalt von Dreiecken.[6]

Angenommen, wir unterteilen ein Dreieck in eine Anzahl von Teildreiecken mit gleichem Defekt. Der Einfachheit halber habe ich das Dreieck ΔABC in Abb. 236 als gleichseitig angenommen, daher weiß ich, daß seine drei Seiten und daher

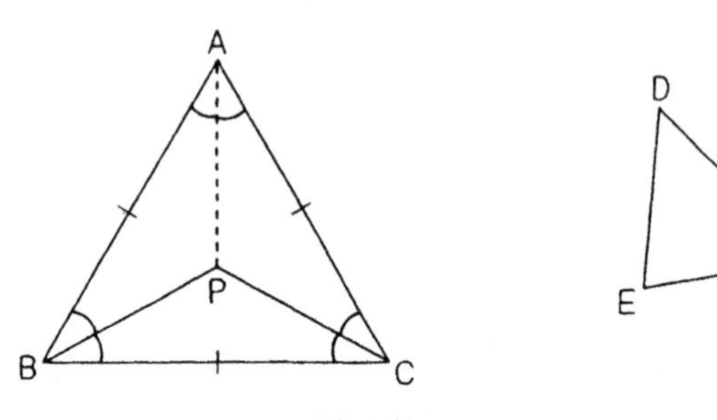

Abbildung 236

(nach Satz 5) seine drei Winkel gleich sind. Ich habe $\sphericalangle B$ und $\sphericalangle C$ halbiert – diese beiden geraden Linien schneiden sich in einem Punkt P. Ich habe AP gezeichnet. Ich weiß, daß man leicht zeigen kann, daß AP den Winkel $\sphericalangle A$ halbiert, daher habe ich auch dies in der Zeichnung angedeutet. Da die drei kleinen Dreiecke (nach WSW) kongruent sind, haben sie dieselbe Winkelsumme und somit denselben Defekt; da die Defekte additiv sind, ist die Summe der drei Defekte gleich dem Defekt von ΔABC; daher ist der Defekt jedes der kleinen Dreiecke – z.B. ΔPBC – genau 1/3 vom Defekt von ΔABC.

Die Flächeninhalte stehen aber im selben Verhältnis: der Flächeninhalt von ΔPBC beträgt genau 1/3 des Flächeninhaltes von ΔABC. Das liegt daran, daß die drei kongruenten Dreiecke die gleiche Fläche haben (nach Postulat 9).

Dabei habe ich gelernt, daß

$$\frac{\text{Fläche von } \Delta ABC}{\text{Fläche von } \Delta PBC} = \frac{\text{Defekt von } \Delta ABC}{\text{Defekt von } \Delta PBC},$$

was folgendermaßen umgeschrieben werden kann[7]:

$$\frac{\text{Fläche von } \Delta ABC}{\text{Defekt von } \Delta ABC} = \frac{\text{Fläche von } \Delta PBC}{\text{Defekt von } \Delta PBC}. \tag{6.8}$$

Ich kann noch mehr sagen. Ist ΔDEF (Abb. 236) irgendein anderes Dreieck irgendwo in der Ebene, dessen Defekt ebenfalls 1/3 des Defekts von ΔABC beträgt,

[6] Erinnern Sie sich an das Postulat von Gauß (Seite 150)?

[7] In Gleichung (6.8) teilen wir scheinbar Äpfel durch Birnen, denn Flächen werden in quadratischen Einheiten, Defekte hingegen in Grad gemessen. Aber diese Schwierigkeit kann mittels eines anderen Einheitensystems behoben werden, in welchem Flächen und Defekte als reine Zahlenwerte ausgedrückt werden.

dann hat ΔDEF gleichen Defekt und gleiche Winkelsumme wie ΔPBC und daher (nach der Verallgemeinerung des Satzes H15 auf Seite 263) dieselbe *Fläche* wie $\Delta PABC$. Ersetzen von „Defekt von ΔPBC“ durch „Defekt von ΔDEF“ sowie „Fläche von ΔPBC“ durch „Fläche von ΔDEF“ liefert mir

$$\frac{\text{Fläche von } \Delta ABC}{\text{Defekt von } \Delta ABC} = \frac{\text{Fläche von } \Delta DEF}{\text{Defekt von } \Delta DEF}. \tag{6.9}$$

Die Umstände, unter denen ich die Gleichung (6.9) hergeleitet habe, waren sehr speziell: ΔABC war gleichseitig, und das Verhältnis (Defekt von ΔDEF/Defekt von ΔABC) hatte den speziellen Wert 1/3 – wenngleich ΔDEF selbst keine spezielle Gestalt zu haben brauchte. Man kann aber beweisen, daß die Gleichung (6.9) unabhängig von der Gestalt des Dreiecks ABC und dem Wert des Verhältnisses gültig bleibt – Gleichung (6.9) ist für *jedes* Paar hyperbolischer Dreiecke wahr!

Unter Voraussetzung der Gleichung (6.9) können wir eine Formel für die Fläche eines beliebigen Dreiecks herleiten. Stellen Sie sich ΔABC als allgemeines (variables) Dreieck, dessen Flächeninhalt wir bestimmen wollen, sowie ΔDEF als spezielles (festes) Dreieck vor. Der Buchstabe k stehe für das Verhältnis (Fläche von ΔDEF/Defekt von ΔDEF). Einsetzen von k in der rechten Seite von Gleichung (6.9) ergibt

$$\frac{\text{Fläche von } \Delta ABC}{\text{Defekt von } \Delta ABC} = k,$$

was in der Form

$$\text{Fläche von } \Delta ABC = k(\text{Defekt von } \Delta ABC) \tag{6.10}$$

umgeschrieben werden kann; das ist unsere Formel, gültig für jedes Dreieck ABC.

Die Zahl k ist etwas, das die Mathematiker eine „Konstante“ nennen – eine Zahl, deren Wert unabhängig vom speziellen Dreieck DEF ist, welches wir ursprünglich verwendeten, um sie auszudrücken. Wäre $\Delta D'E'F'$ irgendein anderes Dreieck gewesen, so wäre nach Gleichung (6.9) (Fläche von $\Delta D'E'F'$/Defekt von $\Delta D'E'F'$) gleich (Fläche von ΔDEF/Defekt von ΔDEF), und (Fläche von $\Delta D'E'F'$/Defekt von $\Delta D'E'F'$) hätte denselben Wert für k ergeben. Es ist natürlich so, daß wir den tatsächlichen Wert von k nicht kennen[8]; unsere Lage ist analog der Lage Euklids, welcher sich im Besitz der Formel

$$\text{Umfang eines Kreises} = \pi(\text{Durchmesser des Kreises})$$

befand, ohne den genauen Wert der Konstanten π zu kennen. Aber genau wie Euklid sein Formel nichtsdestotrotz bestens anwenden konnte, ist unsere Formel (6.10) alles, was wir benötigen, um zu zeigen, daß die Flächeninhalte hyperbolischer Dreiecke eine obere Schranke besitzen.

[8] Wir können ihn auch gar nicht kennen. Es gibt unendlich viele denkbare hyperbolische Geometrien, jede mit einem anderen Wert von k.

In der hyperbolischen Geometrie ist es genau wie in der euklidischen Geometrie unmöglich, daß ein Winkel eines Dreiecks 0° beträgt. Daher ist die Winkelsumme eines Dreiecks stets *positiv* und daher der Defekt

$$d = 180^\circ - \sphericalangle A - \sphericalangle B - \sphericalangle C$$

eines Dreiecks ABC immer *kleiner* als 180°. Daraus folgt, daß die rechte Seite der Formel (6.10) stets kleiner als $k \cdot 180^\circ$ ist, womit wir

$$\text{Fläche von } \Delta ABC < k \cdot 180^\circ \tag{6.11}$$

erhalten. Da (6.11) für *jedes* Dreieck ABC wahr ist, sehen wir, daß $k \cdot 180^\circ$ eine obere Schranke für die Fläche hyperbolischer Dreiecke darstellt. Kein Dreieck kann einen Flächeninhalt besitzen der größer oder auch nur gleich dieser festen Zahl ist.

Unsere Schlußfolgerung wird etwas weniger unglaubhaft erscheinen, wenn wir eine Folge von „New Style"-Dreiecken – mit nach innen gekrümmten Seiten – wie in Abb. 237 zeichnen. Ihre Flächen nehmen zwar zu, jedoch nicht im selben

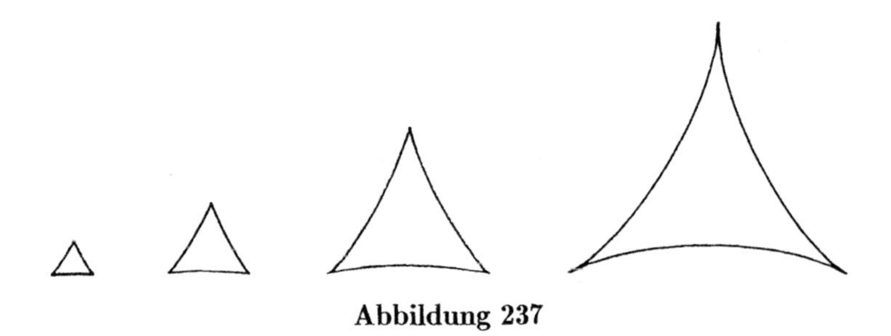

Abbildung 237

Maße, wie sie es in der euklidischen Geometrie täten. Das ermöglicht es unserer Vorstellungskraft zuzugeben: genau wie die wachsende Folge von Zahlen

$$1/2, 3/4, 7/8, 15/16, \ldots$$

eine unerreichbare obere Schranke von 1 besitzt, ist es möglich ist, daß auch die Folge der Dreiecksflächen eine unerreichbare obere Schranke besitzt.

Die Bedeutung der besonderen Zahl $k \cdot 180^\circ$ liegt darin, daß sie den Flächeninhalt des in Abb. 238 gezeigten Objekts angibt, eines Nichtdreiecks, gegen das die Dreiecke in Abb. 237 zu streben scheinen.

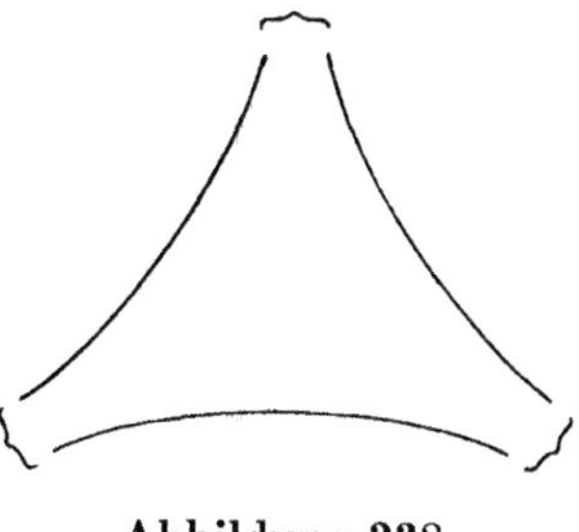

Abbildung 238

Übungsaufgaben

1. Zeigen Sie, daß die Winkelsumme jedes Zweiecks kleiner als 180° ist.

2. In Abb. 239 ist $XABY$ ein Zweieck mit $\sphericalangle XAB = \sphericalangle ABY$. Durch den Mittelpunkt C der Strecke AB ist CZ im rechten Winkel zu AB in der Richtung der Parallelität gezeichnet. Zeigen Sie, daß CZ asymptotisch parallel zu AX und BY ist.

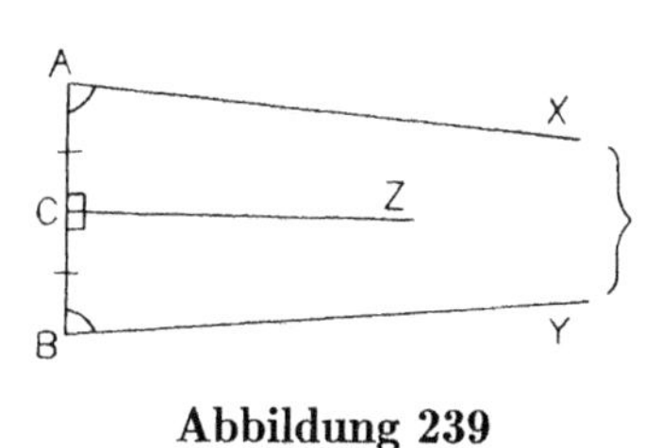

Abbildung 239

3. In Abb. 240 sind $WABX$ und $YCDZ$ Zweiecke mit $AB = CD$, $\sphericalangle WAB = \sphericalangle ABX$ und $\sphericalangle YCD = \sphericalangle CDZ$. Zeigen Sie, daß alle vier Winkel gleich sind.

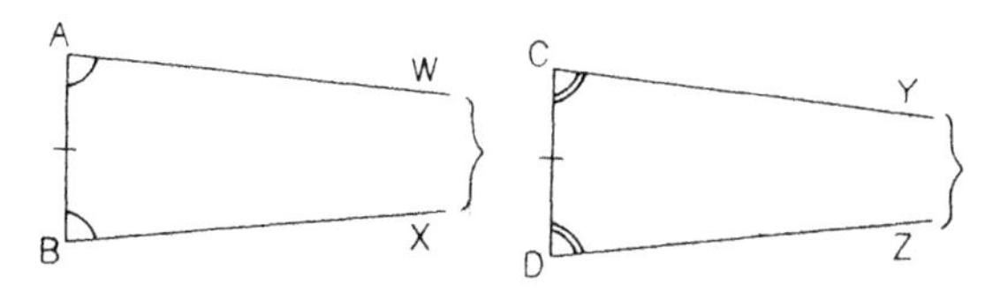

Abbildung 240

4. In Abb. 241 sei gegeben, daß EI alle acht Winkelrelationen bewirkt (siehe Seite 102). Wären wir in der euklidischen Geometrie, dann würde folgen, daß die acht Winkelrelationen auch bei JM auftreten. Beweisen Sie, daß im Gegensatz dazu in der hyperbolischen Geometrie *keine* der acht Winkelrelationen bei JM auftritt.

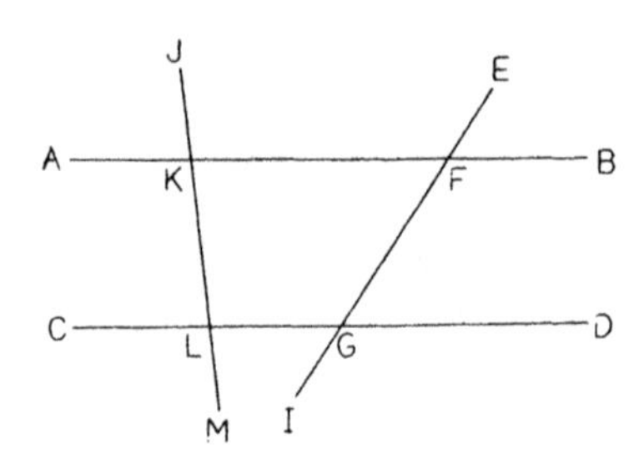

Abbildung 241

5. In der euklidischen Geometrie ist die gerade Linie, welche die Mittelpunkte zweier Seiten eines Dreiecks verbindet, gleich der Hälfte der dritten Seite – in Abb. 242: $DE = \frac{1}{2}BC$. Zeigen Sie, daß in der hyperbolischen Geometrie gilt: $DE < \frac{1}{2}BC$.

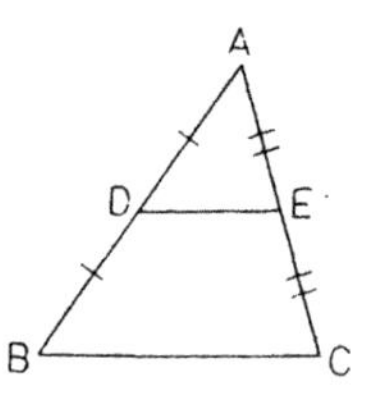

Abbildung 242

6. In der euklidischen Geometrie ist ein einem Halbkreis einbeschriebener Winkel ($\sphericalangle BAC$ in Abb. 243; Q ist der Mittelpunkt des Kreises) gleich 90°. Ermitteln Sie den Zusammenhang zwischen $\sphericalangle BAC$ und 90° in der hyperbolischen Geometrie und beweisen Sie, daß Ihre Antwort stimmt.

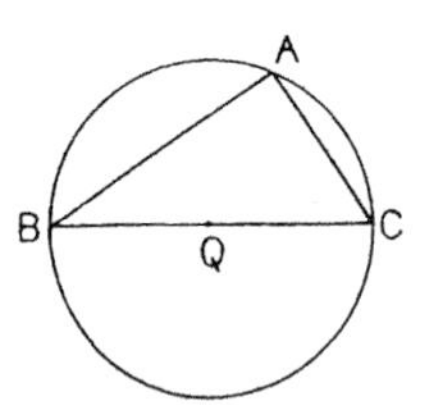

Abbildung 243

7 Konsistenz

Zu Beginn des Kapitels 5 haben wir für die mathematische Legitimität – das Wort, das wir verwandten, lautete „Konsistenz“ – der hyperbolischen Geometrie argumentiert. (Erinnern Sie sich, daß ein axiomatisches System *konsistent* ist, wenn aus seinen Grundlagen, bestehend aus primitiven Termen, definierten Termen und Axiomen, kein Widerspruch deduziert werden kann.) Wir bezogen uns dabei auf zwei Annahmen – die eine explizit, die andere implizit.

Die explizite Annahme lautete:

(1) Die neutrale Geometrie allein impliziert nicht das Postulat 5,

(was wir damals auch mit der Nummer „(1)“ bezeichneten – Seite 181). Angesichts der in Kapitel 4 getanen Arbeit fanden wir, dies sei eine plausible Annahme. Damals sagten wir, wir würden sie später (d.h. jetzt) verifizieren.

Die implizite Annahme lautete:

(2) Neutrale Geometrie ist konsistent.

Möglicherweise haben Sie diese Annahme damals nicht bemerkt. Ich habe sie nicht erwähnt, weil unsere Diskussion schon schwierig genug war und ich nicht eine weitere Komplikation hinzufügen wollte. Es ist Ihnen wahrscheinlich noch nie in den Sinn gekommen, daß die neutrale Geometrie, oder auch die euklidische Geometrie, etwa nicht konsistent sein könnte. Wir haben sicherlich von Beginn unseres Studiums der *Elemente* an, lange bevor wir das Wort „konsistent“ benutzt haben, als gegeben hingenommen, daß neutrale Geometrie und euklidische Geometrie konsistent sind. Was das anbetrifft, hat, soweit mir bekannt, kein Mathematiker jemals ernsthaften Zweifel daran geäußert.

Nichtsdestotrotz *ist* (2) eine Annahme, und in unserem Falle eine sehr zentrale. (Das ist leicht einzusehen. Die Grundlage der hyperbolischen Geometrie schließt die Grundlage der neutralen Geometrie ein; jeder Widerspruch, der aus der letzteren herleitbar wäre, wäre also auch aus der ersteren herleitbar.) Daher sollten wir uns mit Annahme (2) ebenso beschäftigen wie mit (1).

Wir sollten unser Augenmerk sogar auf die stärkere Annahme

(2′) euklidische Geometrie ist konsistent

richten, weil dies die Annahme war, die historisch gemacht wurde, obwohl wir strenggenommen nur (2) benötigen. (2′) umfaßt (2).

Unser Ziel zu Beginn von Kapitel 5 war die Feststellung:

(3) Hyperbolische Geometrie ist konsistent.

Wir leiteten dies aus den vorherigen Annahmen ab, weil dies der Weg war, auf dem die Menschen erstmals zu dem Glauben gelangten, eine nichteuklidische Geometrie sei möglich. Zu Beginn hielten sie (1) sowie (2′) – und daher (2) – für wahr und besaßen die Aufmerksamkeit und den Mut, diesen Annahmen hin zu (3) zu folgen.

Nun gibt es aber praktische Erwägungen dagegen, diesen Aufbau beizubehalten. Zum einen ist weder (2′) noch (2) jemals erschöpfend verifiziert worden, und es gibt Gründe zu der Annahme, daß dies nie geschehen wird. Zum anderen wird, selbst wenn wir (2′) – sagen wir – als Hintergrundhypothese annehmen, die Vorgehensweise sehr viel klarer sein, wenn wir zunächst (3) verifizieren und dies dann verwenden, (1) zu beweisen, statt andersherum. (1) ist nach wie vor für sich genommen von Interesse, weil damit die jahrhundertealte Frage nach Postulat 5 beantwortet wird.

Der Plan ist also folgender. Für's erste werden wir weiterhin annehmen, daß (2′) wahr ist – und wie ich schon sagte, es gibt keinen vernünftigen Grund, das Gegenteil zu vermuten. Wir werden (2′) verwenden, um (3) zu beweisen. Danach werden wir (3) verwenden, um (1) zu beweisen. Im weiteren Verlauf des Kapitels werden wir zu (2′) zurückkehren und feststellen, was wir darüber sagen können.

Sollte diese Kapitel zu schwierig für Ihren Geschmack sein, so können Sie das meiste davon überspringen. Das nächste Kapitel wird trotzdem verständlich sein. Aber lesen Sie auf jeden Fall „Das Poincaré-Modell", beginnend auf Seite 273 – es verschafft uns ein hübsches Bild davon, wie ein hyperbolisches Universum „von außen" aussehen könnte. Irgendwo zwischen dem dortigen Bild und dem früheren Abschnitt „Vereinbarkeit mit dem gesunden Menschenverstand" (Seite 241) wird es Ihnen gelingen, ein intuitives „Gefühl" für die hyperbolische Geometrie zu entwickeln, das stark genug sein wird, ernsthafte Zweifel, die Sie an der Konsistenz hegen könnten, auszuräumen. Der Grund dafür, daß wir die Konsistenz der *euklidischen* Geometrie niemals bezweifelt haben, liegt darin, daß wir ein klares intuitives Bild davon von Beginn an besitzen.

Modelle

Wenn wir beweisen möchten:

(3) Hyperbolische Geometrie ist konsistent,

dann sollten wir zunächst darüber nachdenken, wie man dies tun könnte.

Beachten Sie, daß wir die hyperbolische Geometrie offiziell immer noch als formales axiomatisches System betrachten. (Der Abschnitt „Vereinbarkeit mit dem gesunden Menschenverstand" war eine inoffizielle Randbemerkung.) Beachten Sie bitte auch, daß in einem axiomatischen System die primitiven Terme keine Bedeutung haben.

Wenn behauptet wird, daß ein formales axiomatisches System konsistent ist, so besteht die Begründung dafür üblicherweise im Verweis auf etwas, das man als „Modell" bezeichnet.

Definition. Ein *Modell* für ein formales axiomatisches System ist eine Interpretation der primitiven Terme, unter der die Axiome wahre Aussagen werden.

Das Wort „Interpretation“ ist hier nicht im üblichen Sinne als „Klärung der Bedeutung“ zu sehen – es gibt hier keine zu klärende Bedeutung –, sondern in einem grundlegenderen Sinne als „Zuschreibung von Bedeutung“. Der Grundgedanke ist: da die primitiven Terme *gar keine* inhärente Bedeutung besitzen, können wir ihnen jede Bedeutung zuschreiben, die wir wollen. Dadurch werden die Axiome ebenfalls bedeutungsvoll; werden sie allesamt *wahr*, dann haben wir ein Modell.

Hier ist z.B. ein Modell für die „mömpfelnden Strunze“, das kleine formale axiomatische System, das wir in Kapitel 5 betrachtet haben („Ein einfaches Beispiel eines formalen axiomatischen Systems“, Seite 193).

Bauen Sie einen Stapel aus vier Büchern auf dem Fußboden neben Ihrem Stuhl auf. Dies sind die vier „Strunze“. Wir sagen, daß das eine ein anderes „mömpfelt“, falls es sich im Stapel oberhalb des ersten befindet. Wenn wir die schematisch aufschreiben, erhalten wir ein „Wörterbuch“ –

primitiver Term	*Interpretation*
die Strunze	die vier Bücher im Stapel
mömpfeln	sich oberhalb befinden

–, das wir verwenden können, um die Axiome in Aussagen über den Bücherstapel zu verwandeln:

MS1 Sind A und B verschiedene Bücher im Stapel, dann befindet sich A oberhalb von B, oder B befindet sich oberhalb A.

MS2 Kein Buch im Stapel befindet sich oberhalb seiner selbst.

MS3 Sind A, B und C Bücher im Stapel derart, daß sich A oberhalb B und B oberhalb von C befindet, dann befindet sich A oberhalb von C.

MS4 Es gibt genau vier Bücher in dem Stapel.

Diese Behauptungen sind alle offensichtlich wahr, daher ist die Interpretation ein Modell, wie behauptet.

Wann immer wir ein Modell vorliegen haben, verwandeln sich auch alle Sätze in wahre Aussagen. Im vorliegenden Fall z.B. wird aus dem Satz MS3 die Aussage „Es gibt mindestens ein Buch in dem Stapel, das sich oberhalb jedes anderen Buches im Stapel befindet“, was sicherlich wahr ist. (Das Buch aus Satz MS3, von dem wir in Satz MS4 bewiesen haben, daß es eindeutig bestimmt ist, wurde als das „schiebige“ Buch in Definition MS1 bezeichnet. Das schiebige Buch ist also das oberste Buch.)

Aus unserem Modell schließen wir, daß die mömpfelnden Strunze ein konsistentes System bilden. Das liegt daran, daß jeder aus den Axiomen MS1–MS4 herleitbare Widerspruch in einen Widerspruch über den Stapel aus vier Büchern übersetzt würde, und wir nehmen es als gegeben hin, daß es in der physikalischen Welt keine Widersprüche gibt.

Hier kommt ein weiteres Modell der mömpfelnden Strunze, eines, das einen weniger zufriedenstellenden Beweis der Konsistenz liefert. (Nachdem wir das vorherige Modell gesehen haben, kann es keinen Zweifel mehr geben, daß die mömpfelnden Strunze konsistent sind, aber ich argumentiere jetzt, als wäre dieses Modell nicht vorgestellt worden.) Wenn Sie das „Wörterbuch" unten betrachten, lassen Sie sich bitte von der Kombination der Symbole der zweiten Spalte nicht verwirren – alles was Sie wissen müssen, ist, daß jede dieser Kombinationen eine Zahl darstellt.

primitive Terme	*Interpretation*
die Strunze	die vier Symbolkombinationen $2^{\sqrt{3}}$, $\tan 1,28$, $\lim_{n\to\infty}(1+(1/n))^n$ und $\int_1^6 (1/x)dx$.
mömpfeln	eine Zahl darstellen, die kleiner ist als ...

Unter dieser Interpretation ist es weniger offensichtlich, daß die Aussagen, in welche die vier Axiome umgewandelt werden, wahr sind. Z.B. wird das Axiom MS1 übersetzt in:

> Sind A und B verschiedene Symbolkombinationen aus der Liste von vier gegebenen Symbolkombinationen, dann stellt entweder A eine Zahl dar, die kleiner ist als die von B dargestellte Zahl, oder B stellt eine Zahl dar, die kleiner ist als die von A dargestellte Zahl.

Ist das wahr? Manchmal *sieht* es in der Mathematik *so aus*, als hätten wir zwei verschiedene Zahlen, wobei wir es dann tatsächlich lediglich mit zwei verschiedenen Darstellungen ein und derselben Zahl zu tun haben – wie z.B. $|\sqrt{81}|$ und 3^2, die beide 9 darstellen. Alles, was wir jetzt im Moment sagen können, ist, daß dies möglicherweise für sagen wir $2^{\sqrt{3}}$ und $\tan 1,28$ gilt.

In der Tat *sind* all diese übersetzten Axiome wahr (speziell ist $2^{\sqrt{3}}$ geringfügig kleiner als $\tan 1,28$), es ist allerdings ein erheblicher Rechenaufwand notwendig, bevor dies klar wird. Und da diese Arbeit unter der Verwendung der Axiome und Sätze eines *anderen axiomatischen Systems* durchgeführt wird (genannt „reelle Analysis"), haben wir die Frage nach der Konsistenz der mömpfelnden Strunze lediglich in die reelle Analysis *übertragen.* (Die reelle Analysis ist das gigantische axiomatische System, das die Differentialrechnung, die Trigonometrie, die analytische Geometrie sowie die Schulalgebra umfaßt.[1]) *Falls* die reelle Analysis konsistent ist, sind auch die mömpfelnden Strunze konsistent – denn jeder Widerspruch bei den mömpfelnen Strunzen würde in einen Widerspruch innerhalb der reellen Analysis übersetzt. Aber solange wir die Existenz der reellen Analysis nicht beweisen

[1] Die reelle Analysis erhält ihren Namen daher, daß das Schwergewicht auf den Eigenschaften der sogenannten „reellen" Zahlen liegt – der Menge der Zahlen, die Null umfaßt, die positiven und negativen ganzen Zahlen (wie 12 und -7), die „rationalen" Zahlen (Verhältnisse von ganzen Zahlen, wie z.B. $3/2$ oder $5/11$) sowie die „irrationalen " Zahlen (wie π und $-\sqrt{2}$). „Imaginäre Zahlen" (wie $\sqrt{-4} = 2i$, wobei $i = \sqrt{-1}$) und die „komplexen" Zahlen (wie $3-5i$) sind die einzigen Zahlen, von denen Sie wahrscheinlich gehört haben, daß sie *keine* reellen Zahlen sind, obwohl selbst die *unter Verwendung* der reellen Zahlen definiert werden können.

können, bleiben wir bei der folgenden etwas schwach klingenden Schlußfolgerung stehen: die mömpfelnen Strunze sind konsistent, falls die reelle Analysis es ist.

Aus all dem lernen wir, daß es verschiedene *Arten* von Modellen gibt, sowie daß sie verschiedene *Grade* der Konsistenz anzeigen. Die besten Modelle sind so wie das erste – einfach, physikalisch, „bodenständig", bis ins letzte Detail begreifbar. In Anbetracht eines solchen Modelles kann die Konsistenz eines Systems wohl kaum bezweifelt werden, und ein solches Modell liefert einen sogenannten „absoluten" Beweis der Konsistenz. Ein Modell wie das zweite, das die Frage der Konsistenz lediglich in ein anderes System überträgt, liefert einen sogenannten „relativen" Beweis der Konsistenz.

Das Poincaré-Modell

Unglücklicherweise sind, was die Konsistenz der hyperbolischen Geometrie betrifft, nur relative Beweise bekannt.

Die ersten davon verdanken wir János Bolyai und Lobachevsky. Ihre Modelle reduzieren die Konsistenzfrage auf die der reellen Analysis, wie das zweite Modell im vorherigen Abschnitt.

Im letzten Drittel des neunzehnten Jahrhunderts dann, beginnend mit einem Modell von Eugenio Beltrami aus dem Jahre 1868 (siehe Seite 202), wurde eine ganze Serie *geometrischer* Modelle konstruiert.[2] (Erst in den 1860er Jahren begannen sich die Neuigkeiten über die nichteuklidische Geometrie weiter zu verbreiten.) Eines dieser Modelle, vorgeschlagen von dem französischen Mathematiker, Physiker und Philosophen Henri Poincaré (1854–1912), ist besonders leicht zu verstehen und wird dasjenige sein, das wir untersuchen werden.

Das Poincaré-Modell führt die Konsistenz der hyperbolischen Geometrie zurück auf die der euklidischen Geometrie. Da wir bereits als gegeben annehmen, daß die euklidische Geometrie konsistent ist – dies ist Annahme ($2'$) auf Seite 269 –, ist das Poincaré-Modell überaus überzeugend. Darüber hinaus besitzt es den Vorteil, daß es, wie Poincaré es selbst in seinem Buch *Wissenschaft und Hypothese* (1902) tat, in Form einer Geschichte erzählt werden kann, wodurch es möglich wird, technische Schwierigkeiten zu vertuschen, die zu bereinigen wir sonst lange benötigen würden.

Los geht's.

Sei „C" ein euklidischer Kreis, angesiedelt irgendwo in der euklidischen Ebene. Wir nehmen an, sein Radius R sei groß genug, damit C eine hinreichend große Bevölkerung zweidimensionaler Menschen beherbergen kann. Unsere Perspektive ist diejenige von riesigen, gottgleichen Beobachtern, die in der Ebene außerhalb des Kreises C stehen und beobachten, was im Innern passiert.

C ist mit einem komischen Gas gefüllt, welches Meterstäbe (Stäbe, die einen Meter lang sind, wenn man sie im Zentrum vom C plaziert) dazu veranlaßt, zu

[2] Wie wir im Falle des Poincaré-Modells noch sehen werden, hängen diese letzten Endes auch von der Konsistenz der reellen Analysis ab.

schrumpfen, wenn man sie vom Mittelpunkt des Kreises wegbewegt. Die genaue Formel, die dies beschreibt, lautet

$$\text{(Länge eines Meterstabes im Abstand } r) = 1 - \frac{r^2}{R^2} \text{ Meter,}$$

wobei wir die 0,5-Meter-Markierung auf dem Stab verwenden, um den Abstand r des Stabes vom Mittelpunkt C zu messen. Würden wir also nacheinander den Stab im Mittelpunkt plazieren (also $r = 0$), auf dem halben Wege zum Rand ($r = \frac{1}{2}R$), dreiviertel auf dem Weg zum Rand ($r = \frac{3}{4}R$) usw., und würden wir die sich jeweils ergebende Länge gemäß der Formel berechnen, so würden wir die folgende Tabelle erhalten. (Beispiel: ist $r = (7/8)R$, so liefert die Formel eine Länge von $1 - [(49/64)R^2]/R^2 = 1 - (49/64) = 15/64$, was bei einer Genauigkeit von vier Dezimalstellen 0,2348 ergibt.)

Abstand vom Mittelpunkt	0	$\frac{1}{2}R$	$\frac{3}{4}R$	$\frac{7}{8}R$	$\frac{15}{16}R$	$\frac{31}{32}R$
Länge des Stabes (in Meter)	1,0000	0,7500	0,4375	0,2348	0,1211	0,0615

Unterstellen wir weiter, daß *alles* innerhalb von C (einschließlich der Menschen, die dort leben) eine entsprechende Änderung der linearen Dimensionen erfährt, so folgt, daß keiner innerhalb von C sich dieser seltsamen Veränderung bewußt ist! Ein Mann im Zentrum von C, der, gemessen von einem Meterstab, den er bei sich trägt, einen Meter groß ist, wird, nachdem er dreiviertel des Weges zum Rand zurückgelegt hat, *immer noch* einen Meter groß sein in Bezug auf genau denselben Stab (siehe Abb. 244). Seine Umgebung ist im immer gleichen Verhältnis geblieben, nur wir Außenstehenden werden also wahrnehmen, daß der Stab, sein Körper, sein Hut, seine Schritte, genau wie die Bäume, Autos usw. nur mehr 0,4375-mal so lang sind wie vorher.

Schließlich nehmen wir an, daß das Gas, welches C füllt, einen Lichtstrahl dazu bewegt, zwischen zwei Punkten des Kreises immer den „kürzesten" Weg zu nehmen, *und zwar gemessen von den Menschen innerhalb des Kreises.* Aus *unserer* Perspektive ist der Weg eines Lichtstrahles, der zwei Punkte verbindet, eine gerade Linie, wenn die zwei Punkte auf einem Durchmesser von C liegen; in den anderen Fällen wölbt sich der Weg in Richtung auf den Mittelpunkt, denn die Meterstäbe werden länger, während sie sich in dieser Richtung bewegen. In Abb. 245 z.B. ist der geradlinige Weg von A nach B sechs Meter lang, der gekrümmte Weg ist nur fünf Meter lang.

Unter Verwendung schwierigerer Sätze aus der euklidischen Geometrie kann man zeigen, daß die gekrümmten Wege Kreisbögen von Kreisen sind, die „orthogonal" auf C stehen. Zwei Kreise heißen *orthogonal*, falls ihre Tangenten an den Schnittpunkten senkrecht aufeinander stehen.

Die Wege von Lichtstrahlen innerhalb von C verlaufen also entlang Durchmessern von C und entlang Bögen von Kreisen im Inneren von C, die orthogonal zu C sind. Ein paar dieser Lichtstrahlen sind in Abb. 246 eingezeichnet (dicke Linien).

Nun sind die Menschen, die im Innern von C leben, ganz genau so schlau wie wir, obwohl ihre Gehirne nur zweidimensional sind, und daher kommen sie

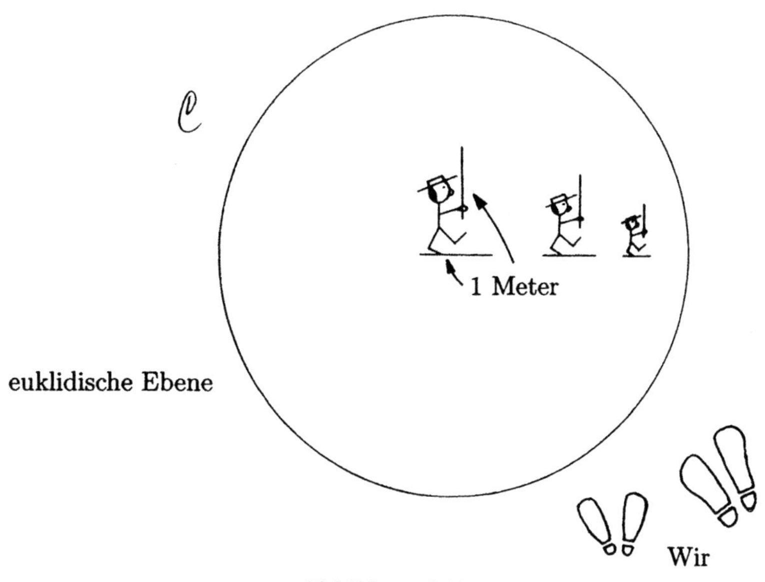

Abbildung 244

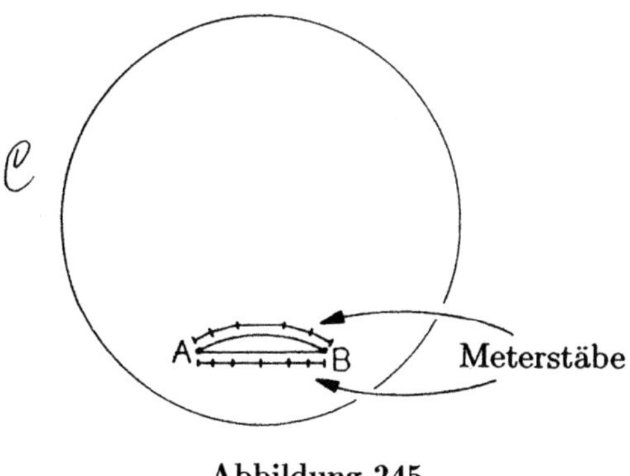

Abbildung 245

nach einer Weile auf die Idee, Geometrie zu untersuchen. Die Geometrie, die sie wählen (oder erschaffen, wenn sie keine passende bereits fertige finden können), wird natürlich das Universum so reflektieren, wie sie es wahrnehmen, also lassen Sie uns einmal betrachten, welcher Art ihre Wahrnehmungen wohl sind.

Zunächst einmal werden sie nicht wissen, daß sie im Innern eines Kreises leben. Legen sie einen Meterstab Endpunkt an Endpunkt längs eines *wie wir wissen* Radius' von $\mathcal{C}$, dann werden sie, egal wie oft sie das tun, den Rand nie erreichen, denn der Stab schrumpft zu schnell. (Wenn Sie das nicht einsehen, dann überlegen Sie es sich anders. In der Nähe des Randes schrumpft die Länge eines Meterstabes

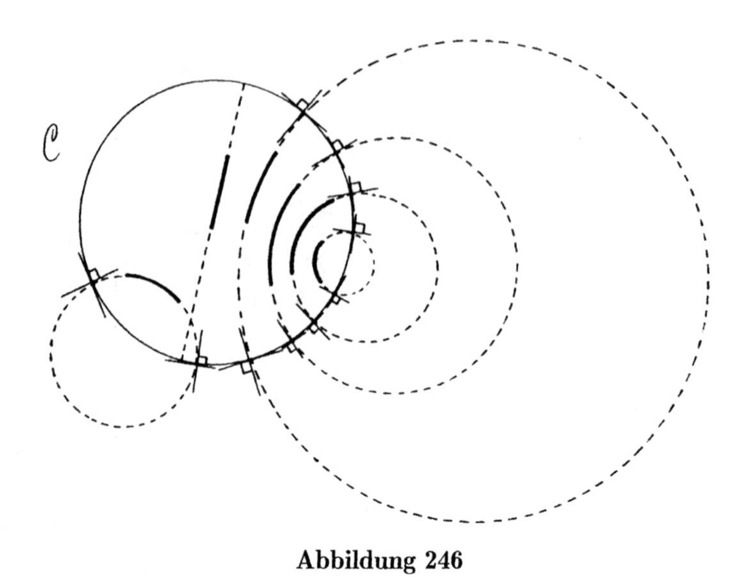

Abbildung 246

zusammen mit jeder anderen Länge gegen $1-(R^2/R^2)=0$, so daß eine Expedition von Kreisbewohnern, die durch irgendein Wunder den Rand tatsächlich *erreicht*, nicht mehr leben würde, um es jemandem zu erzählen!) Für die Bewohner des Inneren von $\mathcal{C}$ erstreckt sich also das Innere von $\mathcal{C}$ unendlich weit in alle Richtungen und konstituiert ihre „Ebene“.

Zweitens werden sie natürlich unter einer „geraden Linie“ entweder den Weg verstehen, den ein Lichtstrahl nimmt, wie es Euklid vielleicht getan hat, oder den kürzesten Weg zwischen zwei Punkten, wie es Archimedes tat (Seite 38). Innerhalb von $\mathcal{C}$ sind diese zwei äquivalent, in jedem Fall sind also die „geraden Linien der Kreisbewohner“ das, was für uns Stücke von Durchmessern von $\mathcal{C}$ und Kreisen orthogonal zu $\mathcal{C}$ im Innern von $\mathcal{C}$ sind. (Da Lichtstrahlen genau diesen Wegen folgen, erscheint jede der dicken Linien in Abb. 246 für einen Kreisbewohner als Gerade, wenn er an ihr entlang sieht.) Vollständige „unendliche gerade Linien“ sind Durchmesser ohne ihre Endpunkte und orthogonale Kreisbögen ohne die Schnittpunkte mit $\mathcal{C}$.

Drittens werden die Kreisbewohner akzeptieren, was wir „Postulat H“ genannt haben. In Abb. 248 z.B., wo A und B auf einem Durchmesser liegen, sind die „asymptotischen Parallelen“ zu AB durch P die zwei orthogonalen Kreisbögen YPZ und WPX, die durch die Endpunkte Y^* und X^* des Durchmessers verlaufen (diese Punkte liegen auf $\mathcal{C}$ und existieren daher nicht für die Kreisbewohner). Die „divergenten Parallelen“ sind die orthogonalen Kreisbögen, die P mit den verschiedenen Punkten auf $\mathcal{C}$ zwischen Y^* und W^* verbinden, und die Nicht-Parallelen sind die orthogonalen Kreisbögen (und Durchmesser), die P mit den Punkten auf $\mathcal{C}$ zwischen W^* und Z^* verbinden. Liegen P, A und B weniger symmetrisch in

Abbildung 247. M. C. Escher, *Circle Limit I* (1958). © M. C. Escher Heirs c/o Cordon Art, Baarn, Holland. Das Poincaré-Modell, ausgefüllt mit fliegenden Fischen. Ihre Gräten sind „gerade Linien". In Gesprächen mit dem Mathematiker H. S. M. Coxeter von der University of Toronto wurde Escher dazu inspiriert, ein hyperbolisches Universum zu illustrieren. Dies war Eschers erster Versuch; vgl. seinen viel gelungeneren *Circle Limit III* (1959) oder *Circle Limit IV* (1960), z.B. in *The World of M. C. Escher*, Hg. Harry N. Adams, 1971.

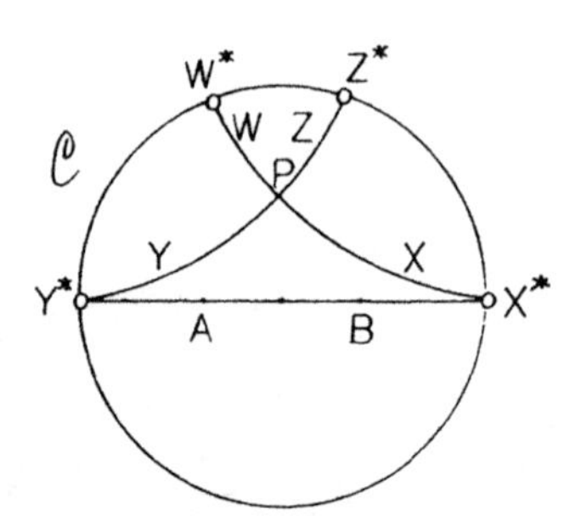

Abbildung 248

Bezug auf den Mittelpunkt von $\mathcal{C}$, oder liegen A und B nicht auf einem Durchmesser, ist die Situation vollständig analog. Siehe Abbildungen 249, 250 und 251.

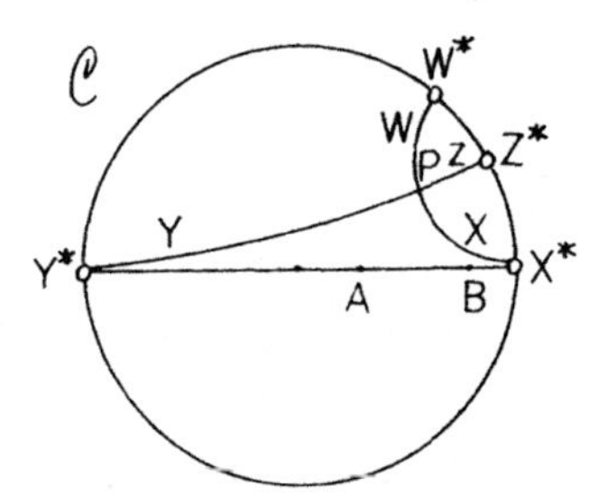

Abbildung 249

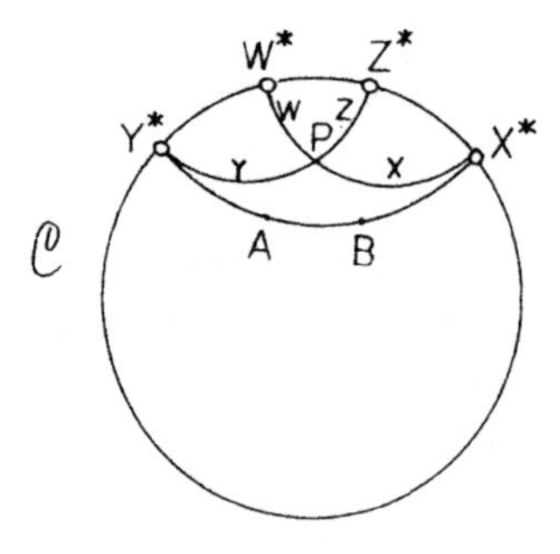

Abbildung 250

Viertens und letztens würden die Kreisbewohner die Axiome der neutrale Geometrie akzeptieren: die Axiome 1–6, die Postulate 1–4 sowie die Postulate 6–10. Da die Axiome 1–6 lediglich allgemeine Argumentationsprinzipien in Bezug

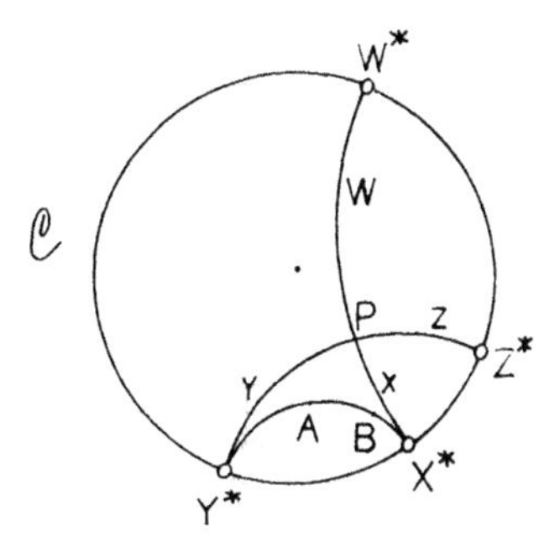

Abbildung 251

auf quantitative Größen ausdrücken, kann man mit Fug und Recht erwarten, daß die Kreisbewohner sie akzeptieren; meine eigentliche Aussage ist dementsprechend, daß die Kreisbewohner die *Postulate* der neutralen Geometrie akzeptieren würden. Wir können dies nicht einmal in Ansätzen verifizieren, ohne *erheblich* tiefer in die euklidische Geometrie einzudringen, als wir es bisher getan haben, wir können aber zumindest erkennen, welche *Art* euklidischer Sätze bei einer solchen Verifikation involviert wären.

Betrachten Sie das Postulat 1, welches lautet: „Gefordert soll sein, daß man von jedem Punkt zu jedem Punkt eine und nur eine Strecke ziehen kann.“ Im Hinblick auf die Begriffe „Punkt“ und „gerade Linie“ der Kreisbewohner ist dies in Wirklichkeit (d.h. aus unserer Perspektive) eine Aussage über innere Punkte, Durchmesser und orthogonale Kreisbögen von $\mathcal{C}$. Eine Übersetzung dieses Begriffsverständnisses von Postulat 1 in unsere Termini liefert:

(*) Gegeben zwei Punkte in einem festen Kreis $\mathcal{C}$; dann ist es möglich, einen und nur einen Durchmesser von $\mathcal{C}$ oder einen und nur einen Kreisbogen orthogonal zu $\mathcal{C}$ (nicht beides) durch die zwei Punkte zu zeichnen.

Nun ist es so, daß dies ein Satz in der fortgeschrittenen euklidischen Geometrie ist. In der euklidischen Ebene stehend, werden wir also finden, daß (*) wahr ist. Da Postulat 1 lediglich die Art der Kreisbewohner ist, dieselbe Wahrheit auszusprechen, werden sie ebenfalls finden, daß Postulat 1 wahr ist.

Genau dasselbe passiert mit allen anderen Postulaten der neutralen Geometrie. Übersetzen wir jedes von ihnen aus dem speziellen Kreisbewohnerjargon in unsere Sprache, so wird jedes von ihnen ein beweisbarer Satz der euklidischen Geometrie und ist daher wahr im größeren Universum, von dem die Welt innerhalb von $\mathcal{C}$ lediglich ein Teil ist. Halten wir die Kreisbewohner für genauso scharfsinnig, wie wir sind, dann werden sie diese Wahrheiten bemerken und daher alle Postulate der neutralen Geometrie akzeptieren.

(Wenn die letzten paar Absätze unklar geblieben sind, hilft es vielleicht, wenn ich die Erklärung noch einmal wiederhole und dabei von unserer Perspektieve ausgehe.

Jetzt ist der Kontext die euklidische Ebene, in der, weil es die euklidische Ebene *ist*, alle euklidische Sätze wahr sind. Diese Sätze sind für die Kreisbewohner genauso wahr wie für uns, außer daß wegen der Effekte des Gases innerhalb von $\mathcal{C}$ die Kreisbewohner diese Wahrheiten anders *ausdrücken*. Was wir einen „Punkt im Innern von $\mathcal{C}$" nennen, nennen sie einfach einen „Punkt"; was wir „Teil eines Kreises senkrecht zu $\mathcal{C}$ im Innern von $\mathcal{C}$" nennen, nennen sie „eine unendliche gerade Linie" usw.

Das Kernstück der Angelegenheit ist die Existenz neun beweisbarer Sätze in der fortgeschrittenen euklidischen Geometrie, die die Kreisbewohner als die neun Postulate der neutralen Geometrie ausdrücken würden, und konsequenterweise werden die Kreisbewohner die Postulate der neutralen Geometrie für wahr halten. Die Aussage (*) ist derjenige Satz, den die Kreisbewohner als Postulat 1 ausdrücken würden.)

Unter der Voraussetzung, daß die Kreisbewohner tatsächlich die Axiome der neutralen Geometrie akzeptieren, sehen wir, daß sie, weil sie außerdem Postulat H akzeptieren, die hyperbolische Geometrie als die ihre Welt beschreibende Geometrie auswählen werden.

Das Poincaré-Modell[3] besteht also aus dem folgenden „Wörterbuch":

primitiver Term	*Interpretation*
Punkt	Punkt im Innern eines festgelegten Kreises $\mathcal{C}$ in der euklidischen Ebene
Linie	Teil einer euklidischen Linie im Inneren von $\mathcal{C}$
gerade Linie	Teil im Innern von $\mathcal{C}$ eines Durchmessers von $\mathcal{C}$ oder eines Kreises orthogonal zu $\mathcal{C}$
Ebene	das Innere von $\mathcal{C}$

Unter dieser Interpretation werden die Postulate der hyperbolischen Geometrie wahre Sätze der euklidischen Geometrie. Verwendet man diese Interpretation, so würde also jeder aus den hyperbolischen Postulaten deduzierbare Widerspruch übersetzbar in einen Widerspruch, der aus den entsprechenden euklidischen Sätzen herleitbar ist. Da wir aber annehmen, daß die euklidische Geometrie frei von Widersprüchen ist, folgt, daß die hyperbolische Geometrie es ebenfalls ist. Oder mit anderen Worten, die hyperbolische Geometrie ist konsistent, falls die euklidische es ist.

Als Konsequenz haben wir schließlich auch die altehrwürdige Frage nach dem fünften Postulat beigelegt. Ist das fünfte Posulat aus der neutralen Geometrie herleitbar? Nein, wenn die euklidische Geometrie konsistent ist.

Die Argumentation geht folgendermaßen. *Wäre* das Postulat 5 aus der neutralen Geometrie herleitbar, dann wäre das Postulat 5 ein Satz in der hyperbolischen

[3] Die formale Darstellung der Poincaré-Modells ist unabhängig von der erzählten Geschichte, wenngleich von ihr motiviert.

Geometrie. Dieser Satz würde dem Postulat H widersprechen, also wäre die hyperbolische Geometrie inkonsistent. Wir haben aber soeben gesehen, daß, falls die euklidische Geometrie konsistent ist, die hyperbolische Geometrie ebenfalls konsistent ist. Ist dementsprechend die euklidische Geometrie konsistent, so kann das Postulat 5 aus der neutralen Geometrie nicht hergeleitet werden.

Damit haben wir bewiesen, was wir beweisen wollten (Seite 270), aber wo wir schon beim Poincaré-Modell sind, lassen Sie mich noch einen weiteren nützlichen Hinweis hinzufügen.

In Abb. 252 ist Q der Mittelpunkt von $\mathcal{C}$, A und B liegen auf einem Durchmesser und Q^*Q ist der halbe dazu senkrechte Durchmesser. P_1, P_2, P_3 usw. sind Punkte auf Q^*Q, jeder halb so weit von Q entfernt wie der vorherige (aus der Perspektive der *Außenstehenden*). P_1X_1, P_1X_2, P_3X_3 usw. sind die entsprechenden asymptotischen Parallelen zu AB (für die Außenstehenden sind sie die orthogonalen Kreisbögen, die diese Punkte mit X^* verbinden). Beachten Sie bitte, wie der „Parallelwinkel“ (siehe Seite 240) $X_1P_1Q, X_2P_2Q, X_3P_3Q$ usw. mehr und mehr zu einem rechten Winkel wird.

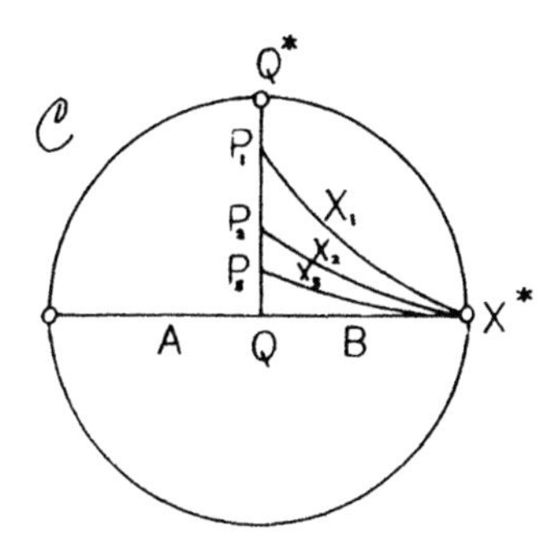

Abbildung 252

Verfolgen wir dies weiter und nehmen wir wie in Abb. 253 einen Punkt P auf Q^*Q, der extrem nahe an Q liegt, so nahe, daß wir ein starkes Mikroskop benötigen, um ihn von Q zu unterscheiden. Der gestrichelte Kreis rechts zeigt, wie die Gegend um Q herum durch unser Mikroskop erscheint. PX ist die recht asymptotische Parallele zu AB (d.h., der orthogonale Kreisbogen durch P und X^*). Der Winkel XPQ kommt einem rechten Winkel extrem nahe.

Wir werden sogar annehmen, daß wir P so nahe an Q gewählt haben, daß der Unterschied zwischen dem Winkel XPQ und einem rechten Winkel jenseits der Unterscheidungsmöglichkeit der Instrumente der Kreisbewohner liegt. Außerdem nehmen wir an, daß die Kreisbewohner sehr winzig sind (zu klein, um selbst durch unser Mikroskop sichtbar zu sein), daß sie alle in der Nachbarschaft von Q leben und schließlich, daß sie noch niemals zu einem Punkt gereist sind, der weiter von Q entfernt liegt als P, oder daß sie sogar jemals einen solchen Punkt durch's Teleskop gesehen haben.

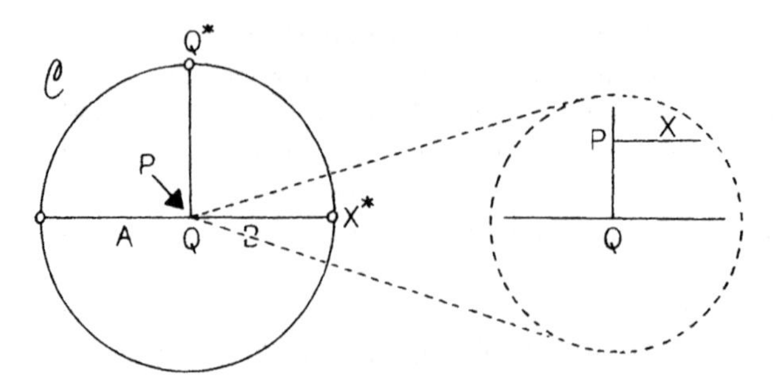

Abbildung 253

Wir haben beobachtet, daß die „wahre" Geometrie im Innern von $\mathcal{C}$ – diejenige, die tatsächlich das Verhalten der „Punkte" und „geraden Linien" der Kreisbewohner bestimmt – die hyperbolische ist. Als wir früher davon gesprochen haben, haben wir es als gegeben hingenommen, daß die Kreisbewohner im Vergleich zu $\mathcal{C}$ groß genug sind, um dies selbst zu entdecken.

Mit den zusätzlichen Beschränkungen, die wir ihnen gerade auferlegt haben, ist ihre Situation nun hingegen ein zweidimensionales Analogon unserer *eigenen* Situation, wie oben im Abschnitt „Vereinbarkeit mit dem gesunden Menschenverstand" besprochen (Seite 241). Die Kreisbewohner werden den Raum um sich herum als euklidisch wahrnehmen! Er ist in Wirklichkeit hyperbolisch, aber sie werden nicht imstande sein, dies zu messen, denn es wird ihnen stets so erscheinen, als seien die Parallelwinkel immer rechte Winkel.

Dies führt zu dem interessanten Gedanken, daß *wir die dreidimensionale Version der Kreisbewohner sein könnten.* Stellen Sie sich vor, daß im euklidischen Raum eine riesige Sphäre angesiedelt ist, deren Innenseite schwarz angemalt ist. Ihr Radius beträgt Milliarden von Lichtjahren und enthält das bekannte Universum. Wir leben in der Nähe ihres Mittelpunktes und sind selbstverständlich ungeheuer winzig (relativ zu der Sphäre, und das allein zählt). Innerhalb dieser Sphäre schrumpfen Meterstäbe, und Lichtstrahlen krümmen sich genau so, wie oben für $\mathcal{C}$ beschrieben. Eine kleine Überlegung wird zeigen, daß diese Hypothesen vollständig mit der menschlichen Erfahrung vereinbar sind, und doch wäre unter ihnen die wahre Geometrie des Raumes um uns herum die hyperbolische!

Können wir sicher sein, daß die euklidische Geometrie konsistent ist?

Das fragen sich die Mathematiker, seitdem der Gegenstand der Konsistenz im Zusammenhang mit der hyperbolischen Geometrie einmal aufgebracht war.

Vorher war diese Frage niemals ernsthaft entstanden. Wie wir auf Seite 38 erwähnt haben, scheint Plato unter einer „geraden Linie" den (idealisierten) Weg eines Lichtstrahls verstanden zu haben, und Euklid stimmte mit ihm in seiner *Optik* überein, daß Lichtstrahlen längs gerader Linien verlaufen. Seit damals wurde der physikalische Raum (oder eine idealisierte Version davon, wie Platos „Idee“ des Raumes) mit Lichtstrahlen als „geraden Linien“ allgemein als offensichtliches Modell der euklidischen Geometrie angesehen (wenngleich niemand das so ausdrückte). Aus diesem Grund stand die Konsistenz der euklidischen Geometrie außer Zweifel.

Während des 19. Jahrhunderts führte ein Zusammentreffen mehrerer Ereignisse dann allerdings dazu, daß die Angelegenheit weniger sicher erschien. In weiten Kreisen wurde anerkannt, daß kein denkbares Experiment schlüssig beweisen könne, daß das euklidische Postulat wahr sei (siehe „Eine experimentelle Überprüfung des Postulats 5“, Seite 173). Theoretische Universen, vereinbar mit menschlicher Erfahrung, wurden erfunden, in denen euklidische Gesetze nicht mehr galten (siehe den vorhergehenden Abschnitt). Logische Schwächenwurden in den *Elementen* selbst gefunden; zwar wurden sie mit Hilfe von zusätzlichen Axiomen und neuen Beweisen erfolgreich ausgebessert (einen Teil dieser Arbeit erledigten wir in Kapitel 2), die Reputation des Buches in puncto logische Strenge war jedoch dauerhaft beeinträchtigt.

Die Möglichkeit, daß die euklidische Geometrie inkonsistent sein könnte, war nicht länger undenkbar.

Es mußte eine Alternative zum traditionellen Modell gefunden werden. Die natürliche Wahl fiel auf die „analytische Geometrie“, einen Teil der reellen Analysis (*nicht* der Geometrie).

Es mag so scheinen, als sei die reelle Analysis ein zu komplizierter Zweig der Mathematik, um darin ein Modell der euklidischen Geometrie aufzubauen. Schließlich sind Modelle dazu da, einfach zu sein – die Konsistenz des modellierten Systems wird auf die Konsistenz des Modells zurückgeführt. Aber während des 19. Jahrhunderts war die logische Struktur der reellen Analysis sorgfältig durchkämmt worden, und das gesamte Gebäude wurde auf einer Grundlage neu errichtet, die besonders einfach und solide war: die Arithmetik der ganzen Zahlen.[4] Als Konsequenz hatte gegen Ende des Jahrhunderts das Vertrauen der Mathematiker in die Widerspruchsfreiheit der reellen Analysis einen historischen Höhepunkt erreicht, und dieser Teil der Mathematik wurde als erheblich sicherer begründet angesehen als die euklidische Geometrie.

Sie sind der analytischen Geometrie – die Sie vielleicht „Koordinatengeometrie“ oder „cartesische Geometrie“ genannt haben – in der Schule begegnet, als Sie Funktionsgraphen zeichneten. Vielleicht erinnern Sie sich, daß der Graph einer Funktionsgleichung wie $3x + 4y = 6$ sich als „gerade Linie“ herausstellte, oder daß der Graph von $x^2 + y^2 = 4$ ein „Kreis“ war. Zu jener Zeit wurden diese Figu-

[4] Die anderen reellen Zahlen wurden mit Hilfe der ganzen Zahlen definiert. Die rationalen Zahlen z.B. wurden als „Äquivalenzklassen“ von Paaren ganzer Zahlen definiert, in denen die zweite Komponente ungleich Null war. Die entscheidende Entdeckung war eine Methode, irrationale Zahlen wie $\sqrt{2}$ mit Hilfe ganzer Zahlen auszudrücken. Siehe hierzu Dedekinds Arbeit *Stetigkeit und irrationale Zahlen*, Braunschweig: Vieweg, 1892.

ren, wahrscheinlich kommentarlos, mit den „geraden Linien“ und „Kreisen“ der euklidischen Geometrie identifiziert.

Der Graph von $3x + 4y = 6$ ist nicht wirklich eine euklidische gerade Linie. Zunächst einmal ist es eine Menge von *Paaren reeller Zahlen*, genauer gesagt die Menge aller Paare (x, y) reeller Zahlen, für welche $3x + 4y$ gleich 6 ist. Nennen wir diese Menge S, so haben wie die Gleichung

$$S = \{(x, y) : x, y \text{ sind reelle Zahlen, und es gilt } 3x + 4y = 6\},$$

welches *nicht im geringsten* nach einer geraden Linie aussieht.

Vielleicht hatten Sie Glück und hatten einen Lehrer, der darauf hinwies und der erklärte, *warum* es nichtsdestotrotz möglich ist, S mit einer euklidischen geraden Linie zu identifizieren (und daher mit derselben Art von Zeichnung zu illustrieren). Der Grund ist natürlich, daß es einen Standpunkt gibt, von dem aus eine Menge wie S alle *Eigenschaften* einer euklidischen geraden Linie besitzt. Und dieser Standpunkt konstituiert das Modell, dem die Mathematiker sich zuwandten.

Das folgende „Wörterbuch“ macht die Interpretation explizit.

primitiver Term	*Interpretation* (Alle kleinen Buchstaben bezeichnen reelle Zahlen)
Punkt	Paar (x, y)
Kreis[5]	Menge aller Paare (x, y), die einer Gleichung der Form $(x-h)^2 + (y-k)^2 = r^2$ genügen, wobei h, k, r fest sind und $r > 0$ ist
gerade Linie	Menge aller Paare (x, y), die einer Gleichung der Form $ax + by = c$ genügen, wobei a, b, c fest sind und a, b nicht beide gleich Null sind
Die Ebene	Die Menge aller Paare (x, y)

Diese Interpretation ist ein Modell der euklidischen Geometrie, denn unter ihr werden die Postulate Euklids in Sätze der reellen Analysis übersetzt. Aus Postulat 1 z.B. wird der folgende Satz:

> Seien zwei Paare (x_1, y_1) und (x_2, y_2) reeller Zahlen gegeben; dann gibt es eine und nur eine Menge der Form
>
> $\{(x, y) : x, y$ sind reelle Zahlen und $ax + by = c$, wobei a, b, c feste reelle Zahlen sind und a, b nicht beide gleich 0 sind$\}$,
>
> die beide Paare (x_1, y_1) und (x_2, y_2) enthält.

[5] Da es schwierig ist, unter Verwendung von Paaren reeller Zahlen eine zufriedenstellende Interpretation des euklidischen Terms „Linie“ zu geben, habe ich statt dessen den Term „Kreis“ interpretiert. Das ist unserem Zweck angemessen, denn Kreise sind die einzigen „Linien“, die Euklid je benutzt und die nicht gerade sind. In der Interpretation entspricht das Paar (h, k) dem Mittelpunkt des Kreises und r der Länge der Radien.

Da das Modell jeden Widerspruch in der euklidischen Geometrie in einen Widerspruch in der reellen Analysis überträgt, ist die euklidische Geometrie widerspruchsfrei, falls die reelle Analysis widerspruchsfrei ist.

Hier liegt der Hund begraben. Während ich schreibe, ist die Konsistenz der reellen Analysis nach wie vor eine offene Frage, und es ist wahrscheinlich, daß dies so bleibt. Ein relativer Beweis ihrer Konsistenz wäre selbstverständlich wertlos, da die reelle Analysis sorgfältiger untersucht wurde als jedes andere mathematische System, innerhalb dessen ein Modell von ihr aufgebaut werden könnte, und weil die Mathematiker ihr deshalb am ehesten trauen. Und da die reelle Analysis unendlich viele Komponenten enthält (die reellen Zahlen), die Realität hingegen, soweit wir wissen, dies nicht tut (selbst die Zahl der Elementarteilchen im bekannten Universum ist endlich), scheint ein absoluter Beweis ihrer Konsistenz durch ein physikalisches Modell nicht in Frage zu kommen.

Gibt es eine andere Möglichkeit, zu zeigen, daß die reelle Analysis konsistent ist, ohne überhaupt ein Modell zu verwenden? Dafür gibt es Präzedenzfälle. Es gibt z.B. ein axiomatisches System mit Namen „Propositionalkalkül", ein Teil der mathematischen Logik (die ihrerseits ein Zweig der *Mathematik* ist), für welches es einen einfachen und überzeugenden Konsistenzbeweis gibt, der nicht von einem Modell Gebrauch macht.[6] (Ein solcher Beweis heißt noch immer „absolut", weil er nicht die Konsistenz eines anderen Systems unterstellt.)

Unglücklicherweise scheint für die reelle Analysis auch dieser Weg verschlossen zu sein. Im Jahre 1931 veröffentlichte der mathematische Logiker Kurt Gödel (1906–1978) eine Arbeit, in welcher er grob zeigte, daß

> es unmöglich ist, die logische Konsistenz irgendeines komplexen deduktiven Systems sicherzustellen, es sei denn, man nimmt Argumentationsprinzipien an, deren eigene innere Widerspruchsfreiheit eine ebenso offene Frage ist wie die des Systems selbst.[7]

Das Wort „komplex" bedeutet hier, daß das System hinreichend kompliziert ist, um die Arithmetik der ganzen Zahlen zu umfassen, was die reelle Analysis selbstverständlich ist.

Gödels Arbeit erschien als Gipfelpunkt einer ganzen Serie logischer Paradoxa, die in der ersten Dekade unseres Jahrhunderts an's Licht gekommen waren[8] und die niemals in zufriedenstellender Weise aufgelöst wurden, und der Effekt dieser Arbeit bestand darin, das Vertrauen der Mathematiker in die Konsistenz mathematischer Systeme im allgemeinen und in die reelle Analysis im besonderen heftig zu erschüttern. Bis zum gegenwärtigen Zeitpunkt, wo ich dies schreibe, sind noch keine Widersprüche in der reellen Analysis oder in irgendeinem Hauptzweig der

[6] Siehe z.B. Kapitel V in: Nagel, Ernest und James R. Newman: *Gödel's Proof.* New York: New York University Press, 1958; oder S. 31–37 in: Mendelson, Elliott: *Introduction to Mathematical Logic.* New York: Van Nostrand, 1979.

[7] Aus: Nagel, Ernest und James R. Newman: *Gödel's Proof. Scientific American*, Juni 1956. Dieser Artikel wurde später zu dem in der vorhergehenden Fußnote erwähnten Buch erweitert.

[8] Darauf haben wir uns schon auf Seite 14 bezogen.

Mathematik entdeckt worden, und die Mathematiker benehmen sich auch weiterhin so (sie haben keine Wahl!), als wenn dies immer so bleiben wird. Die unschuldige Hoffnung aber, die um die Jahrhundertwende geblüht hatte, daß eines Tages die Sicherheit der Hauptteile der Mathematik bewiesen würde, haben sie verloren. Heute arbeiten die Mathematiker unter dem dauerhaften Schatten des Wissens, daß – wie es ein Logiker in der Mitte des Jahrhunderts ausdrückte –

> es die unangenehme Möglichkeit gibt, daß die heutige Mathematik sich in Wirklichkeit in ernstem Irrtum befindet, so daß jedes formale System, welches ein vernünftiges Abbild der heutigen Mathematik bildet, einen Widerspruch enthalten muß. Wir glauben nicht, daß das der Fall ist, können aber keinen Grund angeben, warum es nicht so sein sollte.[9]

Als Antwort auf die Frage, die diesen Abschnitt eröffnete – „können wir sicher sein, daß die euklidische Geometrie konsistent ist?“ –, müssen wir also sagen: Nein.

---

[9] Rosser, Seite 207.

8 Geometrie und die Theorie der wahren Geschichten

Noch einmal Kant

Menschen, die die hyperbolische Geometrie studieren, entwickeln früher oder später eine „hyperbolische Intuition“. Die Bilder hören auf, falsch auszusehen. Sätze können vorausgesehen werden. Die Welt kann willentlich entweder euklidisch oder hyperbolisch gesehen werden.

Dies ist ein tödlicher Schlag für Kants Raumlehre. Kant hatte gesagt, die Sinneseindrücke würden nach euklidischen Gesichtspunkten organisiert, bevor sie in unser Bewußtsein gelangen. Wäre dies der Fall, dann wäre es unmöglich, die Welt als hyperbolisch zu erfahren. Während der letzten eineinhalb Jahrhunderte haben jedoch Tausende von Menschen bewiesen, daß sie gelernt haben, genau das zu tun, und diese Menschen sind nachher dahin gelangt, ihre alte euklidische Wahrnehmung der Welt ebenso als erlernt zu betrachten.

„Wie“, fragte Kant[1], „sind synthetische Sätze *a priori* möglich?“ In Bezug auf die euklidische Geometrie war die Raumlehre seine Antwort. Nachdem diese in Mißkredit geraten ist, war es auch nicht mehr viel wert, daß Kant den euklidischen Postulaten und Sätzen den Status synthetischer Urteile a priori – den Status von Diamanten – zuschrieb.

Heute herrscht die Ansicht vor, daß Kant, der vor der Entdeckung der nichteuklidischen Geometrie lebte, nicht richtig gewürdigt hatte, *wie* rein „reine Mathematik“ wirklich ist. Eigentlich, so sagen moderne Philosophen der Mathematik, sollte die traditionelle Bezeichnung „reine Mathematik“ – Mathematik *an sich*, unabhängig von jeder Anwendung in der Realität – nur zur Bezeichnung *formaler* axiomatischer Systeme (Seite 191) verwendet werden, weil nur formale Systeme vollständig von ihrem empirischen Ursprung getrennt sind. Da in einem formalen axiomatischen System die primitiven Terme und daher die Axiome und Sätze keine Bedeutung haben, gibt es keine Möglichkeit, die Axiome oder Sätze als wahr (respektive falsch) einzustufen. Wiewohl also die Postulate und Sätze der reinen Geometrie *im gewissen Sinne* a priori sind – sie sind unabhängig von der Erfahrung –, sind sie doch weder a priori noch synthetisch im Sinne *Kants*, weil diese Terme für Kant nur auf Aussagen angewandt werden konnten, die wir als wahr beurteilen.

Gemäß einer Modifikation dieses Standpunktes, der auf Poincaré zurückgeht, räumt man zwar ein, daß die Postulate und Sätze der reinen Geometrie a priori (und daher sicher) sind selbst im Sinne Kants, schließt aber, daß sie analytisch

[1] Kant, Immanuel: *Prolegomena zu einer jeden künftigen Metaphysik, die als Wissenschaft wird auftreten können.* Hamburg, 1969, S. 26.

(und daher uninformativ) sind. Es ist richtig, daß wir in der reinen Geometrie die Postulate nicht als wahr einstufen können, weil die primitiven Terme uninterpretiert sind. Aber sie sind die einzige Informationsquelle über die primitiven Terme, die wir besitzen. Beweisen wir also einen Satz, so haben wir keine andere Wahl, als die Postulate um der Deduktion willen so zu behandeln, als *wären* sie wahr. Im Endeffekt *definieren* die Postulate also die primitiven Terme für uns – nicht explizit oder vollständig, aber immerhin soweit, wie wir es benötigen, um unser gegenwärtiges Vorhaben auszuführen. Poincaré sagt, daß dies die Art ist, wie die Postulate der reinen Geometrie angesehen werden *sollten*:

> *Die geometrischen [Postulate] sind (...) weder synthetische Urteile a priori noch experimentelle Tatsachen.*
>
> Es sind *auf Übereinkommen beruhende Festsetzungen*; unter allen möglichen Festsetzungen wird unsere Wahl von experimentellen Tatsachen *geleitet*; aber sie bleibt *frei* und ist nur durch die Notwendigkeit begrenzt, jeden Widerspruch zu vermeiden. In dieser Weise können auch die Postulate *streng* richtig bleiben, selbst wenn die erfahrungsmäßigen Gesetze, welche ihre Annahme bewirkt haben, nur annähernd richtig sein sollten.
>
> Mit anderen Worten: *die geometrischen [Postulate] (...) sind nur verkleidete Definitionen.*[2]

Unter diesem Gesichtspunkt sind „Punkte“, „gerade Linien“ und die anderen primitiven Terme der reinen Geometrie *tatsächlich* definiert, nämlich implizit. Wir verstehen darunter, falls die betrachtete Geometrie die euklidische ist, „Dinge, für welche die euklidischen Postulate wahr sind“; bzw. falls die betrachtete Geometrie die hyperbolische Geometrie ist, „Dinge, für die die hyperbolischen Postulate wahr sind“. Verstehen wir die primitiven Terme einer der beiden Geometrien so, dann können wir ihre Postulate unmittelbar als wahr einstufen, aber da unser Urteil nichts anderes als dieses Verständnis voraussetzt, wären die Postulate und daher die Sätze analytisch.

Genau wie die Verwendung des Terms „reine Mathematik“ jetzt auf formale axiomatische Systeme beschränkt ist, betrachtet man nun die Verwendung des traditionellen Gegenstücks „angewandte Mathematik“ nur für materiale axiomatische Systeme (d.h. formale axiomatische Systeme, welche interpretiert worden sind – siehe Seite 7) als angemessen; und es gibt den zusätzlichen Vorbehalt, daß *die interpretierten Postulate überprüfbar sein müssen*, und zwar im Rahmen der Normen derjenigen Disziplin, in deren Gegenstandsbereich die Interpretation fällt. Dies bedeutet, daß jede Form angewandter Geometrie ein Teil der, sagen wir, Physik oder Astronomie oder einer anderen Naturwissenschaft wäre. Eine spezifisch physikalische Interpretation müßte jeden primitiven Term begleiten. Innerhalb der Physik könnte man z.B. den Term „gerade Linie“ als gespannte Saite interpretieren – wie es die Ägypter vermutlich getan haben, und wie es Euklids Intention

[2] Poincaré, S. 51.

in den *Elementen* entsprochen haben könnte; oder man könnte ihn als Weg eines Lichtstrahls interpretieren – wie es Euklid explizit in seiner *Optik* tat und wie es die modernen Physiker tatsächlich tun. Wird jeder Term so interpretiert, dann werden die Postulate Aussagen über das Verhalten materieller Objekte, Aussagen, von denen selbst Kant zugeben würde, daß sie empirisch sind, falls sie experimentell bestätigt würden. (Wir „lernen aus der Erfahrung", sagt er auf Seite 127, daß Körper schwer sind und herunterfallen werden, wenn ihre Unterstützung entfernt wurde." Die interpretierten Postulate wären dieser Aussage qualitativ ähnlich.)

Kurz gefaßt: es ist möglich, die Postulate der euklidischen Geometrie bzw. der hyperbolischen Geometrie gemäß der Einteilung Kants zu klassifizieren; zuerst müssen wir jedoch unterscheiden, ob wir von der Geometrie in ihrer reinen (formalen, uninterpretierten) oder angewandten (materialen, interpretierten) Form sprechen. Und es stellt sich heraus, daß die Postulate unabhängig von unsere Entscheidung niemals sowohl als synthetisch als auch a priori klassifiziert werden. Entweder gelten die Postulate der reinen Geometrie nicht im geringsten a priori, weil sie bedeutungslos sind, oder sie gelten, à la Poincaré, a priori, sind aber lediglich analytische Urteile. Fände man heraus, daß die Postulate einer angewandten Geometrie experimentell bestätigt würden, so wären sie zwar synthetische, aber lediglich empirische Aussagen.

Kants Konzept der Mathematik wird also von den meisten modernen Philosophen der Mathematik zurückgewiesen. Ich hoffe aber, Sie schließen nicht daraus, daß Kant ein Schwachkopf war. Er war ein gründlicher und sorgfältiger Denker. Die moderne Ansicht, nach der jedes mathematische System *im Kern* formal, uninterpretiert ist, und daher von *Nichts Besonderem* handelt, auf welcher die Zurüchweisung der Position Kants beruht, war eine radikale Abkehr von der Vergangenheit; zu dieser Einsicht gelangte man erst in der zweiten Hälfte des 19. Jahrhunderts, lange nach Kants Tod und nach einer Jahrzehnte dauernden Neueinschätzung der Mathematik, die in entscheidendem Maße von der Entdeckung der nichteuklidischen Geometrie ausgelöst wurde. Darüber hinaus enthält die Philosophie Kants mehr als ein überholtes Konzept der Mathematik. Er war viel mehr eine prophetische Gestalt, und seine Betonung der Rolle des erkennenden Subjekts bei der Gestaltung der Erkenntnis (auch wenn dies für Kant eine unbewußte Rolle war) ebnete den Weg für die Entstehung derjenigen Epistemologie, die wir in Kürze besprechen werden.

Selbst unter dem Zugeständnis, daß Kant unter einem enormen Handicap arbeitete und daß er, weit davon entfernt, die nichteuklidische Geometrie selbst zu erfinden, den einen Unterschied (formale axiomatische Systeme versus materiale axiomatische Systeme), der heute als entscheidend angesehen wird, wahrscheinlich nicht hätte formulieren können, bleibt immer noch die Frage: *warum* erschienen ihm, rückblickend betrachtet, die euklidischen Postulate als synthetische Urteile a priori, als Diamanten, noch dazu die an erster Stelle genannten?

Auf Seite 7 habe ich die *Elemente* als „materiales" axiomatisches System bezeichnet. Das sind sie nicht.

Ich denke, für Euklid hatten seine primitiven Terme eine über die zwischen ihnen spezifizierten Relationen aus den Postulaten hinausgehende Bedeutung; sie waren mehr für ihn als ansonsten unbekannte „Dinge, für welche die Postulate wahr sind". Wir haben schon erwähnt, daß Euklids „Definitionen" seiner primitiven Terme im strengen Sinne keine Definitionen, sondern vielmehr Erläuterungen sind. Tatsächlich ähneln diese „Definitionen" dem, was heute „Interpretationen" der primitiven Terme genannnt würde, weil sie Begriffe verwenden, die außerhalb des euklidischen Systems beheimatet sind. Seine Bilder verstärken den Eindruck, daß wir *wissen*, was „Punkte" und „gerade Linien" *sind*, daß sie *Dinge* sind, die wir in der physischen Welt wahrnehmen oder fast wahrnehmen können. Es ist dieser *Anschein* der Interpretation der primitiven Terme, den die *Elemente* erwecken, der Anschein, eine Naturwissenschaft zu sein, der mich dazu geführt hat, sie ein „materiales" axiomatisches System zu nennen.

Die Idee eines „materialen" axiomatischen Systems kam jedoch erst in Verbindung mit der eines „formalen" axiomatischen Systems ins Gesichtsfeld – in der zweiten Hälfte des 19. Jahrhunderts, lange nachdem die Naturwissenschaften Experimentalwissenschaften geworden waren.[3] Gemessen an den Normen einer Experimentalwissenschaft sind Euklids „Definitionen" seiner primitiven Terme zu *schwammig*, um als Interpretationen annehmbar zu sein. Da sie sich nicht auf spezielle physikalische Objekte beziehen, gestatten sie es nicht, die aufgestellten Postulate experimentell zu überprüfen. Es ist durchaus möglich, daß Euklid sich unter einer „geraden Linie" eine gespannte Saite oder den Weg eines Lichtstrahls vorstellte, aber selbst wenn er dies tat, sagte er es nicht klar genug, als daß wir seine „Definitionen" heute als Interpretationen billigen könnten.

Die *Elemente* entpuppen sich so als *teilweise* interpretiert, auf halbem Wege zwischen einem formalen und einem materialen axiomatischen System. Ich könnte mir vorstellen, daß es daran liegt, daß Kant darin[4] sowohl Züge der reinen Geometrie als auch der angewandten Geometrie finden konnte. Denn bis zu dem Grade, zu dem die primitiven Terme *nicht* interpretiert sind – sie werden nicht als Entsprechung spezieller physikalischer Objekte beschrieben, kein experimenteller Test der Postulate wird vorgeschlagen oder zitiert –, scheinen die Postulate unabhängig von der Sinneserfahrung und also a priori gültig zu sein. Aber da die primitiven Terme bis zu einem gewissen Grad interpretiert *sind* – Erklärungen werden angeführt, Diagramme gezeichnet –, befinden sich die Postulate in der Gesellschaft empirischer Prinzipien (wie z.B. „materielle Körper sind schwer und fallen herunter, wenn ihre Unterstützung entfernt wird"), die allesamt synthetische Aussagen sind.

---

[3] Zwar führten die Griechen Beobachtungen durch, manchmal sogar sehr detalliert, sie hatten aber keinen Begriff vom „Experiment" im modernen Sinne.

[4] Kant scheint nicht die *Elemente* selbst verwendet zu haben; in dem Buch, das er verwandte, wurden die primitiven Terme jedoch unzweifelhaft „definiert" und durch Abbildungen repräsentiert.

Die Luneburg-Blank-Theorie des visuellen Raumes

> Es gibt keinen Zweig der Mathematik, sei er noch so abstrakt, der nicht schließlich auf die Phänomene der wirklichen Welt angewandt wird.[5]

Der Raumlehre Euklids lag die Überzeugung zugrunde, daß der Raum, wie wir ihn erfahren – insbesondere der Raum, wie wir ihn sehen – euklidisch ist. Forschungen, die seit dem Ende des zweiten Weltkrieges angestellt werden, lassen jedoch vermuten, daß der binokuläre visuelle Raum – der Raum, den wir mit Hilfe zweier Augen sehen – nicht euklidisch, sondern hyperbolisch ist! Wenn das stimmt, dann folgt daraus, daß wir, wenn wir *denken*, wir sähen die Welt euklidisch, der angenommenen Wahrheit der euklidischen Geometrie gestatten, unsere tatsächlichen Erfahrungen zu überdecken. Es gibt also tatsächlich einen „Sinnesdatenprozessor", aber dieser besteht aus unserem früheren Studium der euklidischen Geometrie! Kants Raumlehre benötigt kaum weitere Überlegungen, aber die Ironie dieser Situation läßt eine kurze Diskussion unwiderstehlich erscheinen. (Der rote Faden dieses Kapitels wird im nächsten Abschnitt wieder aufgenommen.)

Die Theorie, daß der binokuläre visuelle Raum hyperbolisch ist, wurde 1947 von Rudolf K. Luneburg vorgeschlagen und nach Luneburgs Tod im 1949 von Albert A. Blank verfeinert. Ausgehend von einigen natürlichen Annahmen, die später von Blank vereinfacht wurden, hatte Luneburg entschieden, daß die Geometrie des binokulären visuellen Raumes entweder euklidisch, hyperbolisch oder elliptisch ist („elliptische" Geometrie ist eine weitere nichteuklidische Geometrie, die in den 1850er Jahren erfunden wurde). Eine Serie sorgfältig durchgeführter Experimente, von Blank in den 1950er Jahren durchgesehen, bestätigte die Hypothese, daß diese Geometrie hyperbolisch ist.

> Als experimentelle Grundlage für diese Theorie [schrieb Blank 1978] wird der Faktor der Zweiäugigkeit isoliert. Der Kopf des Beobachters wird fixiert, um Bewegungsparallaxen zu vermeiden. Da der Bereich deutlichen binokulären Sehens bei fixierter Blickrichtung stark eingeschränkt ist, wird die natürlichere Art der Beobachtung durch Abtasten mit den Augen verwendet; der Beobachter wird aufgefordert, die gesamte präsentierte Konfiguration aktiv zu inspizieren. Die Stimuli bestehen am besten aus einer Anzahl kleiner Lichter mit geringer Intensität in einer vollständig dunklen Umgebung. Die Lichter werden auf gleiche sensorische Helligkeit eingestellt und so klein als möglich gemacht, um ideale geometrische Punkte zu approximieren. Auf diese Weise wird vermieden, daß die wohl bekannten Indizien des monokulären Sehens für Tiefe wie Größe, Überlagerung und relative Helligkeit anwendbar sind.[6]

---

[5] Lobachevsky, zitiert nach: *American Mathematical Monthly* (Februar 1984), Seite 151.

[6] Blank, A. A.: „Metric Geometry in Human Binocular Perception: Theory and Fact", in: Leeuwenberg und Buffart (Hrsg.): *Formal Theories of Visual Perception*, Chichester u. a.: Wiley, 1978, Seiten 83–84.

Es folgt Blanks Beschreibung eines besonders verblüffenden Experiments.[7]

> Drei sternenähnliche Lichter A, B, C, die das experimentelle Dreieck bestimmen, werden dem Beobachter in der Augenebene präsentiert. In dieser Ebene wird ein Koordinatensystem gewählt, so daß die x-Achse entlang der mittleren Linie vom Beobachter weg zeigt. Die y-Achse zeigt vom Beobachter aus gesehen nach links längs der Verbindungslinie der Apices seiner Corneae.[8] Die Koordinaten eines Punktes (x, y) werden in *Inch* und dezimalen Bruchteilen von *Inch* angegeben. Um die Aufnahme und Darstellung der Daten bequem handhaben zu können, wird das Dreieck symmetrisch zur Mittellinie angeordnet mit den Eckpunkten $C = (108, 0)$, $A = (28, 12)$, $B = (28, -12)$. Dies schließt den Einsatz asymmetrischer Beobachter nicht aus. (...) Im Falle eines stark asymmetrischen Beobachters können die Daten der rechten und linken Seite nicht zusammengenommen werden. In dieser Untersuchungsreihe fand sich kein solcher Beobachter.

Ich habe die Konfiguration maßstabsgerecht aufgezeichnet, betrachtet von der Zimmerdecke (siehe Abb. 254).

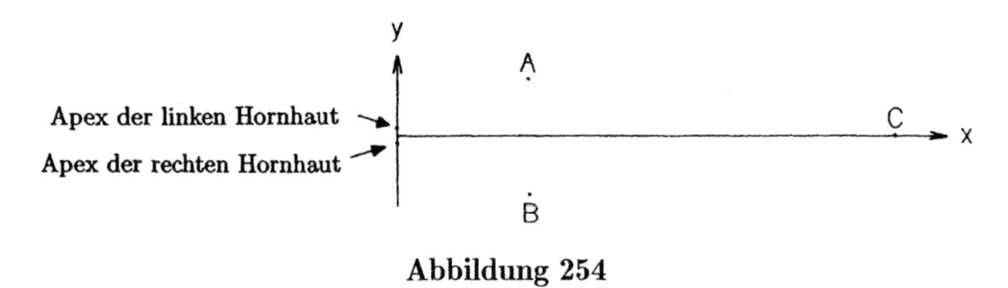

Abbildung 254

Die relativen Positionen von Lichtpunkten und Beobachter sind typisch für diese Experimente; liegen die Lichtpunkte sehr nahe bei dem Beobachter oder weit auf der Seite, so ist die Situation komplizierter.

> Dem Beobachter werden zunächst die drei Lichter A, B, C einzeln präsentiert; sie werden während des gesamten Experiments festgehalten. Ein viertes Licht wird irgendwo links von der Mittellinie eingeführt, und der Beobachter wird aufgefordert, den Experimentator zu bitten, das Licht so zu bewegen, daß die Instruktionen erfüllt werden: „Plazieren Sie dieses Licht so, daß Sie es links vom Dreieck exakt äquidistant zu den zwei Endpunkten sehen. Bei der Durchführung dieser Aufgabe vergewissern Sie sich, daß Sie jedes Licht direkt ansehen und seine Position sorgfältig fixieren, statt oberflächlich von Licht zu Licht zu gleiten." Das vierte Licht wird dann ausgeschaltet und ein fünftes

[7] Blank, A. A.: „Curvature of Binocular Visual Space. An Experiment." In: *Journal of the Optical Society of America*, März 1961, Seiten 336–338.

[8] Längs der Verbindungslinie der vordersten Punkte seiner Augenhornhaut.

Licht auf der rechten Seite eingeführt, und dieselbe Aufgabe wird auf der rechten Seite des Dreiecks durchgeführt. Nach dieser anfänglichen Anordnung werden beide Lichter angeschaltet und bleiben gemeinsam eingeschaltet; der Beobachter wird aufgefordert, die Halbierung der Seiten des Dreiecks verschiedene Male zu wiederholen. Zwischen den Anordnungen des Beobachters werden die Lichter zufällig verschoben, so daß der Beobachter jedes Mal von neuem beginnt. Das Experiment wird solange wiederholt, bis in den letzten fünf oder mehr Anordnungen kein fortgesetzter Trend mehr beobachtet werden kann. Die Mittelwerte der x- und y-Koordinaten, die nach Beendigung eines Trends aufgenommen wurden, werden als höchst praktische repräsentative Daten verwendet. Wir bezeichnen diese Mittelwertdaten mit (x_α, y_α) und (x_β, y_β) für die linke bzw. rechte Seite.

An späterer Stelle in dem Artikel erklärt Blank, warum die frühen Daten nicht beachtet werden. „Allgemeine Erfahrung auf dem Gebiet der reinen binokulären Beobachtung“, schreibt er, „hat die Notwendigkeit der Übung auf der Seite des Beobachters demonstriert, bevor er sich an eine Situation gewöhnt hat, in welcher er mit minimalen ausreichenden Indizien agiert.“

In Tabelle 1 listen wir die Mittelwerte aus den rechten und linken repräsentativen Daten auf, nämlich

$$x^* = \frac{1}{2}(x_\alpha + x_\beta), y^* = \frac{1}{2}(y_\alpha - y_\beta).$$

Die angegebene Toleranz ist das Maximum der Standardabweichung von dem Mittelwert auf beiden Seiten. In fast allen Fällen ist der Abstand des Mittelwertes auf den beiden Seiten von ihrem gemeinsamen Mittelwert entschieden kleiner als die Standardabweichung; in denjenigen Fällen, wo sie größer ist, geben wir stattdessen diese größere Zahl an. Außerdem angegeben sind die Anzahl n der Wiederholungen des Experiments und die Anzahl k von Anordnungen, aus denen der Mittelwert genommen wird.

Im zweiten Teil des Experiments wurden zwei Lichter an den Punkten $\alpha = (x^*, y^*)$ und $\beta = (x^*, -y^*)$ angebracht. Der Beobachter wird gefragt, ob diese Lichter das Kriterium der Instruktion erfüllen. In keinem Fall war die Antwort negativ. [Siehe Abb. 255.]

Als nächstes wird er instruiert, ein Licht auf die Grundlinie AB des Dreiecks zu setzen, so daß (1) der Abstand von A zu dem neuen Licht gleich dem von α nach β ist, und dann so, daß (2) der Abstand von B zu dem neuen Licht gleich dem Abstand von α nach β ist. Fünf Anordnungen werden abwechselnd unter jeder dieser beiden Instruktionen ausprobiert. Die Mittelwerte der Koordinaten der festgesetzten

		γ', γ''		α, β			
Beobachter	Alter	$\bar{y}$	$\bar{x}$	y^*	x^*	n	k
GAH	36	5.58 ± 0.34	28.40 ± 0.31	2.89 ± 0.26	91.00 ± 0.59	20	5
RGB	15	4.32 ± 0.31	28.43 ± 0.40	3.43 ± 0.32	90.69 ± 0.52	15	5
PE	16	4.07 ± 0.45	29.36 ± 0.47	3.93 ± 0.54	73.04 ± 1.19	14	5
RRR	35	3.40 ± 0.40	28.76 ± 0.17	2.14 ± 0.48	94.90 ± 0.98	11	5
MD	15	1.68 ± 0.64	28.15 ± 0.68	5.00 ± 0.57	71.46 ± 1.39	14	14
IG	17	0.80 ± 0.28	28.76 ± 1.00	4.67 ± 0.45	70.50 ± 0.68	11	5
WHF	14	-0.10 ± 0.74	28.34 ± 0.24	3.46 ± 0.39	93.25 ± 0.76	31	7

Tabelle 1

Abbildung 255

Punkte werden verwendet, um Punkte

$$\gamma' = (x', y'), \gamma'' = (x'', y'')$$

zu bestimmen, die als repräsentative Daten dienen. Die empfundene Relation, die anzunehmenderweise für die Interpretation des Experimentes gültig ist, lautet

$$\alpha\beta = A\gamma' = \gamma'' B.$$

Die Mittelwerte

$$\bar{x} = \frac{1}{2}(x' + x'') \text{ und } \bar{y} = \frac{1}{2}(y' - y'')$$

und ihre Toleranzen (berechnet wie für α und β) sind in [der Tabelle] angegeben.

Der Beobachter GAH z.B. lokalisierte die Mittelpunkte von AC und BC etwa bei $\alpha = (91, 2.89)$ und $\beta = (91, -2.89)$, Positionen, die aus statistischen Durchschnitten von den letzten 5 seiner 20 Seitenhalbierung berechnet wurden. (Die euklidischen Mittelpunkte wären $(68, 6)$ und $(68, -6)$.) Im zweiten Teil des Experimentes lokalisierte er Punkte auf AB, deren Abstand von A und B gleich $\alpha\beta$ ist, etwa bei $(\bar{x}, \bar{y}) = (28.4, 5.58)$ sowie $(\bar{x}, -\bar{y}) = (28.4, -5.58)$, Positionen, die – wie für jeden Beobachter – auf 5 Paaren von Anordnungen beruhen. (Die euklidischen Örter der Punkte würden bei (28,0) zusammenfallen.)

Der Beleg dafür, daß der binokuläre visuelle Raum von GAH hyperbolisch ist, liegt in der Tatsache, daß die Länge der geraden Linie, welche die Mittelpunkte zweier Seiten eines Dreiecks verbindet, gleich, kleiner als oder größer als die Hälfte der dritten Seite ist, je nachdem ob die Geometrie euklidisch, hyperbolisch oder elliptisch ist. (Der hyperbolische Fall findet sich in Kapitel 6, Übungsaufgabe 5.)

Die Beobachter werden nach absteigender Größe von $\bar{y}$ aufgelistet, der Zahl, die im Ganzen angibt, um wieviel kürzer als $\frac{1}{2}AB$ sie $\alpha\beta$ wahrnehmen. Die Schlußfolgerung lautet, daß der binokuläre visuelle Raum von sechs der sieben Beobachter signifikant hyperbolisch ist. Blank kommentiert den siebenten Beobachter.

> Die Leistung des euklidischen Beobachters WHF unterscheidet sich so deutlich von den anderen, daß darüber im Detail berichtet werden soll. Wie bei einer Zahl anderer Beobachter weisen seine Anordnungen einen deutlichen Anfangstrend auf. (...) Die einzige besonders bemerkenswerte Eigenschaft dieses Trends ist seine Länge. Die ersten 18 Anordnungen wurden wärend einer Sitzung vorgenommen, und der Schluß des Experiments wurde auf einen späteren Tag verschoben, an dem 13 weitere Anordnungen vorgenommen wurden. Die letzten 7 davon wurden verwendet, um die Mittelwerte α und β zu errechnen.
>
> Als WHF die Instruktion 2 hörte, fragte er:
>
> „Gibt es da nicht irgend einen Satz?“ (womit er natürlich einen euklidischen Satz meinte), und ihm wurde gesagt:
>
> „Vergessen Sie den Satz und machen Sie genau so weiter, wie Sie es für richtig halten.“
>
> „Ich kann den Satz nicht vergessen.“

Die Theorie der diamantenen Wahrheiten im Niedergang

Im Kapitel 3 nannte ich den Glauben, daß

(1) Diamanten – gehaltvolle, sichere wahre Aussagen über die Welt – existieren,

die „Theorie der diamantenen Wahrheiten“. Ich stellte fest, daß über 2200 Jahre lang der wichtigste Beleg für die Theorie der diamantenen Wahrheiten die weit verbreitete Auffassung war, daß

(2) die Sätze der euklidischen Geometrie Diamanten sind.

Die hyperbolische Geometrie widerlegt die Theorie der diamantenen Wahrheiten nicht. Ich bin der Meinung, daß die Theorie der diamantenen Wahrheiten nicht widerlegt werden *kann*. Eine Widerlegung der Theorie der diamantenen Wahrheiten bestünde darin, zu beweisen, daß Diamanten nicht existieren, wodurch die Aussage „Diamanten existieren nicht“ ein Diamant würde!

Die hyperbolische Geometrie widerlegt allerdings (2). Indem sie einen alternativen Ansatz bietet, geometrische Figuren zu betrachten, einen Ansatz, der sowohl konsistent als auch mit der alltäglichen Erfahrung kompatibel ist, beraubt sie die euklidischen Sätze ihrer Sicherheit. Die hyperbolische Geometrie nimmt der Theorie der diamantenen Wahrheiten damit hauptsächlich psychologische Unterstützung, wodurch die Theorie der diamantenen Wahrheiten viel schwerer zu glauben ist.

Mit der Ausbreitung der Neuigkeiten über die nichteuklidische Geometrie – zunächst unter Mathematikern, dann unter Naturwissenschaftlern und Philosophen – begann ein langer Niedergang der Theorie der diamantenen Wahrheiten, der heute immer noch weitergeht.

Außermathematische Faktoren haben zu diesem Niedergang beigetragen. Die euklidische Geometrie war niemals der *einzige* Verbündete der Theorie der Diamanten. Im 18. Jahrhundert schien es auch auf anderen Gebieten Diamanten zu geben; als sich herausstellte, daß viele davon menschengemacht waren, wurde die Theorie der diamantenen Wahrheiten ausgehöhlt. Und anders als in früheren Perioden der Geschichte, in denen intellektuelle Erschütterungen nur hin und wieder auftraten, haben sich seit dem 18. Jahrhundert bislang für wahr gehaltene Behauptungen mit einer schwindelerregenden Rate als unsicher erwiesen, was den Eindruck hinterließ, daß vielleicht *kein* Wissen von Dauer ist.

Ungeachtet der anderen Faktoren bleibt, so meine ich, die nichteuklidische Geometrie für diejenigen, die davon gehört haben, das besondere, höchst zugkräftige Argument gegen die Theorie der Diamanten – erstens, weil es die objektive Wahrheit der euklidischen Geometrie, die immer das stärkste Argument für die Theorie der diamantenen Wahrheiten gewesen war, entthront; und zweitens, weil sie dies *nicht* tut, indem sie die Falschheit der euklidischen Geometrie zeigt, sondern indem sie zeigt, daß diese einfach unsicher ist. Wäre das Ergebnis der nichteuklidischen Revolution gewesen, daß die euklidische Geometrie falsch ist – und hyperbolische Geometrie (oder irgendeine andere nichteuklidische Geometrie) wahr –, so wären wir versucht, zu antworten, wie es Menschen angesichts wissenschaftlicher Revolutionen so oft getan haben: „Ja, bisher lagen wir falsch; aber jetzt wissen wir die Wahrheit." Die nichteuklidische Geometrie gestattet diese Antwort nicht, weil sie die Frage, welche Geometrie die wahre ist, offen läßt. Ich kann mir vorstellen, jedes Dreieck habe die Winkelsumme 180°, wenn ich das möchte, ohne logische Inkonsistenz oder Widerspruch zur täglichen Erfahrung befürchten zu müssen; ebenso kann ich mir aber auch vorstellen, jedes Dreieck habe eine Winkelsumme *kleiner* als 180°, sollte ich dies vorziehen, und habe noch immer keine Inkonsistenz und keinen Widerspruch mit der Alltagserfahrung zu befürchten. Die hyperbolische Geometrie ist komplizierter als die euklidische, aber *sie ist eine gleichermaßen gültige Beschreibung der alltäglichen Erfahrung.* Dies legt die Vermutung nahe, daß „die Wahrheit" in anderen Bereichen auch vielfältig sein könnte, in welchem Falle keine Diamanten existieren.

Die Theorie der wahren Geschichten

> (...) Der klassische Geist sagt, das ist nur eine Geschichte, aber der moderne Geist sagt, es gibt nur Geschichten.[9]

Eine neue Epistemologie taucht auf und ersetzt die Theorie der diamantenen Wahrheiten. Ich werde sie die „Theorie der wahren Geschichten“ nennen:

> Es gibt keine Diamanten. Die Menschen erzählen Geschichten über das was sie erfahren. Geschichten, die Anklang finden, nennt man „wahr“.

Die Theorie der wahren Geschichten ist selbst eine Geschichte, die Anklang findet. Sie wird erzählt und wiedererzählt, mit zunehmender Häufigkeit, von Denkern der verschiedensten Richtungen. Hier folgen einige Versionen davon, auf die ich stieß, während ich dieses Buch schrieb.

Folgendes stammt aus einem Essay von Robert Frost:

> Lyrik besteht einfach aus Metaphern. Auch die Philosophie besteht daraus – und die Naturwissenschaften übrigens auch, falls ein leiser Einwand von einem Freund hier gestattet ist.[10]

Das Folgende stammt aus einem Buch über moderne Physik:

> Um die Natur zu verstehen, müssen wir die Phänomene wie Botschaften betrachten. Aber diese Botschaften sind uns unverständlich, bis wir einen Schlüssel für ihre Deutung finden. Dieser Schlüssel ist eine Abstraktion, das heißt, wir betrachten gewisse Dinge als belanglos und wählen so den Inhalt der Botschaft. Die unwichtigen Signale sind die „Geräuschkulisse“, die die Genauigkeit und Reinheit des Empfangs stören.
>
> Da der Schlüssel aber nicht eindeutig ist, könnten mehrere Botschaften mit denselben Daten durch Änderung des Schlüssels die gleiche tiefe Bedeutung erhalten, die vorher im Geräusch verborgen lag, oder umgekehrt: Mit einem neuen Schlüssel könnte eine Botschaft ihren Sinn verlieren.
>
> Ein Schlüssel wählt daher einen von verschiedenen, sich ergänzenden Aspekten aus, von denen jeder Anspruch auf *Wirklichkeit* hat, wenn ich diesen umstrittenen Ausdruck benutzen darf.
>
> Vielleicht sind uns einige Aspekte noch gänzlich unbekannt, könnten sich aber einem Beobachter mit verschiedenen Systemen von Abstraktionen offenbaren.

[9] aus: Crossen, John Dominic: *The Dark Interval.* Allen, Texas: Argus Comm., 1975.

[10] Frost, Robert: „The Constant Symbol“, in: Cox und Lathem (Hrsg.): *Selected Prose of Robert Frost.* Collier, 1968. Seite 24.

> Aber (...) [wie] können wir dann behaupten, daß wir etwas in der objektiven, realen Welt *entdecken*?[11]

Die beiden folgenden Zitate stammen aus einem philosophischen Buch über Theologie:

> Ich schlage demnach vor, die Geschichte als höcht interessant anzusehen, daß Kunst und Wissenschaft, oder poetische Intuitionen und wissenschaftliche Errungenschaften nicht zwei simultane und getrennte Wege des Wissens, sondern zwei aufeinanderfolgende und verbundene Momente allen menschlichen Erkennens darstellen; (...) und daß „Realität" die Welt ist, die wir in und durch unsere Sprache und unsere Geschichte erschaffen, so daß das, was „da draußen", getrennt von unserer Vorstellungskraft und ohne unsere Sprache ist, so unwissbar ist wie z.B. unsere Fingerabdrücke, wären wir nie gezeugt worden. Mit anderen Worten, zu fragen, was „da draußen" ist, ohne die Geschichte zu betrachten, in der „es " wahrgenommen wird, sollte uns ebenso seltsam vorkommen wie die Frage, wie man wohl die Tatsache heute beurteilte, niemals geboren worden zu sein. Ich sage nicht, daß wir die Realität nicht kennen können. Ich behaupte, daß das, was wir wissen, die Realität *ist*, unsere gemeinsame Realität *konstituiert.*
>
> Die Realität befindet sich weder *hier drin* im Kopf noch *da draußen* in der Welt; sie ist vielmehr das sprachliche Zusammenspiel von Geist und Welt.[12]

Das Folgende stammt aus einem Buch über die Geschichte der englischen Sprache:

> Wenn manche Menschen äußern, daß die Geschichtswissenschaft die Wahrheit erzählen sollte, dann meinen sie mit Wahrheit normalerweise die einfachen, unbeschönigten Fakten über das, was geschehen ist. Sie glauben, daß Historiker, die ihre Daten auswählen, zusammenstellen und gestalten, um etwas über die Vergangenheit auszusagen, oder die die Vergangenheit verwenden, um irgendetwas über die Gegenwart zu beweisen, nicht objektiv seien und daher nicht die „Wahrheit" erzählten. Geschichte, so glauben sie, besteht eigentlich aus den objektiven Tatsachen, welche die Historiker aus der Vergangenheit rekonstruieren können, in genau der Weise angeordnet, wie sie passierten, um das zu erzählen, was wirklich geschah.
>
> Solch eine Geschichtswissenschaft hat niemals existiert und wird niemals existieren. Die individuelle geistige Persönlichkeit des Historikers, geformt von seiner Zeit, beeinflußt von seiner Theorie der Geschichte und gesteuert von seinem einzigartigen persönlichen Charakter, steht zwangsläufig zwischen den Zeugnissen der Vergangenheit und

---

[11] Jauch, Josef M.: *Die Wirklichkeit der Quanten. Ein zeitgenössischer Dialog.* München: Carl Hanser, 1973, S. 101.

[12] Crossen, *The Dark Interval*, a.a.O.

> der Arbeit, die sein Verständnis davon darstellt, wie diese Zeugnisse die tatsächlichen Geschehnisse enthüllen und warum. Allein die Wahl des Gegenstandes, über den er schreibt, enthüllt die Tatsache, daß der Historiker aus der Menge der Ereignisse der Vergangenheit nur die für ihn wichtigsten auswählt und bewertet.
>
> ...
>
> Auf der einfachsten und elementarsten Ebene erschaffen die Historiker eine Vergangenheit, weil ihre Gesellschaft wissen möchte, woher sie kommt und wie die Dinge zu dem geworden sind, was sie sind. Die frühesten Mythen, die Geschichten der primitivsten Völker über ihre Gottheiten sind eine Art von Geschichte, die erklärt, wie das Universum und die Erde entstanden – warum es die Sonne gibt und den Mond, warum die Tiere, warum den Menschen. Die Reise von Mariner 10 am Jupiter vorbei und aus unserem Sonnensystem hinaus steht für unsere Neugier über den Ursprung des Universums. Früher war die Bibel für die meisten Christen die gesicherte Geschichte. Für viele ist sie es heute noch. Für andere waren es die mittelalterlichen Legenden oder die griechischen Mythen, die Nibelungen-Sage oder die Heldenepen über Entdeckungen und Kriege. Wir nennen all diese Geschichten heute nicht mehr Geschichte, weil unser Zeitalter andere Kriterien für die Akzeptierbarkeit einiger und Nichtakzeptierbarkeit anderer hat, um unsere Vergangenheit auf befriedigende Weise zu organisieren und erklären.
>
> ...
>
> Wir müssen begreifen, daß die Daten, die [der Historiker] auswählt und wie er sie arrangiert, in erster Linie von seinen Gründen abhängt, Geschichte zu schreiben, daß „Wahrheit" letztlich davon abhängt, wie seine Theorien das interpretieren, was ihm die Interessen und Werte eines Zeitalters als Wahrheit zu erkennen erlauben.[13]

Und dieses hier stammt aus einer berühmten Erzählung:

> Ich sehe uns alle, wie wir nackt, zitternd, in einem großen Kreis sitzen und in den Himmel schauen, während er dunkel wird und die Sterne zu funkeln beginnen, und irgendjemand fängt an, eine Geschichte zu erzählen, behauptet, ein Muster in den Sternen zu erkennen. Und dann erzählt jemand anders eine Geschichte über das Auge des Sturms, das Auge des Tigers. Und langsam werden die Geschichten, die Bilder, zur Wahrheit, und wir werden uns eher gegenseitig töten, als auch nur ein

---

[13] Williams, Joseph M.: *Origins of the English Languages.* New York: Free Press, 1975, Seite 3–5.

> Wort der Geschichte zu verändern. Aber hin und wieder sieht jemand einen neuen Stern, oder behauptet, ihn zu sehen, einen Stern im Norden, der das Muster verändert, und das ist unerträglich. Die Leute geraten außer sich, sie beginnnen vor Wut zu schnauben, sie erheben sich gegen diejenige, die es bemerkte und schlagen sie tot. Sie setzen sich wieder und murren. Sie rauchen. Sie wenden sich von Norden ab, sie wollen nicht, daß man denken könnte, sie versuchten, einen Blick auf die Halluzination der anderen zu erhaschen. Einige von ihnen aber sind wahre Gläubige, sie können direkt nach Norden blicken und nicht einmal einen Schimmer von dem wahrnehmen, worauf die andere hinwies. Die Vorausschauenden versammeln sich und tuscheln. Sie wissen bereits, daß alle Geschichten geändert werden müssen, wenn dieser Stern akzeptiert wird. Sie drehen sich mißtrauisch um, um auszuschnüffeln, ob eine der anderen heimlich den Kopf nach Norden wendet und nach dem Fleck lugt, an dem der Stern stehen soll. Sie erwischen einige, die das tun, wie sie glauben, man tötet sie trotz ihres Protests. Man muß den Anfängen wehren. Aber die Älteren müssen weiter Ausschau halten, und deren Wacht überzeugt die anderen, daß es dort wirklich etwas gibt, und so drehen sich mehr und mehr Leute um, und nach einiger Zeit sehen es alle, oder glauben es zu sehen, und die, die es nicht sehen, behaupten doch, daß sie's tun.
>
> So kommt es, daß die Erde die Wunde spürt, und die Natur auf ihrem Thron äußert Zeichen des Leidens, seufzend durch jedes ihrer Werke, daß alles verloren sei. Die Geschichten müssen alle geändert werden; die ganze Welt erschaudert. Die Leute seufzen und weinen und sagen, wie friedvoll es früher war im glücklichen Goldenen Zeitalter, als alle an die alten Geschichten glaubten. Aber eigentlich hat sich gar nichts geändert, außer den Geschichten.
>
> Ich glaube, die Geschichten sind alles, was wir haben, alles, was uns vom Löwen, Ochsen oder jenen Schnecken auf den Steinen unterscheidet.[14]

Die Theorie der Diamanten und die Theorie der wahren Geschichten sind unterschiedliche Sichtweisen dessen, was Menschen tun, wenn sie etwas „erkennen".

Mein eigener Standpunkt ist die Theorie der wahren Geschichten. Ich kann nicht „beweisen", daß sie „richtig" ist, oder auch nur meine eigenen Gründe dafür analysieren, warum ich sie favorisiere; ich kann nur feststellen, daß die Theorie der wahren Geschichten das beschreibt, was ich gesehen habe.

Während meines Studiums wurde ich auf die Theorie der diamantenen Wahrheiten vorbereitet. Ich fand es aufregend, daß Menschen möglicherweise Auszüge aus Gottes Blaupause für das Universum entdecken könnten. Und ich dachte mir: ist die Menschheit überhaupt im Besitz irgendeiner objektiven Wahrheit, dann

[14] French, Marylin *The Women's Room*. Aylesbury: Abacus, 1977, S. 265–66.

muß ganz sicher ein gewisses Maß objektiver Wahrheit in der Mathematik, oder auch den Naturwissenschaften oder auch der Philosophie, liegen.

Seitdem habe ich zwanzig Jahre mit dem Studium der Mathematik, Naturwissenschaften und Philosophie verbracht, und schon vor langer Zeit kam ich zu dem Schluß, daß jedes solche Unterfangen nur Geschichten hervorbringt (die die Naturwissenschaftler „Modelle der Realität" nennen). Ich begann mit der Suche nach Diamanten; was ich fand, waren strahlend schöne Juwelen, alle aber von Menschen gemacht.

Enttäuscht bin ich nicht. Eigentlich sehe ich die Menschen lieber als aktive Schöpfer von Wahrheit denn als passive Sucher (trotz all des Einfallsreichtums, den die Suche erfordert) nach einer Wahrheit, an deren Gestaltung wir nicht teilhaben. Der Gewinn an menschlicher Freiheit und Würde ist erregend. Wir spielen eine Rolle in der Erschaffung der Welt! Wir sind genau wie die Mythenerzähler vor Thales, außer daß wir natürlich finden, daß *unsere* Geschichten besser sind.

Anmerkungen zur Übersetzung

Das vorliegende Buch beruht – anders als heute allgemein üblich, aber mit Gründen (vgl. S. 45) – auf den *Elementen* von Euklid selbst. Daraus ergeben sich für die deutsche Übersetzung zwei Besonderheiten.

Erstens: Bei Trudeau umfassen die *axioms* (Axiome im weiteren Sinne) die *postulates* (Postulate) und die *common notions* (Axiome im engeren Sinne, Axiome 1–6). Hierzu schreibt Thaer:

> **Postulate und Axiome.** Die Grenze zwischen beiden Arten von Grundsätzen fließt; schon im Altertum haben Umstellungen stattgefunden. In der Hauptsache ist ein Postulat (Aitema, Forderung) ein speziell geometrischer Grundsatz, der die Möglichkeit einer Konstruktion, die Existenz eines Gebildes sicherstellen soll; ein Axiom (für wahr Gehaltenes) – der überlieferte Euklid–Text selbst hat den weniger gebräuchlichen Ausdruck Koine Ennoia (allgemein Eingesehenes) – ist ein allgemein logischer Grundsatz, den kein Vernünftiger, auch wenn er von Geometrie nichts weiß, bestreitet.[15]

Die Ausdrücke „für wahr Gehaltenes“ und „allgemein Eingesehenes“ treffen Trudeaus *common notion*, sind aber schwerfällig in der Verwendung; ich folge der Thaerschen Übersetzung, wodurch die feinsinnige Unterscheidung des Amerikanischen leider etwas verlorengeht.

Zweitens: Der Euklidsche Begriff der „geraden Linie“ läßt ein wenig in der Schwebe, ob gerade Linien endlich oder unendlich lang sind. Insbesondere identifiziert Euklid eine Strecke mit ihrer Verlängerung. (Vgl. auch hierzu Euklid, S. 418.) Der heutige Sprachgebrauch im Deutschen unterscheidet hingegen zwischen „Gerade“ (unendlich lang) und „Strecke“ (eindeutig bestimmtes abgeschlossenes Intervall auf einer Geraden). Im Amerikanischen bezeichnet *straight line* sowohl die moderne Gerade als auch die „gerade Linie“ Euklids. Da Trudeau bewußt die *Elemente* zur Grundlage seines Buches macht, habe ich mich dem Sprachgebrauch Thaers angepaßt und *straight line* durchgängig mit „gerade Linie“ wiedergegeben.

Die Anmerkungen wurden vereinheitlicht, die Literaturangaben vervollständigt (soweit ohne allzu großen Aufwand möglich), wo möglich durch deutsche Angaben ersetzt und um einige deutsche Titel ergänzt. Einige Textpassagen, die sich auf Eigenheiten des Amerikanischen beziehen und die im Deutschen gegenstandslos sind, wurden stillschweigend weggelassen. Bezüge zur speziell amerikanischen Kultur wurden durch vergleichbare Bezüge zur europäischen Kultur ersetzt.

Der Übersetzer

[15] Euklid, S. 419.

Literaturverzeichnis

Diese Liste ist keine vollständige Liste aller von mir konsultierten oder auch nur zitierten Bücher. Ich hoffe aber, daß sie einen guten Einstieg für alle diejenigen bietet, die Teile des vorliegenden Buches interessant gefunden haben und gern etwas weiterlesen möchten.

Historisches, Philosphisches

Barker, Stephen F.: *Philosophy of Mathematics.* Englewood Cliffs, New Jersey: Prentice-Hall, 1964.

Bonola, Roberto: *Die nichteuklidische Geometrie: Historisch-kritische Darstellung ihrer Entwicklung.* Deutsche Ausgabe von Heinrich Liebmann. Leipzig: Teubner, 1908.

Carrucio, Ettore: *Mathematics and Logic in History and in Contemporary Thought.* Engl. Übersetzung von Isabel Quigley. London: Faber & Faber, 1964.

Crossen, John Dominic: *The Dark Interval: Towards a Theology of Story.* Allen, Texas: Argus Comm., 1975.

Davis, Philip J. und Reuben Hersh: *Erfahrung Mathematik.* Basel u. a.: Birkhäuser, 1985.

Dover, Kenneth: *The Greeks.* University of Texas Press, 1981.

Frankfort, Henri u. a.: *Before Philosophy: the Intellectual Adventure of Ancient Man.* Penguin, 1949.

Freudenthal, Hans: „The Main Trends in the Foundations of Geometry in the 19th Century." In: Nagel, Suppes und Tarski (Hrsg.): *Logic, Methodology and Philosophy of Science.* Stanford, California: Stanford University Press, 1962, S. 613–621.

Harré, Rom: *The Anticipation of Nature.* London: Hutchinson, 1965.

Heath, Sir Thomas L.: *A History of Greek Mathematics.* Dover Reprint, 1921/1981.

Kline, Morris: *Mathematics: the Loss of Certainty.* Oxford University Press, 1980.

Knorr, Wilbur R.: *The Evolution of the Euclidean Elements.* Dordrecht: Reidel, 1975.

Pirsig, Robert M.: *Zen and the Art of Motorcycle Maintenance: An Inquiry into Values.* Bantam, 1975.

Poincaré, Henri: *Wissenschaft und Hypothese.* Deutsche Ausgabe v. F. und L. Lindemann. Leipzig: Teubner, 1914.

Quine, W. V. und J. S. Ullian: *The Web of Belief.* New York: Random House, 1970.

Rosser, J. Barkley: *Logic for Mathematicians.* New York: Chelsea, 1978.

Snell, Bruno: *Die Entdeckung des Geistes: Studien zur Entstehung des europäischen Denkens bei den Griechen.* Göttingen: Vandenhoek & Ruprecht, 1975.

Buren, Paul van: *The Edges of Language.* Macmillan, 1972.

Technisches

Baldus, Richard: *Nichteuklidische Geometrie: hyperbolische Geometrie der Ebene.* Bearb. u. erg. von Frank Löbell. Berlin: De Gruyter, 1964.

Bolyai, John (János): „The Science of Absolute Space." Übers. v. Bruce Halsted. Anhang in: Bonola, Roberto: *Non-Euclidean Geometry. A Critical and Historical Study of its Developments.* Dover, 1955.

Euklid: *Die Elemente. Buch I–XIII.* Nach Heibergs Text aus dem Griechischen übersetzt und herausgegeben von Clemens Thaer. Darmstadt: Wissenschaftliche Buchgesellschaft, 1980.

Eves, Howard: *A Survey of Geometry.* Boston: Allyn and Bacon, 1972.

Faber, Richard L.: *Foundations of Euclidean and Non-Euclidean Geometry.* Marcel Dekker, 1983.

Greenberg, Marvin Jay: *Euclidean and Non-Euclidean Geometries.* San Francisco: Freeman, 1980.

Hardy, Rand, Rittler und Blank, Boeder: *The Geometry of Binocular Space Perception.* Knapp Memorial Laboratories, Institute of Ophtalmology, Columbia University College of Physicians and Surgeons, 1953. Das ist der Bericht aus dem Labor, in dem die ursprünglichen Untersuchungen der Luneburg-Blank-Theorie des visuellen Raumes durchgeführt wurden. Zu späteren Entwicklungen und einer kurzen Bibliographie siehe S. 83–102 des Buches von Leeuwenberg und Buffart, das ich auf S. 291 zitiert habe.

Heath, Sir Thomas L.: *The Thirteen Books of Euclid's Elements.* New York: Dover Publ., 1908/1952.

Hilbert, David: *Grundlagen der Geometric.* Stuttgart: Teubner, 1977.

Kunz, Ernst: *Ebene Geometrie: axiomatische Begründung der euklidischen und nichteuklidischen Geometrie.* Reinbek bei Hamburg: Rowohlt, 1976.

Lobachevsky: Nicolai I.: „The Theory of Parallels." Anhang in: Bonola, Roberto: *Non-Euclidean Geometry. A Critical and Historical Study of its Developments.* Dover, 1955.

Martin, George E.: *The Foundations of Geometry and the Non-Euclidean Plane.* New York u. a.: Springer, 1975.

Meschkowski, Herbert: *Nichteuklidische Geometrie.* Braunschweig: Vieweg, 1965.

Moise, Edwin E.: *Elementary Geometry from an Advanced Standpoint.* Reading, Massachusetts: Addison Wesley, 1974.

Saccheri, Gerolamo: *Euclides Vindicatus. (1733)* Übers. v. George B. Halsted. New York: Chelsea, 1986.

Wolfe, Harold E.: *Introduction to Non-Euclidean Geometry.* New York: Holt, Rinehart and Winston, 1945.

Zacharias, Max: *Das Parallelenproblem und seine Lösung: e. Einf. in d. hyperbol. nichteuklid. Geometrie.* Leipzig u. a.: Teubner, 1937.

Index

Printed by Printforce, the Netherlands